Technische Statistik in der Qualitätssicherung

D1694330

Springer

Berlin
Heidelberg
New York
Barcelona
Hongkong
London
Mailand
Paris
Singapur
Tokio

Uwe Reinert · Herbert Blaschke · Uwe Brockstieger

Technische Statistik in der Qualitätssicherung

Grundlagen für Produktions- und Verfahrenstechnik

Mit 57 Abbildungen

Springer

Dr. Uwe Reinert
Birkenfelder Straße 35
66113 Saarbrücken

Dr. Herbert Blaschke
Wadgasserstraße 115
66787 Wadgassen

Dr. Uwe Brockstieger
Dorfstraße 4
66787 Wadgassen

ISBN 3-540-64107-6 Springer-Verlag Berlin Heidelberg New York

Die Deutsche Bibliothek – CIP-Einheitsaufnahme
Reinert, Uwe: Technische Statistik in der Qualitätssicherung : Grundlagen für Produktions- und Verfahrenstechnik /
Uwe Reinert ; Uwe Brockstieger ; Herbert Blaschke. – Berlin ; Heidelberg ; New York ; Barcelona ; Hongkong ; London ; Mailand ; Paris ; Singapur ; Tokio : Springer, 1998
ISBN 3-540-64107-6

Datenkonvertierung: MEDIO, Berlin
Herstellung: Christiane Messerschmidt, Rheinau
SPIN 10645705   2/3020 - 5 4 3 2 1 0 - Gedruckt auf säurefreiem Papier

Vorwort

Das vorliegende Buch über die Technische Statistik wendet sich sowohl an angehende Ingenieure und Naturwissenschaftler, die sich einen Katalog an Werkzeugen für ihre spätere Tätigkeit aneignen wollen, als auch an praxisorientierte Fachleute, deren Arbeitsgebiet die Qualität und Zuverlässigkeit von Produkten und Prozessen in allen Unternehmensbereichen beinhaltet. Die zusammengestellten Methoden werden gleichermaßen in der Produktions- und in der Verfahrenstechnik erfolgreich angewandt.

Die Gliederung des Buches ergab sich unter den Gesichtspunkten, dem Leser durch Übersichtlichkeit und leichte Handhabbarkeit das Lernen der Materie und die praktische Arbeit zu erleichtern. Zunächst werden in den Kapiteln 1 bis 7 das unerläßliche Basiswissen angelegt und darauf aufbauend ausgewählte Themen vertieft. Da die praktische Übung in der Statistik wichtiger ist als in vielen anderen Gebieten der Ingenieur- und Naturwissenschaften, wird im Anhang A eine große Auswahl an praktischen Problemen und Fragestellungen in Form von Aufgaben angeboten. Erst durch das Bearbeiten dieser Fragen wird der Leser ein Gefühl für den angemessenen Einsatz der Statistik in der Praxis entwickeln. Die notwendigen Tabellen und Nomogramme finden sich in den Anhängen B und D. Die sehr ausführliche Angabe der Lösungen im Anhang C ermöglicht die lückenlose Kontrolle beim Selbststudium.

Die Zusammenarbeit im Verfasserteam mit den Herren Dr. U. Brockstieger und Dr. H. Blaschke war jederzeit angenehm und gegenseitig motivierend. Herrn Prof. Dr. P.-Th. Wilrich sei herzlich gedankt für die freundliche Genehmigung des Abdrucks der wichtigen Nomogramme und Herrn Dipl.-Ing. B. Zimmermeier für das Mitlesen der Korrekturen. Dank geht auch an den Springer-Verlag, vertreten durch Frau Dr. M. Hertel, für die ausgesprochen angenehme Zusammenarbeit. Schließlich gilt der Dank Herrn Wirt.-Ing. M. Bossong für seine uneingeschränkte Unterstützung .

Saarbrücken, Mai 1998   Uwe Reinert

Inhalt

Abkürzungen und Formelzeichen

$a(b)$	Faktor zur Bestimmung der mittleren Lebensdauer
AOQ	Average outgoing quality oder D
$AOQL$	Average outgoing quality limit oder D_{Max}
AQL	Acceptable quality level (akzeptable Qualitätslage)
b	Ausfallsteilheit
$\hat{b}$	Schätzwert für die Ausfallsteilheit
b_{ob}	Obere Grenze des Vertrauensbereich der Ausfallsteilheit
b_{un}	Untere Grenze des Vertrauensbereich der Ausfallsteilheit
c	Annahmezahl
CAQ	Computer aided quality assurance
$c(n)$	Annahmegrenze bei sequentieller Prüfung
C_p	Kennzahl für die Fähigkeit eines Prozesses (process capability)
C_{pk}	Kennzahl für die Beherrschung eines Prozesses
c_1	Annahmezahl der ersten Stichprobe
c_{1+2}	Gesamt-Annahmezahl
d	Anzahl fehlerhafter Einheiten im Los
$\overline{d}$	Mittelwert der Differenzen von Meßwertpaaren
D	Durchschlupf oder AOQ
$d(b)$	Faktor zur Bestimmung der Varianz der Lebensdauer-Verteilung
d_i	Differenzen von Meßwertpaaren
D_{Max}	Maximaler mittlerer Durchschlupf oder $AOQL$
$d(n)$	Rückweisegrenze bei sequentieller Prüfung
d_1	Rückweisezahl der ersten Stichprobe
d_{1+2}	Gesamt-Rückweisezahl
E	Erwartungswert
f	Freiheitsgrad
$f(t)$	Wahrscheinlichkeitsdichte der Ausfallverteilung
F	Ausfallwahrscheinlichkeit
F	Variable der F-Verteilung
$g(x)$	Wahrscheinlichkeitsfunktion
$G(x)$	Verteilungsfunktion
$h(x)$	Relative Häufigkeit

$H(x)$	Summenhäufigkeit
H_0	Nullhypothese
H_1	Alternativhypothese
k	Annahmefaktor
k_A	Abgrenzungsfaktor für Mittelwert-Karten
k_C	Abgrenzungsfaktor für Median-Karten
k_E	Abgrenzungsfaktor für Urwert-Karten
N	Losumfang
n	Prüfumfang jeder einzelnen Stichprobe; Stichprobenumfang
$\bar{n}$	Durchschnittlicher Stichprobenumfang
n_j	Beobachtete Klassenhäufigkeit
n_{pr}	Anzahl der Prüfplätze
n_σ	Stichprobenumfang bei σ bekannt
OC	Opterationscharakteristik
OEG	Obere Eingriffsgrenze
OGW	Obere Toleranzgrenze
OWG	Obere Warngrenze
p	Mittlerer Anteil fehlerhafter Einheiten im Los
p	Überschreitungsanteil
$\bar{p}$	Mittlere Produktionslage
$\hat{p}$	Schätzwert für p
$P(E)$	Wahrscheinlichkeit (probability), daß das Ereignis E eintritt
p_{OGW}	Überschreitungsanteil oberhalb der oberen Toleranzgrenze
p_{UGW}	Überschreitungsanteil unterhalb der unteren Toleranzgrenze
$p_{1-\alpha}$	Anzunehmende Qualitätslage (Lieferantenpunkt)
P_a	Annahmewahrscheinlichkeit
p_β	Rückzuweisende Qualitätslage (Kundenpunkt)
q	Parameter der Gumbel-Verteilung
QRK	Qualitätsregelkarten
R	Spannweite (Range) der Stichprobe
R	Zuverlässigkeit, Überlebenswahrscheinlichkeit
RQL	Rückzuweisende Qualitätslage
s	Standardabweichung der Stichprobe
S	Spielraum
s_d	Standardabweichung der Differenzen von Meßwertpaaren
s_{ob}	Obere Grenze des Zufallsstreubereichs der Standardabweichung
s_{un}	Untere Grenze des Zufallsstreubereichs der Standardabweichung
SPC	Statistische Prozeßsteuerung (statistical process control)
t	Variable der t- oder Student-Verteilung
$\bar{t}$	Mittlere Lebensdauer
T	Charakteristische Lebensdauer
$\hat{T}$	Schätzwert für T
t_i	Ausfallzeiten
T_m	Toleranzmitte
t_{pr}	Prüfzeit als Abbruchkriterium

$t_{prüf}$	Prüfzeit
T_{ob}	Obere Grenze des Vertrauensbereich der charakteristischen Lebensdauer
T_{un}	Untere Grenze des Vertrauensbereich der charakteristischen Lebensdauer
t_0	Ausfallfreie Zeit; Inkubationszeit
u	Variable der Standard-Normalverteilung
u_G	Quantil der Standard-Normalverteilung
UEG	Untere Eingriffsgrenze
UGW	Untere Toleranzgrenze
UWG	Untere Warngrenze
VB	Vertrauensbereich
w	Variable der w-Verteilung
x	Anzahl fehlerhafter Einheiten in der Stichprobe
$\tilde{x}$	Median der Stichprobe
$\overline{x}$	Mittelwert der Stichprobe
x_n	Kumulierte Anzahl fehlerhafter Einheiten
x_{ob}	Obere Grenze des Zufallsstreubereichs der Einzelwerte
$\tilde{x}_{ob}$	Obere Grenze des Zufallsstreubereichs der Mediane
$\overline{x}_{ob}$	Obere Grenze des Zufallsstreubereichs der Mittelwerte
$x_{ob,j}$	Obere Klassengrenze der j-ten Klasse
x_{un}	Untere Grenze des Zufallsstreubereichs der Einzelwerte
$\tilde{x}_{un}$	Untere Grenze des Zufallsstreubereichs der Mediane
$\overline{x}_{un}$	Untere Grenze des Zufallsstreubereichs der Mittelwerte
$x_{un,j}$	Untere Klassengrenze der j-ten Klasse
ZSB	Zufallsstreubereich
α	Fehler erster Art
α	Lieferantenrisiko
α	Irrtumswahrscheinlichkeit
$1-\alpha$	Vertrauensniveau
β	Fehler zweiter Art
β	Kundenrisiko
γ	Parameter der Gumbel-Verteilung
γ_1	Charlier'sche Schiefe der Grundgesamtheit
γ_2	Exzeß der Grundgesamtheit
λ	Ausfallrate
$\hat{\lambda}$	Schätzwert für λ
μ	Mittelwert der Grundgesamtheit
μ	Mittlere Anzahl von Fehlern in der Grundgesamtheit
$\hat{\mu}$	Schätzwert für μ
μ_E	Mittlere Anzahl von Fehlern in der betrachteten Einheit
μ_{un}	Untere Grenze des Vertrauensbereichs des Mittelwerts
μ_{ob}	Obere Grenze des Vertrauensbereichs des Mittelwerts
ν_j	Erwartete Klassenhäufigkeit
σ	Standardabweichung der Grundgesamtheit

$\sigma_{\bar{x}}$ Standardabweichung der Verteilung der Mittelwerte

$\sigma_{\tilde{x}}$ Standardabweichung der Verteilung der Mediane

σ_{un} Untere Grenze des Vertrauensbereich der Standardabweichung

σ_{ob} Obere Grenze des Vertrauensbereich der Standardabweichung

σ^2 Varianz der Grundgesamtheit

$\tau(t)$ Variable der Thompson-Verteilung

χ^2_{n-1} Variable der Chi-Quadrat-Verteilung

$(-)$ Zufälliges Testergebnis

$(*)$ Indifferentes Testergebnis

$(**)$ Signifikantes Testergebnis

$(***)$ Hochsignifikantes Testergebnis

1 Einführung in die statistischen Methoden der Qualitätssicherung

Diese Einführung beinhaltet
- keine Wortanalysen der Begriffe Qualität und Qualitätssicherung,
- keinen Überblick über die historische Entwicklung der Qualitätssicherung,
- keine Zitate aus einschlägigen Lexika, Normen, Lehrbüchern oder ähnlichen Schriften,
- keine zusammenfassenden Merksätze oder Schaubilder zur Bedeutung der statistischen Qualitätssicherung im Rahmen gegenwärtiger oder zukünftiger Unternehmensstrategien,
- keine fotografischen Darstellungen von Prüfständen, Pionieren der angewandten mathematischen Statistik oder gar der Autoren selbst.

Die Aneignung und praxisgerechte Umsetzung der vorliegenden Auswahl an teilweise sperrigen statistischen Methoden setzen ein lebhaftes Interesse an der Beherrschung quantitativer Prognoseverfahren voraus. Die nüchterne Einsicht in die technologische und ökonomische Relevanz solcher Verfahren, die zum „state of the art" statistischer Qualitätssicherung gehören, kann als selbstverständlich angenommen werden. Die folgenden Kapitel und Anhänge umfassen
- die wichtigen statistischen Verteilungen,
- die Ermittlung des Streuverhaltens von Stichprobenkennwerten,
- die eingrenzende Schätzung von Modellparametern,
- die Beschreibung statistischer Testverfahren,
- die Abnahme- oder auch Annahmeprüfung (acceptance sampling),
- die statistische Prozeßsteuerung (statistical process control, SPC),
- Beispiele mit praktischen Fragestellungen zu den einzelnen Kapiteln,
- explizite quantitative Beantwortung dieser Fragen,
- umfangreiche Tabellen sowie
- ein Quellenverzeichnis mit einer Auswahl empfehlenswerter Fachliteratur.

Das Ziel dieses Buches ist es, zusammen mit den konkreten Fertigkeiten eine intuitive Sicherheit bei der Beurteilung statistisch begründbarer Aussagen zu vermitteln. Dazu werden in dieser Einführung wie auch in den ersten nachfolgenden Kapiteln die Inhalte in Form von Frage und Antwort vermittelt. Vielen Verfahren sind graphische Darstellungen beigefügt, um so die Erfassung kompakter Berechnungsformeln anschaulich zu unterstützen. Zur Beherrschung der einzelnen Begriffe und Vorgehensweisen wird nachdrücklich die Bearbeitung der jeweiligen Anwendungsbeispiele im Aufgabenteil empfohlen.

Beginnen wir mit einer einfachen konkreten Anwendung aus dem Bereich der Zuverlässigkeit von Baugruppen. Neben zwei elementaren Regeln der Wahrscheinlichkeitsrechnung können wir dabei den Begriff der Redundanz einführen und erläutern. Durch eine redundante Anordnung von einzelnen Baukomponenten zu mehr oder weniger komplexen Baugruppen läßt sich die Zuverlässigkeit des gesamten Produkts deutlich positiv beeinflussen. So können dann nicht nur Gewährleistungszeiträume ausgedehnt, sondern sogar Einsparungspotentiale durch adäquate Konstruktion und den Einsatz preisgünstiger Einzelkomponenten ausgenutzt werden.

1.1
Elementare Regeln der Wahrscheinlichkeitsrechnung

Frage

Sie verfügen über eine gewisse Anzahl elektronischer Speichermedien zur Datenarchivierung, die Festplatte Ihres Computers und eine oder mehrere Disketten. Diese Speicher können während des Gebrauchs spontan ihre Funktion aufgeben. Die Wahrscheinlichkeit, daß sie im Verlauf einer bestimmten Zeit ausfallen (failure), bezeichnen wir als:

F_1 (Ausfallwahrscheinlichkeit der Festplatte),
F_2 (Ausfallwahrscheinlichkeit einer einzelnen Diskette).

Dazu komplementär sind die Werte für die Zuverlässigkeit (reliability) der jeweiligen Speicher:

$$R_1 = 1 - F_1 \text{ (Zuverlässigkeit der Festplatte),} \tag{1.1.1}$$

$$R_2 = 1 - F_2 \text{ (Zuverlässigkeit einer einzelnen Diskette).} \tag{1.1.2}$$

Wie groß ist die Gesamtzuverlässigkeit Ihres Archivierungssystems, wenn Sie
- die Daten nur auf der Festplatte ablegen,
- die Daten zusätzlich auf einer Diskette speichern,
- grundsätzlich eine dreifache Diskettensicherung betreiben, ihre Festplatte aber nicht zur Datensicherung einsetzen?

Als Zahlenwerte können Sie

$$R_1 = 0,99 = 99\% \text{ und } R_2 = 0,90 = 90\% \tag{1.1.3}$$

voraussetzen.

Antwort

Die erste Teilantwort haben wir nur der Vollständigkeit halber abgefragt. Wir ergänzen sie durch die Einführung einer üblichen graphischen Notation, die dem alleinigen Einsatz der Festplatte bzw. einer einzelnen Diskette entspricht:

Festplatte   Diskette

Vor der Beantwortung der anderen beiden Teilfragen führen wir eine elementare Regel der Wahrscheinlichkeitsrechnung ein, der wir intuitiv zustimmen können. Die Wahrscheinlichkeit, daß sowohl ein Zufallsereignis Nr. 1 als auch ein
von ihm unabhängiges Zufallsereignis Nr. 2 eintreten, ist bestimmt durch das
Produkt ihrer Einzelwahrscheinlichkeiten. Wir formulieren diese Rechenregel
als Gleichung, in der wir die Wahrscheinlichkeiten mit P (probability) bezeichnen und erhalten den Multiplikationssatz für unabhängige Ereignisse:

$$P (\text{Ereignis Nr.1 und Ereignis Nr.2})$$
$$= P (\text{Ereignis Nr.1}) \cdot P (\text{Ereignis Nr.2}).$$

(1.1.4)

Der Rest der Antwort besteht zunächst in einem Sortieren des erzeugten Sym-
bolsalates. Im Fall der zweiten Teilfrage nach der Zuverlässigkeit des Archivierungssystems Festplatte und Diskette parallel,

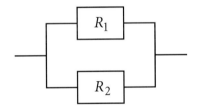

(Festplatte und Diskette parallel)

die ja komplementär ist zur Wahrscheinlichkeit, daß dieses Gesamtsystem im
Verlauf einer bestimmten Zeit ausfällt, identifizieren wir

Ereignis Nr.1 = Festplatte defekt, $P(\text{Ereignis Nr.1}) = F_1$,   (1.1.5)

Ereignis Nr.2 = Diskette defekt, $P(\text{Ereignis Nr.2}) = F_2$,   (1.1.6)

und schließen also

$$P (\text{Festplatte defekt und Diskette defekt}) = F_1 \cdot F_2.$$ (1.1.7)

Der gesuchte Wert für die Gesamtzuverlässigkeit beträgt daher in der zweiten
Teilfrage

$$R_{ges} = 1 - F_{ges} = 1 - P \text{ (Festplatte defekt und Diskette defekt)}$$
$$= 1 - F_1 \cdot F_2 = 0,999.$$

(1.1.8)

Wir kommen schließlich zur Beantwortung der dritten Teilfrage, nämlich nach der Gesamtzuverlässigkeit eines Archivierungssystems aus drei Disketten.

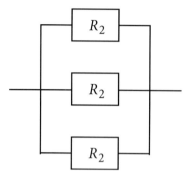

(1. Diskette und 2. Diskette und 3. Diskette parallel)

Die Multiplikationsregel der Wahrscheinlichkeitsrechnung ist schnell abkürzend verallgemeinert auf

$$P(\text{E. Nr.1 und E. Nr.2 und E. Nr.3})$$
$$= P(\text{E. Nr.1}) \cdot P(\text{E. Nr.2}) \cdot P(\text{E. Nr.3}) \qquad (1.1.9)$$

für unabhängige Ereignisse Nr.1, Nr.2 und Nr.3.
Wir identifizieren also in diesem Fall

Ereignis Nr.1 = 1. Diskette defekt	$P(\text{Ereignis Nr.2}) = F_2,$	(1.1.10)
Ereignis Nr.2 = 2. Diskette defekt,	$P(\text{Ereignis Nr.2}) = F_2,$	(1.1.11)
Ereignis Nr.3 = 3. Diskette defekt,	$P(\text{Ereignis Nr.3}) = F_2,$	(1.1.12)

und schlußfolgern

$$P(\text{1. Diskette defekt und 2. Diskette defekt und 3. Diskette defekt})$$
$$= F_2 \cdot F_2 \cdot F_2 \,. \qquad (1.1.13)$$

Die Beantwortung der dritten Teilfrage schließt daher mit

$$R_{ges} = 1 - F_{ges} = 1 - F_2^3 = 1 - 0{,}10^3 = 0{,}999, \qquad (1.1.14)$$

demselben Zahlenwert für die resultierende Systemzuverlässigkeit wie oben.
Die beiden beschriebenen zusammengesetzten Systeme sind also der alleinigen Datenarchivierung auf der Festplatte aufgrund ihrer redundanten Architektur überlegen. Desweiteren hat sich gezeigt, daß die mathematische und die intuitive Vorstellung vom Begriff Wahrscheinlichkeit zumindest hinsichtlich einer Regel deckungsgleich sind. Mehr noch, die mathematische Wahrscheinlichkeitsrechnung setzt die getroffene Zuordnung, die Wahrscheinlichkeit des Ein-

treffens eines Zufallsereignisses einfach als seine Eigenschaft anzusehen, voraus. Die konkreten Zahlenwerte von Wahrscheinlichkeiten sind zusammen mit ihrer Abhängigkeit von geeigneten Steuergrößen letztlich nur durch die Auswertung mitunter umfangreicher Datensätze zu bestimmen.

Die zweite elementare Regel der Wahrscheinlichkeitsrechnung ist eine Additionsregel, die allerdings den Inhalt der Multiplikationsregel nur in anderer Form wiedergibt. Wir drücken die Gesamtzuverlässigkeit des Systems aus Festplatte und Diskette durch die einzelnen Zuverlässigkeiten der beiden Systemkomponenten aus:

$$R_{ges} = 1 - F_1 \cdot F_2 = 1 - (1 - R_1) \cdot (1 - R_2) = R_1 + R_2 - R_1 \cdot R_2. \quad (1.1.15)$$

Das System fällt dann nicht aus, wenn entweder die Festplatte nicht ausfällt oder die Diskette nicht ausfällt (oder beides):

$$R_{ges} = P \text{ (Festplatte hält oder Diskette hält).} \quad (1.1.16)$$

Wir identifizieren also komplementär zu unserer Beantwortung der zweiten Teilfrage

$$\text{Ereignis Nr.1} = \text{Festplatte hält,} \quad P(\text{Ereignis Nr.1}) = R_1, \quad (1.1.17)$$

$$\text{Ereignis Nr.2} = \text{Diskette hält,} \quad P(\text{Ereignis Nr.2}) = R_2, \quad (1.1.18)$$

und erhalten abgekürzt die als Additionssatz für unabhängige Ereignisse Nr.1 und Nr.2 bezeichnete Rechenregel:

$$P(\text{E. Nr.1 oder E. Nr.2})$$
$$= P(\text{E. Nr.1}) + P(\text{E. Nr.2}) - P(\text{E. Nr.1}) \cdot P(\text{E. Nr.2}). \quad (1.1.19)$$

Die beiden Ereignisse Nr.1 und Nr.2 sind miteinander vereinbar, d.h. sowohl nur die Diskette, als auch nur die Festplatte, als auch beide zusammen können halten. Selbstverständlich gibt es auch Zufallsereignisse, die sich gegenseitig ausschließen. In diesem Fall spricht man von unvereinbaren Ereignissen, und die Additionsregel vereinfacht sich zu

$$P(\text{E. Nr.1 oder E. Nr.2}) = P(\text{E. Nr.1}) + P(\text{E. Nr.2}). \quad (1.1.20)$$

Die Gleichung (1.1.20) wird als Additionsaxiom für unvereinbare Ereignisse Nr.1 und Nr.2 bezeichnet.

Dies ist eines der drei Axiome der Wahrscheinlichkeitsrechnung. Die anderen beiden besagen:

$$0 \leq P(E) \leq 1 \text{ für jedes Ereignis } E, \quad (1.1.21)$$

$$P(\text{sicheres Ereignis}) = 1. \quad (1.1.22)$$

Dieses Axiomensystem entspricht ebenfalls völlig unserer intuitiven Vorstellung.

Frage

Natürlich bestimmen die Anforderungen an ein Archivierungssystem auch die konkrete Berechnungsformel für seine Zuverlässigkeit. Wenn Sie bei der Archivierung auf Festplatte und Diskette verlangen, daß beide Komponenten funktionieren müssen, damit das Gesamtsystem als funktionstüchtig bezeichnet werden darf, dann stellen Sie im Vergleich zur letzten Frage einen höheren Anspruch. Symbolisch kann dieser Anspruch dargestellt werden als:

(Festplatte und eine Diskette in Serie)

Welchen Wert errechnen Sie nun für die Systemzuverlässigkeit? Wir erinnern an die Zahlenwerte für die Zuverlässigkeit der beiden Komponenten:

$$R_1 = 0,99 = 99\% \quad \text{und} \quad R_2 = 0,90 = 90\%. \tag{1.1.23}$$

Antwort

Das System ist funktionstüchtig, wenn die Festplatte und die Diskette halten. Daher kann die Additionsregel direkt zur Berechnung der Gesamtzuverlässigkeit benutzt werden:

$$R_{ges} = P(\text{Festplatte hält und Diskette hält}) = R_1 \cdot R_2 = 0,891. \tag{1.1.24}$$

Die Diskette ist das schwächere Glied der Serie und bestimmt daher maßgeblich die Ausfallwahrscheinlichkeit.

1.2
Diskrete Verteilungen

Frage

Wir verallgemeinern die Problemstellung der letzten Frage ein wenig. Sie verfügen über n Disketten der Ausfallwahrscheinlichkeit F, wieder bezogen auf einen nicht näher spezifizierten Zeitraum. Wie groß ist allgemein die Wahrscheinlichkeit

    (1) $g(0)$, daß keine Diskette,
    (2) $g(1)$, daß genau eine Diskette,
    (3) $g(x)$, daß genau x Disketten,
    (4) $G(x)$, daß höchstens x Disketten

in diesem Zeitraum ausfallen? Welche Zahlenwerte erhalten Sie jeweils mit den Vorgaben

$$F = 0,30, \quad n = 10, \quad x = 2,3,\ldots,10? \tag{1.2.1}$$

Antwort

Wir wenden die Multiplikationsregel an:

(1) $g(0) = P(\text{alle Disketten halten}) = R^n = (1-F)^n \approx 2{,}825\,\%.$ (1.2.2)

Wir wenden die Additionsregel für unvereinbare Ereignisse und anschließend wieder die Multiplikationsregel an:

(2) $g(1)$ = $P(\text{alle Disketten bis auf irgendeine halten})$

= $P(\text{alle Disketten bis auf Nr.1 halten oder}$

alle Disketten bis auf Nr.2 halten oder

$\vdots \qquad\qquad\qquad \vdots$ (1.2.3)

alle Disketten bis auf Nr.n halten)

= $P(\text{alle Disketten bis auf Nr.1 halten}) \cdot n$

= $R^{n-1} \cdot F \cdot n = nF(1-F)^{n-1} \approx 12{,}106\,\%.$

Die Wahrscheinlichkeit, daß die Disketten Nr.1 bis Nr.x ausfallen, ist:

$P(\text{alle Disketten bis auf Nr.1 und Nr.2 und}\dots\text{und Nr.}x\text{ halten})$
$= F^x(1-F)^{n-x}.$ (1.2.4)

Doch dies ist nicht die einzige Kombination, die in der unter (3) gesuchten Wahrscheinlichkeit

$g(x)$ = $P(\text{alle Disketten bis auf }x\text{ beliebige halten})$ (1.2.5)

zu berücksichtigen sind. Was noch fehlt, ist ein Faktor, der die Anzahl der Möglichkeiten angibt, daß unter n Disketten x als fehlerhaft ausgezeichnet sind. Dieser Faktor ist der Binominalkoeffizient

$$\binom{n}{x} = \frac{n!}{(n-x)!\,x!} = \frac{n\cdot(n-1)\cdot\ldots\cdot(n-x+1)}{x\cdot(x-1)\cdot\ldots\cdot 2\cdot 1}.$$ (1.2.6)

Damit erhalten wir:

(3) $g(x) = \binom{n}{x} F^x (1-F)^{n-x} = g(x;n,F).$ (1.2.7)

Dies ist die Wahrscheinlichkeitsfunktion der Binomialverteilung, die üblicherweise in ihrer Abhängigkeit von einem durchschnittlichen Anteil p fehlerhafter Einheiten zum Beispiel in Liefer- oder Fertigungslosen dargestellt wird. Wir kommen später darauf zurück.

Die gesuchten Zahlenwerte listen wir zusammen mit den Werten der Verteilungsfunktion

(4) $G(x) = \displaystyle\sum_{i=0}^{x} g(i) = \sum_{i=0}^{x} \binom{n}{i} F^i (1-F)^{n-i} = G(x;n,F)$ (1.2.8)

Tabelle 1.1. Wahrscheinlichkeits- und Verteilungsfunktion der Binomialverteilung
$F = 0,30 \quad n = 10$

x	$g(x)$ in %	$G(x)$ in %
0	2,825	2,825
1	12,106	14,931
2	23,347	38,278
3	26,683	64,961
4	20,012	84,973
5	10,292	95,265
6	3,676	98,941
7	0,900	99,841
8	0,145	99,986
9	0,014	99,999
10	0,001	100,000

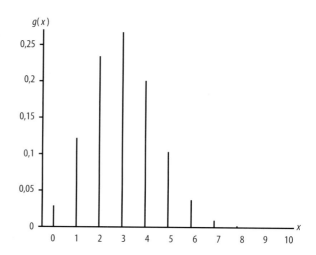

Abb. 1.1. Wahrscheinlichkeitsfunktion der Binomialverteilung
$g(x) = g(x; n = 10, F = 0,3)$

in Tabelle 1.1 auf. In der Tat ist $G(x)$ gerade die Wahrscheinlichkeit, daß höchstens x Disketten ausfallen. Sie setzt sich nach der Additionsregel für unvereinbare Ereignisse zusammen aus den Werten $g(0), g(1), \ldots, g(x)$, d.h. den einzelnen Wahrscheinlichkeiten, daß keine oder eine oder … oder x Disketten ausfallen.

Die graphische Darstellung der Werte aus Tabelle 1.1 findet sich in Abb. 1.1 und 1.2 wieder.

Abb. 1.2. Verteilungsfunktion
der Binomialverteilung
$G(x) = G(x; n = 10, F = 0,3)$

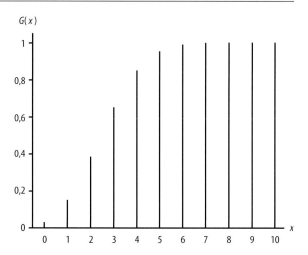

1.3
Parameter und Kennwerte bei zählender Prüfung

Die Werte der Wahrscheinlichkeitsdichte $g(x)$ sind Durchschnittswerte für die relative empirische Häufigkeit $h(x)$. Wenn Sie 1000 Disketten derselben Herkunft willkürlich in $k = 100$ Stichproben vom Umfang $n = 10$ aufteilen und unter gleichen Bedingungen auf Ausfall innerhalb einer bestimmten Zeitspanne testen, dann werden Sie in den einzelnen Stichproben unterschiedliche Anzahlen defekter Disketten finden. Die beobachtete relative Häufigkeit

$$h(x) = \frac{\text{Absolute Häufigkeit genau } x \text{ fehlerhafter Einheiten}}{\text{Anzahl } k \text{ der untersuchten Stichproben}} \qquad (1.3.1)$$

wird für jede Anzahl x ungefähr, aber nicht genau mit der Wahrscheinlichkeitsdichte $g(x)$ übereinstimmen. Erst im Grenzfall beliebig vieler Stichprobenuntersuchungen könnten Sie von exakter Gleichheit ausgehen:

$$\lim_{k \to \infty} h(x) = g(x). \qquad (1.3.2)$$

Eine Untersuchung von 100 Stichproben könnte für $h(x)$ und die empirische Summenhäufigkeit

$$H(x) = \sum_{i=0}^{x} h(i) \qquad (1.3.3)$$

die in Tabelle 1.2 aufgeführten Werte liefern.

Tabelle 1.2. Relative Häufigkeit und Summenhäufigkeit als Ergebnis einer Untersuchung von 100 Stichproben vom Umfang $n = 10$

x	$h(x)$ in %	$H(x)$ in %
0	3	3
1	12	15
2	23	38
3	27	65
4	20	85
5	10	95
6	4	99
7	1	100
8	0	100
9	0	100
10	0	100

Die Auswertung ergibt einen Ausfall von 300 Disketten, was bei insgesamt 1000 Disketten zufällig genau dem Wert der Ausfallwahrscheinlichkeit $F = 0{,}3$ entspricht. Die einzelnen Häufigkeiten aber weichen geringfügig von $g(x)$ bzw. $G(x)$ ab. Deren Werte dienen der Prognose erwarteter Beobachtungswerte. Die Beobachtungswerte können der Schätzung von Parametern der statistischen Grundgesamtheit, hier also der Ausfallwahrscheinlichkeit F, dienen.

Wir wollen die Begriffe Grundgesamtheit und Parameter noch an einer typischen Anwendung statistischer Methoden aus dem Bereich der Abnahmeprüfung verdeutlichen. Die Beurteilung des Fehleranteils p umfangreicher Liefer- oder Fertigungslose kann als Stichprobenprüfung erfolgen. Diese Prüfung ist eine zählende Prüfung. Die Anzahl x fehlerhafter Einheiten, die in einer Stichprobe vom Umfang n enthalten sind, werden bestimmt und dienen als Stichproben-Kennwerte der Entscheidung über Annahme oder Rückweisung des Loses. In diesem Kontext sind

Grundgesamtheit	Parameter der Grundgesamtheit
Los vom Umfang N, enthält d fehlerhafte Einheiten	d und $p = \dfrac{d}{N}$

(1.3.4)

und

Stichprobe	Kennwerte der Stichprobe
Zufällig der Grundgesamtheit entnommene Teilmenge vom Umfang n, enthält x fehlerhafte Einheiten	x und $\hat{p} = \dfrac{x}{n}$

(1.3.5)

Der Fehleranteil p des Loses ist grundsätzlich durch eine 100%-Prüfung exakt bestimmbar. Im Rahmen einer Stichprobenprüfung wird ein zu beurteilendes Los zurückgewiesen, wenn der Stichproben-Kennwert x oberhalb einer gewissen Schranke c liegt. Die Wahrscheinlichkeit der Annahme ist für große Lose in guter Näherung gegeben durch

$$G(c;n,p) = \sum_{i=0}^{c} \binom{n}{i} p^i (1-p)^{n-i}, \tag{1.3.6}$$

die Verteilungsfunktion der Binomialverteilung.

1.4
Stetige Verteilungen

In den vorangegangenen Fragen und Antworten haben wir stets von einer nicht näher spezifizierten Zeitspanne gesprochen, auf die sich die Ausfallwahrscheinlichkeit der Datenträger, die selbstverständlich einer zeitlichen Veränderung unterliegt, bezogen hat. Es gibt eine ganze Reihe von zufälligen oder verschleißenden Einflüssen, die die Wahrscheinlichkeit eines Ausfalls mit zunehmender Zeitspanne vergrößern. Wir wollen hier exemplarisch ihre Zeitabhängigkeit unter dem alleinigen Einfluß zufälliger Ausfallmechanismen bestimmen, und gleichzeitig einige allgemeine Eigenschaften stetiger Verteilungen einführen.

Frage
Eine charakteristische Größe für die Zeitabhängigkeit des Ausfallverhaltens ist die Ausfallrate $\lambda(t)$, deren Wert die durchschnittliche relative Abnahme des Bestandes an noch funktionsfähigen Produkten pro Zeiteinheit angibt. Die Wahrscheinlichkeit, daß ein Produkt genau innerhalb einer sehr kleinen Zeitspanne zwischen t und $t + \Delta t$ ausfällt, beträgt also

$$\Delta F(t) = -\Delta R(t) = \lambda(t) R(t) \Delta t. \tag{1.4.1}$$

Wenn ausschließlich zufällige Einflüsse das Ausfallverhalten bestimmen, hängt die Ausfallrate nicht von irgendeiner Vorgeschichte, also auch nicht mehr explizit von der Zeit ab, d.h. λ ist konstant. Ob nämlich ein Produkt im Verlauf dieser kleinen Zeitspanne ausfällt oder nicht, hängt unter diesen Voraussetzungen nur davon ab, ob es zu Beginn des Zeitintervalls noch funktionstüchtig war, und wie groß die Zeitspanne ist.

Können Sie unter den geschilderten Umständen einen expliziten Ausdruck für die Zeitabhängigkeit der Ausfallwahrscheinlichkeit angeben, wenn Sie den Startpunkt eines solchen Ausfallverhaltens, also etwa den Zeitpunkt des ersten Produkteinsatzes beim Kunden mit $t = 0$ identifizieren?

Antwort

Zur Beantwortung dieser Frage bestimmen wir $R(t)$ aus den Vorgaben

$$\Delta R(t) = R(t+\Delta t) - R(t) = -\lambda R(t) \Delta t \quad \text{und} \quad R(t=0) = 1 \qquad (1.4.2)$$

und daraus dann die Ausfallwahrscheinlichkeit

$$F(t) = 1 - R(t). \qquad (1.4.3)$$

Wir wenden die erste der beiden Vorgaben, umgeformt zu

$$R(t+\Delta t) = R(t)(1 - \lambda \Delta t), \qquad (1.4.4)$$

iterativ für $t = 0, \Delta t, 2\Delta t, \ldots, m\Delta t$ an:

$$
\begin{aligned}
R(\Delta t) &= R(0)(1 - \lambda \Delta t) \\
R(2\Delta t) &= R(\Delta t)(1 - \lambda \Delta t) = R(0)(1 - \lambda \Delta t)^2 \\
&\;\;\vdots \\
R(m\Delta t) &= R((m-1)\Delta t)(1 - \lambda \Delta t) = \ldots = R(0)(1 - \lambda \Delta t)^m.
\end{aligned}
\qquad (1.4.5)
$$

Die Vorgaben waren daher in der gegebenen Form zumindest ausreichend, für diskrete Zeitpunkte $t = m\Delta t$ die Zuverlässigkeit zu ermitteln:

$$R(t) = R(0)\left(1 - \frac{\lambda t}{m}\right)^m. \qquad (1.4.6)$$

Wenn also das zugrundegelegte Zeitintervall Δt genügend klein ist, dann läßt sich unter Zuhilfenahme einer gebräuchlichen mathematischen Formelsammlung diese Relation im Grenzfall $\Delta t \to 0$, also $m \to \infty$, für einen festen Bezugszeitpunkt t als exponentielle Zeitabhängigkeit identifizieren:

$$R(t) = e^{-\lambda t} \quad \text{und damit} \quad F(t) = 1 - e^{-\lambda t}. \qquad (1.4.7)$$

Wir hätten die erste Vorgabe statt für den Differenzenquotienten konsistenterweise für den Differentialquotienten, also die Ableitung

$$f(t) = \frac{dF(t)}{dt} = \lambda e^{-\lambda t} = f(t; \lambda) \qquad (1.4.8)$$

der Ausfallwahrscheinlichkeit formulieren müssen. Diese Ableitung $f(t)$ ist die Wahrscheinlichkeitsdichte der einzelnen Ausfallzeitpunkte. Ihr Integral

$$F(t) = \int_0^t f(t')\,dt' = F(t; \lambda) \qquad (1.4.9)$$

ist die stetige Verteilungsfunktion der Ausfallzeitpunkte (Exponentialverteilung). Wir hätten die Ausfallwahrscheinlichkeit (Verteilungsfunktion) auch für zeitabhängige Ausfallraten $\lambda(t)$ durch Lösen der Differentialgleichung

$$\lambda(t) = -\frac{d\big(\ln R(t)\big)}{dt} = -\frac{1}{R(t)}\frac{dR(t)}{dt} \tag{1.4.10}$$

bestimmen können und wären eventuell auf ein Weibull-verteiltes Ausfallverhalten gestoßen. Wir werden darauf an geeigneter Stelle zurückkommen.

1.5
Parameter und Kennwerte bei messender Prüfung

Im Rahmen der Qualitätssicherung interessiert es natürlich, wie groß der Parameter λ der stetigen Verteilungsfunktion $F(t;\lambda)$ ist. Die entsprechende Grundgesamtheit besteht jetzt nicht mehr nur aus einem bestimmten Fertigungs- oder Lieferlos. Sie setzt sich letzten Endes zusammen als Menge aller Produkte identischer Spezifikation, deren Ausfallverhalten unter vergleichbaren Fertigungs-, Liefer-, Einsatzbedingungen, usw. summarisch durch die stetige Verteilungsfunktion beschrieben werden kann. Diese Menge ist bei genauer Betrachtung unendlich groß, ebenso wie die Menge aller möglichen Ausfallzeitpunkte. Die Bestimmung des Parameters einer stetigen Verteilung wird aus diesen grundsätzlichen Erwägungen heraus stets in einer Stichprobenprüfung bestehen. Der Stichprobenumfang wird bei der Zuverlässigkeitsprüfung auch unter dem Aspekt festzulegen sein, daß es sich hierbei um eine zerstörende Prüfung handelt.

Frage
Sie haben von Ihrem Kundendienst Datenmaterial mit den Zeitpunkten des ersten Ausfalls von Produkten nach Auslieferung erhalten. Sie gehen in Ermangelung weiterer Informationen davon aus, daß ein exponentielles Ausfallverhalten vorliegt. In diesem Fall stimmt die mittlere Lebensdauer

$$\bar{t} = \int_0^\infty t\, f(t)\, dt = \frac{1}{\lambda} = T \tag{1.5.1}$$

mit der charakteristischen Lebensdauer T überein. Können Sie aus den Daten in Tabelle 1.3 einen Schätzwert $\hat{T}$ für T und damit einen Schätzwert $\hat{\lambda}$ für λ angeben?

Antwort
Es liegt auf der Hand, den empirischen Mittelwert dieser $n = 100$ Ausfallzeiten als Schätzwert für die mittlere Lebensdauer zu berechnen:

$$\hat{T} = \frac{1}{n}\sum_{i=1}^{n} t_i = 5005{,}2\,\text{h} \approx 5000\,\text{h}. \tag{1.5.2}$$

Damit erhalten wir den Schätzwert

$$\hat{\lambda} = \frac{1}{\hat{T}} \approx 2\cdot 10^{-4}\,\text{h}^{-1} \tag{1.5.3}$$

Tabelle 1.3. Einsatzdauer t_i bis zum
Zeitpunkt des ersten Ausfalls

Nr.	Einsatzdauer t_i [h]
1	3005
2	2390
3	4934
4	3859
5	970
6	4533
7	9612
8	1014
9	5439
10	14296

für den Parameter λ der Exponentialverteilung. In Abb. 1.3 und 1.4 sind mit dem berechneten Schätzwert $\hat{\lambda}$ die Wahrscheinlichkeitsdichte- und die Verteilungfunktion dargestellt.

Wir fassen die eingeführten Begriffe wieder in einer Übersicht zusammen, die exemplarische Gültigkeit für die Exponentialverteilung besitzt und auf jede (eventuell mehrparametrige) stetige Verteilung verallgemeinert werden kann:

Grundgesamtheit	Parameter der Grundgesamtheit
Kontinuierlicher Warenstrom gleichartiger Produkte	λ und $T = \dfrac{1}{\lambda}$

(1.5.4)

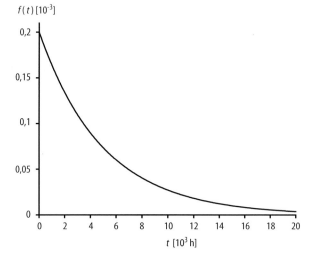

Abb. 1.3. Wahrscheinlichkeitsdichte der Exponentialverteilung
$f(t) = f(t; \lambda = 2 \cdot 10^{-4}\ \mathrm{h}^{-1})$

Abb. 1.4. Verteilungsfunktion der Exponentialverteilung $F(t) = F(t; \lambda = 2 \cdot 10^{-4}\, \text{h}^{-1})$

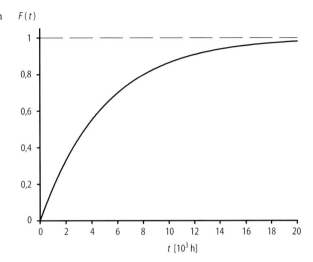

und

Stichprobe	Kennwerte der Stichprobe
Zufällig Teilmenge vom Umfang n aus der Grundgesamtheit, liefert die Urwerte t_i	Urwerte t_i $\hat{\lambda}$ bzw. $\hat{T} = \dfrac{1}{\hat{\lambda}}$

(1.5.5)

Die dargestellte Exponentialverteilung ist selbstverständlich nicht die einzige stetige Verteilung. In der Regel werden allerdings mehr als ein Parameter benötigt, um etwa die mittlere Lage und die Streuung meßbarer Merkmalswerte hinreichend gut zu beschreiben. Von überragender Bedeutung ist in diesem Zusammenhang die Normalverteilung. Ihre Wahrscheinlichkeitsdichte und Verteilungsfunktion sind zweifach parametrisiert:

$$g(x; \mu, \sigma^2) = \frac{1}{\sqrt{2\pi}\,\sigma}\, e^{-\frac{(x-\mu)^2}{2\sigma^2}} \tag{1.5.6}$$

$$G(x; \mu, \sigma^2) = \int_{-\infty}^{x} g(y; \mu, \sigma^2)\, \mathrm{d}y = \frac{1}{\sqrt{2\pi}\,\sigma} \int_{-\infty}^{x} e^{-\frac{(y-\mu)^2}{2\sigma^2}}\, \mathrm{d}y. \tag{1.5.7}$$

Die Parameter der Normalverteilung sind der Mittelwert

$$\mu = \int_{-\infty}^{\infty} x \, g(x;\mu,\sigma^2) \, \mathrm{d}x \tag{1.5.8}$$

und die Varianz

$$\sigma^2 = \int_{-\infty}^{\infty} (x-\mu)^2 \, g(x;\mu,\sigma^2) \, \mathrm{d}x \; . \tag{1.5.9}$$

Beide Relationen lassen sich als entsprechende Verallgemeinerung auf andere stetige Verteilungen übertragen, wenn die Integrationsbereiche auf den jeweiligen Gültigkeitsbereich der Verteilung beschränkt werden. In der Regel umfaßt der Gültigkeitsbereich D die möglichen Merkmalswerte, für die die Wahrscheinlichkeitsdichte echt positiv ist.

An charakteristischen Maßen für stetige Verteilungen stehen noch weitere Größen zur Verfügung, von denen die Schiefe und der Exzeß zusammen mit den beiden Maßen für die mittlere Lage und Streuung im Folgenden angegeben sind:

Mittelwert	$\mu = \int_D x \, g(x) \, \mathrm{d}x$
Varianz	$\sigma^2 = \int_D (x-\mu)^2 \, g(x) \, \mathrm{d}x$
Charlier'sche Schiefe	$\gamma_1 = \dfrac{1}{\sigma^3} \int_D (x-\mu)^3 \, g(x) \, \mathrm{d}x$
Exzeß	$\gamma_2 = \dfrac{1}{\sigma^4} \int_D (x-\mu)^4 \, g(x) \, \mathrm{d}x \; - 3$

$$\tag{1.5.10}$$

Die Schiefe und der Exzeß verschwinden im Fall einer Normalverteilung, d.h.

$$\gamma_1 = 0 \quad \text{und} \quad \gamma_2 = 0.$$

Der W-Test auf Normalverteilung (Shapiro und Wilk, 1965) testet Verteilungen gerade hinsichtlich dieser Eigenschaft. Wir werden auf diesen Test im Rahmen dieses Buches nicht eingehen können und verweisen auf die einschlägige Fachliteratur.

1.6
Zentraler Grenzwertsatz und Standard-Normalverteilung

Die große Bedeutung der Normalverteilung ist begründet in ihrer Eigenschaft als Grenzverteilung von Mittelwerten jeglicher Art. Dabei ist es prinzipiell gleichgültig, ob es sich um den Mittelwert einer Stichprobe sehr großen Umfangs oder um eine vielen additiven Einflüssen ausgesetzte Meßgröße handelt. Diese Tatsache wird quantitativ durch den zentralen Grenzwertsatz erfaßt und beschrieben.

Frage

Wir haben bereits die Schätzgröße

$$\hat{T} = \frac{1}{n} \sum_{i=1}^{n} t_i \tag{1.6.1}$$

für die charakteristische Lebensdauer T exponentiell verteilter Zufallsgrößen kennengelernt. Diese Schätzung basiert auf n unabhängigen Urwerten t_i und der Form ihrer Verteilungsfunktion. Die Schätzgröße selbst ist ebenso wie die Urwerte eine stetige Zufallsgröße, die von Stichprobe zu Stichprobe variierende Werte annehmen kann und daher einer eigenen statistischen Verteilung genügt. Die Genauigkeit der Schätzung hängt ab von den Details dieser Verteilungsfunktion, die aus der Verteilung sämtlicher Urwerte abgeleitet werden kann. Wir geben die Wahrscheinlichkeitsdichte der Verteilung von $\hat{T}$ ohne diese Ableitung an:

$$g(\hat{T}; n, T) = \frac{1}{(n-1)! \, T} \left(\frac{n\hat{T}}{T} \right)^{n-1} e^{-\frac{n\hat{T}}{T}}. \tag{1.6.2}$$

Wie hängen Mittelwert, Varianz, Schiefe und Exzeß dieser Verteilung vom Stichprobenumfang n ab? Welche Grenzverteilung erwarten Sie für sehr große Stichprobenumfänge?

Antwort

Die Schätzgröße $\hat{T}$ kann nur positive Werte annehmen. Die zu berechnenden Integrale sind mit den Lösungen in der folgender Zusammenfassung festgehalten:

Mittelwert	$\mu_{\hat{T}} = \int_0^\infty \hat{T} \, g(\hat{T}; n, T) \, d\hat{T} = T$	
Varianz	$\sigma_{\hat{T}}^2 = \int_0^\infty (\hat{T} - \mu_{\hat{T}})^2 \, g(\hat{T}; n, T) \, d\hat{T} = \dfrac{T^2}{n}$	(1.6.3)
Charlier'sche Schiefe	$\gamma_1 = \dfrac{1}{\sigma_{\hat{T}}^3} \int_0^\infty (\hat{T} - \mu_{\hat{T}})^3 \, g(\hat{T}; n, T) \, d\hat{T} = \dfrac{2}{\sqrt{n}}$	
Exzeß	$\gamma_2 = \dfrac{1}{\sigma_{\hat{T}}^4} \int_0^\infty (\hat{T} - \mu_{\hat{T}})^4 \, g(\hat{T}; n, T) \, d\hat{T} - 3 = \dfrac{6}{n}$	

In der zweiten Teilfrage haben wir Sie dazu aufgefordert, entweder geschickt zu raten, oder in einem Fachbuch oder Lexikon der mathematischen Statistik den zentralen Grenzwertsatz nachzuschlagen (Bosch, 1992; Fisz, 1989; Müller, 1991). Wir skizzieren zum Abschluß dieses Kapitels die Bestimmung der Grenzverteilung für sehr große Stichprobenumfänge und gelangen dabei zur Standard-Normalverteilung.

Um die Folge von Wahrscheinlichkeitsdichten und Verteilungsfunktionen der Schätzgröße $\hat{T}$ mit wachsendem Stichprobenumfang n beurteilen zu können, müssen wir zunächst eine standardisierende Transformation durchführen:

$$u = \frac{\hat{T} - \mu_{\hat{T}}}{\sigma_{\hat{T}}} \tag{1.6.4}$$

Die Folge $g_n(u)$ der Wahrscheinlichkeitsdichten dieser Zufallsgröße u liefert die charakteristischen Größen (vgl. erste Teilantwort) :

Mittelwert: 0
Varianz: 1
Schiefe: $2/\sqrt{n}$
Exzeß: $6/n$

Mit wachsendem Stichprobenumfang n werden Schiefe und Exzeß, wie auch alle weiteren charakteristischen Größen höherer Ordnung, immer kleiner und verschwinden im Limes beliebig großer Stichprobenumfänge $(n \to \infty)$. Dagegen sind Mittelwert und Varianz während dieses Grenzübergangs konstant. Die Folge der Verteilungen nähert sich dabei asymptotisch der Standard-Normalverteilung:

$$g_n(u) \to g(u) = \frac{1}{\sqrt{2\pi}} e^{-\frac{u^2}{2}}. \tag{1.6.5}$$

Diese Aussage ist allgemein für den empirischen Mittelwert $\bar{x}$ fast beliebiger unabhängiger Zufallsgrößen im zentralen Grenzwertsatz formuliert. Falls die Verteilungen der einzelnen Zufallsgrößen um denselben Mittelwert μ mit einer gemeinsamen Standardabweichung σ streuen, dann besagt der zentrale Grenzwertsatz, daß die Folge von Verteilungsfunktionen der standardisierten Variablen

$$u = \frac{\bar{x} - \mu}{\sigma} \sqrt{n} \tag{1.6.6}$$

asymptotisch gegen die Verteilungsfunktion der Standard-Normalverteilung

$$G_n(u) \rightarrow G(u) = \frac{1}{\sqrt{2\pi}} \int\limits_{-\infty}^{u} e^{-\frac{u'^2}{2}} \, \mathrm{d}u' \tag{1.6.7}$$

strebt.

Dem Anwender stehen heute eine Vielzahl von Testalgorithmen zum Beispiel als Bestandteil von CAQ-Programmpaketen zur Verfügung. Doch auch die detaillierteste Hilfe dieser sehr nützlichen Werkzeuge kann nicht die notwendigen Kenntnisse ersetzen, über die der Praktiker bei der adäquaten Auswahl und Beurteilung statistischer Tests verfügen sollte.

2 Statistische Verteilungen

Dieses Kapitel enthält eine Auswahl der wichtigsten Verteilungen diskreter und stetiger Zufallsgrößen und eine kurze Beschreibung ihrer Anwendungen im Rahmen der statistischen Qualitätssicherung. In einer Übersichtstabelle am Schluß dieses Kapitels sind diese Verteilungen und Anwendungen nochmals stichwortartig zusammengefaßt.

Zur vereinfachenden Darstellung einiger Verteilungsfunktionen verwenden wir die Werte der Gamma-Funktion für ganz- und halbzahlige Argumente:

$$\Gamma(m+1) = m! \quad \text{und} \quad \Gamma(m+\frac{1}{2}) = \frac{\sqrt{\pi}\,(2m)!}{2^{2m}\,m!} \quad \text{für} \quad m = 0,1,2,\ldots . \tag{2.1}$$

2.1
Hypergeometrische Verteilung

Die hypergeometrische Verteilung beschreibt die Wahrscheinlichkeit, mit der eine diskrete Zufallsgröße wie die Anzahl fehlerhafter Einheiten in einer Stichprobe auftritt.

Ein Los enthält N Einheiten, von denen d fehlerhaft und $N - d$ fehlerfrei sind. Sie ziehen eine zufällig zusammengesetzte Stichprobe des Umfangs n. Diese n Einheiten entnehmen Sie ohne Zurücklegen. In der Stichprobe befindet sich anschließend als Zufallsgröße eine bestimmte Anzahl x an fehlerhaften Einheiten.

Ebensogut können Sie sich statt eines Lieferungs- oder Fertigungsloses modellhaft eine Urne vorstellen, die d schwarze und $N - d$ weiße Kugeln enthält. Sie entnehmen dieser Urne zufällig n Kugeln ohne Zurücklegen. Die diskrete Zufallsgröße x ist dann die Anzahl schwarzer Kugeln in Ihrer Stichprobe.

Diese Zufallsgrößen sind beide hypergeometrisch verteilt mit den Einzelwahrscheinlichkeiten

$$g(x;n,N,d) = \frac{\binom{d}{x} \cdot \binom{N-d}{n-x}}{\binom{N}{n}} = \frac{d!(N-d)!n!(N-n)!}{x!(d-x)!(n-x)!(N-d-n+x)!N!} \tag{2.1.1}$$

genau x fehlerhafte Einheiten bzw. schwarze Kugeln in der Stichprobe zu finden.

Die hypergeometrische Verteilung besitzt hinsichtlich ihrer praktischen Anwendbarkeit im Vergleich zu allen anderen in diesem Kapitel behandelten Verteilungen einen gravierenden Nachteil. Ihre Parameterliste enthält explizit den Losumfang N. Sie stellt zwar die exakte Verteilung für die oben beschriebene Form der Stichprobennahme dar, wird aber in der Praxis für große Losumfänge näherungsweise durch die Binomialverteilung ersetzt. Wir werden darauf im nächsten Abschnitt zurückkommen.

2.2
Binomialverteilung

Die Binomialverteilung beschreibt ebenso wie die hypergeometrische Verteilung diskrete Zufallsgrößen wie die Anzahl fehlerhafter Einheiten in einer Stichprobe. Vollständig exakt ist eine Beschreibung durch die Binomialverteilung in den folgenden beiden Fällen. Beide Male geht es wieder um ein Liefer- oder Fertigungslos, bestehend aus d fehlerhaften und $N - d$ fehlerfreien, also insgesamt N Einheiten. Wiederum ziehen Sie eine zufällig zusammengesetzte Stichprobe des Umfangs n.

Im ersten Fall, ohne wirkliche Anwendungsrelevanz für den Bereich der statistischen Qualitätssicherung, entnehmen Sie diese n Einheiten mit Zurücklegen. Jede der nacheinander dem Los entnommenen Einheiten wird vor der Entnahme der nächsten Einheit zunächst auf Fehlerhaftigkeit geprüft und dann unabhängig vom Resultat dieser Prüfung wieder in das Los zurückgelegt. Nach Abschluß der Stichprobennahme haben Sie x fehlerhafte Einheiten gezählt.

Der zweite Fall ist der mathematische Grenzfall formal unendlicher Losgröße N, der sich zwar durch Liefer- oder Fertigungslose nicht völlig exakt verwirklichen läßt, der aber abgewandelt zu einer Näherungsvorschrift bei der statistischen Beschreibung der Anzahl fehlerhafter Einheiten in Stichproben breiteste Anwendung findet. Die Hypergeometrische Verteilung kann immer dann durch die Binomialverteilung ersetzt werden, wenn Losumfang N und Stichprobenumfang n die Bedingungen

$$N \geq 50 \quad \text{und} \quad \frac{n}{N} \leq \frac{1}{10} \qquad (2.2.1)$$

erfüllen. Dabei ziehen Sie die Stichprobe in der Praxis selbstverständlich ohne Zurücklegen.

In beiden Fällen ist die Einzelwahrscheinlichkeit der Zufallsvariablen x, der Anzahl fehlerhafter Einheiten in der Stichprobe, gegeben durch

$$g(x; n, p) = \binom{n}{x} p^x (1-p)^{n-x} , \qquad (2.2.2)$$

wobei

$$p = \frac{d}{N} \qquad\qquad (2.2.3)$$

der mittlere Anteil fehlerhafter Einheiten im Los ist.

Eine weitere wichtige praxisrelevante Anwendung findet die Binomialverteilung bei der Bestimmung von Ausfallwahrscheinlichkeiten komplexer Bauteile, wenn die Zuverlässigkeiten der einzelnen Baukomponenten bekannt sind.

In Tabelle B1 sind für ausgewählte p und n die Verteilungs- und die Wahrscheinlichkeitsfunktionen angegeben.

2.3
Poisson-Verteilung

Die dritte wichtige Verteilung zur Beschreibung diskreter Zufallsvariablen im Bereich der statistischen Qualitätssicherung ist die Poisson-Verteilung, benannt nach dem französischen Mathematiker und Physiker Siméon Denis Poisson (1781-1840). Sie wird vorwiegend in zwei Fällen angewendet.

Im ersten Fall kann eine Fertigungseinheit praktisch mit beliebig vielen Fehlern behaftet sein. Am einfachsten läßt sich diese Anwendungsmöglichkeit durch zwei Beispiele erläutern. Bei der Stahlproduktion treten unbeabsichtigt, aber unvermeidlich, Fremdeinschlüsse variabler Größe auf. Die Spannweite reicht von kieselsteingroßen Schlackeeinschlüssen bis hin zu Verunreinigungen im Nanometerbereich. So kann in einem Stahlblech eine nahezu unbeschränkte Anzahl dieser Fehler auftreten. Ein anderes Beispiel ist die Anzahl von Webfehlern in der Produktion von Tuchballen. Pro laufendem Meter Tuch können dabei sehr viele dieser Fehler auftreten. In beiden Beispielen ist der Parameter der Poisson-verteilten Grundgesamtheit die mittlere Anzahl von Fehlern pro gefertigter Einheit.

Der zweite wichtige Anwendungsbereich der Poisson-Verteilung ist die Beschreibung der Anzahl fehlerhafter Einheiten im Grenzfall seltener Ereignisse. Um für diesen Fall durch Ziehen einer Strichprobe Aussagen über den Anteil fehlerhafter Einheiten in der Grundgesamtheit treffen zu können, muß der Umfang n der Stichprobe sehr groß gewählt werden. Nur dann können wir erwarten, daß die Wahrscheinlichkeit, ein, zwei oder mehr fehlerhafte Einheiten in der Stichprobe zu finden, im aussagekräftigen Bereich von einigen Prozent liegt.

Wenn also n sehr groß und p sehr klein wird, etwa

$$n \cdot p \le 10 \text{ und } n \ge 1500p \ , \qquad\qquad (2.3.1)$$

kann die Poisson-Verteilung als Grenzverteilung der Binomialverteilung aufgefaßt werden.

In beiden Fällen ist die Einzelwahrscheinlichkeit, in der Stichprobe x Fehler bzw. fehlerhafte Einheiten zu finden, parametrisiert durch die mittlere in der

Stichprobe zu erwartende Anzahl μ von Fehlern bzw. fehlerhaften Einheiten. Diese Einzelwahrscheinlichkeit lautet

$$g(x;\mu) = \frac{\mu^x}{x!} e^{-\mu} \ . \tag{2.3.2}$$

In Tabelle B2 sind für ausgewählte μ die Verteilungs- und die Wahrscheinlichkeitsfunktionen angegeben.

2.4
Normalverteilung

Die wichtigste Verteilung zur Beschreibung stetiger Zufallsgrößen wie Längen, elektrischen Stromstärken, Widerständen etc. stellt die Normalverteilung dar. Sie geht historisch auf Abraham de Moivre (1667–1754) und Pierre Simon Laplace (1749–1827) zurück und wurde davon unabhängig von Carl Friedrich Gauß (1777–1855) für die Fehler- und Ausgleichsrechnung entwickelt.

Zahlreiche zufällige Ereignisse resultieren in der Praxis aus einer additiven Überlagerung vieler zufälliger Einzeleffekte. Die besondere Bedeutung der Normalverteilung für solche Zufallsgrößen erschließt sich durch Anwendung des zentralen Grenzwertsatzes.

Die Wahrscheinlichkeitsdichte einer normalverteilten Zufallsgröße x ist eindeutig festgelegt durch den Mittelwert μ und die Standardabweichung σ der Verteilung:

$$g(x;\mu,\sigma^2) = \frac{1}{\sqrt{2\pi}\,\sigma} e^{-\frac{(x-\mu)^2}{2\sigma^2}} \ . \tag{2.4.1}$$

Die entsprechende Verteilungsfunktion ist das untere Wahrscheinlichkeitsintegral

$$G(x;\mu,\sigma^2) = \int_{-\infty}^{x} g(y;\mu,\sigma^2)\,dy = \frac{1}{\sqrt{2\pi}\,\sigma} \int_{-\infty}^{x} e^{-\frac{(y-\mu)^2}{2\sigma^2}}\,dy \ . \tag{2.4.2}$$

Tabelliert und programmiert wird die Standard-Normalverteilung (Tabelle B3) in der Form

$$G(u) = G(u;0,1) = \frac{1}{\sqrt{2\pi}} \int_{-\infty}^{u} e^{-\frac{z^2}{2}}\,dz \ . \tag{2.4.3}$$

Die Verteilungsfunktion jeder normalverteilten Zufallsgröße läßt sich durch die einfache Transformation

$$u = \frac{x-\mu}{\sigma} \tag{2.4.4}$$

auf die Verteilungsfunktion der Standard-Normalverteilung abbilden.

Neben den ursprünglichen einzelnen Meßwerten in einer Stichprobe normalverteilter Größen ist eine Vielzahl von daraus abgeleiteten Kennwerten ebenfalls
normalverteilt. Dazu gehören in erster Linie der empirische Mittelwert einer
solchen Stichprobe, allgemein beliebige Summen und Differenzen normalverteilter Einzelwerte. Darüber hinaus beschreibt die Normalverteilung näherungsweise sehr gut die Verteilung der Mediane von Meßreihen normalverteilter
Merkmalswerte. Letztlich können zahlreiche Kennwerte von Stichproben hinreichend großen Umfangs in guter Näherung rechnerisch als statistisch normalverteilt angesehen werden, unabhängig von ihrer exakten Verteilung. Wie die
entsprechende Normalverteilung jeweils zu parametrisieren ist, werden wir im
folgenden einzeln ausführen.

Der empirische Mittelwert

$$\bar{x} = \frac{1}{n} \sum_{i=1}^{n} x_i \tag{2.4.5}$$

einer Stichprobe (μ, σ^2)-normalverteilter Merkmalswerte x_i des Umfangs n ist
selbst normalverteilt um den Mittelwert μ mit der Varianz

$$\sigma_{\bar{x}}^2 = \frac{\sigma^2}{n} \quad \text{(s. Abb. 2.1)} . \tag{2.4.6}$$

Die Verteilungsfunktion von $\bar{x}$ läßt sich also berechnen zu

$$G(\bar{x}; \mu, \frac{\sigma^2}{n}) = \frac{1}{\sqrt{2\pi}\,\sigma/\sqrt{n}} \int_{-\infty}^{\bar{x}} e^{-\frac{(y-\mu)^2}{2\sigma^2/n}} \, \mathrm{d}y . \tag{2.4.7}$$

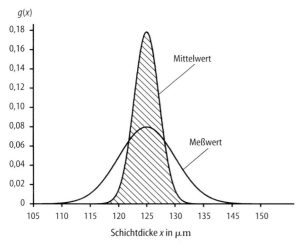

Abb. 2.1. Wahrschein-
lichkeitsdichtefunktionen von
normalverteilten Meßwerten
($\mu = 125\,\mu\mathrm{m}, \sigma = 5\,\mu\mathrm{m}$) und
Mittelwerten von Stichproben
vom Umfang $n = 5$

Der Median (Zentralwert)

$$\tilde{x} = \begin{cases} x_{\left(\frac{n+1}{2}\right)} & \text{für ungerade } n \\ \frac{1}{2}\left(x_{\left(\frac{n}{2}\right)} + x_{\left(\frac{n}{2}+1\right)} \right) & \text{für gerade } n \end{cases} \qquad (2.4.8)$$

einer geordneten Meßreihe

$$x_{(1)} \le x_{(2)} \le \cdots \le x_{(n)} \qquad (2.4.9)$$

ist näherungsweise schon bei kleinen Stichprobenumfängen ebenfalls normalverteilt um den Mittelwert μ, allerdings mit der Varianz

$$\sigma_{\tilde{x}}^2 = c_n^2 \, \frac{\sigma^2}{n}. \qquad (2.4.10)$$

Die tabellierten Koeffizienten $c_n > 1$ (Tabelle B11) beschreiben die im Vergleich zu den Mittelwerten vergrößerte Streuung der Mediane.

Summen und Differenzen normalverteilter Merkmalswerte sind ebenfalls normalverteilt. Wenn etwa x und y zwei normalverteilte Zufallsvariablen mit den Parametern

$$(\mu_x, \sigma_x) \text{ und } (\mu_y, \sigma_y)$$

bezeichnen, so sind sowohl die Summe $x + y$ als auch die Differenz $x - y$ normalverteilt mit den Parametern

$$\mu_{ges} = \mu_x + \mu_y \text{ bzw. } \mu_{ges} = \mu_x - \mu_y \text{ und } \sigma_{ges} = \sqrt{\sigma_x^2 + \sigma_y^2} \ . \qquad (2.4.11)$$

In beiden Fällen addieren sich also die Varianzen zur resultierenden Gesamtvarianz

$$\sigma_{ges}^2 = \sigma_x^2 + \sigma_y^2 \ . \qquad (2.4.12)$$

Dieser Sachverhalt findet seine Anwendung, wenn mehrere Fertigungsprozesse, Meßgeräte u.v.m. miteinander verglichen werden sollen.

2.5
Näherung diskreter Verteilungen durch eine Normalverteilung

Schließlich können auch Kennwerte diskreter Verteilungen näherungsweise mit Hilfe der Normalverteilung beschrieben werden, insbesondere bei großen Stichprobenumfängen. Die Bedingungen für die Anwendbarkeit dieser vor allem im angloamerikanischen Sprachraum weit verbreiteten Vorgehensweise haben wir in der folgenden Übersicht zusammengefaßt.

	Hypergeometrische Verteilung	Binomial-Verteilung	Poisson-Verteilung	
Mittelwerte	$n\dfrac{d}{N}$	$n\,p$	μ	
Varianzen	$n\dfrac{d}{N}\left(1-\dfrac{d}{N}\right)\dfrac{N-n}{N-1}$	$n\,p\left(1-p\right)$	μ	(2.5.1)
Grenzen der Anwendbarkeit	$n\dfrac{d}{N}\left(1-\dfrac{d}{N}\right)\dfrac{N-n}{N-1} > 9$	$n\,p\left(1-p\right) > 9$	$\mu > 9$	

2.6
Chi-Quadrat-Verteilung

Die zweite wichtige stetige Verteilung, die wir im Rahmen dieses Buches verwenden werden, ist die Chi-Quadrat-Verteilung (Helmert-Pearson-Verteilung, nach Friedrich Robert Helmert, 1843–1917, und Karl Pearson, 1857–1936). Sie findet ihre Anwendung in der exakten Verteilung der empirischen Varianzen normalverteilter Merkmalswerte sowie im sogenannten Chi-Quadrat-Test, einem unter sehr allgemeinen Bedingungen verwendbaren Vergleichstest von gefundenen Häufigkeiten und Modellverteilungen. Darüber hinaus können mit ihrer Hilfe aus Stichprobenergebnissen Poisson-verteilter Fehleranzahlen Vertrauensbereiche für den mittleren Fehler pro Einheit berechnet werden.

Die Wahrscheinlichkeitsdichte der Chi-Quadrat-Verteilung einer stetigen Zufallsgröße mit f Freiheitsgraden lautet

$$g(\chi^2) = \frac{1}{2^{\frac{f}{2}}\,\Gamma\left(\dfrac{f}{2}\right)}\,(\chi^2)^{\frac{f}{2}-1}\,e^{-\frac{\chi^2}{2}} \qquad (\chi^2 > 0). \tag{2.6.1}$$

So sind die in Stichproben des Umfangs n gefundenen empirischen Varianzen einer (μ, σ^2)-normalverteilten Grundgesamtheit

$$s^2 = \frac{1}{n-1}\sum_{i=1}^{n}(x_i - \bar{x})^2 \tag{2.6.2}$$

nach der Substitution

$$\chi^2_{n-1} = \frac{(n-1)\,s^2}{\sigma^2} \tag{2.6.3}$$

Chi-Quadrat-verteilt mit

$$f = n-1 \tag{2.6.4}$$

Freiheitsgraden.

Im Chi-Quadrat-Anpassungstest werden die in großen Stichproben ($n > 50$) gefundenen Klassenhäufigkeiten n_i mit den in den jeweiligen Klassen im Mittel zu erwartenden Häufigkeiten v_i einer zugrunde gelegten Modellverteilung verknüpft zur Testgröße

$$\chi^2_{Pr\ddot{u}f} = \sum_{j=1}^{k} \frac{(n_j - v_j)^2}{v_j} \text{ (mit } f = k - 3 \text{ und } k = \text{ Anzahl der Klassen).} \qquad (2.6.5)$$

Diese Größe ist dann Chi-Quadrat-verteilt, wenn die Modellverteilung der tatsächlichen Grundgesamtheit entspricht. Wir werden auf die Details dieses Tests später zurückkommen.

2.7
t-Verteilung

Eine Zufallsgröße heißt t-verteilt mit f Freiheitsgraden, wenn ihre Wahrscheinlichkeitsdichte in der folgenden Form geschrieben werden kann:

$$g(t) = \frac{\Gamma\left(\frac{f+1}{2}\right)\left(1 + \frac{t^2}{f}\right)^{-\frac{f+1}{2}}}{\Gamma\left(\frac{f}{2}\right)\sqrt{\pi f}} . \qquad (2.7.1)$$

Die t-Verteilung oder auch Student-Verteilung geht auf den englischen Statistiker William Sealy Gosset (1876–1935) zurück, der von Berufs wegen vor allem im Brauereiwesen tätig war und unter dem Pseudonym „Student" publizierte. Sie beschreibt insbesondere Zufallsvariablen, die sich im wesentlichen als Quotient aus einem normalverteilten und einem Chi-Quadrat-verteilten Kennwert wie dem Mittelwert und dessen Standardabweichung

$$\overline{x} = \frac{1}{n}\sum_{i=1}^{n} x_i \text{ und } s = \sqrt{\frac{1}{n-1}\sum_{i=1}^{n}(x_i - \overline{x})^2} \qquad (2.7.2)$$

einer Stichprobe normalverteilter Merkmalswerte schreiben läßt. Wenn für deren Grundgesamtheit weder der Mittelwert μ noch die Standardabweichung σ bekannt sein sollten, dann sind die Vertrauensbereiche für μ mit Hilfe der t-Verteilung zu ermitteln.

Allgemein genügt der Quotient

$$t = \frac{u}{\sqrt{\chi^2_f / f}} \qquad (2.7.3)$$

einer standard-normalverteilten Größe u und der Wurzel aus dem Verhältnis einer Chi-Quadrat-verteilten Größe zur Anzahl f der Freiheitsgrade, falls diese beiden Zufallsgrößen voneinander unabhängig sind, einer t-Verteilung mit ebenfalls f Freiheitsgraden.

Speziell ist für den empirischen Mittelwert die Größe

$$u = \frac{\bar{x} - \mu}{\sigma / \sqrt{n}} \qquad (2.7.4)$$

standard-normalverteilt. Die empirische Varianz ist nach der bereits bekannten Transformation

$$\chi^2_{n-1} = \frac{(n-1)s^2}{\sigma^2} \qquad (2.7.5)$$

Chi-Quadrat-verteilt. Also ist

$$t = \frac{\bar{x} - \mu}{s / \sqrt{n}} \qquad (2.7.6)$$

t-verteilt mit $n-1$ Freiheitsgraden.

Die t-Verteilung nähert sich mit wachsender Anzahl von Freiheitsgraden, also hier mit wachsendem Stichprobenumfang immer mehr der Standard-Normalverteilung an (s. Abb. 2.2). Ist die Standardabweichung σ der normalverteilten Merkmalswerte nicht bekannt, so lassen sich wie angesprochen unter Verwendung der Zufallsstreubereiche der t-Verteilung die entsprechenden Vertrauensbereiche für den Mittelwert μ der Grundgesamtheit bestimmen. Ein so ermittelter Vertrauensbereich ist gegenüber dem Fall, daß σ bekannt ist, vor allem für kleine Stichprobenumfänge erkennbar verbreitert. Je größer aber der Stichprobenumfang gewählt wurde, desto geringer fällt diese Verbreiterung aus. Sie beträgt bei $n = 100$ für die meisten wesentlichen Anwendungen weniger als 2 %.

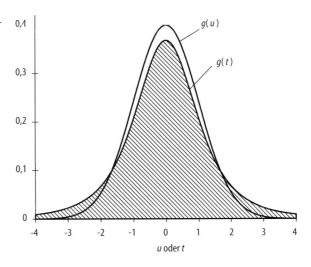

Abb. 2.2. Die Wahrscheinlichkeitsdichte der t-Verteilung mit dem Freiheitsgrad $f=3$ (schattiert) im Vergleich zur Wahrscheinlichkeitsdichte der Standard-Normalverteilung

Auf die geeignete Verwendung der t-Verteilung bei quantitativen Ausreißertests werden wir noch zu sprechen kommen. Dort dient sie zur Bestimmung der Zufallsstreubereiche der Thompson-Verteilung.

2.8
F-Verteilung

Die Fisher'sche F-Verteilung oder auch Snedecor-Verteilung wird vor allem in statistischen Prüfverfahren wie dem F-Test und der Varianzanalyse eingesetzt. Sir Ronald Alymer Fisher (1890–1962) kann als der herausragende Statistiker des 20. Jahrhunderts angesehen werden.

Im F-Test werden die in zwei Stichproben gefundenen empirischen Varianzen miteinander verglichen. Wenn also für die erste Stichprobe des Umfangs n_A die Varianz s_A^2, und aus den n_B Meßwerten der zweiten Stichprobe die Varianz s_B^2 ermittelt wurden, dann genügt der Quotient

$$F = \frac{s_A^2}{s_B^2} \qquad (2.8.1)$$

als Zufallsgröße einer F-Verteilung mit $(n_A - 1, n_B - 1)$ Freiheitsgraden, unter der Voraussetzung, daß die beiden Grundgesamtheiten A und B normalverteilt sind und deren Standardabweichungen gleich groß sind ($\sigma_A = \sigma_B = \sigma$).

Die Wahrscheinlichkeitsdichte einer F-verteilten Zufallsgröße mit (f_A, f_B) Freiheitsgraden lautet

$$g(F) = \frac{\Gamma\left(\frac{f_A + f_B}{2}\right)}{\Gamma\left(\frac{f_A}{2}\right)\Gamma\left(\frac{f_B}{2}\right)} \left(\frac{f_A}{f_B}\right)^{\frac{f_A}{2}} \frac{F^{\frac{f_A}{2}-1}}{(1 + \frac{f_A}{f_B} F)^{\frac{f_A + f_B}{2}}} \cdot \qquad (2.8.2)$$

In dem breiten Feld der Varianzanalyse werden die Einflüsse eines oder mehrerer Faktoren auf relevante Qualitätsmerkmale statistisch analysiert. Wie der Name schon sagt, werden dazu im allgemeinen zwei geeignete aus einer Reihe von Stichproben ermittelte empirische Varianzen miteinander verglichen, um so einzelne Einflußfaktoren als mögliche Steuergrößen identifizieren zu können.

Im Grenzfall $f_B \to \infty$ muß die F-Verteilung im wesentlichen in die Chi-Quadrat-Verteilung übergehen, denn in diesem Fall ist die Standardabweichung σ der beiden Grundgesamtheiten als bekannt vorauszusetzen.

Die Verwandtschaft der F-Verteilung mit der Chi-Quadrat-Verteilung zeigt sich darüber hinaus auch in der auf den ersten Blick überraschenden Möglichkeit, mit beiden Verteilungen Vertrauensbereiche für die Parameter diskreter Grundgesamtheiten aus Stichprobenergebnissen exakt berechnen zu können. Wie schon erwähnt, können mit Hilfe der Chi-Quadrat-Verteilung Vertrauensbereiche für die mittlere Anzahl von Fehlern pro Einheit angegeben werden. Die F-Verteilung kann als rechnerisches Hilfsmittel in ähnlicher Art und Weise dazu dienen, aus einer gefundenen Anzahl fehlerhafter Einheiten auf Vertrauensbereiche für den mittleren Fehleranteil p einer binomialverteilten Grundgesamtheit zu schließen. Außerdem können mit Hilfe der F-Verteilung aus den Kennwerten zweier Stichproben Poisson-verteilter Zufallsgrößen Vertrauensbereiche für das Verhältnis der beiden durchschnittlichen Fehlerzahlen pro Einheit berechnet werden.

2.9
w-Verteilung

Die zweite Spur einer Qualitätsregelkarte für normalverteilte Merkmalswerte dient der Kontrolle der Prozeßstreuung σ. Insbesondere für kleine Stichprobenumfänge n ist neben der Standardabweichung s die Spannweite R (Range)

$$R = x_{Max} - x_{Min} \tag{2.9.1}$$

der Meßwerte x_i eine geeignete Kontrollgröße für σ.

Wie die Meßwerte selbst ist auch die Spannweite R eine Zufallsgröße, deren Verteilungsfunktion jedoch in der Regel in Standardwerken der statistischen Qualitätssicherung allenfalls in tabellierter Form vorliegt. Diese Verteilung wird als w-Verteilung bezeichnet und dient der Festlegung von Warn- und Eingriffsgrenzen für die oben erwähnte R-Spur einer Qualitätsregelkarte.

Diese Tabellenwerte und damit die Operationscharakteristik (OC) der R-Spur ist numerisch bestimmbar mit Hilfe der Verteilungsfunktion der w-Verteilung

$$G(R) = n \int_{-\infty}^{\infty} \left[F(R+x) - F(x) \right]^{n-1} f(x)\, dx \,, \tag{2.9.2}$$

wobei

$$F(x) = \frac{1}{\sqrt{2\pi}\,\sigma} \int_{-\infty}^{x} e^{-\frac{(y-\mu)^2}{2\sigma^2}}\, dy \tag{2.9.3}$$

die Verteilungsfunktion und

$$f(x) = \frac{1}{\sqrt{2\pi}\,\sigma} \, e^{-\frac{(x-\mu)^2}{2\sigma^2}} \tag{2.9.4}$$

die Wahrscheinlichkeitsfunktion einer (μ,σ^2)-normalverteilten Grundgesamtheit sind.

Nur unter der Voraussetzung, daß die Merkmalswerte wirklich normalverteilt sind, ist die w-Verteilung die korrekte Verteilung für die in Stichproben gefundenen Spannweiten. Die angegebene Berechnungsformel kann auch für andere Verteilungen F der Grundgesamtheit verwendet werden. Dann reagiert sie insbesondere für größere Stichprobenumfänge sehr sensibel auf solche Abweichungen von der Normalverteilung, die sich mehrere σ- Einheiten vom Mittelwert μ abspielen.

2.10
Thompson-Verteilung

In Vorlaufuntersuchungen zur Beurteilung der Prozeßfähigkeit und Erstellung von Regelkarten, sowie allgemein bei der Analyse beliebig verteilter Meßwerte, tritt das Problem der Eliminierung von Ausreißern auf. Die Thompson-Verteilung wird benötigt, um in Meßreihen grundsätzlich normalverteilter Merkmalswerte x_i solche möglichen Ausreißer zu identifizieren. Zu diesem Zweck wurde ein Testverfahren, die sogenannte Thompson-Regel, entwickelt (Thompson, 1935), die später mit gleichem Inhalt, aber in leicht veränderter Form als Ausreißertest nach Grubbs aufgeschrieben wurde (Grubbs, 1950).

Die Wahrscheinlichkeitsdichte der Thompson-Verteilung mit f Freiheitsgraden lautet

$$g(\tau) = \begin{cases} \dfrac{\Gamma\left(\dfrac{f+1}{2}\right)}{\Gamma\left(\dfrac{f}{2}\right)\sqrt{\pi(f+1)}}\left(1 - \dfrac{\tau^2}{f+1}\right)^{\frac{f-2}{2}} & \text{für } |\tau| < \sqrt{n+1} \\ \\ 0 & \text{sonst.} \end{cases} \tag{2.10.1}$$

Allerdings müßte die Thompson-Verteilung prinzipiell weder gesondert eingeführt noch separat tabelliert werden, da die einfach berechenbare Zufallsvariable

$$t(\tau) = \frac{\tau\sqrt{f}}{\sqrt{f+1-\tau^2}} \tag{2.10.2}$$

einer t-Verteilung mit ebenfalls f Freiheitsgraden genügt. Die entsprechende Umkehrtransformation ist als

$$\tau(t) = \frac{t\sqrt{f+1}}{\sqrt{f+t^2}} \tag{2.10.3}$$

auszuführen.

2.11
Exponentialverteilung

Die wohl bekannteste Verteilungsfunktion zur Beschreibung von Lebensdauern ist die Exponentialverteilung. Sie findet in Wissenschaft und Technik breiteste Anwendung, angefangen von der Physik radioaktiver Zerfallsprozesse über einfache Populationsdynamik bis hin zur Zuverlässigkeit elektronischer Halbleiter-Bauelemente.

In der Qualitätssicherung spielt sie als ein bedeutender Spezialfall der Weibull-Verteilung als statistisches Modell zufallsbedingter Ausfallerscheinungen eine wichtige Rolle. Sie ist charakterisiert durch eine konstante Ausfallrate λ.

Aus der Zuverlässigkeit $R(t)$, also dem mittleren relativen Bestand von funktionsfähigen Bauteilen nach einer Gebrauchszeit t, berechnet sich die Ausfallrate zu

$$\lambda(t) = -\frac{d\big(\ln R(t)\big)}{dt} = -\frac{1}{R(t)}\frac{dR(t)}{dt} = \frac{1}{T}. \qquad (2.11.1)$$

Dementsprechend ist die Ausfallrate die relative Änderung des mittleren Bestandes pro Zeiteinheit.

Eine konstante Ausfallrate ist daher gleichwertig zu einem Ausfallverhalten

$$F(t) = 1 - R(t) = 1 - e^{-\lambda t} = 1 - e^{-t/T} \qquad (2.11.2)$$

mit der charakteristischen Lebensdauer T des Ausfallprozesses.

Die Ausfallwahrscheinlichkeit pro Zeiteinheit berechnet sich anschließend zu

$$f(t) = \frac{dF(t)}{dt} = \lambda\,e^{-\lambda t} = \frac{1}{T}\,e^{-t/T}. \qquad (2.11.3)$$

$F(t)$ steht in der Theorie der Zuverlässigkeit für failure (Ausfall), $R(t)$ für reliability (Zuverlässigkeit). In der gebräuchlichen Notation der statistischen Beschreibung von Zufallsgrößen stellt $F(t)$ die Verteilungsfunktion, und dementsprechend $f(t)$ die Wahrscheinlichkeitsdichte der Exponentialverteilung dar.

2.12
Weibull-Verteilung

Im Bereich der technischen Zuverlässigkeit weicht der zeitliche Verlauf vieler Ausfallerscheinungen von der in Abschn. 2.11 vorgestellten exponentiellen Form ab. Diese Ausfallerscheinungen sind durch eine zeitlich veränderliche Ausfallrate $\lambda(t)$ charakterisiert. Falls diese Änderung in der einfachen Form

$$\lambda(t) = \frac{b}{T}\left(\frac{t}{T}\right)^{b-1} \qquad (2.12.1)$$

beschrieben werden kann, sind die Zuverlässigkeit $R(t)$, der erwartete Ausfall $F(t)$ als Verteilungsfunktion und die Ausfallwahrscheinlichkeit pro Zeiteinheit $f(t)$ als Wahrscheinlichkeitsdichte der (zweiparametrigen) Weibull-Verteilung wie folgt zu berechnen:

$$R(t) = e^{-\left(\frac{t}{T}\right)^b},$$

$$F(t) = 1 - R(t) = 1 - e^{-\left(\frac{t}{T}\right)^b}, \tag{2.12.2}$$

$$f(t) = \frac{b}{T}\left(\frac{t}{T}\right)^{b-1} e^{-\left(\frac{t}{T}\right)^b}.$$

Darin bezeichnen b die Ausfallsteilheit und T wiederum die charakteristische Lebensdauer der untersuchten Teile. Im allgemeinen ist T nicht identisch mit der mittleren Lebensdauer

$$\bar{t} = \Gamma\left(1+\frac{1}{b}\right)T \tag{2.12.3}$$

Weibull-verteilter Ausfallzeiten.

Selbstverständlich kann auch für eine nahezu beliebige Zeitabhängigkeit der Ausfallrate $\lambda(t)$ ein exakter und zumindest numerisch auch leicht auswertbarer Ausdruck etwa für die Verteilungsfunktion angegeben werden:

$$F(t) = 1 - e^{-\int_0^t \lambda(t')\,dt'}. \tag{2.12.4}$$

In der Tat lassen sich nicht alle beobachteten Ausfallerscheinungen während des gesamten Beobachtungszeitraumes durch eine einzige Ausfallsteilheit charakterisieren.

In der praktischen Anwendung hat nur eine einzige, einfache Erweiterung der zweiparametrigen Weibull-Verteilung ihren Niederschlag gefunden. Sie berücksichtigt als dritten Parameter neben b und T, eine ausfallfreie Zeit t_0 ab Beginn des Beobachtungszeitraums wie etwa eine Lagerungs- oder Transportzeit im Lebensdauergesetz. Daher führt die lineare Transformation

$$t^+ = t - t_0 \quad \text{und} \quad T^+ = T - t_0 \tag{2.12.5}$$

zur dreiparametrigen Weibull-Verteilung

$$F(t - t_0) = 1 - R(t - t_0) = 1 - e^{-\left(\frac{t-t_0}{T-t_0}\right)^b}. \tag{2.12.6}$$

2.13
Weitere wichtige Verteilungen

Im Rahmen der statistischen Qualitätssicherung werden weitere Verteilungsfunktionen verwendet, die entweder in tabellierter Form oder als Nomogramme zur Auswertung vorliegen.

2.13.1
Verteilung des geschätzten Überschreitungsanteils bei Normalverteilung

Die wichtigste Kenngröße in diesem Zusammenhang ist unserer Auffassung nach der Überschreitungsanteil p normalverteilter Merkmalswerte, der außerhalb einer vorgegebenen Toleranz zu erwarten ist. Falls für die normalverteilte Grundgesamtheit weder der Mittelwert μ noch die Standardabweichung σ als bekannt vorausgesetzt werden können, muß dieser Überschreitungsanteil, etwa an der oberen Toleranzgrenze OGW, aus den Stichprobenkennwerten $\bar{x}$ und s geschätzt werden:

$$u_{1-\hat{p}} = \frac{OGW - \bar{x}}{s}, \text{ d.h. } \hat{p} = 1 - \frac{1}{\sqrt{2\pi}} \int_{-\infty}^{\frac{OGW-\bar{x}}{s}} e^{-\frac{x^2}{2}} \, \mathrm{d}x \ . \qquad (2.13.1.1)$$

Die Vertrauensbereiche für den wahren Überschreitungsanteil sind vor allem für kleine Stichprobenumfänge n wesentlich breiter als für den Fall, daß σ bekannt ist. Wir geben hier die Verteilungsfunktion des Quantils $u_{1-\hat{p}}$ dieses Schätzwertes $\hat{p}$ in Abhängigkeit von u_{1-p} und n an,

$$G(u_{1-\hat{p}}) = \frac{1}{\sqrt{2\pi}} \int_0^\infty \mathrm{d}\chi^2 \, g_{n-1}(\chi^2) \int_{u_{un}}^\infty \mathrm{d}u \, e^{-\frac{u^2}{2}} \qquad (2.13.1.2)$$

$$\text{mit } u_{un} = \frac{1}{\sqrt{n}} \left(u_{1-p} - \sqrt{\frac{\chi^2}{n-1}} \, u_{1-\hat{p}} \right) , \qquad (2.13.1.3)$$

aus deren Zufallsstreubereichen für $\hat{p}$ sich die entsprechenden Vertrauensbereiche für p grundsätzlich berechnen lassen.

Für große Stichprobenumfänge n geht die Verteilungsfunktion des Überschreitungsanteiles in eine Normalverteilung über, so daß sich für diesen Grenzfall die gesuchten Vertrauensbereiche ohne weitere Hilfsmittel bestimmen lassen. Wir werden auf diesen Punkt später noch näher eingehen.

2.13.2
Verteilung der Mediane von Stichproben normalverteilter Merkmale

Wie bereits erwähnt, sind die Mediane $\tilde{x}$ von Stichproben aus (μ, σ^2)-normal-
verteilten Grundgesamtheiten bereits für kleine Stichprobenumfänge n in guter
Näherung ebenfalls normalverteilt, und zwar mit dem Mittelwert μ und einer
um den Faktor c_n gegenüber $\sigma_{\bar{x}}$ vergrößerten Standardabweichung $\sigma_{\tilde{x}}$. Diese
Faktoren c_n lassen sich über den exakten Ausdruck für die Wahrscheinlich-
keitsdichte der Mediane

$$g(\tilde{x}) = \begin{cases} \dfrac{n+1}{2} \begin{pmatrix} n \\ \frac{n+1}{2} \end{pmatrix} \left[F(\tilde{x})\right]^{\frac{n-1}{2}} \left[1-F(\tilde{x})\right]^{\frac{n-1}{2}} f(\tilde{x}) \\ (n \text{ gerade}) \\ \dfrac{2n!}{\left[\left(\frac{n}{2}-1\right)!\right]^2} \int\limits_{\tilde{x}}^{\infty} \left[F(2\tilde{x}-x)\right]^{\frac{n}{2}-1} \left[1-F(x)\right]^{\frac{n}{2}-1} f(\tilde{x}-x)\ f(x)\mathrm{d}x \\ (n \text{ ungerade}) \end{cases}$$

(2.13.2.1)

aus deren exakter Standardabweichung numerisch berechnen. Wieder gilt

$$F(x) = \frac{1}{\sqrt{2\pi}\,\sigma} \int\limits_{-\infty}^{x} e^{-\frac{(y-\mu)^2}{2\sigma^2}}\ \mathrm{d}\,y \quad \text{und} \quad f(x) = \frac{1}{\sqrt{2\pi}\,\sigma}\ e^{-\frac{(x-\mu)^2}{2\sigma^2}}\ . \qquad (2.13.2.2)$$

Die Resultate sind für $n \leq 50$ in Tabelle B11 aufgelistet. Eine genaue Analyse dieser Verteilungsfunktion liefert in der Tat die Bestätigung der angesprochenen
Näherung durch die Normalverteilung.

2.13.3
Doppelte Exponentialverteilung (Gumbel-Verteilung)

Wenn eine Zufallsgröße t Weibull-verteilt ist, mit den Parametern b und T für
Ausfallsteilheit und charakteristische Lebensdauer, dann ist die durch logarithmieren gewonnene Zufallsgröße

$$x = -\ln(t) \qquad (2.13.3.1)$$

doppelt exponentialverteilt. Nach der zweiten Transformation

$$y = -b\ln(t) + b\ln(T) \qquad (2.13.3.2)$$

ist sie wie die Standard-Normalverteilung parameterfrei. In dieser Form ist sie
zum Beispiel dazu geeignet, Schätzwerte und Vertrauensbereiche für die Parameter der Weibull-Verteilung aus Zuverlässigkeitsprüfungen mit großem Stichprobenumfang n näherungsweise zu berechnen (Gumbel, 1967).

Die Wahrscheinlichkeitsdichte der Gumbel-Verteilung lautet:

$$g(x) = \frac{1}{\gamma} \, e^{-\frac{x-q}{\gamma}} \, e^{-e^{-\frac{x-q}{\gamma}}} \quad (\gamma > 0),$$
(2.13.3.3)

worin q einen beliebigen Wert annehmen kann.

Zum Abschluß dieses Kapitels fassen wir die Eigenschaften einiger wichtiger statistischer Verteilungen in einer Übersichtstabelle zusammen (Müller 1991).

2.14
Übersicht wichtiger Verteilungen

	Hypergeometrische Verteilung	Binomialverteilung	Poisson-Verteilung
Einzelwahr-scheinlichkeit $g(x)$	$\dbinom{d}{x}\dbinom{N-d}{n-x}\Big/\dbinom{N}{n}$	$\dbinom{n}{x}p^{x}(1-p)^{n-x}$	$\dfrac{\mu^{x}}{x!}e^{-\mu}$
Parameter	N (Losumfang) d (fehlerhafte Einheiten im Los) n (Stichprobenumfang)	p (mittlerer Fehleranteil im Los) n (Stichprobenumfang)	μ (mittlere Anzahl von Fehlern in einer Stichprobe von n Einheiten)
Graphische Darstellung der Einzelwahr-schein-lichkeiten			
Erwartungs-wert (Mittel-wert)	$n\dfrac{d}{N}$	$n\,p$	μ
Streuung (Varianz)	$n\dfrac{d}{N}\left(1-\dfrac{d}{N}\right)\dfrac{N-n}{N-1}$	$n\,p\,(1-p)$	μ
Schiefe		$\dfrac{1-2p}{\sqrt{n\,p\,(1-p)}}$	$\dfrac{1}{\sqrt{\mu}}$
Exzeß		$\dfrac{1-6p\,(1-p)}{n\,p\,(1-p)}$	$\dfrac{1}{\mu}$
Hauptsächli-che Anwen-dung in der statistischen Qualitäts-sicherung	Wahrscheinlichkeit, x fehlerhafte Einheiten in einer Stichprobe vom Umfang n aus einem Los von N Einheiten mit d fehlerhaften und $N-d$ fehlerfreien Einheiten zu finden.	Näherung für die Hypergeometrische Verteilung, für einen mittleren Anteil $p=d/N$ fehlerhafter Einheiten im Los und wenn gilt: $N\ge 50$, $n\le N/10$	Wahrscheinlichkeit, x Fehler in einer Stichprobe von n Einheiten zu finden, wenn der mittlere Fehler pro Einheit im Los $\mu_E=\mu/n$ beträgt.
Andere Anwendungen		Ausfallwahrscheinlichkeiten komplexer Bauteile in der Zuverlässigkeitsprüfung.	Näherung für die Binomialverteilung, wenn n groß und p klein wird, $n\,p\le 10$ und $n\ge 1500\,p$
Hilfsmittel		Nomogramm D1, Tabelle B1	Nomogramm D2, Tabelle B2

	Normalverteilung	Chi-Quadrat-Verteilung	t-Verteilung
Wahrscheinlichkeitsdichte $g(x)$	$\dfrac{1}{\sqrt{2\pi}\,\sigma}\,e^{-\frac{(x-\mu)^2}{2\sigma^2}}$	$\dfrac{1}{2^{\frac{f}{2}}\Gamma\left(\dfrac{f}{2}\right)}(\chi^2)^{\frac{f}{2}-1}e^{-\frac{\chi^2}{2}}$ $(x^2>0)$	$\dfrac{\Gamma\left(\dfrac{f+1}{2}\right)\left(1+\dfrac{t^2}{f}\right)^{-\frac{f+1}{2}}}{\Gamma\left(\dfrac{f}{2}\right)\sqrt{\pi f}}$
Parameter	μ (Mittelwert) σ^2 (Varianz)	f (Freiheitsgrad)	f (Freiheitsgrad)
Graphische Darstellung der Wahrscheinlichkeitsdichte			
Erwartungswert (Mittelwert)	μ	f	0 (für $n \geq 2$)
Streuung (Varianz)	σ^2	$2f$	$\dfrac{f}{f-2}$ (für $f \geq 3$)
Schiefe	0	$\dfrac{2\sqrt{2}}{\sqrt{f}}$	0 (für $f \geq 4$)
Exzeß	0	$\dfrac{12}{f}$	$\dfrac{6}{f-4}$ (für $f \geq 5$)
Hauptsächliche Anwendung in der statistischen Qualitätssicherung	Statistische Beschreibung stetiger Zufallsgrößen (quantitativer Merkmale), wie z.B. Längen, Stromstärken, Widerständen.	Exakte Verteilung der empirischen Varianzen normalverteilter Merkmalswerte. Chi-Quadrat-Test	Verteilung von Quotienten aus einem normalverteilten und einem Chi-Quadrat-verteilten Kennwert. t - Test
Andere Anwendungen	Verteilung von Kennwerten normalverteilter Merkmalswerte. Grenzverteilung diskreter Verteilungen für große Stichproben n.	Vertrauensbereiche für den mittleren Fehler pro Einheit aus Stichprobenergebnissen Poisson-verteilter Zufallsgrößen.	Ausreißertests in Stichproben normalverteilter Merkmalswerte.
Hilfsmittel	Auswertenetz D 8, Tabellen B3 und B4	Tabelle B5	Tabelle B6

	F-Verteilung	Thompson-Verteilung
Wahrscheinlichkeitsdichte $g(x)$	$$\dfrac{\Gamma\left(\dfrac{f_A+f_B}{2}\right)\left(\dfrac{f_A}{f_B}\right)^{\frac{f_A}{2}} F^{\frac{f_A}{2}-1}}{\Gamma\left(\dfrac{f_A}{2}\right)\Gamma\left(\dfrac{f_B}{2}\right)\left(1+\dfrac{f_A}{f_B}F\right)^{\frac{f_A+f_B}{2}}}$$	$$\dfrac{\Gamma\left(\dfrac{f+1}{2}\right)\left(1-\dfrac{\tau^2}{f+1}\right)^{\frac{f-2}{2}}}{\Gamma\left(\dfrac{f}{2}\right)\sqrt{\pi(f+1)}}$$ $$\left(|\tau|<\sqrt{n+1}\right)$$
Parameter	f_A und f_B (Freiheitsgrade)	f (Freiheitsgrad)
Graphische Darstellung der Wahrscheinlichkeitsdichte		
Erwartungswert (Mittelwert)	$\dfrac{f_B}{f_B-2}$ (für $f_B \geq 3$)	0
Streuung (Varianz)	$\dfrac{2 f_B^2 (f_A+f_B-2)}{f_A (f_B-2)^2 (f_B-4)}$ (für $f_B \geq 5$)	1
Schiefe		0
Exzeß		$-\dfrac{6}{f+3}$
Hauptsächliche Anwendung in der statistischen Qualitätssicherung	Exakte Verteilung des Quotienten der empirischen Varianzen zweier Stichproben mit den Umfängen $n_A = f_A + 1$, $n_B = f_B + 1$ (F - Test). Vertrauensbereiche für das Verhältnis zweier durchschnittlicher Fehlerzahlen pro Einheit aus Stichproben Poisson-verteilter Zufallsgrößen.	Ausreißertests bei normalverteilten Grundgesamtheiten: Thompson-Regel, Grubbs-Test.
Andere Anwendungen	Exakte Berechnung der Vertrauensbereiche für den mittleren Fehleranteil p aus Stichprobenergebnissen binomialverteilter Zufallsgrößen.	
Hilfsmittel	Tabelle B7	Tabelle B15

	Weibull-Verteilung	Exponentialverteilung
Wahrscheinlich-keitsdichte $f(t)$	$\dfrac{b}{T}\left(\dfrac{t}{T}\right)^{b-1} e^{-\left(\frac{t}{T}\right)^{b}}$	$\lambda\, e^{-\lambda t}$
Parameter	$T > 0$ (charakteristische Lebensdauer) $b > 0$ (Ausfallsteilheit)	$\lambda = \dfrac{1}{T} > 0$ (Ausfallrate)
Graphische Dar-stellung der Wahr-scheinlichkeits-dichte		
Erwartungswert (Mittelwert)	$T\,\Gamma\left(\dfrac{1}{b}+1\right)$	$\dfrac{1}{\lambda}$
Streuung (Vari-anz)	$T^2\left[\Gamma\left(\dfrac{2}{b}+1\right) - \Gamma^2\left(\dfrac{1}{b}+1\right)\right]$	$\dfrac{1}{\lambda^2}$
Schiefe		2
Exzeß		6
Hauptsächliche Anwendung in der statistischen Qua-litätssicherung	Lebensdauerverteilung, die in der Zu-verlässigkeitstheorie häufig angewen-det wird, wenn die Ausfallrate λ zeitlich nicht konstant ist.	Spezialfall der Weibull-Vertei-lung, wenn die Ausfallrate λ zeitlich konstant ist: z.B. Zuverlässigkeit elektro-nischer Halbleiter-Bauelemente.
Andere Anwendungen		Beschreibung von radioaktiven Zerfallsprozessen Einfache Populationsdynamik
Hilfsmittel	Auswertenetz D9	Auswertenetz D9

	Doppelte Exponentialverteilung Gumbel-Verteilung	Logarithmische Normalverteilung
Wahrscheinlichkeitsdichte $g(x)$	$\dfrac{1}{\gamma}\, e^{-\frac{x-q}{\gamma}}\, e^{-e^{-\frac{x-q}{\gamma}}}$	$\dfrac{1}{\sqrt{2\pi}\,\sigma\, x}\, e^{-\frac{(\ln x-\mu)^2}{2\sigma^2}}$
Parameter	$\gamma > 0$ und q reell	$\sigma > 0$ und μ reell
Graphische Darstellung der Wahrscheinlichkeitsdichte	$q=0$, $\gamma=1$ (graphische Darstellung von $g(x)$)	$\mu=0$, $\sigma=0,5$ (graphische Darstellung von $g(x)$)
Erwartungswert (Mittelwert)	$\gamma\, C + q$ mit der Euler'schen Konstanten $C \approx 0,5772$	$e^{\left(\mu + \frac{\sigma^2}{2}\right)}$
Streuung (Varianz)	$\gamma^2\, \dfrac{\pi^2}{6}$	$e^{(2\mu+\sigma^2)}\,(e^{\sigma^2} - 1)$
Schiefe	$1,1396$	$\sqrt{e^{\sigma^2} - 1}\,(e^{\sigma^2} + 2)$
Exzeß	$2,4$	$e^{4\sigma^2} + 2\,e^{3\sigma^2} + 3\,e^{2\sigma^2} - 6$
Hauptsächliche Anwendung in der statistischen Qualitätssicherung	Berechnung von Schätzwerten und Vertrauensbereichen für Weibull-verteilte Zufallsgrößen. In parameterfreier Form: Konstruktion des Lebensdauernetzes.	Beschreibung von Meßwerten mit einseitiger Verteilung, wie zum Beispiel Rundlaufabweichungen von Elektromotoren.
Andere Anwendungen	Extremwertverteilung	In der Zuverlässigkeitstheorie anstelle der Weibull-Verteilung für Ausfallsteilheiten $1,5 \leq b \leq 3$.
Hilfsmittel		Auswertenetz D8

3 Der direkte Schluß – Zufallsstreubereiche

Die Schlußweise bei der Berechnung von Zufallsstreubereichen läßt sich am besten durch Abb. 3.1 verdeutlichen.

Im Rahmen der Qualitätssicherung wären statistische Methoden, also das Ziehen von Stichproben samt der schlußfolgernden Auswertung der so erhaltenen Daten, selbstverständlich völlig überflüssig, wenn sämtliche Parameter der zu untersuchenden Grundgesamtheiten, wie der Fehleranteil von Lieferlosen, Toleranzüberschreitungen in Fertigungsprozessen oder die mittlere Lebensdauer von Gebrauchsgütern, bekannt wären. Wenn also dennoch von Grundgesamtheiten auf Stichprobenergebnisse geschlossen wird, so stellen die Parameter der Grundgesamtheit in der Regel entweder eine erwünschte oder eine unerwünschte Qualitätslage dar, die man mit Hilfe von Stichprobenergebnissen statistisch verifizieren bzw. falsifizieren möchte.

Diese Parameter sind zum Beispiel der von einem Lieferanten garantierte maximale Fehleranteil, der für einen Abnehmer nicht mehr akzeptable Fehleranteil oder eine korrekt auf den Sollwert justierte bzw. eben erkennbar dejustierte Einstellung einer Fertigungslage. Die Parameterwerte dienen bei der Prüfung von Lieferlosen etwa der Auswahl eines geeigneten *AQL*-Stichprobenplanes. Im Zusammenhang mit der Regelung von Fertigungsprozessen dienen die aus Vorlaufuntersuchungen gewonnenen Parameter, nämlich mittlere Lage und Streuung, der Überwachung und Steuerung des Prozesses durch Qualitätsregelkarten.

In beiden aufgeführten Anwendungsbereichen wird von Parametern der jeweiligen Grundgesamtheit auf Streubereiche geschlossen, in denen die Kennwerte der Stichprobe mit einer definierten hohen Wahrscheinlichkeit zu erwarten sind. Diese Bereiche zu erwartender Stichprobenergebnisse werden als Zufallsstreubereiche bezeichnet. Eine wichtige Eigenschaft eines Zufallsstreuberei-

Abb. 3.1. Der direkte Schluß der Statistik

ches sind die Irrtumswahrscheinlichkeit α bzw. das Vertrauensniveau $1-\alpha$ für die er berechnet wurde.

Das Vertrauensniveau $1-\alpha$ ist gerade die erwähnte hohe Wahrscheinlichkeit, mit der Stichprobenkennwerte im Mittel in einem solchen Zufallsstreubereich liegen. Da die Stichprobe nur einen zufällig gewählten Ausschnitt aus der Grundgesamtheit darstellt, ist die Irrtumswahrscheinlichkeit α grundsätzlich von Null verschieden. Sie ist gerade die Wahrscheinlichkeit, mit der Stichprobenkennwerte außerhalb des Zufallsstreubereiches zu erwarten sind. Man spricht in diesem Zusammenhang vom Zufallsstreubereich zum Vertrauensniveau $1-\alpha$ für eine vorgegebene Irrtumswahrscheinlichkeit α.

Man unterscheidet konventionell drei verschiedene Arten von Zufallsstreubereichen. Sie unterscheiden sich hinsichtlich ihrer Begrenzungen voneinander und beantworten mit einer vorgegebenen Irrtumswahrscheinlichkeit α jeweils ausschließlich eine der drei folgenden Fragen bezüglich eines in der Stichprobe erwarteten Merkmalswertes x:

Wie groß wird x mindestens?   (Einseitig nach unten begrenzt durch x_{un})
Wie groß wird x höchstens?   (Einseitig nach oben begrenzt durch x_{ob})

Ohne Vorzugsrichtung:

In welchem Grenzen erwarten Sie x? (Zweiseitig begrenzt durch x_{un} und x_{ob})

Wir werden im weiteren Verlauf dieses Kapitels nacheinander für die einzelnen Verteilungsformen diese Zufallsstreubereiche für verschiedene Merkmalswerte beispielhaft bestimmen.

3.1
Zufallsstreubereiche der Binomialverteilung

Frage
Ihnen liegt ein Fertigungslos von $N = 5000$ elektronischen Schaltelementen vor. Ihre hundertprozentige Endprüfung hat exakt 400 funktionsuntüchtige Schalter ergeben. Das bedeutet einen Fehleranteil p von 8%. In welchem Bereich würden Sie bei einer Stichprobenprüfung von $n = 50$ Schaltern die Anzahl x fehlerhafter Einheiten bei einer Irrtumswahrscheinlichkeit von $\alpha = 5\%$ erwarten?

Antwort
Zuerst einmal stellen wir fest, daß die Losgröße N größer als 50 ist, und daß das Verhältnis von Stichprobenumfang n zu N mit 0,01 unterhalb von 0,1 liegt. Damit sind die Voraussetzungen erfüllt, anstelle der Hypergeometrischen Verteilung für die zu erwartende Anzahl von fehlerhaften Einheiten in der Stichprobe die Binomialverteilung anzuwenden. Bei dem bekannten Anteil $p = 8\%$ lassen sich dann die in Tabelle 3.1 angegebenen Werte für die Einzelwahrscheinlichkeiten $g(x;n,p)$ und die unteren Summenwahrscheinlichkeiten $G(x;n,p)$ berechnen (s. Tabelle B1).

Tabelle 3.1. Einzelwahrscheinlichkeiten $g(x;n,p)$ und Summenwahrscheinlichkeiten $G(x;n,p)$ zur Bestimmung des Zufallsstreubereiches ($n = 50$, $p = 8\%$)

x	$g(x;n,p)$	$G(x;n,p)$	$G > \frac{\alpha}{2}$	$G \geq 1 - \frac{\alpha}{2}$
0	0,01547	0,01547	nein	Nein
1	0,06725	0,08271	ja	"
2	0,14326	0,22597	"	"
3	0,19932	0,42530	"	"
4	0,20365	0,62895	"	"
5	0,16292	0,79187	"	"
6	0,10625	0,89813	"	"
7	0,05808	0,95621	"	"
8	0,02714	0,98335	"	Ja
9	0,01102	0,99437	"	"
10	0,00393	0,99829	"	"
11	0,00124	0,99953	"	"
12	0,00035	0,99989	"	"

Zwischen den gestrichelten Linien liegt der gesuchte zweiseitige 95%-Zufallsstreubereich:

$$1 \leq x \leq 8 \quad \text{(Vertrauensniveau: } 1 - \alpha = 95\%). \tag{3.1.1}$$

Wir haben also in $x_{un} \leq x \leq x_{ob}$ die Grenzen x_{un} und x_{ob} folgendermaßen bestimmt:

x_{un} ist die kleinste Zahl, für die gilt

$$G(x_{un}; n, p) > \frac{\alpha}{2} \qquad \text{(bzw. } > \alpha \text{ einseitig)}, \tag{3.1.2}$$

x_{ob} ist die kleinste Zahl, für die gilt

$$G(x_{ob}; n, p) \geq 1 - \frac{\alpha}{2} \qquad \text{(bzw. } \geq 1 - \alpha \text{ einseitig)}. \tag{3.1.3}$$

Diese Berechnungsvorschrift ist in der angegebenen Form gültig für die Bestimmung von Zufallsstreubereichen diskreter Verteilungen jedweder Art. Der Unterschied zwischen einseitig und zweiseitig bestimmten Zufallsstreubereichen besteht ausschließlich darin, daß in den beiden einseitigen Fällen an der jeweils relevanten Grenze $\alpha/2$ durch α zu ersetzen ist.

Frage
Wie lautet unter den selben Voraussetzungen wie oben der zweiseitige Zufallsstreubereich zu einem Vertrauensniveau von 99%?

Antwort

Ein Blick in unsere Tabelle liefert nach demselben Rezept, das wir für $\alpha = 5\%$ bereits benutzt haben, mit einer Irrtumswahrscheinlichkeit von $\alpha = 1\%$ den gesuchten zweiseitigen Zufallsstreubereich:

$$0 \le x \le 10 \quad (\text{Vertrauensniveau: } 1 - \alpha = 99\,\%). \tag{3.1.4}$$

Wir wollen die in diesem Abschnitt erhaltenen Ergebnisse noch etwas weiter verwenden. Würden wir die beschriebene Stichprobe nicht in der Endprüfung, sondern bei laufender Fertigung regelmäßig zum Zweck der Prozeßregelung ziehen, so könnten wir die Warn- und Eingriffsgrenzen der entsprechenden

Abb. 3.2. Zufallsstreubereich für binomialverteilte Merkmalswerte

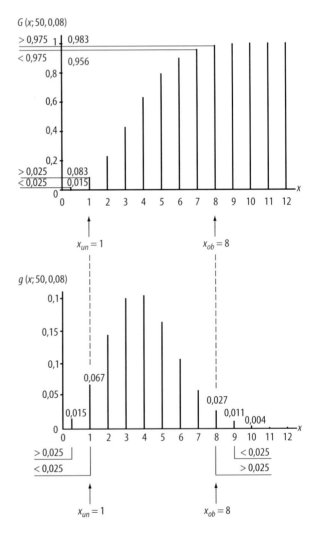

Qualitätsregelkarte aus den Grenzen der beiden erhaltenen Zufallsstreubereiche (95% und 99% Vertrauensniveau) folgendermaßen berechnen:

Obere Eingriffsgrenze:	$OEG = x_{ob;0,99} + 0,5 = 10,5$
Obere Warngrenze:	$OWG = x_{ob;0,95} + 0,5 = 8,5$
Mittelwert:	$M = n \cdot p = 4,0$
Untere Warngrenze:	$UWG = x_{un;0,95} - 0,5 = 0,5$
Untere Eingriffsgrenze:	$UEG = x_{un;0,99} - 0,5 =$ (entfällt) (3.1.5)

Im Zusammenhang mit Qualitätsregelkarten bedeutet die Notation $x_{ob;0,99}$, $x_{ob;0,95}$ und $x_{un;0,95}$, daß die jeweiligen Grenzen der zweiseitigen 99%- bzw. 95%-Zufallsstreubereiche zu verwenden sind. Da $x_{un;0,99} - 0,5$ einen negativen Wert ergibt, entfällt hier die Angabe der unteren Eingriffsgrenze UEG.

Die Bestimmung einseitiger Zufallsstreubereiche werden wir im Abschn. 3.2 für die Anzahl von Fehlern pro Einheit behandeln. Darüber hinaus verweisen wir auf die Aufgaben im Anhang A.

In Abb. 3.2 wird die Bestimmung des zweiseitigen 95%-Zufallsstreubereichs der Binomialverteilung für $p = 8\%$ und $n = 50$ verdeutlicht. Der obere Teil der Abbildung zeigt noch einmal unsere Definition mit Hilfe der Verteilungsfunktion. Diese Definition ist gleichwertig mit der Aussage, die im unteren Teil der Graphik dargestellt ist, d.h. an beiden Enden der Wahrscheinlichkeitsfunktion wird der jeweils größte Zipfel abgeschnitten, der in der Summe kleiner oder gleich $\alpha/2 = 0,025$ ist.

3.2
Zufallsstreubereiche der Poisson-Verteilung

Frage
Es liegt Ihnen in der Eingangsprüfung ein Lieferlos kaltverformter Stahlbleche vor. Sie wollen die gelieferten Bleche auf kleine Oberflächenrisse hin untersuchen. Ihr Lieferant hat Ihnen mitgeteilt, daß seine Fertigungslage im Durchschnitt bei $\mu_E = 0,20$ solcher Risse pro Blech liegt. Um diese Aussage zu überprüfen, haben Sie dem Lieferlos eine Stichprobe von 20 zufällig ausgewählten Blechen entnommen. Wieviele Risse dürfen Sie in Ihrer Stichprobe bei einem Vertrauensniveau von 99% höchstens finden, wenn die Aussage Ihres Lieferanten zutrifft?

Antwort
Wir gehen davon aus, daß sich auf einem einzigen dieser Stahlbleche prinzipiell beliebig viele, zumindest im Vergleich mit $\mu_E = 0,20$ eine sehr große Anzahl der hier interessierenden Fehler befinden können. Daher genügt ebenso wie die Anzahl der Fehler pro Blech auch die Anzahl der Fehler pro Stichprobe ($n = 20$ Bleche) einer Poisson-Verteilung, allerdings mit dem Parameter

$$\mu = n \cdot \mu_E = 20 \cdot 0,20 = 4 \, , \tag{3.2.1}$$

wenn die Angabe des Lieferanten tatsächlich zutrifft.

Tabelle 3.2. Einzelwahrscheinlichkeiten $g(x;\mu)$ und Summenwahrscheinlichkeiten $G(x;\mu)$ zur Bestimmung des Zufallsstreubereiches ($\mu = 4$)

x	$g(x;\mu)$	$G(x;\mu)$	$G \geq 1-\alpha$
0	0,01832	0,01832	nein
1	0,07326	0,09158	"
2	0,14653	0,23810	"
3	0,19537	0,43347	"
4	0,19537	0,62884	"
5	0,15629	0,78513	"
6	0,10420	0,88933	"
7	0,05954	0,94887	"
8	0,02977	0,97864	"
9	0,01323	0,99187	ja
10	0,00529	0,99716	"
11	0,00192	0,99908	"
12	0,00064	0,99973	"

Für diesen mittleren Fehler pro Stichprobe lassen sich die in Tabelle 3.2 angegebenen Zahlenwerte für die Einzelwahrscheinlichkeiten $g(x;\mu)$ und die unteren Summenwahrscheinlichkeiten $G(x;\mu)$ ermitteln (s. Tabelle B2).

Der gesuchte einseitig nach oben begrenzte Zufallsstreubereich lautet also:

$$x \leq 9 \text{ (Vertrauensniveau: } 1-\alpha = 99\%). \tag{3.2.2}$$

Frage
Ihr Lieferant ist unter den gegebenen Voraussetzungen der letzten Frage natürlich auch bestrebt, eventuelle Verbesserungen seiner Fertigungslage festzustellen. Darum möchte er wissen, mit wievielen solcher Oberflächenrisse er in Stichproben des Umfangs $n = 20$ mindestens rechnen muß, falls seine Fertigungslage unverändert bei $\mu_E = 0,20$ Fehlern pro Blech liegt. Reicht ihm dazu der gegebene Stichprobenumfang aus, wenn er eine Irrtumswahrscheinlichkeit von $\alpha = 5\%$ eingehen will?

Antwort
Um die Frage zu beantworten, muß der Lieferant den einseitig nach unten begrenzten 95%-Zufallsstreubereich bestimmen. Der obigen Tabelle läßt sich entnehmen:

$$1 \leq x \text{ (Vertrauensniveau: } 1-\alpha = 95\%). \tag{3.2.3}$$

Demzufolge reicht der gewählte Stichprobenumfang in der Tat aus, denn aus einem Stichprobenergebnis von 0 Fehlern kann der Lieferant mit der gegebenen Irrtumswahrscheinlichkeit schließen, daß sich seine Fertigungslage verbessert hat. Hätte er dieselbe Frage mit einer Irrtumswahrscheinlichkeit von nur $\alpha =$ 1% beantworten wollen, so wäre der entsprechende Zufallsstreubereich durch

$$0 \leq x \text{ (Vertrauensniveau: } 1-\alpha = 99\%) \tag{3.2.4}$$

begrenzt worden und somit nicht weiter aussagefähig.

3.3
Zufallsstreubereiche bei normalverteilten Merkmalen

Frage
In Ihrer Produktion lassen Sie von einem Drehautomaten Drehteile der Spezifikation

$\varnothing$ 50,0 ± 0,1 mm

für den Außendurchmesser x fertigen. Der aktuelle Prozeßmittelwert μ liegt genau in der Mitte der Toleranz, der Prozeß ist normalverteilt mit konstanter Standardabweichung σ. Der Anteil an Toleranzüberschreitungen beträgt 1%. Mit welcher Standardabweichung fertigt der Prozeß?

Antwort
Die Wahrscheinlichkeitsdichte der Normalverteilung hat einen um den Mittelwert μ symmetrischen Verlauf. Da der aktuelle Prozeßmittelwert bei 50,0 mm und damit genau in der Mitte zwischen den beiden Toleranzgrenzen

$$OGW = 50,1 \text{ mm} \quad \text{und} \quad UGW = 49,9 \text{ mm} \tag{3.3.1}$$

liegt, beträgt der Überschreitungsanteil an beiden Grenzen jeweils 0,5%. Ausgedrückt durch die Verteilungsfunktion der Normalverteilung lauten die beiden Überschreitungsanteile

$$p_{UGW} = G(UGW;\mu,\sigma^2) = 0,005, \tag{3.3.2}$$

$$p_{OGW} = 1 - G(OGW;\mu,\sigma^2) = 0,005. \tag{3.3.3}$$

Wir wissen, daß wir die Verteilungsfunktion

$$G(x;\mu,\sigma^2) \tag{3.3.4}$$

einer Normalverteilung mit beliebigen Parametern μ und σ nach der Transformation

$$u = \frac{x-\mu}{\sigma} \tag{3.3.5}$$

darstellen können durch die Verteilungsfunktion der Standard-Normalverteilung

$$G(u) = G(u; 0, 1). \tag{3.3.6}$$

Mit Hilfe der Standard-Normalverteilung können wir für die beiden Überschreitungsanteile schreiben:

$$p_{UGW} = 0{,}005 = G\!\left(\frac{UGW - \mu}{\sigma} \right) \tag{3.3.7}$$

und

$$1 - p_{OGW} = 0{,}995 = G\!\left(\frac{OGW - \mu}{\sigma} \right). \tag{3.3.8}$$

Auf beide Gleichungen wenden wir die Umkehrfunktion der Standard-Normalverteilung an, d.h. wir lösen die beiden Gleichungen jeweils nach den Argumenten der Standard-Normalverteilung G auf:

$$u_{p_{UGW}} = u_{0{,}005} = \frac{UGW - \mu}{\sigma} \tag{3.3.9}$$

und

$$u_{1 - p_{OGW}} = u_{0{,}995} = \frac{OGW - \mu}{\sigma}. \tag{3.3.10}$$

Die Quantile $u_{0{,}005}$ und $u_{0{,}995}$ der Standard-Normalverteilung besitzen die Zahlenwerte

$$u_{0{,}005} = -2{,}5758 \quad \text{und} \quad u_{0{,}995} = 2{,}5758. \tag{3.3.11}$$

Beide Gleichungen führen zum gewünschten Resultat für die gesuchte Standardabweichung:

$$\sigma = \frac{0{,}1 \text{ mm}}{2{,}5758} = 0{,}0388 \text{ mm} = 38{,}8 \,\mu\text{m}. \tag{3.3.12}$$

Die Toleranzgrenzen OGW und UGW sind in der gestellten Frage mit den Grenzen des zweiseitigen Zufallsstreubereiches zum Vertrauensniveau $1 - \alpha = 99\%$ identisch.

Wir greifen wieder etwas auf das Kapitel 7 (Statistische Prozeßsteuerung) vor. Die dort eingeführte Qualitätskennzahl C_p der Prozeßfähigkeit nimmt in unserem Beispiel den Wert

$$C_p = \frac{OGW - UGW}{6\sigma} = 0{,}859 \tag{3.3.13}$$

an. Der dargestellte Prozeß muß unter den in Kapitel 7 beschriebenen Voraussetzungen als nicht qualitätsfähig eingestuft werden und ist für Ihre Fertigung so nicht zu akzeptieren.

Frage

Sie lassen die Drehteile aus der letzten Frage nun durch einen anderen Drehautomaten fertigen. Nach Ihren Vorlaufuntersuchungen verläuft der Prozeß nach diesem Maschinenwechsel stabil normalverteilt mit der Standardabweichung

$$\sigma = 20 \, \mu m. \tag{3.3.14}$$

Für diesen Wert der Standardabweichung beträgt die Qualitätskennzahl C_p der Prozeßfähigkeit

$$C_p = \frac{OGW - UGW}{6\sigma} = 1{,}67. \tag{3.3.15}$$

Solange der Prozeß nun in der Toleranzmitte gefahren werden kann, dürfen wir sicher sein, nur mit geringfügigen Toleranzüberschreitungen rechnen zu müssen. Wie lauten jetzt die Grenzen der zweiseitigen 95%- und 99%-Zufallsstreubereiche?

Antwort

Die Grenzen des zweiseitigen Zufallsstreubereiches zum Vertrauensniveau $P = 1-\alpha$ einer (μ, σ^2)-normalverteilten Grundgesamtheit lauten

$$\begin{aligned} x_{ob} &= \mu + u_{1-\frac{\alpha}{2}} \cdot \sigma, \\ x_{un} &= \mu + u_{\frac{\alpha}{2}} \cdot \sigma = \mu - u_{1-\frac{\alpha}{2}} \cdot \sigma. \end{aligned} \tag{3.3.16}$$

Zur Bestimmung der einseitig begrenzten Zufallsstreubereiche ist in der jeweiligen Berechnungsformel einfach $\alpha / 2$ durch α zu ersetzen. Also folgt für den einseitig nach oben begrenzten Zufallsstreubereich

$$x_{ob} = \mu + u_{1-\alpha} \cdot \sigma, \tag{3.3.17}$$

für den einseitig nach unten begrenzten Zufallsstreubereich ergibt sich

$$x_{un} = \mu + u_{\alpha} \cdot \sigma = \mu - u_{1-\alpha} \cdot \sigma. \tag{3.3.18}$$

Die Zahlenwerte der am häufigsten benutzten Quantile der Normalverteilung haben wir in der Tabelle 3.3 zusammengefaßt (s. Tabelle B4).

Tabelle 3.3. Ausgewählte Quantile der Standard-Normalverteilung

G	u_G	G	u_G
0,5	0,0000	0,99	2,3263
0,9	1,2816	0,995	2,5758
0,95	1,6449	0,999	3,0902
0,975	1,9600	0,9995	3,2905

Abb. 3.3. Konstruktion des
zweiseitigen Zufallsstreubereiches für normalverteilte
Merkmalswerte

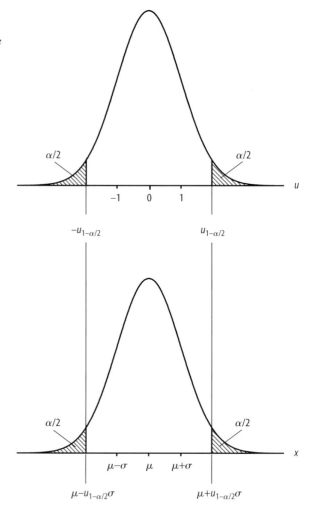

Abbildung 3.3 zeigt die Konstruktion des zweiseitigen Zufallsstreubereiches für normalverteilte Merkmalswerte mit Hilfe der Quantile der Standard-Normalverteilung und verdeutlicht das Zustandekommen der Werte in Tabelle 3.3.

Die Grenzen der gesuchten Zufallsstreubereiche lassen sich also mit Hilfe der Werte aus Tabelle 3.3 berechnen zu

$$x_{ob/un} = 50{,}0 \pm 1{,}9600 \cdot 0{,}02 \text{ mm (Vertrauensniveau } 1-\alpha = 0{,}95), \qquad (3.3.19)$$

$$x_{ob/un} = 50{,}0 \pm 2{,}5758 \cdot 0{,}02 \text{ mm (Vertrauensniveau } 1-\alpha = 0{,}99). \qquad (3.3.20)$$

Daher fallen die Werte für den Durchmesser der auf der neuen Maschine gefertigten Drehteile mit einer Irrtumswahrscheinlichkeit von $\alpha = 5\%$ in das Intervall

$$49{,}9608 \text{ mm} \leq x \leq 50{,}0392 \text{ mm} \text{ (Vertrauensniveau } 1-\alpha = 0{,}95) \quad (3.3.21)$$

und mit einer Irrtumswahrscheinlichkeit von $\alpha = 1\%$ in das Intervall

$$49{,}9485 \text{ mm} \leq x \leq 50{,}0515 \text{ mm} \text{ (Vertrauensniveau } 1-\alpha = 0{,}99). \quad (3.3.22)$$

3.4
Zufallsstreubereiche von Mittelwert und Median bei Normalverteilung

Frage
Aus der Fertigung Ihres neuen Drehautomaten, der Ihre Drehteile nun stabil normalverteilt mit der Standardabweichung $\sigma = 0{,}02$ mm um den Mittelwert $\mu = 50{,}0$ mm fertigt, entnehmen Sie eine zufällig zusammengesetzte Stichprobe von $n = 10$ Teilen. In welchem Bereich um den Prozeßmittelwert erwarten Sie, mit einer Irrtumswahrscheinlichkeit von $\alpha = 1\%$ den Mittelwert $\bar{x}$ dieser Stichprobe zu finden?

Antwort
Ebenso wie die Einzelwerte x_i genügt auch der empirische Mittelwert $\bar{x}$ einer Normalverteilung, um den Prozeßmittelwert μ, allerdings mit einer Standardabweichung

$$\sigma_{\bar{x}} = \frac{\sigma}{\sqrt{n}} = \frac{0{,}02 \text{ mm}}{\sqrt{10}} = 0{,}00632 \text{ mm} = 6{,}32 \, \mu\text{m} . \quad (3.4.1)$$

Die Grenzen des zweiseitigen 99%-Zufallsstreubereiches liegen also bei

$$\bar{x}_{ob/un} = \mu \pm u_{1-\frac{\alpha}{2}} \cdot \frac{\sigma}{\sqrt{n}} = 50{,}0 \pm 2{,}5758 \cdot 0{,}00632 \text{ mm}. \quad (3.4.2)$$

Daher erwarten wir $\bar{x}$ im Intervall

$$49{,}9837 \text{ mm} \leq \bar{x} \leq 50{,}0163 \text{ mm} \text{ (Vertrauensniveau } 1-\alpha = 0{,}99). \quad (3.4.3)$$

Kurz gesagt, dieser Zufallsstreubereich für den empirischen Mittelwert einer Stichprobe von $n = 10$ Teilen ist um den Faktor

$$\frac{1}{\sqrt{n}} = \frac{1}{\sqrt{10}} \quad (3.4.4)$$

enger als der entsprechende Zufallsstreubereich der Einzelwerte. Dieser Effekt ist unabhängig vom gewählten Vertrauensniveau und stellt eine allgemeingültige Gesetzmäßigkeit dar.

Frage
Um welchen Faktor ist für die Mediane $\tilde{x}$ von Stichproben des Umfangs $n = 5$ der zweiseitige 99%-Zufallsstreubereich gegenüber dem entsprechenden Zufallsstreubereich für die Mittelwerte $\bar{x}$ verbreitert?

Antwort

Mediane von Stichproben normalverteilter Merkmalswerte sind bei einem Stichprobenumfang $n = 5$ in sehr guter Näherung ebenfalls normalverteilt um den Mittelwert μ mit der Standardabweichung

$$\sigma_{\tilde{x}} = c_n \cdot \frac{\sigma}{\sqrt{n}} = c_5 \cdot \frac{\sigma}{\sqrt{5}}, \tag{3.4.5}$$

wobei c_5 der Tabelle B11 entnommen werden kann. Die Breite des gesuchten Zufallsstreubereiches für die Mediane ist daher

$$\tilde{x}_{ob} - \tilde{x}_{un} = 2 \cdot u_{1-\frac{\alpha}{2}} \cdot c_n \cdot \frac{\sigma}{\sqrt{n}}. \tag{3.4.6}$$

Die Breite des entsprechenden Zufallsstreubereiches für die Mittelwerte berechnet sich zu

$$\overline{x}_{ob} - \overline{x}_{un} = 2 \cdot u_{1-\frac{\alpha}{2}} \cdot \frac{\sigma}{\sqrt{n}}. \tag{3.4.7}$$

Also ist das Verhältnis der Breiten der beiden Zufallsstreubereiche gegeben durch

$$\frac{\tilde{x}_{ob} - \tilde{x}_{un}}{\overline{x}_{ob} - \overline{x}_{un}} = c_n = c_5 = 1{,}198. \tag{3.4.8}$$

3.5
Näherung durch Normalverteilung bei diskreten Merkmalswerten

Frage

Sie erhalten eine Lieferung $N = 10000$ Keramikfliesen, die Sie in der Eingangsprüfung auf Oberflächenfehler untersuchen. Sie entnehmen dem Lieferlos eine Stichprobe von $n = 200$ Fliesen. Aufgrund Ihrer bisherigen Erfahrungen mit Ihrem Lieferanten gehen Sie von einer mittleren Anzahl $\mu_E = 0{,}20$ Oberflächenfehlern pro Fliese aus. Welchen Wert darf die Anzahl x der in Ihrer Stichprobe gefundenen Fehler bei einem Vertrauensniveau von 99% nicht überschreiten, wenn dieser Wert der tatsächlich vorhandenen mittleren Anzahl von Fehlern pro Fliese in dem gelieferten Los entspricht?

Antwort

Für $\mu_E = 0{,}20$ erhalten wir als mittlere Anzahl μ von Fehlern in Stichproben des Umfangs $n = 200$:

$$\mu = n \cdot \mu_E = 200 \cdot 0{,}20 = 40. \tag{3.5.1}$$

Für eine solch hohe Fehleranzahl μ und damit erst recht für die gesuchte Grenze des einseitig nach oben begrenzten 99%-Zufallsstreubereichs läßt sich die Poisson-Verteilung in guter Näherung durch eine Normalverteilung mit dem Mittelwert $\mu = 40$ und der Standardabweichung

$$\sigma = \sqrt{\mu} = \sqrt{40} \tag{3.5.2}$$

approximieren. Für eine solchermaßen normalverteilte Zufallsgröße erwarten wir mit einer Irrtumswahrscheinlichkeit von $\alpha = 1\%$, daß sie höchstens folgenden Wert annimmt:

$$x^*_{ob} = \mu + u_{1-\alpha} \cdot \sigma = 40 + 2,3263 \cdot \sqrt{40} = 54,71. \tag{3.5.3}$$

Der gesuchte Zufallsstreubereich für die zu erwartende Anzahl x von Oberflächenfehlern pro Stichprobe ist also begrenzt durch

$$x \leq x_{ob} = 55 \quad (\text{Vertrauensniveau } 1-\alpha = 0,99). \tag{3.5.4}$$

Dieses durch Aufrunden von x^*_{ob} gefundene Resultat stimmt in der Tat mit dem numerisch exakt berechenbaren Zahlenwert x_{ob} überein.

Frage

Sie fertigen eine Pilotserie elektronischer Bauteile. Wieviele fehlerhafte Einheiten erwarten Sie bei einem Vertrauensniveau $1-\alpha = 0,95$ in einer Stichprobe des Umfangs $n = 100$ mindestens, wenn von den $N = 2000$ Bauteilen ein Anteil von $p = 30\,\%$ fehlerhaft ist?

Antwort

Zur Beantwortung dieser Frage führen wir im Grunde nacheinander zwei Näherungen durch. Zunächst ist für einen so großen Umfang des Fertigungsloses und für das gegebene Verhältnis von Stichprobenumfang zu Losumfang die Anzahl fehlerhafter Einheiten in einer Stichprobe mit der Binomialverteilung zu beschreiben. Weiterhin ist der Stichprobenumfang so groß, daß die Varianz

$$\sigma^2 = n \cdot p \cdot (1-p) = 100 \cdot 0,30 \cdot 0,70 = 21 \tag{3.5.5}$$

unsere untere Schranke von 9 für die Möglichkeit einer Näherung der Binomialverteilung durch die Normalverteilung deutlich überschreitet.

Mit dem Mittelwert

$$\mu = n \cdot p = 30 \tag{3.5.6}$$

lautet die Grenze des einseitig nach unten begrenzten 95%-Zufallsstreubereiches der entsprechenden Normalverteilung

$$x^*_{un} = \mu - u_{1-\alpha} \cdot \sigma = 30 - 1,6449 \cdot \sqrt{21} = 22,46. \tag{3.5.7}$$

Auch hier gewinnen wir den gesuchten Zufallsstreubereich für die Anzahl fehlerhafter Einheiten durch Aufrunden des in Gl. (3.5.7) berechneten Wertes:

$$x \geq x_{un} = 23 \quad \text{(Vertrauensniveau } 1- \alpha = 0,95).} \tag{3.5.8}$$

Wieder ist das so erhaltene Resultat korrekt. Das ist keine grundsätzliche Eigenschaft der angewendeten Näherung, denn sie vernachlässigt systematisch bestimmte Korrekturterme, die selbst für sehr große Stichprobenumfänge nicht in allen Fällen durch das Aufrunden kompensiert werden.

3.6
Zufallsstreubereiche der Chi-Quadrat-Verteilung

Frage
An einer Ihrer Abfülleinrichtungen für kohlensäurehaltige Erfrischungsgetränke werden 0,5 l-Glasflaschen befüllt. Die ausgestoßene Füllmenge ist seit längerem stabil normalverteilt mit der Standardabweichung $\sigma = 2,5$ ml. Sie entnehmen dem Abfüllprozeß in regelmäßigen Abständen Stichproben des Umfangs $n = 20$ Flaschen. In welchem Bereich erwarten Sie die empirische Standardabweichung s dieser Stichproben, wenn Sie ein Vertrauensniveau von $1- \alpha = 0,95$ zugrunde legen?

Antwort
Empirische Standardabweichungen s von Stichproben normalverteilter Meßwerte genügen nach der Transformation

$$\chi^2 = \frac{f \cdot s^2}{\sigma^2} \tag{3.6.1}$$

einer Chi-Quadrat-Verteilung mit $f = n-1$ Freiheitsgraden. Die Grenzen des zweiseitigen 95%-Zufallsstreubereiches für χ^2 lauten:

$$\chi^2_{ob} = \chi^2_{f;1-\frac{\alpha}{2}} = \chi^2_{19;0,975} = 32,852, \tag{3.6.2}$$

$$\chi^2_{un} = \chi^2_{f;\frac{\alpha}{2}} = \chi^2_{19;0,025} = 8,9065. \tag{3.6.3}$$

Mit den Quantilen der Chi-Quadrat-Verteilung aus Tabelle B5 lassen sich daraus die Grenzen des entsprechenden Zufallsstreubereiches für die empirischen Varianzen s^2 berechnen zu:

$$s^2_{ob} = \sigma^2 \cdot \frac{\chi^2_{ob}}{f} = (2,5 \text{ ml})^2 \cdot \frac{32,852}{19} = 10,807 \,(\text{ml})^2 \tag{3.6.4}$$

und

$$s^2_{un} = \sigma^2 \cdot \frac{\chi^2_{un}}{f} = (2,5 \text{ ml})^2 \cdot \frac{8,9065}{19} = 2,9298 \,(\text{ml})^2. \tag{3.6.5}$$

Der gesuchte zweiseitige 95%-Zufallsstreubereich für die Standardabweichungen s der Stichproben ist also gegeben durch:

$$1,712\,\text{ml} \leq s \leq 3,287\,\text{ml} \quad (\text{Vertrauensniveau } 1-\alpha = 0,95). \tag{3.6.6}$$

Er liegt nicht genau symmetrisch um die Standardabweichung $\sigma = 2,5$ ml des Prozesses. Für kleinere Stichprobenumfänge tritt diese Asymmetrie der χ^2-Verteilung noch deutlicher zutage.

Frage
Wir entnehmen derselben Abfülleinrichtung eine Stichprobe von $n = 6$ Flaschen. Wie lautet jetzt der zweiseitige 99%-Zufallsstreubereich für die Standardabweichung s?

Antwort
Auf die gleiche Art und Weise wie oben erhalten wir mit

$$\chi^2_{5;0,995} = 16,750 \quad \text{und} \quad \chi^2_{5;0,005} = 4,1174 \tag{3.6.7}$$

den zweiseitigen 99%-Zufallsstreubereich

$$0,717\,\text{ml} \leq s \leq 4,578\,\text{ml} \quad (\text{Vertrauensniveau } 1-\alpha = 0,99). \tag{3.6.8}$$

Neben der Asymmetrie fällt besonders die breite Ausdehnung dieses Zufallsstreubereiches auf.

Für einen gegebenen Stichprobenumfang sind die jeweiligen Grenzen der 95%- und 99%-Zufallsstreubereiche gerade die Warn- und Eingriffsgrenzen der s-Spur einer entsprechenden Qualitätsregelkarte. Insbesondere für kleine Stichprobenumfänge läßt sich die Prozeßstreuung ebensogut durch Führen einer R-Spur für die Spannweiten der Stichproben kontrollieren. Darauf deutet schon die Breite des soeben berechneten Zufallsstreubereiches hin.

3.7
Zufallsstreubereiche der t-Verteilung

Frage
Bei einer Routineüberprüfung von Meßgeräten zur Ermittlung des bewerteten Schalldruckpegels vergleichen Sie zwei solcher Geräte miteinander. Dazu nehmen Sie an verschiedenen Standorten Ihres Betriebes mit beiden Geräten jeweils paarweise vergleichbare Meßwerte für den dort unter Produktionsbedingungen vorherrschenden Schalldruckpegel auf.

Da die Meßwertpaare natürlich von Standort zu Standort zum Teil stark variieren, können Sie für den angestrebten Vergleich beider Geräte ausschließlich die Differenzen d_i der jeweiligen Meßwertpaare verwenden. Aufgrund früherer Untersuchungen gehen Sie davon aus, daß unter definierten Umgebungsbedingungen die Ergebnisse beider Meßgeräte in engen Grenzen normalverteilt streuen. Unabhängig davon, daß Ihnen die entsprechenden Standardabweichungen für beide Geräte nicht vorliegen, streuen daher die Differenzen d_i ebenfalls normalverteilt, allerdings mit einer resultierenden unbekannten Standardabweichung. Ihre Prüfgröße lautet

$$t_{prüf} = \frac{\bar{d}}{s_d} \cdot \sqrt{n} \qquad (3.7.1)$$

mit dem Mittelwert $\bar{d}$ und der empirischen Standardabweichung s_d ihrer insgesamt $n = 10$ Meßwertpaare. In welchen Grenzen erwarten Sie diese Prüfgröße bei einer Irrtumswahrscheinlichkeit von 1%, wenn Sie voraussetzen, daß beide Meßgeräte gleich justiert sind?

Antwort

Unter den genannten Voraussetzungen genügt die Prüfgröße $t_{prüf}$ einer t-Verteilung mit $f = n - 1 = 9$ Freiheitsgraden. Daher lauten die Grenzen des gesuchten Zufallsstreubereiches unserer Prüfgröße:

$$t_{ob} = t_{f;1-\frac{\alpha}{2}} = t_{9;0,995} = 3,2498, \qquad (3.7.2)$$

$$t_{un} = t_{f;\frac{\alpha}{2}} = -t_{f;1-\frac{\alpha}{2}} = -3,2498. \qquad (3.7.3)$$

Die Quantile der t-Verteilung sind dabei der Tabelle B6 entnommen. Somit erwarten wir $t_{prüf}$ im Intervall

$$-3,2498 \leq t_{prüf} \leq 3,2498 \quad (\text{Vertrauensniveau } 1 - \alpha = 0,99). \qquad (3.7.4)$$

Frage

Gemessen wurden die in Tabelle 3.4 aufgelisteten Werte für den jeweiligen Schalldruckpegel. Lassen diese Meßwerte den Schluß zu, daß es einen signifikanten Unterschied in der Justierung der beiden Meßgeräte gibt? Von einem signifikanten Unterschied können Sie dann ausgehen, wenn Sie für die oben eingeführte Prüfgröße $t_{prüf}$ einen Wert außerhalb des in der letzten Antwort bestimmten zweiseitigen 99%-Zufallsstreubereiches finden.

Tabelle 3.4. Ergebnisse der Untersuchung des Schalldruckpegels mit zwei unterschiedlichen Meßgeräten

Standort	Meßgerät A	Meßgerät B	Differenz der Meßwerte
Flaschenlager	75,0	73,0	2,0
Abfüllanlage 1	84,3	82,0	2,3
Abfüllanlage 2	92,1	91,6	0,5
Abfüllanlage 3	95,2	95,2	0,0
Waschanlage	77,4	74,7	2,7
Verladerampe	69,5	67,8	1,7
Telefonzentrale	75,7	72,0	3,7
Kantine	65,0	62,1	2,9
Schreibstube	73,4	72,3	1,1
Flur Chefetage	51,9	51,0	0,9

Antwort

Wir finden für Mittelwert und Standardabweichung der Differenzen der 10 Meßwertpaare:

$$\bar{d} = 1{,}780 \text{ dBA} \quad \text{und} \quad s_d = 1{,}162 \text{ dBA}. \tag{3.7.5}$$

Damit erhalten wir für die Prüfgröße:

$$t_{prüf} = 4{,}84. \tag{3.7.6}$$

Dieser Wert liegt deutlich außerhalb des oben bestimmten 99%-Zufallsstreube-
reiches. Wir müssen also folgern, daß in der Justierung der beiden Meßgeräte
ein signifikanter Unterschied besteht.

Die dargestellte Methode ist im Kapitel 5 (Statistische Testverfahren zur Auswertung von Produktions- und Versuchsdaten) als Vergleich zweier Grundgesamtheiten bei paarweise verbundenen Stichproben enthalten.

3.8
Zufallsstreubereiche der F-Verteilung

Frage

Während der Vorbereitung einer zukünftigen Fertigungslinie sind zwei Drehau-
tomaten hinsichtlich ihrer Standardabweichungen miteinander zu vergleichen.
Dazu lassen Sie auf jedem der beiden Automaten A und B eine Kleinserie von
$n_A = n_B = 25$ Drehteilen der gewünschten Spezifikation fertigen. Aus den beiden
Stichprobenergebnissen haben Sie folgende Zahlenwerte für die Standardabwei-
chungen erhalten:

$$s_A = 0{,}193 \text{ mm} \quad \text{und} \quad s_B = 0{,}113 \text{ mm}. \tag{3.8.1}$$

Unter der Voraussetzung, daß beide Drehautomaten normalverteilt mit derselben Standardabweichung $\sigma_A = \sigma_B = \sigma$ fertigen, genügt die Prüfgröße

$$F_{prüf} = \frac{s_A^2}{s_B^2} \tag{3.8.2}$$

einer F-Verteilung mit $(n_A - 1, \ n_B - 1)$ Freiheitsgraden.

Für einen Vergleich der beiden Drehautomaten sind die Zufallsstreubereiche
dieser F-Verteilung zu gegebener Irrtumswahrscheinlichkeit α zu bestimmen.
In welchem Bereich erwarten Sie die Prüfgröße, wenn Sie ein Vertrauensniveau
von $1 - \alpha = 0{,}99$ zugrunde legen? Weist Ihr Resultat auf einen entsprechend signifikanten Unterschied der Prozeßstreuung beider Drehautomaten hin?

Antwort

Der gesuchte Zufallsstreubereich einer mit (f_A, f_B) = (24, 24) Freiheitsgraden F-verteilten Zufallsgröße wird begrenzt durch

$$F_{ob} = F_{f_A, f_B; 1-\frac{\alpha}{2}} = F_{24, 24; 0,995} = 2,9667, \tag{3.8.3}$$

$$F_{un} = F_{f_A, f_B; \frac{\alpha}{2}} = 1/F_{f_B, f_A; 1-\frac{\alpha}{2}} = 1/F_{24, 24; 0,995} = 0,3371, \tag{3.8.4}$$

mit den Quantilen der F-Verteilung aus Tabelle B7. Daher lautet der zweiseitige 99%-Zufallsstreubereich

$$0,3371 \leq F \leq 2,9667 \quad \text{(Vertrauensniveau } 1-\alpha = 0,99). \tag{3.8.5}$$

Für die Prüfgröße erhalten wir den Zahlenwert

$$F_{prüf} = 2,9171. \tag{3.8.6}$$

Dieser liegt innerhalb des relevanten Zufallsstreubereiches, daher kann ein signifikanter Unterschied zwischen den Standardabweichungen der beiden Drehautomaten nicht nachgewiesen werden.

4 Der indirekte Schluß – Schätzwerte und Vertrauensbereiche

Die deduktive Schlußweise bei der Prognose des Streuverhaltens von Stichprobenergebnissen setzt nicht nur ein adäquates Verteilungsmodell voraus, sondern auch die Kenntnis der konkreten Zahlenwerte für die Parameter dieses Modells. Die Genauigkeit der Prognose steht und fällt mit der Genauigkeit dieser
Zahlenwerte.

Beim Entwurf einer Qualitätsregelkarte zur Steuerung und Überwachung der
aktuellen Prozeßlage werden zum Beispiel exakte Sollwerte vorgegeben. Liegt
eine Eintragung in die Regelkarte außerhalb der Eingriffsgrenzen, so wird auf
eine signifikante Abweichung der aktuellen Prozeßlage vom Sollwert geschlossen. Die Eingriffsgrenzen sind in der Regel die Grenzen des zweiseitigen 99%-
Zufallsstreubereiches, die nach Vorgabe des Sollwertes in direkter Schlußweise
berechnet werden. Bei einem den Vorgaben widersprechenden Stichprobenergebnis stellt sich die Frage, wie groß der aktuelle Prozeßparameter in Wirklichkeit ist.

Es ist nicht zu erwarten, daß ein wie auch immer errechneter Schätzwert mit
dem Sollwert übereinstimmt. Was aber ist das Maß für die Genauigkeit dieser
Punktschätzung? Nur eine Bereichsschätzung erlaubt die Eingrenzung des wahren Prozeßparameters auf einem möglichst hohen Vertrauensniveau. Wie eng
dabei die Grenzen gesetzt werden können, hängt maßgeblich vom Umfang der
zugrundegelegten Datenmenge ab. Nur bei einer 100%-Prüfung würden diese
beiden Grenzen mit dem dann exakten Wert der Punktschätzung zusammenfallen. Bei kontinuierlichen Merkmalswerten ist eine solche hundertprozentige
Festlegung grundsätzlich nicht möglich. In der Regel muß eine Auswertung
auch umfangreicher Produktions- oder Versuchsdaten die Festlegung von Vertrauensbereichen für die zu bestimmenden Parameter enthalten.

Bei beiden Schätzungen findet ein indirekter Schluß von Stichprobenergebnissen auf die Grundgesamtheit statt. Dies ist in Abb. 4.1 verdeutlicht.

Abb. 4.1. Der indirekte
Schluß der Statistik

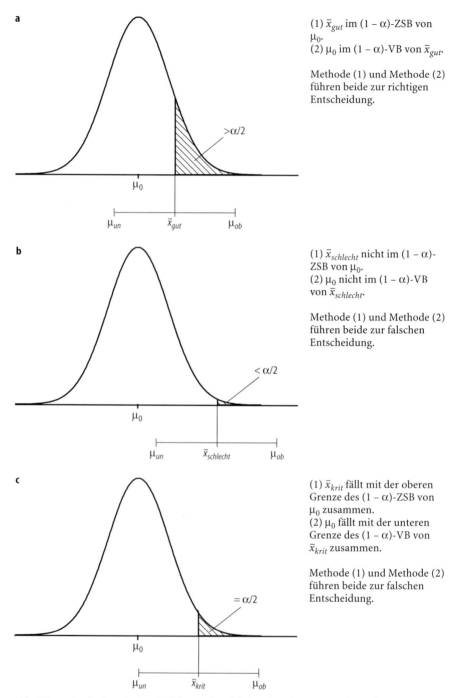

a

$>\alpha/2$

μ_0

μ_{un} $\bar{x}_{gut}$ μ_{ob}

(1) $\bar{x}_{gut}$ im $(1-\alpha)$-ZSB von μ_0.
(2) μ_0 im $(1-\alpha)$-VB von $\bar{x}_{gut}$.

Methode (1) und Methode (2) führen beide zur richtigen Entscheidung.

b

$<\alpha/2$

μ_0

μ_{un} $\bar{x}_{schlecht}$ μ_{ob}

(1) $\bar{x}_{schlecht}$ nicht im $(1-\alpha)$-ZSB von μ_0.
(2) μ_0 nicht im $(1-\alpha)$-VB von $\bar{x}_{schlecht}$.

Methode (1) und Methode (2) führen beide zur falschen Entscheidung.

c

$=\alpha/2$

μ_0

μ_{un} $\bar{x}_{krit}$ μ_{ob}

(1) $\bar{x}_{krit}$ fällt mit der oberen Grenze des $(1-\alpha)$-ZSB von μ_0 zusammen.
(2) μ_0 fällt mit der unteren Grenze des $(1-\alpha)$-VB von $\bar{x}_{krit}$ zusammen.

Methode (1) und Methode (2) führen beide zur falschen Entscheidung.

Abb. 4.2a–c. Analogie zwischen Zufallsstreubereich (ZSB) und Vertrauensbereich (VB)

Sowohl die Festlegung von Zufallsstreubereichen nach Vorgabe der Parameter, als auch die Bestimmung von Vertrauensbereichen aus Stichproben-Kennwerten dienen der statistisch untermauerten Entscheidungsfindung, allerdings um den Preis einer gewissen Wahrscheinlichkeit, sich gegebenenfalls für die falsche Alternative zu entscheiden. Beide Schlußweisen sollten aber nach Vorgabe der gleichen Irrtumswahrscheinlichkeit α sinnvollerweise zu derselben Entscheidung führen. Diese Bedingung definiert eindeutig, wie Vertrauensbereiche konkret zu bestimmen sind.

Anhand von Abb. 4.2 demonstrieren wir die beiden komplementären Wege der Entscheidungsfindung ($1-\alpha = 99\%$) an einem korrekt auf seinen Sollwert μ_0 justierten Fertigungsprozeß. In den beiden Fällen a) und b) entscheidet der jeweilige Stichproben-Kennwert $\bar{x}$ für bzw. gegen die wahre Prozeßlage. Der kritische Grenzfall in c) definiert allgemein den Vertrauensbereich $[\mu_{un}, \mu_{ob}]$.

Die einzelnen Merkmalswerte streuen normalverteilt um den Sollwert μ_0 mit der Standardabweichung σ. Die oberen Grenze $\bar{x}_{ob}$ des zweiseitigen Zufallsstreubereichs für die Mittelwerte $\bar{x}$ von Stichproben des Umfangs n stimmt im kritischen Grenzfall mit dem beobachteten Kennwert $\bar{x}_{krit}$ überein:

$$\bar{x}_{ob} = \mu_0 + u_{1-\frac{\alpha}{2}} \frac{\sigma}{\sqrt{n}} = \bar{x}_{krit}. \tag{4.1}$$

Wenn wir die logische Kompatibilität der beiden Entscheidungswege gewährleisten wollen, dann muß in diesem Grenzfall der Sollwert μ_0 mit der unteren Grenze μ_{un} des entsprechenden Vertrauensbereiches übereinstimmen:

$$\mu_0 = \mu_{un}(\bar{x}_{krit}). \tag{4.2}$$

Wir ersetzen also in dem für $\bar{x}_{ob}$ und $\bar{x}_{krit}$ gleichlautenden Ausdruck μ_0 durch $\mu_{un}(\bar{x}_{krit})$ und erhalten:

$$\mu_{un}(\bar{x}_{krit}) = \bar{x}_{krit} - u_{1-\frac{\alpha}{2}} \frac{\sigma}{\sqrt{n}}. \tag{4.3}$$

Diese Bestimmungsgleichung ist für jedes relevante Vertrauensniveau $1-\alpha$ gültig. Daher lauten die Bestimmungsgleichungen für die Grenzen der zweiseitigen Vertrauensbereiche unter Berücksichtigung der Symmetrie der Normalverteilung:

$$\mu_{un} = \bar{x} - u_{1-\frac{\alpha}{2}} \frac{\sigma}{\sqrt{n}}, \quad \text{konsistent zu } \bar{x}_{ob} = \mu_0 + u_{1-\frac{\alpha}{2}} \frac{\sigma}{\sqrt{n}}, \tag{4.4}$$

$$\mu_{ob} = \bar{x} + u_{1-\frac{\alpha}{2}} \frac{\sigma}{\sqrt{n}}, \quad \text{konsistent zu } \bar{x}_{un} = \mu_0 - u_{1-\frac{\alpha}{2}} \frac{\sigma}{\sqrt{n}}. \tag{4.5}$$

Der empirische Mittelwert $\bar{x}$ einer Stichprobe vom Umfang n liefert mit diesen Grenzen die gesuchte Bereichsschätzung für den Parameter μ der Grundge-

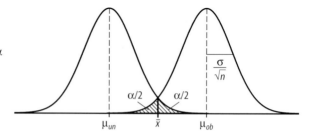

Abb. 4.3. Grenzverteilungen eines zweiseitigen Vertrauensbereichs mit vorgegebenem Vertrauensniveau $1-\alpha$

samtheit, also einen zweiseitigen Vertrauensbereich

$$\mu_{un} \le \mu \le \mu_{ob} \tag{4.6}$$

zu einem vorgegebenen Vertrauensniveau $1-\alpha$ (s. Abb. 4.3).

4.1
Schätzmethoden bei attributiven Merkmalswerten

4.1.1
Binomialverteilung

Bevor wir das dargestellte Verfahren zur Bestimmung von Vertrauensbereichen auf den mittleren Anteil p von fehlerhaften Einheiten übertragen, werden wir eine einfache Punktschätzung $\hat{p}$ für diesen Parameter der Binomialverteilung angeben. Falls in einer Stichprobe vom Umfang n eine Anzahl x fehlerhafter Einheiten gefunden wurde, ist es naheliegend, den Fehleranteil der Grundgesamtheit durch

$$\hat{p} = \frac{x}{n} \tag{4.1.1.1}$$

zu schätzen. Liegen mehrere Stichprobenergebnisse vor, läßt sich diese Schätzung verallgemeinern:

$$\hat{p} = \frac{x_1 + x_2 + \ldots + x_k}{n_1 + n_2 + \ldots + n_k} = \frac{x}{n}, \tag{4.1.1.2}$$

wenn wir mit n den Gesamtumfang und mit x die Gesamtanzahl der fehlerhaften Einheiten aller Stichproben bezeichnen.

Wie in unserem einführenden Beispiel wird die obere Grenze p_{ob} eines Vertrauensbereiches für p aus der Berechnungsformel für die untere Grenze des entsprechenden Zufallsstreubereiches bestimmt:

x_{un} ist die kleinste Zahl, für die gilt

$$G(x_{un}; n, p) > \frac{\alpha}{2} \text{(bzw. } \ge 1-\alpha \text{ einseitig).} \tag{4.1.1.3}$$

Der relevante kritische Grenzfall liegt vor, wenn das Stichprobenresultat x mit dieser unteren Grenze übereinstimmt:

$$x_{un} = x.$$ (4.1.1.4)

Wir legen jetzt p_{ob} als die obere Schranke aller Zahlenwerte p für den mittleren Fehleranteil fest, die noch die Ungleichung

$$G(x; n, p) > \frac{\alpha}{2}$$ (4.1.1.5)

erfüllen. Damit ist p_{ob} bestimmt durch die Gleichung

$$G(x; n, p_{ob}) = \frac{\alpha}{2} \quad (\alpha \text{ im einseitig nach oben begrenzten Fall}).$$ (4.1.1.6)

Die Bestimmung einer unteren Schranke p_{un} verläuft völlig analog und führt auf

$$G(x-1; n, p_{un}) = 1 - \frac{\alpha}{2} \quad (1-\alpha \text{ im einseitig nach unten begr. Fall}).$$ (4.1.1.7)

Sollten wir in der Stichprobe keine fehlerhaften Einheiten gefunden haben ($x = 0$), können wir eine solche untere Schranke für den durchschnittlichen Fehleranteil der Grundgesamtheit nur als $p_{un} = 0$ angeben.

Wir illustrieren die Konstruktion des zweiseitigen 95%-Vertrauensbereiches am Beispiel einer Stichprobe von $n = 50$ Einheiten, in der $x = 4$ fehlerhafte Einheiten gefunden wurden. In diesem Fall erhalten wir für $\hat{p} = 0,08$, $p_{un} = 0,022$ und $p_{ob} = 0,192$. Die beiden Grenzverteilungen sind in Abb. 4.4 dargestellt.

Zusammenfassend erhalten wir je nach Art der Fragestellung aus einem Stichprobenergebnis x die relevanten Vertrauensbereiche zum Vertrauensniveau $1-\alpha$:

Wie groß ist p mindestens? $p \geq p_{un}$ (einseitig nach unten begr.) (4.1.1.8)
Wie groß ist p höchstens? $p \leq p_{ob}$ (einseitig nach oben begr.) (4.1.1.9)
In welchen Grenzen liegt p? $p_{un} \leq p \leq p_{ob}$ (zweiseitig begr.) (4.1.1.10)

Es bleibt das Problem, die konkreten Zahlenwerte dieser Schranken explizit zu ermitteln. Dazu stehen u.a. folgende Methoden zur Auswahl, wobei wir auf die Details der graphischen Verfahren an dieser Stelle nicht eingehen werden (Graf, Henning, Stange, Wilrich, 1987):

Graphische Lösung der Bestimmungsgleichungen im Nomogramm D1 (s. Anmerkungen hinter dem Nomogramm).

Exakte rechnerische Bestimmung unter Verwendung der Quantile der F-Verteilung.

Näherungsweise Berechnung für hinreichend große Stichprobenumfänge mit den Quantilen der Standard-Normalverteilung.

Abb. 4.4. Grenzverteilungen des 95%-Vertrauensbereichs binomialverteilter Merkmalswerte ($n = 50$, $\hat{p} = 0,08$)

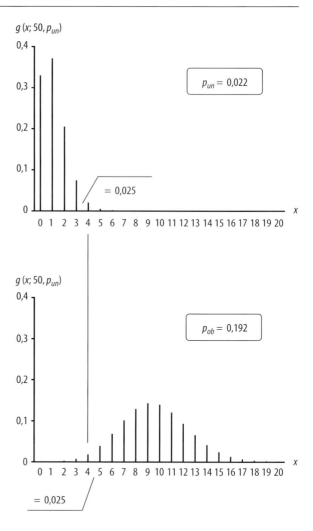

Exakte Berechnung mit Hilfe der F-Verteilung

$$p_{ob} = \frac{(x+1)\, F_{2(x+1),2(n-x);1-\alpha/2}}{n-x+(x+1)\, F_{2(x+1),2(n-x);1-\alpha/2}} \quad \text{und} \tag{4.1.1.11}$$

$$p_{un} = \frac{x}{x+(n-x+1)\, F_{2(n-x+1),2x;1-\alpha/2}}. \tag{4.1.1.12}$$

Darin sind die Quantile der F-Verteilung (Tabelle B7) im Fall der einseitig begrenzten Vertrauensbereiche durch die $(1-\alpha)$-Quantile mit den gleichen Freiheitsgraden zu ersetzen.

Näherungsweise rechnerische Ermittlung

Die meisten der in der Fachliteratur angegebenen Näherungsformeln bestehen in einer mehr oder weniger geschickten Approximation der F-Quantile in den exakten Bestimmungsgleichungen unter Verwendung der Quantile der Standard-Normalverteilung. Solche Approximationen finden sich auch in unserem Tabellenanhang. Alle diese Näherungsformeln münden schließlich für sehr große Stichprobenumfänge in

$$p_{ob/un} \approx \hat{p} \pm u_{1-\alpha/2} \sqrt{\frac{\hat{p}(1-\hat{p})}{n}} \qquad (4.1.1.13)$$

unter der Voraussetzung $n\,p_{ob/un}\,(1 - p_{ob/un}) > 9$. $\qquad (4.1.1.14)$

Spezialfälle

$$\begin{array}{ll} x = 0: & 0 \le p \le 1 - \sqrt[n]{\alpha/2} \\ x = n: & \sqrt[n]{\alpha/2} \le p \le 1 \end{array} \qquad (4.1.1.15)$$

Im einseitigen Fall wird jeweils $\alpha/2$ durch α ersetzt.

4.1.2
Poisson-Verteilung

Die grundsätzliche Konzeption sowie die praktische Bestimmung der Schätzwerte und Vertrauensbereiche für die durchschnittliche Anzahl von Fehlern pro Einheit μ_E erfolgt nach denselben Kriterien wie im Falle der Binomialverteilung. In der Notation

$$p = \mu_E \qquad (4.1.2.1)$$

können wir die Schätzwerte unverändert übernehmen und die Berechnungsmethoden auf den Grenzfall seltener Ereignisse reduzieren. Die graphische Lösung wird mit Hilfe des Nomogramms D1 durchgeführt (s. Anmerkungen hinter dem Nomogramm).

Exakte Berechnung mit Hilfe der Chi-Quadrat-Verteilung

$$p_{ob} = \frac{1}{2n} \chi^2_{2(x+1);1-\alpha/2}, \qquad (4.1.2.2)$$

$$p_{un} = \frac{1}{2n} \chi^2_{2x;\alpha/2} \text{ für } x > 0, \quad p_{un} = 0 \text{ für } x = 0. \qquad (4.1.2.3)$$

Im Fall des einseitig begrenzten Vertrauensbereiches ist in den Quantilen der Chi-Quadrat-Verteilung (Tabelle B5) $\alpha\,/\,2$ durch α zu ersetzen.

Näherungsweise rechnerische Ermittlung

Die einfachste Form der Näherung für große Stichprobenumfänge n besteht in

$$p_{ob/un} \approx \hat{p} \pm u_{1-\alpha/2} \sqrt{\frac{\hat{p}}{n}}\,, \qquad (4.1.2.4)$$

wenn die Bedingung $n\,p_{ob/un} > 9$ erfüllt ist. Statt dieser Approximationsformel kann auch die Näherung von Wilson und Hilferty (Bosch, 1992) für die Quantile der Chi-Quadrat-Verteilung verwendet werden (s. Tabellenanhang).

Spezialfälle

$$x = 0: \qquad 0 \le p \le \frac{\ln\,(2\,/\,\alpha)}{n}. \qquad (4.1.2.5)$$

Im einseitigen Fall ist wiederum $\alpha\,/\,2$ durch α zu ersetzen.

4.2
Rechnerische Schätzmethoden bei normalverteilten Merkmalen

Zu Beginn dieses Kapitels haben wir als einführendes Beispiel den zweiseitigen Vertrauensbereich für den Mittelwert einer normalverteilten Grundgesamtheit bestimmt. Wir sind dabei stillschweigend davon ausgegangen, daß die Standardabweichung σ des beschriebenen Prozesses bekannt ist. Dies ist in der Praxis häufig nicht der Fall. Im allgemeinen muß neben dem Mittelwert auch die Standardabweichung einer normalverteilten Grundgesamtheit aus Stichprobenergebnissen geschätzt werden. Neben geeigneten Punktschätzungen für die unbekannten Parameter der Grundgesamtheit sind dabei immer auch die entsprechenden Vertrauensbereiche anzugeben.

Unseren folgenden Überlegungen liegt stets ein Prozeß zugrunde, dessen Merkmalswerte stabil normalverteilt sind. Sollten Zweifel darüber bestehen, ob etwa zwei oder mehrere voneinander unabhängig gezogene Stichproben wirklich aus der gleichen Grundgesamtheit stammen, so können eine Reihe von statistischen Test zur Überprüfung herangezogen werden. Solche Tests, wie etwa der Bartlett-Test oder die einfache Varianzanalyse sind Gegenstand des nachfolgenden Kapitels 5 (Statistische Testverfahren zur Auswertung von Produktions- und Versuchsdaten).

4.2.1
Schätzwerte für Parameter und Überschreitungsanteil

Wir wollen annehmen, daß uns die Ergebnisse

$$x_1^{(j)}, x_2^{(j)},..., x_n^{(j)} \quad \text{für} \quad j \in \left\{1, 2,..., k\right\} \qquad (4.2.1.1)$$

aus k Stichproben vom Umfang n vorliegen, die alle aus der gleichen normalverteilten Grundgesamtheit gezogen wurden. Aus jeder dieser Stichproben können für $j \in \{1, 2, \ldots, k\}$ die folgenden Kennwerte berechnet werden

- Mittelwerte $\qquad\qquad \bar{x}_j = \dfrac{1}{n} \sum_{i=1}^{n} x_i^{(j)},$ $\qquad\qquad\qquad$ (4.2.1.2)

- Mediane $\qquad\qquad\quad \tilde{x}_j,$ $\qquad\qquad\qquad\qquad\qquad$ (4.2.1.3)

- Varianzen $\qquad\qquad s_j^2 = \dfrac{1}{n-1} \sum_{i=1}^{n} (x_i^{(j)} - \bar{x}_j)^2,$ $\qquad\quad$ (4.2.1.4)

- Standardabweichungen $\quad s_j = \sqrt{s_j^2},$ $\qquad\qquad\qquad\qquad$ (4.2.1.5)

- Spannweiten $\qquad\qquad R_j = x_{\max}^{(j)} - x_{\min}^{(j)}.$ $\qquad\qquad\quad$ (4.2.1.6)

Die Schätzwerte für die Parameter μ und σ der Grundgesamtheit sind in Tabelle 4.1 zusammengefaßt.

Zur Berechnung eines Schätzwertes $\hat{\sigma}$ für die Standardabweichung σ aus den empirischen Standardabweichungen s bzw. den Spannweiten R der einzelnen Stichproben werden die Konstanten a_n und d_n benötigt. Für a_n können wir als analytischen Ausdruck angeben

$$a_n = \frac{\sqrt{2}\ \Gamma\!\left(\frac{n}{2}\right)}{\sqrt{n-1}\ \Gamma\!\left(\frac{n-1}{2}\right)}.$$ $\qquad\qquad\qquad\qquad$ (4.2.1.7)

Tabelle 4.1. Schätzwerte für die Parameter μ und σ der Grundgesamtheit

Parameter	Schätzwert	Erklärung
Mittelwert μ	$\hat{\mu} = \bar{\bar{x}} = \frac{1}{k} \sum_{j=1}^{k} \bar{x}_j$	Mittelwert der Mittelwerte über alle Stichproben
	$\hat{\mu} = \bar{\tilde{x}} = \frac{1}{k} \sum_{j=1}^{k} \tilde{x}_j$	Mittelwert der Mediane über alle Stichproben
Standardabweichung σ	$\hat{\sigma} = \sqrt{\overline{s^2}}$, mit $\overline{s^2} = \frac{1}{k} \sum_{j=1}^{k} s_j^2$	Mittelwert der Varianzen über alle Stichproben
	$\hat{\sigma} = \dfrac{\bar{s}}{a_n}$, mit $\bar{s} = \frac{1}{k} \sum_{j=1}^{k} s_j$	Mittelwert der Standardabweichungen über alle Stichproben
	$\hat{\sigma} = \dfrac{\bar{R}}{d_n}$, mit $\bar{R} = \frac{1}{k} \sum_{j=1}^{k} R_j$	Mittelwert der Spannweiten über alle Stichproben

Abb. 4.5. Überschreitungsanteil p an der oberen
Toleranzgrenze OGW

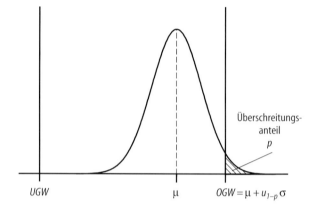

Überschreitungs-
anteil
p

UGW μ $OGW = \mu + u_{1-p}\,\sigma$

Die Größen d_n müssen mit Hilfe der w-Verteilung numerisch berechnet werden. Für beide Konstanten liegen jedoch tabellierte Werte vor (Tabelle B11).

In nahezu allen technischen Anwendungen sind für quantitative Merkmals-werte Toleranzen vorgegeben. Ob und gegebenenfalls um wieviel diese Tole-ranzgrenzen für einen speziellen Prozeß überschritten werden, spielt zum Bei-spiel im Zusammenhang mit der Statistischen Prozeßsteuerung (SPC) eine gro-ße Rolle . Für normalverteilte Merkmalswerte kann der Überschreitungsanteil p an einer der beiden Toleranzgrenzen mit Hilfe der Schätzwerte für den Mit-telwert und die Streuung geschätzt werden durch:

$$u_{1-\hat p} = \frac{OGW - \hat\mu}{\hat\sigma} \quad \text{bzw.} \quad u_{1-\hat p} = \frac{\hat\mu - UGW}{\hat\sigma}. \tag{4.2.1.8}$$

Dabei ist $u_{1-\hat p}$ ein Quantil der Standard-Normalverteilung und es gilt:

$$\hat p = 1 - G(u_{1-\hat p}; 0, 1). \tag{4.2.1.9}$$

In der Abb. 4.5 ist die Definition des Überschreitungsanteils am Beispiel einer Überschreitung der oberen Toleranzgrenze OGW dargestellt.

Eine grobe Schätzung sowohl der Parameter einer normalverteilten Grundge-samtheit, als auch des Überschreitungsanteils an einer vorgegebenen Toleranz-grenze, kann sehr einfach auf graphischem Wege unter Verwendung des Aus-wertenetzes D8 erfolgen. Diese Schätzmethode, auf die wir in einem gesonder-ten Abschnitt eingehen werden, hat den zusätzlichen Vorteil, daß sie gleichzeitig zeigt, ob und wie gut die gemessenen Merkmalswerte wirklich einer Normalver-teilung genügen. Sie stellt damit auch ein nützliches Hilfsmittel bei der Auswer-tung und Beurteilung von Produktions- oder Versuchsdaten dar.

4.2.2
Vertrauensbereiche für Parameter und Überschreitungsanteil

Wie in unserem einführenden Beispiel orientiert man sich bei der Bereichs-schätzung für die Parameter der Grundgesamtheit an den entsprechenden Zu-fallsstreubereichen. Dementsprechend erfolgt die Definition der Vertrauensgrenzen für die Standardabweichung mit Hilfe der Chi-Quadrat-Verteilung, während ein Vertrauensbereich für den Mittelwert davon abhängt, ob die Standardabweichung σ der Grundgesamtheit bekannt ist oder nicht.

In Tabelle 4.2 sind zweiseitig begrenzte Vertrauensbereiche zum Vertrauensniveau 1-α angegeben. Sie liefern Antworten auf die Fragen:

In welchen Grenzen ist μ zu erwarten? $\mu_{un} \leq \mu \leq \mu_{ob}$ (4.2.2.1)

In welchen Grenzen ist σ zu erwarten? $\sigma_{un} \leq \sigma \leq \sigma_{ob}$ (4.2.2.2)

Wir nehmen dabei der Einfachheit halber an, daß die Kennwerte $\bar{x}$ und s jeweils aus den Ergebnissen $x_1, x_2, \ldots, x_n$ einer einzigen Stichprobe des Umfangs n berechnet wurden. Die Grenzen der zweiseitigen Vertrauensbereiche können dann mit Hilfe der Gleichungen in Tabelle 4.2 bestimmt werden.

Entsprechend können auch einseitige Vertrauensbereiche definiert werden:

Wie groß ist $\mu(\sigma)$ mindestens? $\mu \geq \mu_{un} \ (\sigma \geq \sigma_{un})$ (4.2.2.3)
(einseitig nach unten begrenzt)

Wie groß ist $\mu(\sigma)$ höchstens? $\mu \leq \mu_{ob} \ (\sigma \leq \sigma_{ob})$ (4.2.2.4)
(einseitig nach oben begrenzt)

Dazu ist in den Ausdrücken für $\mu_{ob/un}$ und $\sigma_{ob/un}$ jeweils $\alpha/2$ durch α zu ersetzen.

Für den Überschreitungsanteil p können wir analytisch nur eine Näherungslösung angeben, die für Stichprobenumfänge $n > 30$ verwendet werden kann:

$$u_{1-p_{ob/un}} = u_{1-\hat{p}} \mp u_{1-\frac{\alpha}{2}} \sqrt{\frac{1}{n} + \frac{u_{1-\hat{p}}^2}{2n-2}} \ . \qquad (4.2.2.5)$$

Tabelle 4.2 Vertrauensbereiche für den Mittelwert μ und die Standardabweichung σ

Parameter	Verteilung	Untere Grenze μ_{un} bzw. σ_{un}	Obere Grenze μ_{ob} bzw. σ_{ob}
Mittelwert μ (σ bekannt)	Normalverteilung $u = \dfrac{\bar{x}-\mu}{\sigma} \cdot \sqrt{n}$	$\bar{x} - u_{1-\frac{\alpha}{2}} \dfrac{\sigma}{\sqrt{n}}$	$\bar{x} + u_{1-\frac{\alpha}{2}} \dfrac{\sigma}{\sqrt{n}}$
Mittelwert μ (σ unbekannt)	t-Verteilung $t_{n-1} = \dfrac{\bar{x}-\mu}{s} \cdot \sqrt{n}$	$\bar{x} - t_{n-1,1-\frac{\alpha}{2}} \dfrac{s}{\sqrt{n}}$	$\bar{x} + t_{n-1,1-\frac{\alpha}{2}} \dfrac{s}{\sqrt{n}}$
Standardabweichung σ	Chi-Quadrat-Verteilung $\chi_{n-1}^2 = \dfrac{(n-1)s^2}{\sigma^2}$	$\sqrt{\dfrac{n-1}{\chi_{n-1,1-\frac{\alpha}{2}}^2}} \cdot s$	$\sqrt{\dfrac{n-1}{\chi_{n-1,\frac{\alpha}{2}}^2}} \cdot s$

Die Vertrauensgrenzen des Überschreitungsanteils für kleinere Stichproben können graphisch mit Nomogramm B4 ermittelt werden. Dazu dienen die Anmerkungen hinter dem Nomogramm.

Parameterschätzungen und Vertrauensbereiche können auch mit Hilfe anderer Verteilungen berechnet werden. So benötigen wir beispielsweise die F-Verteilung zur Angabe von Vertrauensgrenzen für den Quotienten zweier Varianzen. Solche Überlegungen sind zum Teil Gegenstand des Kapitels über statistische Testverfahren, daher wollen wir an dieser Stelle nicht weiter darauf eingehen.

Eine besondere Rolle in der statistischen Qualitätssicherung spielen die Verteilungen zur Beschreibung von Ausfallerscheinungen und Lebensdauern. Dies sind vor allem die Exponentialverteilung, deren einziger Parameter T die mittlere Lebensdauer bei zufallsbedingten Ausfallerscheinungen ist, und die zweiparametrige Weibull-Verteilung, mit deren Hilfe auch ein verschleißbedingtes Ausfallverhalten modelliert werden kann.

4.3
Rechnerische Schätzung der Parameter von Lebensdauerverteilungen

Die Exponentialverteilung kann als Spezialfall $b = 1$ der Weibull-Verteilung aufgefaßt werden. Deren Verteilungsfunktion lautet:

$$F(t) = 1 - R(t) = 1 - e^{-\left(\frac{t}{T}\right)^b}. \qquad (4.3.1)$$

Die Ausfallrate $\lambda(t)$ ist die relative Änderung des mittleren Bestandes pro Zeiteinheit und läßt sich aus der Zuverlässigkeit $R(t)$ berechnen, also dem mittleren relativen Bestand von funktionsfähigen Bauteilen nach einer Gebrauchszeit t:

$$\lambda(t) = -\frac{d\big(\ln R(t)\big)}{dt} = -\frac{1}{R(t)}\frac{dR(t)}{dt} = \frac{b}{T}\left(\frac{t}{T}\right)^{b-1} \xrightarrow[b \to 1]{} \frac{1}{T}. \qquad (4.3.2)$$

Beide Parameter der Weibull-Verteilung haben eine anschauliche praktische Bedeutung. Die charakteristische Lebensdauer T ist ein Maß für die mittlere Lebensdauer

$$\bar{t} = \Gamma\left(1 + \frac{1}{b}\right) T \xrightarrow[b \to 1]{} T, \qquad (4.3.3)$$

und spielt somit bei der Festlegung von Garantiezeiten eine große Rolle. Die Art des Ausfallverhaltens kann durch die Ausfallsteilheit b charakterisiert werden, wie in Abb. 4.6 zu sehen ist. Während der Gebrauchszeit eines Bauelementes zeigt die Ausfallrate $\lambda(t)$ qualitativ etwa den dargestellten Verlauf („Badewannenkurve").

Auch im Falle der Weibull-Verteilung lassen sich die Parameter der Grundgesamtheit auf einfache Weise graphisch schätzen. Die Vorgehensweise unter Verwendung des Auswertenetzes D9 stellen wir in einem separaten Abschnitt vor.

Abb. 4.6. Ausfallrate $\lambda(t)$ für unterschiedliche Ausfallmechanismen

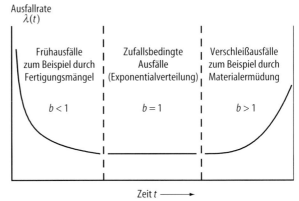

An dieser Stelle wollen wir kurz die rechnerische Ermittlung von Schätzwerten und Vertrauensbereichen für die Parameter der Weibull-Verteilung diskutieren.

Nehmen wir also an, daß eine Anzahl n von Bauelementen (z. B. Schalter) bis zum Ausfall geprüft worden sind und die Ausfallzeiten $t_1, t_2, \ldots, t_n$ der einzelnen Elemente bekannt sind. Dann können wir die folgenden Schätzwerte für die charakteristische Lebensdauer T und die Ausfallsteilheit b berechnen:

$$\frac{1}{\hat{b}} = \sqrt{\frac{6}{\pi^2} s_{\ln t}^2} \quad \text{und} \quad \ln \hat{T} = \frac{1}{n} \sum_{i=1}^{n} \ln t_i + \frac{C}{\hat{b}}, \tag{4.3.4}$$

mit der empirischen Varianz

$$s_{\ln t}^2 = \frac{1}{n-1} \left\{ \sum_{i=1}^{n} (\ln t_i)^2 - \frac{1}{n} \left(\sum_{i=1}^{n} \ln t_i \right)^2 \right\}, \tag{4.3.5}$$

der logarithmierten Ausfallzeiten $\ln t_i$ und der Euler'schen Konstanten

$$C = \lim_{n \to \infty} \left(\sum_{i=1}^{n} \frac{1}{i} - \ln n \right) \approx 0{,}5772 \,. \tag{4.3.6}$$

Für einen hinreichend großen Stichprobenumfang n lauten die zweiseitigen Vertrauensbereiche zu einem vorgegebenen Vertrauensniveau $1 - \alpha$

$$b_{un} \leq b \leq b_{ob} \quad \text{und} \quad T_{un} \leq T \leq T_{ob}, \tag{4.3.7}$$

mit

$$T_{ob/un} \approx \hat{T} \left(1 \pm u_{1-\frac{\alpha}{2}} \frac{1{,}08065}{\sqrt{n}} / \hat{b} \right), \tag{4.3.8}$$

$$b_{ob/un} \approx \hat{b}\left(1 \pm u_{1-\frac{\alpha}{2}} \frac{1{,}04881}{\sqrt{n}}\right). \tag{4.3.9}$$

Bei einseitigen Vertrauensbereichen ist in den Quantilen der Normalverteilung $\alpha/2$ durch α zu ersetzen.

Wenn das Lebensdauergesetz von Bauelementen durch rein zufällige Ausfall-mechanismen bestimmt wird, d.h. mit Hilfe der Exponentialverteilung ($b=1$) beschrieben werden kann, vereinfacht sich die rechnerische Ermittlung von Schätzwerten und Vertrauensbereichen für die mittlere Lebensdauer T bzw. für die (konstante) Ausfallrate λ.

4.3.1
Lebensdauer-Schätzungen bei Exponentialverteilung

Wenn im Rahmen einer Zuverlässigkeitsprüfung sichergestellt ist, daß von einer Exponentialverteilung der Lebensdauer ausgegangen werden kann, dann stehen hinsichtlich Versuchsaufbau und -auswertung vier einfache Verfahren zur Ver-fügung. Wir stellen die rechnerische Auswertung zu diesen Prüfverfahren dar, die neben der Ermittlung eines Schätzwertes für die charakteristische Lebens-dauer T auch die Angabe ihrer Vertrauensbereiche erlaubt, ohne auf die bespro-chenen Näherungen angewiesen zu sein. Die Vorgaben der vier Prüfverfahren bestehen in

der Anzahl n_{pr} der Prüfplätze,

entweder der Anzahl i der Ausfälle oder der Prüfzeit t_{pr} als Abbruchkriteri-um, sowie darin, daß

entweder mit oder ohne Ersatz (E oder O) ausgefallener Einheiten zu prüfen ist.

Abgekürzt lauten die entsprechenden Prüfpläne:

$$\left[n_{pr} - E - i\right],$$

$$\left[n_{pr} - E - t_{pr}\right],$$

$$\left[n_{pr} - O - i\right],$$

$$\left[n_{pr} - O - t_{pr}\right].$$

Ist die Anzahl der Ausfälle als Abbruchkriterium vorgegeben, dann stellt die Prüfzeit eine Beobachtungsgröße dar. Falls die Liste der Vorgaben die Prüfzeit enthält, kann die Anzahl der Ausfälle variieren. Wird mit Ersatz geprüft, so ge-nügen diese Informationen, um Schätzwerte und Vertrauensbereiche zu bestim-men:

$$\hat{T} = \frac{n_{pr}\, t_{pr}}{i}, \quad \hat{\lambda} = \frac{1}{\hat{T}}; \quad \lambda_{un} = \frac{\hat{\lambda}}{2i}\, \chi^2_{un;2i} = \frac{1}{T_{ob}} \tag{4.3.1.1}$$

und abhängig vom Abbruchkriterium

$$\lambda_{ob} = \frac{\hat{\lambda}}{2i} \chi^2_{ob;\,2i\,(+2)} = \frac{1}{T_{un}}. \tag{4.3.1.2}$$

Bei der Berechnung der oberen Vertrauensgrenze für die Ausfallrate ist nur im Fall vorgegebener Prüfzeit die eingeklammerte 2 zu addieren. Wenn dagegen die Anzahl der Ausfälle als Kriterium festgelegt ist, dann sind oben wie unten die Quantile der Chi-Quadrat-Verteilung mit $2i$ Freiheitsgraden einzusetzen.

Sollte die Zuverlässigkeitsprüfung ohne Ersatz gegebenenfalls ausgefallener Einheiten ablaufen, so ändert sich nur die Berechnungsformel der Punktschätzung, in die nun sämtliche Ausfallzeitpunkte t_j eingehen:

$$\hat{T} = \frac{(n_{pr} - i)\,t_{pr}}{i} + \frac{1}{i}\sum_{j=1}^{i} t_j. \tag{4.3.1.3}$$

Mit diesem Wert sind dann die weiteren Schätzungen in unveränderter Form durchzuführen.

4.4
Graphische Schätzmethoden bei kontinuierlichen Merkmalswerten

Vielen rechnerischen Auswertungsverfahren kann eine geeignete graphische Aufbereitung gerade großer Datenmengen nicht nur als eine nützliche Ergänzung sondern oft sogar als ein wichtiges Analysewerkzeug dienen. Sie bietet
- einen schnellen Überblick über die Verteilung von Daten,
- einen leichten Zugang zu ersten quantitativen Resultaten,
- bei adäquater Auftragung Aufschlüsse über die Anwendbarkeit hypothetischer Modelle,
- sowie die Möglichkeit zu einer plakativ überzeugenden Dokumentation von Ergebnissen.

Die hier vorgestellten Methoden,
- ein Wahrscheinlichkeitsnetz (Auswertenetz D8 bei Normalverteilung) und
- ein Lebensdauernetz (Auswertenetz D9 bei Weibull-Verteilung)

zu benutzen, falls von den Merkmalswerten ein annähernd normal- bzw. Weibull-verteiltes Streuverhalten zu erwarten ist, werden in Fertigung und Entwicklung vielfältig angewandt. Weitere wichtige Möglichkeiten der graphischen Komprimierung, auf die wir hier nicht eingehen werden, sind zum Beispiel:
- Korrelations- oder Streudiagramme,
- histographische Darstellungen (Pareto-Analyse).

Die angesprochenen Netze D8 und D9 können dazu verwendet werden, die jeweils relevanten Modellparameter graphisch zu schätzen. Diesem Zweck entsprechend sind die Netze aufgebaut. Wir werden in diesem Abschnitt ihren Aufbau verdeutlichen und zeigen, wie sie zu benutzen sind.

Hinter der Gestalt jedes Netzes verbirgt sich die erwartete Form der Beziehung zwischen Merkmalswert und Verteilungsfunktion. Diese Beziehung ist zwar nicht linear, kann aber durch geeignete Ersetzungen linearisiert werden:

– Für eine Normalverteilung $G(x; \mu, \sigma^2)$ durch

$$u_{G(x;\mu,\sigma^2)} = \frac{x-\mu}{\sigma} \tag{4.4.1}$$

unter Verwendung der Quantile der Standard-Normalverteilung.
– Für eine zweiparametrige Weibull-Verteilung $F(t; T, b)$ durch

$$\log\bigl(-\ln\bigl(1 - F(t; T, b)\bigr)\bigr) = b\bigl(\log t - \log T\bigr) \tag{4.4.2}$$

linear in dem dekadischen Logarithmus $\log t$ des Merkmalswertes.

Die Netze enthalten daher zwei zueinander senkrechte Achsen, von denen die vertikale entsprechend dem jeweiligen Ausdruck auf der linken Seite der beiden Relationen linear skaliert ist. Auf der waagerechten Achse können direkt die Merkmalswerte x bzw. t abgetragen werden, da diese Achse im Lebensdauernetz eine logarithmischer Skala besitzt.

4.4.1
Auswertung kleiner Stichproben

Bei geringem Stichprobenumfang $n \leq 50$ muß die gesamte zur Verfügung stehende Informationsmenge, die die genaue Lage jedes einzelnen Meßwertes enthält, für eine adäquate Parameterschätzung ausgenutzt werden. Das bedeutet hinsichtlich der beiden bereits grob entworfenen graphischen Verfahren, daß jedem Einzelwert ein bestimmter theoretischer Wert für die Verteilungsfunktion zuzuordnen und gemäß der soeben dargestellten erwarteten Relationen gegenüber den Meßwerten aufzutragen ist. Aus Gründen der Genauigkeit muß für kleine Stichproben davon abgesehen werden, empirische Häufigkeitssummen in die Beurteilung mit einzubeziehen.

Steht eine eventuelle Normalverteilung der Merkmalswerte zur Disposition, dann sind die gemessenen Einzelergebnisse zunächst der Größe, also ihrem Rang nach zu ordnen:

$$x_{(1)} \leq x_{(2)} \leq \ldots \leq x_{(n)}. \tag{4.4.1.1}$$

Jedem Wert dieser geordneten Meßreihe entspricht ein bestimmtes Quantil der Standard-Normalverteilung, den seinem Rang gemäßen Erwartungswert in einer so geordneten Reihe standard-normalverteilter Zufallsgrößen. Daher lautet bei der Eintragung in das Wahrscheinlichkeitsnetz die Form der Zuordnung:

$$G(\overline{u}_{(j)}; 0,1) = G(\overline{u}_{(j)}) \quad \text{auftragen gegenüber} \quad x_{(j)} \text{ für } j = 1, 2, \ldots, n. \tag{4.4.1.2}$$

Tabelle 4.3 Stichprobenergebnis einer Schichtdickenbestimmung $n = 12$

Geordnete Stichprobenergebnisse		
Rang Nr.	Einzelwerte in mm	Werte für G in % (Tabelle B9)
1	116	5,2
2	118	13,1
3	123	21,5
4	123	29,5
5	125	37,8
6	126	46,0
7	129	54,0
8	129	62,2
9	130	70,5
10	133	78,5
11	134	86,9
12	138	94,9

Die dazu benötigten Werte für G finden sich in Tabelle B9 aufgelistet. Wir erläutern die Vorgehensweise am Beispiel einer bereits geordneten Stichprobe aus $n = 12$ Einzelwerten einer Schichtdickenbestimmung (s. Tabelle 4.3).

Nach der Eintragung der Punkte in das Wahrscheinlichkeitsnetz (s. Abb. 4.7) erfolgt die Auswertung mit dem Lineal. Die Schnittpunkte der Fitgeraden mit der 50%- und den beiden $\pm\sigma$-Linien liefern die Schätzwerte

$$\hat{\mu} = 127{,}0\,\mu\text{m} \quad \text{und} \quad \hat{\sigma} = 6{,}8\,\mu\text{m}. \tag{4.4.1.3}$$

Sollte für die Eintragung geordneter Stichproben ins Wahrscheinlichkeitsnetz keine Tabelle vorliegen, so können alternativ auch die Näherungswerte

$$G(\overline{u}_{(j)}) \approx \frac{j - 0{,}375}{n + 0{,}75} \tag{4.4.1.4}$$

Verwendung finden.

Am nächsten Beispiel werden wir zeigen, wie das bei Zuverlässigkeitsprüfungen eingesetzte Lebensdauernetz im Fall eines geringen Stichprobenumfangs zu benutzen ist. Tabelle 4.4 enthält, der Größe nach geordnet, die Ausfallzeitpunkte von $n = 12$ getesteten Bildröhren. Dabei sind die einzelnen Röhren einer Serie gleichartiger Belastungszyklen unterworfen worden, die jeweilige Anzahl der bis zum Funktionsausfall durchgestandenen Zyklen wurde auf der Grundlage von Erfahrungswerten in entsprechende Ausfallzeitpunkte bei gewöhnlichen Betriebsbedingungen übersetzt.

Die Auftragung im Lebensdauernetz erfolgt wie im Fall annähernd normalverteilter Merkmalswerte gegenüber theoretischen Werten für die Ausfallwahrscheinlichkeit F. Konsistenterweise wären diese Werte zur graphischen Schätzung der Weibull-Parameter T und b der Tabelle B 10 zu entnehmen. Wir übernehmen jedoch trotz geringfügiger Genauigkeitseinbußen die bereits verwendeten Werte aus Tabelle B9.

Abb. 4.7. Wahrscheinlichkeitsnetz für annähernd normalverteilte Merkmalswerte, Verteilungsfunktion gegenüber Stichproben-Einzelwerten ($n = 12$)

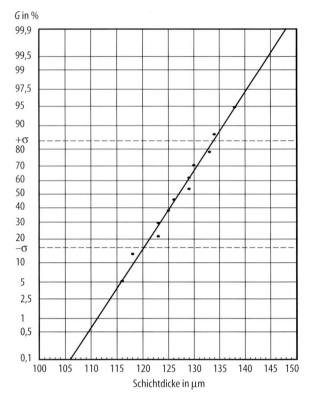

G in %

Schichtdicke in μm

Tabelle 4.4 Stichprobenergebnis einer Zuverlässigkeitsuntersuchung ($n = 12$)

Geordnete Stichprobenergebnisse

Rang Nr.	Einzelwerte in 1000 h	Werte für F in % (Tabelle B9)
1	3,1	5,2
2	5,8	13,1
3	7,2	21,5
4	8,9	29,5
5	10,5	37,8
6	11,4	46,0
7	13,3	54,0
8	14,6	62,2
9	16,9	70,5
10	18,3	78,5
11	21,8	86,9
12	25,9	94,9

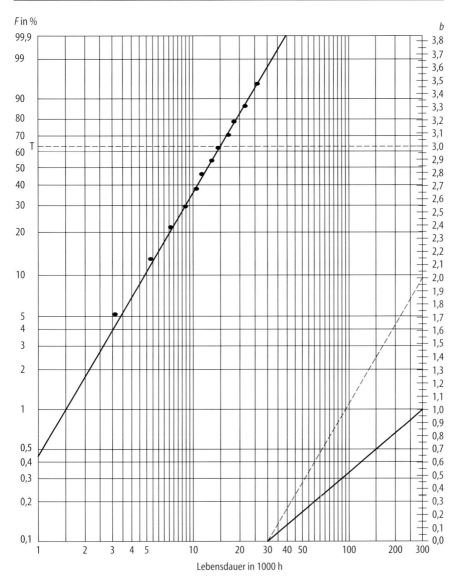

Abb. 4.8. Lebensdauernetz für Weibull-verteilte Merkmalswerte, Ausfallwahrscheinlichkeit gegenüber Einzelwerten ($n = 12$)

Auch die Auswertung der Eintragungen in das Lebensdauernetz (s. Abb. 4.8) erfolgt mit dem Lineal. Den Schätzwert für die charakteristische Lebensdauer erhalten wir aus dem Schnittpunkt von T-Linie und Fitgerade. Mit deren paralleler Geraden durch den Pol der $(b = 1)$-Linie läßt sich der Schätzwert für die Ausfallsteilheit auf der rechten b-Skala ablesen:

$$\hat{T} = 15000 \, \text{h}, \quad \hat{b} = 2. \tag{4.4.1.4}$$

Üblicherweise finden sich im Lebensdauernetz neben der b-Skala noch zwei weitere Skalen für die Faktoren $a(b)$ und $d(b)$, die in den Relationen

$$\bar{t} = a(b) \, T \quad \text{und} \quad \overline{(t - \bar{t})^2} = d^2(b) \, T^2 \tag{4.4.1.5}$$

Mittelwert und Varianz der Lebensdauerwerte in Abhängigkeit von der Ausfallsteilheit mit der charakteristischen Lebensdauer verknüpfen. Wie haben in unserer Netzgraphik auf diese beiden Skalen verzichtet und fügen den Berechnungsformeln

$$a(b) = \Gamma(1 + 1/b) \quad \text{und} \quad d^2(b) = \Gamma(1 + 2/b) - a^2(b) \tag{4.4.1.6}$$

die Tabelle 4.5 zur Bestimmung dieser Faktoren bei.

Tabelle 4.5 Faktoren zur Bestimmung von Mittelwert und Varianz bei Weibull-verteilten Merkmalswerten

b	$a(b)$	$d(b)$	b	$a(b)$	$d(b)$
0,3	9,261	50,078	2,2	0,886	0,425
0,4	3,323	10,438	2,3	0,886	0,408
0,5	2,000	4,472	2,4	0,886	0,393
0,6	1,505	2,645	2,5	0,887	0,380
0,7	1,266	1,851	2,6	0,888	0,367
0,8	1,133	1,428	2,7	0,889	0,355
0,9	1,052	1,171	2,8	0,890	0,344
1,0	1,000	1,000	2,9	0,892	0,334
1,1	0,965	0,878	3,0	0,893	0,325
1,2	0,941	0,787	3,1	0,894	0,316
1,3	0,924	0,716	3,2	0,896	0,307
1,4	0,911	0,660	3,3	0,897	0,299
1,5	0,903	0,613	3,4	0,898	0,292
1,6	0,897	0,574	3,5	0,900	0,285
1,7	0,892	0,540	3,6	0,901	0,278
1,8	0,889	0,511	3,7	0,902	0,272
1,9	0,887	0,486	3,8	0,904	0,266
2,0	0,886	0,463	3,9	0,905	0,260
2,1	0,886	0,443	4,0	0,906	0,254

4.4.2
Auswertung klassierter Stichprobenergebnisse

Für hinreichend große Stichprobenumfänge $n > 50$ können zur graphischen Schätzung von Modellparametern die Stichprobenergebnisse klassiert werden. Die Klassierung besteht in einer geeigneten Aufteilung der Meßwertachse in separate Intervalle, die zusammen alle beobachteten Einzelwerte enthalten. Jedem einzelnen Intervall kann eine Besetzungszahl, die der absoluten Häufigkeit der in ihm enthaltenen Beobachtungswerte entspricht, sowie nach Division durch n eine relative Häufigkeit h zugeordnet werden. Die relativen Häufigkeitswerte lassen sich über die geordneten Klassen hinweg addieren zur empirischen Häufigkeitssumme H, die daher gegenüber der jeweiligen oberen Klassengrenze aufzutragen ist.

Die Anzahl der Klassen sollte für $n \leq 400$ etwa mit der Quadratwurzel aus dem Stichprobenumfang übereinstimmen, ab dann genügen 20 Klassen. Die Klassengrenzen sollten mit den natürlichen Rundungsgrenzen der Meßwerte zusammenfallen. Für symmetrische Verteilungen empfehlen sich Klassen identischer Breite.

Wir bleiben bei den Beispielen, die wir für kleine Stichprobenumfänge ausgewählt hatten. Tabelle 4.6 enthält die zur graphischen Auswertung benötigten Informationen. Die im Rahmen einer Schichtdickenbestimmung gewonnenen Einzelwerte sind bereits klassiert worden und werden in der Tabelle nicht mehr explizit aufgeführt. Anschließend sind die Werte für die Häufigkeitssumme gegenüber den angegebenen oberen Klassengrenzen in ein Wahrscheinlichkeitsnetz für annähernd normalverteilte Merkmale aufzutragen (s. Abb. 4.9).

Tabelle 4.6 Stichprobenergebnis einer Schichtdickenbestimmung $n = 200$

Klassierte Stichprobenergebnisse (200 Einzelwerte)					
Klasse Nr.	Grenze unten in µm	Grenze oben in µm	Einzelwerte absolute Häufigkeit	Relative Häufigkeit h in %	Häufigkeitssumme H in %
1	107,5	110,5	2	1,0	1,0
2	110,5	113,5	4	2,0	3,0
3	113,5	116,5	9	4,5	7,5
4	116,5	119,5	17	8,5	16,0
5	119,5	122,5	25	12,5	28,5
6	122,5	125,5	32	16,0	44,5
7	125,5	128,5	33	16,5	61,0
8	128,5	131,5	30	15,0	76,0
9	131,5	134,5	23	11,5	87,0
10	134,5	137,5	13	6,5	94,0
11	137,5	140,5	7	3,5	97,5
12	140,5	143,5	3	1,5	99,0
13	143,5	146,5	2	1,0	100,0

Abb. 4.9. Wahrscheinlichkeitsnetz für annähernd normalverteilte Merkmalswerte, Häufigkeitssumme gegenüber oberen Klassengrenzen ($n = 200$)

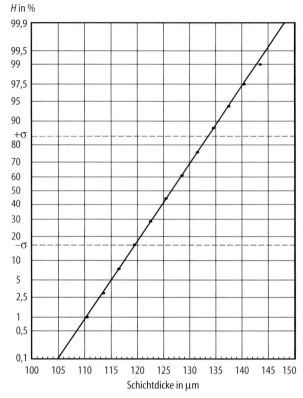

Die weitere graphische Auswertung erfolgt analog dem Fall kleiner Stichprobenumfänge: Wir erhalten aus den Schnittpunkten der Fitgeraden mit der 50%- und den beiden $\pm\sigma$ -Linien diesmal die Schätzwerte

$$\hat{\mu} = 126{,}5 \,\mu\text{m}, \quad \hat{\sigma} = 7{,}0 \,\mu\text{m} \qquad (4.4.2.1)$$

für den Mittelwert μ und die Standardabweichung σ einer normalverteilten Grundgesamtheit.

In unserem abschließenden Beispiel für die Anwendung des Lebensdauernetzes bei der Zuverlässigkeitsprüfung von $n = 200$ Bildröhren liegen ebenfalls bereits klassierte Ergebnisse vor (s. Tabelle 4.7). Die Breite der Klassen wächst hier grob mit zunehmender Funktionsdauer. Vier Röhren waren auch zum Zeitpunkt des Abbruchs der Prüfung noch nicht ausgefallen.

Wir nehmen das Ergebnis der folgenden graphischen Auswertung in Abb. 4.10 vorweg. Wieder ergeben sich für die charakteristische Lebensdauer T und für die Ausfallsteilheit b der zugrundeliegenden Weibull-Verteilung die Schätzwerte

$$\hat{T} = 15000\,\text{h} \quad \text{und} \quad \hat{b} = 2 \qquad (4.4.2.2)$$

Tabelle 4.7 Stichprobenergebnis einer Zuverlässigkeitsuntersuchung ($n = 200$)

Klassierte Stichprobenergebnisse
(200 Röhren insgesamt, davon noch 4 Röhren funktionstüchtig nach 30000 h)

Klasse Nr.	Grenze unten in 1000 h	Grenze oben in 1000 h	Einzelwerte absolute Häufigkeit	Relative Häufigkeit h in %	Häufigkeits- summe H in %
1	0,0	1,2	1	0,5	0,5
2	1,2	2,4	4	2,0	2,5
3	2,4	3,6	4	2,0	4,5
4	3,6	5,4	15	7,5	12,0
5	5,4	7,2	17	8,5	20,5
6	7,2	9,6	26	13,0	33,5
7	9,6	12,0	28	14,0	47,5
8	12,0	15,0	31	15,5	63,0
9	15,0	18,0	27	13,5	76,5
10	18,0	21,0	19	9,5	86,0
11	21,0	25,5	17	8,5	94,5
12	25,5	30,0	7	3,5	98,0
13	30,0	Abbruch	4	2,0	100,0

aus dem Schnittpunkt von T-Linie und Fitgerade, sowie durch deren Parallelverschiebung zum Pol der $(b = 1)$-Linie aus dem so erhaltenen Schnittpunkt mit der rechten b-Skala.

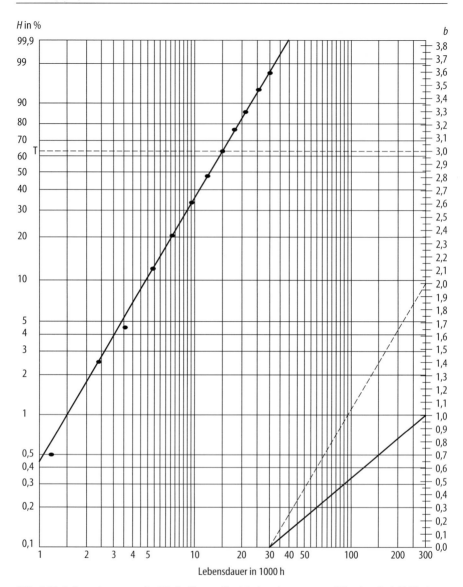

Abb. 4.10. Lebensdauernetz für Weibull-verteilte Merkmalswerte, Ausfallwahrscheinlichkeit gegenüber oberen Klassengrenzen ($n = 200$)

5 Statistische Testverfahren zur Auswertung von Produktions- und Versuchsdaten

Im Bereich der Eingangs- und Endprüfung von Waren, zum Zweck einer beherrschten Prozeßsteuerung und bei Prognosen hinsichtlich der Zuverlässigkeit und des spezifischen Ausfallverhaltens von Produkten gehören statistische Methoden sicher zu den häufig verwendeten Standardwerkzeugen einer erfolgreichen Qualitätssicherung. Die testtheoretischen Hintergründe dieser Methoden stecken hierbei in Art und Umfang einer sorgfältig geplanten Erfassung und Aufbereitung relevanter Daten. Die optimale Nutzung der Methoden in der betrieblichen Praxis setzt daher sowohl bei den Verantwortlichen als auch bei den Fachkräften vor Ort ein geeignetes Maß an entsprechender Sachkenntnis voraus. Unabdingbar allerdings ist die detaillierte Beherrschung statistischer Analyseverfahren, wenn unter dem Druck wachsender Ansprüche an Preis und Qualität eines Produktes dem vorhandenen Know-how keine fertigungstechnischen Spielräume mehr zur Verfügung stehen. Dann sind oft unter engsten Terminvorgaben heterogen zusammengesetzte Datenbestände unterschiedlichster Herkunft und Beschaffenheit quantitativ hinsichtlich bislang verborgener Verbesserungspotentiale auszuloten. Dabei genügt es selbstverständlich nicht, diese Daten blind beliebigen statistischen Tests zu unterziehen, ohne nach zumindest plausiblen, gegebenenfalls quantitativ interpretierbaren Erklärungen für mögliche Testresultate zu suchen. Gerade in den Ursachen eventueller Anomalien, Ausreißer oder Abweichungen von der erwarteten Verteilungsform kann der Schlüssel zu Qualitätssicherung und -verbesserung liegen.

Bekanntermaßen funktionieren statistische Methoden letztlich als Indizienbeweise und liefern keine streng determinierbaren Vorhersagen. Während sich in diesem Zusammenhang etwa der Anteil fehlerhafter Einheiten in einem Fertigungs- oder Lieferlos noch durch eine vollständige Prüfung sämtlicher im Los enthaltener Teile genau bestimmen läßt, widersetzen sich die Prozeßparameter zum Beispiel eines Drehautomaten jeder vermeintlich hundertprozentigen Festlegung. Zum einen handelt es sich um kontinuierliche Modellparameter, zum anderen ist das Modell selbst nur innerhalb eines bestimmten Fehlerrahmens angepaßt und gültig.

Statistische Testverfahren beantworten Fragen der Art, ob eine Nullhypothese H_0 zugunsten der komplementären Alternativhypothese H_1 bei einem vorgegebenen Vertrauensniveau $1-\alpha$ zu verwerfen ist oder nicht. Grundsätzlich

Tabelle 5.1. Einheitliches Bewertungsschema bei statistischen Testverfahren

Falsifikation der Nullhypothese		Interpretation	Symbol	Entscheidung für die Arbeits- hypothese
ja für	nein für	Das Resultat ist		
	$\alpha = 0{,}050$	zufällig	(–)	H_0
$\alpha = 0{,}050$	$\alpha = 0{,}010$	indifferent	(*)	
$\alpha = 0{,}010$	$\alpha = 0{,}001$	signifikant	(**)	H_1
$\alpha = 0{,}001$		hochsignifikant	(***)	H_1

bleibt es dem Anwender überlassen, einen geeigneten Wert für das Signifikanzniveau α des jeweiligen Tests festzulegen. So enthalten konventionelle Qualitätsregelkarten, falls sie nicht ausdrücklich der Einhaltung von Grenzwertvorgaben
dienen, die Grenzlinien zu den Signifikanzniveaus $\alpha = 0{,}05$ (Warngrenzen) und
$\alpha = 0{,}01$ (Eingriffsgrenzen). Wenn wir noch eine Beurteilung auf dem Signifikanzniveau $\alpha = 0{,}001$ hinzufügen, können wir das einheitliche Bewertungsschema in Tabelle 5.1 empfehlen.

Im Fall eines indifferenten Resultats reichen die verarbeiteten Informationen
für eine endgültige Entscheidung hinsichtlich der zukünftigen Arbeitshypothe-
se nicht aus. Daher sollte die Prüfung gegebenenfalls bei einem größeren Prüfumfang wiederholt werden.

Die Fragestellungen, zu deren Bearbeitung wir hier statistische Methoden angeben werden, lassen sich zunächst grob in drei Klassen einteilen:
- Vergleich von Parametern (p,μ,σ) einer Grundgesamtheit mit Vorgaben
  (p_0,μ_0,σ_0),
- Vergleich von Parametern (p_j,μ_j,σ_j) zweier oder mehrerer Grundgesamtheiten,
- eventuelle Ausreißer sowie Abweichungen von der erwarteten Verteilungsform.

In den ersten beiden Klassen bestimmt die Art der zugrunde liegenden technologischen Ausgangsfrage, ob der Vergleich eine Vorzugsrichtung enthält (einseitig) oder nicht (zweiseitig). So werden zum Vergleich der aktuellen Prozeßstreu-
ungen zweier bauartgleicher Drehautomaten ohne weitergehende Vorinforma-
tionen die Hypothesen zu formulieren sein als:

Nullhypothese $\quad H_0\colon \sigma_1 = \sigma_2,$ \hfill (5.1)

Alternativhypothese $\quad H_1\colon \sigma_1 \neq \sigma_2.$ \hfill (5.2)

Sollte beim Kauf eines neuen Drehautomaten die Befürchtung bestehen, daß seine Prozeßstreuung die eines bereits vorhandenen älteren Automaten überschreitet, so lauten die entsprechenden Hypothesen:

Nullhypothese $\quad H_0\colon \sigma_{neu} \leq \sigma_{alt},$ \hfill (5.3)

Alternativhypothese $\quad H_1\colon \sigma_{neu} > \sigma_{alt}.$ \hfill (5.4)

In diesem Fall repräsentiert die Alternativhypothese den befürchteten Sachverhalt. Interessiert jedoch die Beantwortung der Frage, ob der neue Automat besser, also mit einer geringeren Streuung fertigt als das ältere Modell, dann steht die Alternativhypothese für die aus technologischer Sicht erhoffte und bevorzugte Aussage:

Nullhypothese $\qquad H_0: \sigma_{neu} \geq \sigma_{alt}$, $\qquad\qquad\qquad\qquad$ (5.5)

Alternativhypothese $\quad H_1: \sigma_{neu} < \sigma_{alt}$. $\qquad\qquad\qquad\qquad$ (5.6)

Jedes dieser drei Paare zueinander komplementärer Hypothesen ist dazu geeignet, an ihm exemplarisch die Konzeption eines adäquaten statistischen Testverfahrens vorzuführen. Die Vorgehensweise ist dann sinngemäß übertragbar auf sämtliche Problemstellungen. Wir entscheiden uns für das zweite Paar, für das wir unter speziellen Voraussetzungen die Prüfgröße mit ihrem kritischen Schwellenwert sowie einen hinreichend großen Stichprobenumfang bestimmen werden.

Nehmen wir an, wir verfügen über die Zusatzinformation, daß die Fertigung bestimmter Drehteile auf dem älteren Automaten seit längerem stabil normalverteilt verläuft, mit der bekannten Standardabweichung $\sigma_{alt} = \sigma_0$ für den Durchmesser der Teile. Sehen wir weiterhin auch hinsichtlich der Prozeßstreuung des neuen Automaten, für die wir $\sigma_{neu} = \sigma$ abkürzen, vorerst davon ab, nach eventuellen Abweichungen von der Normalverteilung zu suchen, dann handelt es sich offensichtlich um eine Fragestellung aus der ersten der obigen drei Klassen, also um den Vergleich einer Grundgesamtheit mit einer Vorgabe:

Nullhypothese $\qquad H_0: \sigma \leq \sigma_0$, $\qquad\qquad\qquad\qquad$ (5.7)

Alternativhypothese $\quad H_1: \sigma > \sigma_0$. $\qquad\qquad\qquad\qquad$ (5.8)

Wir werden daher auf dem neuen Automaten eine geeignete Menge von Drehteilen derselben Spezifikation fertigen lassen, die Meßwerte für ihren jeweiligen Durchmesser aufnehmen und daraus die empirische Standardabweichung s dieser Stichprobe bestimmen. Wie der Umfang der Stichprobenprüfung geeignet festzulegen ist, werden wir sehen, wenn das statistische Prüfverfahren feststeht.

Der eigentliche Testschritt besteht nun in dem Versuch, die Nullhypothese auf einem hohen Vertrauensniveau $1-\alpha$ zu falsifizieren, also die Standardabweichung σ des neuen Drehautomaten mit einer geringen Irrtumswahrscheinlichkeit α (Signifikanzniveau) gegenüber einer unteren Schranke abzuschätzen. Eine solche Abschätzung stellt gerade der entsprechende einseitig nach unten begrenzte Vertrauensbereich für σ dar, der sich aus dem Ergebnis der Stichprobenprüfung ergibt als:

$$\sigma \geq s \cdot \sqrt{\frac{n-1}{\chi^2_{n-1;\,1-\alpha}}} \, . \qquad\qquad\qquad\qquad (5.9)$$

Nur falls diese untere Grenze des Vertrauensbereiches die bekannte Standardabweichung des älteren Automaten überschreitet, ist die Nullhypothese mit dem
Signifikanzniveau α falsifiziert. Bei dem Vergleich der Prüfgröße

$$\chi^2_{prüf} = (n-1)\frac{s^2}{\sigma_0^2} \tag{5.10}$$

mit dem kritischen Schwellenwert

$$\chi^2_{krit} = \chi^2_{n-1;1-\alpha} \tag{5.11}$$

ist also zugunsten der Nullhypothese zu entscheiden, wenn

$$\chi^2_{prüf} \leq \chi^2_{krit} \tag{5.12}$$

erfüllt ist. Dabei sollte sich die Entscheidung über die zukünftige Arbeitshypo-
these entweder an einem individuellen, in jedem Fall aber vor dem Test festzu-
legenden Signifikanzniveau oder an dem zu Beginn des Kapitels aufgelisteten
Bewertungsschema orientieren.

Die Schlußweise des dargestellten Testverfahrens ist selbst streng determini-
stischer Natur. Liegen erst einmal die Beobachtungswerte vor, ist das konkrete
Ergebnis des Tests reproduzierbar. Eine abgewandelte Strategie der Entscheidungsfindung kann darin bestehen, auch das Ergebnis des eigentlichen Vergleichs unter Verwendung eines geeigneten Zufallsexperiments zu bestimmen
(randomized test). Etwa beim Kartenspielen können solche mehr oder weniger
geschickt randomisierten Tests Bestandteil einer optimierten Spielstrategie
sein. Wir beschäftigen uns allerdings im weiteren nur mit in jedem Einzelfall re-
produzierbaren Entscheidungen (non-randomized tests).

Welcher Wert für den Stichprobenumfang n eines statistischen Tests auszuwählen ist, hängt von der Art des Tests sowie von den Risiken ab, die der Prüfende bereit ist einzugehen. Abgesehen von eventuellen Fehlern in den Voraussetzungen sind zwei unterschiedliche Fehlentscheidungen möglich:
- Fehler erster Art, d.h. die Ablehnung der Nullhypothese, obwohl sie richtig ist,
- Fehler zweiter Art, d.h. die Annahme der Nullhypothese, obwohl sie falsch ist.

Die Wahrscheinlichkeit dafür, die Nullhypothese anzunehmen, lautet in unserem Fallbeispiel ausgedrückt durch die Verteilungsfunktion G der Chi-Quadrat-
Verteilung mit $n-1$ Freiheitsgraden

$$\beta(\sigma;\alpha,n) = P_a(\sigma;\alpha,n) = G\left(\chi^2_{n-1;1-\alpha}\frac{\sigma_0^2}{\sigma^2}\right). \tag{5.13}$$

Diese Annahmewahrscheinlichkeit wird als Operationscharakteristik des Tests
bezeichnet. Bei falscher Nullhypothese stellt sie das Risiko für einen Fehler 2.
Art dar. Ihr Komplement

$$1 - \beta\,(\sigma\,;\alpha\,,n) = 1 - P_a\,(\sigma\,;\alpha\,,n) = 1 - G\left(\chi_{n-1;1-\alpha}^2 \ \frac{\sigma_0^2}{\sigma^2}\right) \qquad (5.14)$$

wird als Machtfunktion, auch Güte- oder Schärfefunktion des Tests bezeichnet. Bei zutreffender Nullhypothese beschreibt sie das Risiko, einen Fehler 1. Art zu begehen. Dieses Risiko erreicht seinen größtmöglichen Wert α offensichtlich dann, wenn die Prozeßstreuung des neuen Automaten mit dem Vorgabewert übereinstimmt:

$$1 - \beta\,(\sigma_0\,;\alpha\,,n) = \alpha. \qquad (5.15)$$

Die technologischen und ökonomischen Rahmenbedingungen legen nun über die Operationscharakteristik des Tests den Umfang n der Stichprobenprüfung fest. Soll gegebenenfalls ein bestimmter Wert $\sigma > \sigma_0$ für die Prozeßstreuung des neuen Automaten zur Gewährleistung seiner Qualitätsfähigkeit mit geringem Fehlerrisiko β durch den statistischen Test entdeckt werden, so ergibt sich der dazu nötige Prüfumfang aus der Relation:

$$\chi_{n-1;\beta}^2 = \chi_{n-1;1-\alpha}^2 \ \frac{\sigma_0^2}{\sigma^2}. \qquad (5.16)$$

Wir haben in den Abb. 5.1 und 5.2 die Operationscharakteristiken dieses Tests für ausgewählte Stichprobenumfänge sowie die Abhängigkeit des notwendigen Prüfumfangs n bei vorgegebenen Risiken $\alpha = 0,01$ und $\beta = 0,10$ graphisch dargestellt. Der Abb. 5.2 läßt sich entnehmen, daß unter diesen Voraussetzungen ein kritischer Wert von $\sigma = 1,2\ \sigma_0$ einen Stichprobenumfang $n = 200$ fordert. Wir empfehlen sodann die Prüfung von $n = 200$ auf dem neuen Automaten zu fertigenden Drehteilen.

Abb. 5.1. Annahmewahrscheinlichkeit P_a der Nullhypothese in Abhängigkeit von σ/σ_0 für verschiedene Stichprobenumfänge n

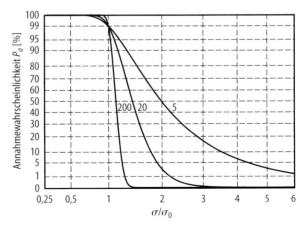

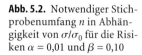

Abb. 5.2. Notwendiger Stichprobenumfang n in Abhängigkeit von σ/σ_0 für die Risiken $\alpha = 0,01$ und $\beta = 0,10$

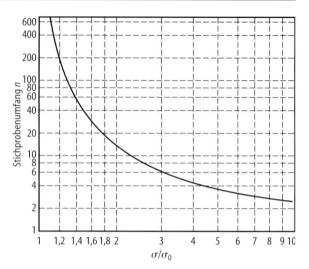

Bevor wir nun im einzelnen auf die verschiedenen statistischen Testverfahren eingehen werden, die sich vom soeben ausführlich dargestellten Chi-Quadrat-Test natürlich in ihren Details, nicht aber hinsichtlich ihres generellen Aufbaus unterscheiden, wollen wir dieses Beispiel mit vier wichtigen Bemerkungen von grundsätzlicher Relevanz abschließen.

Erstens hätten wir die eigentliche Prüfbedingung des Tests

$$\chi^2_{prüf} \leq \chi^2_{krit}, \tag{5.17}$$

die im Fall ihrer Bestätigung durch das Stichprobenergebnis zugunsten der Nullhypothese entscheidet, auch auf anderem Weg erhalten können. Die Standardabweichung s der am neuen Drehautomaten aufgenommenen Meßwerte muß nach der Substitution

$$\chi^2 = (n-1)\frac{s^2}{\sigma_0^2} \tag{5.18}$$

zur Annahme der Nullhypothese innerhalb des einseitig nach oben begrenzten Zufallsstreubereichs (Vertrauensniveau $1-\alpha$) der entsprechenden Chi-Quadrat-Verteilung liegen. Die Verteilung dieser Zufallsgröße enthält eine statistische Vorhersage bezüglich Stichprobenuntersuchungen an dem älteren Modell, hinsichtlich des neuen Automaten dient sie einem immer noch einseitigen Test des kritischen Grenzfalls $\sigma = \sigma_0$.

Diese einfache Hypothese ist ein prinzipiell notwendiger Bestandteil der in unserem Fall zusammengesetzten Nullhypothese $\sigma \leq \sigma_0$, die stets in allen Fragestellungen den Fall der eventuellen Gleichheit enthalten muß. Denn stets ist ein in indirekter Schlußweise berechneter Vertrauensbereich komplementär zu einem entsprechenden Zufallsstreubereich, der sich aus einem hinreichend konkret parametrisierten Verteilungsmodell ergibt. So enthalten Qualitätsregelkarten ohne Grenzwertvorgaben, mit denen die Übereinstimmung der aktuellen Prozeßparameter mit Vorgabewerten überprüft wird, als Warn- und Eingriffsgrenzlinien die Grenzen der 95%- und 99%-Zufallsstreubereiche, die sich aus den jeweiligen Vorgabewerten ergeben.

Zweitens ist in unserem Beispiel die Annahmewahrscheinlichkeit bei zutreffender Nullhypothese in allen Fällen größer als für jeden Wert $\sigma > \sigma_0$ der zusammengesetzten Alternativhypothese. Der Test ist unverfälscht. Dies kann zwar eine erwünschte, muß aber keine notwendige Eigenschaft eines speziellen statistischen Tests sein. So enthält eine s-Karte zwei zur Überwachung der Prozeßstreuung geeignete zweiseitige Chi-Quadrat-Tests, die systematisch mit geringfügigen Abweichungen von der Unverfälschtheit behaftet sind.

Drittens läßt sich, wie bei den meisten Fragestellungen, die Bestimmungsgleichung für den geeigneten Stichprobenumfang

$$\chi^2_{n-1;\,\beta} = \chi^2_{n-1;\,1-\alpha} \; \frac{\sigma_0^2}{\sigma^2} \tag{5.19}$$

mit einer für viele Fälle hinreichenden Genauigkeit auch näherungsweise analytisch auflösen. So liefert hier die Näherungsformel von Wilson und Hilferty (Bosch, 1992) für die Quantile der Chi-Quadrat-Verteilung bei großen Freiheitsgraden, wie wir sie in unserem Tabellenanhang (Tabelle B5) angegeben haben, nach einigen Rechenschritten:

$$n \approx 1 + \frac{2}{9}\left(a + \sqrt{1 + a^2}\right)^2 \text{ mit } a = \frac{1}{2}\,\frac{u_{1-\beta} + u_{1-\alpha}\left(\sigma_0/\sigma\right)^{\frac{2}{3}}}{1 - \left(\sigma_0/\sigma\right)^{\frac{2}{3}}}. \tag{5.20}$$

Für vorgegebene Risiken $\alpha = 0,01$ und $\beta = 0,10$ ergibt sich daraus bei einem kritischen Wert von $\sigma = 1,2\;\sigma_0$ ein mindestens zu fordernder Stichprobenumfang von $n \approx 191$. Wenn ein so enger Vergleich mit geringen Fehlerrisiken durchgeführt werden soll, genügt in der Regel eine Näherung der auftretenden Verteilungsfunktionen durch Normalverteilungen. Wir werden also den meisten Testverfahren einfache Näherungsformeln für den notwendigen Prüfumfang beifügen, die wir teilweise durch graphische Abbildungen am Ende des Kapitels ergänzen.

Viertens sollte die beschriebene Prüfung, wie jeder Vergleichstest, bei Falsifikation der Nullhypothese mit der Angabe eines Schätzwertes sowie eines Vertrauensintervalls für die Standardabweichung σ des neuen Drehautomaten schließen. In einer solchen Schätzung kann dann gegebenenfalls eine Vorzugsrichtung Berücksichtigung finden. Ansonsten empfiehlt sich die Angabe eines zweiseitigen Vertrauensbereichs etwa mit einem Vertrauensniveau von $1 - \alpha = 0,99$.

Zusammengefaßt beinhaltet das Ablaufschema dieses wie auch der folgenden statistischen Testverfahren als wesentliche Komponenten:
- Festlegung der Nullhypothese sowie komplementär ihrer Alternativhypothese,
- Vorgabe des Signifikanzniveaus der Testentscheidung,
- Wahl einer geeigneten Prüfgröße (mit bekannter Verteilungsfunktion),

- Ermittlung ihrer kritischen Schwellenwerte (Vertrauens- bzw. Zufallsstreu-bereiche),
- evtl. Bestimmung eines adäquaten Prüfumfangs (siehe Operationscharakteristik),
- Aufnahme der Meß- oder Zählwerte und Auswertung der Prüfkriterien,
- gegebenenfalls Bereichsschätzungen für untersuchte Parameter.

5.1
Testverfahren für den Anteil fehlerhafter Einheiten

Möglich sind der Vergleich einer Grundgesamtheit mit einer Vorgabe sowie der Vergleich zweier oder mehrerer Grundgesamtheiten. Im ersten Fall kann als Prüfgröße direkt die Anzahl in einer Stichprobe gefundener fehlerhafter Einheiten verwendet werden, die bekanntlich einer Binomialverteilung genügt. In den anderen Fällen müssen die Stichprobenergebnisse zu einer Prüfgröße verdichtet werden. Bei hinreichend großem Prüfumfang dienen dann die Quantile von Normal- bzw. Chi-Quadrat-Verteilung als kritische Schwellenwerte. Gemeinsam ist allen zählenden Prüfungen, daß ihr Auflösungsvermögen weit hinter dem entsprechender messender Prüfungen von Stichproben gleichen Umfangs zurück bleibt.

5.1.1
Vergleich einer Grundgesamtheit mit einer Vorgabe, p mit p_0

Statistische Vergleiche von Grundgesamtheiten mit Vorgaben werden als einseitige Tests in Abnahmeprüfungen (oft mit $\alpha = 10\%$) und üblicherweise als zweiseitige Tests zur Fertigungsüberwachung und -steuerung durchgeführt. Zur Überprüfung stehen Nullhypothesen der Form

$$H_0: p = p_0 \quad \text{oder} \quad H_0: p \leq p_0 \quad \text{oder} \quad H_0: p \geq p_0 \qquad (5.1.1.1)$$

bei vorgegebenem Signifikanzniveau α an. Liegt der Wert x für die in einer Stichprobe vom Umfang n gefundenen fehlerhaften Einheiten vor, dann erfolgt der eigentliche Vergleich von x mit den Grenzen x_{un} und x_{ob} des entsprechenden Zufallsstreubereichs:

$$x_{un} \leq x \leq x_{ob} \quad \text{bzw.} \quad x \leq x_{ob} \quad \text{bzw.} \quad x \geq x_{un} . \qquad (5.1.1.2)$$

Besteht die Prüfgröße den jeweilig relevanten Vergleich, dann kann die Nullhypothese beim gegebenen Signifikanzniveau nicht verworfen werden. Andernfalls kann ein entsprechender Vertrauensbereich für p angegeben werden, in dem p_0 nicht enthalten ist:

$$p_{un} \leq p \leq p_{ob} \quad \text{bzw.} \quad p \geq p_{un} \quad \text{bzw.} \quad p \leq p_{ob} . \qquad (5.1.1.3)$$

Die Bestimmung dieser Vertrauensgrenzen ist sowohl graphisch im Nomogramm D1 (Larson-Nomogramm) als auch rechnerisch möglich (vgl. Abschn. 4.1.1).

Soll durch einen zweiseitigen Test ein spezieller Wert p mit einem geringen Risiko β von der Vorgabe p_0 unterschieden werden, so läßt sich der erforderliche Stichprobenumfang n gerade bei geringen Unterschieden näherungsweise berechnen aus

$$
\begin{aligned}
n &\approx \frac{1}{4} \left(\frac{u_{1-\alpha/2} + u_{1-\beta}}{\arcsin\sqrt{p} - \arcsin\sqrt{p_0}} \right)^2 \\
&\approx \frac{3,72}{\left(\arcsin\sqrt{p} - \arcsin\sqrt{p_0} \right)^2} \qquad (\alpha = 0,01; \beta = 0,10).
\end{aligned}
\tag{5.1.1.4}
$$

Für einen einseitigen Test ist diese Berechnungsformel zu modifizieren zu

$$
\begin{aligned}
n &\approx \frac{1}{4} \left(\frac{u_{1-\alpha} + u_{1-\beta}}{\arcsin\sqrt{p} - \arcsin\sqrt{p_0}} \right)^2 \\
&\approx \frac{3,25}{\left(\arcsin\sqrt{p} - \arcsin\sqrt{p_0} \right)^2} \qquad (\alpha = 0,01; \beta = 0,10).
\end{aligned}
\tag{5.1.1.5}
$$

Ein solcher Wert liegt dann um etwa 12,5% tiefer als im entsprechenden zweiseitigen Fall.

5.1.2
Vergleich zweier Grundgesamtheiten, p_1 mit p_2

Das Problem bei der Konzeption eines solchen Tests zur Überprüfung von Nullhypothesen

$$
H_0: \quad p_1 = p_2 \quad \text{oder} \quad H_0: \quad p_1 \leq p_2
\tag{5.1.2.1}
$$

besteht darin, daß die Basisinformationen, in zwei Stichprobenprüfungen

x_1 fehlerhafte Einheiten in der 1. Stichprobe vom Umfang n_1 ,

x_2 fehlerhafte Einheiten in der 2. Stichprobe vom Umfang n_2

gefunden zu haben, unkomprimiert noch keine Prüfgröße darstellen. Zur weiteren Vorgehensweise läßt sich unter der Voraussetzung gleicher Fehleranteile in den beiden Grundgesamtheiten leicht ein Schätzwert für den gemeinsamen Fehleranteil p angeben:

$$\bar{p} = \frac{x_1 + x_2}{n_1 + n_2}. \tag{5.1.2.2}$$

In diesem Fall wären die Erwartungswerte E für die jeweilige Anzahl fehlerhafter bzw. fehlerfreier Einheiten zu schätzen durch:

$$E(x_1) = n_1\,\bar{p},\ E(x_2) = n_2\,\bar{p}, \tag{5.1.2.3}$$

$$E(n_1 - x_1) = n_1\,(1-\bar{p}),\ E(n_2 - x_2) = n_2\,(1-\bar{p}). \tag{5.1.2.4}$$

Nun müssen die Zahlenwerte der beobachteten empirischen Häufigkeiten zusammen mit ihren unter der Annahme gleicher Fehleranteile geschätzten Erwartungswerten zu einer geeigneten Prüfgröße verdichtet werden. Die Zufallsstreubereiche dieser Prüfgröße definieren dann wieder ihre kritischen Schwellenwerte.

Eine bereits angemessene Verdichtung stellt die Prüfgröße des im nächsten Abschnitt besprochenen Chi-Quadrat-Anpassungstests oder Mehrfeldertests zum Vergleich mehrerer Grundgesamtheiten dar. Sie lautet für den Fall zweier Grundgesamtheiten explizit

$$
\begin{aligned}
\chi^2_{prüf} &= \sum \frac{(\text{Beobachtungswert} - \text{Erwartungswert})^2}{\text{Erwartungswert}} \\[2mm]
&= \sum_{j=1}^{2} \left(\frac{\left(x_j - n_j\,\bar{p}\right)^2}{n_j\,\bar{p}} + \frac{\left(n_j - x_j - n_j(1-\bar{p})\right)^2}{n_j\,(1-\bar{p})} \right) \\[2mm]
&= \sum_{j=1}^{2} \frac{\left(x_j - n_j\,\bar{p}\right)^2}{n_j\,\bar{p}\,(1-\bar{p})} = \left(\frac{x_1 n_2 - x_2 n_1}{\sqrt{\bar{p}\,(1-\bar{p})\,n_1 n_2\,(n_1 + n_2)}} \right)^2 = u^2_{prüf},
\end{aligned}
\tag{5.1.2.5}
$$

wenn wir in den Umformungen entsprechende Hauptnenner verwenden. Die Prüfgröße des Mehrfeldertests genügt unter gewissen einschränkenden Voraussetzungen, im Fall identischer Grundgesamtheiten näherungsweise einer Chi-Quadrat-Verteilung (Fisz, 1989). In diesem Abschnitt müssen wir voraussetzen, daß alle geschätzten Erwartungswerte ≥ 5 sind.

Zum Vergleich zweier Grundgesamtheiten können wir auch die Prüfgröße

$$u_{prüf} = \frac{x_1 n_2 - x_2 n_1}{\sqrt{\bar{p}\,(1-\bar{p})\,n_1 n_2 (n_1 + n_2)}} \tag{5.1.2.6}$$

verwenden, die unter denselben Bedingungen näherungsweise einer Standard-Normalverteilung genügt. So läßt sich konsistent jede der beiden gegebenenfalls zu prüfenden Nullhypothesen testen, insbesondere auch der für den einseitigen Test entscheidende Grenzfall gleicher Fehleranteile.

Zugunsten der jeweiligen Nullhypothese

$$H_0: \quad p_1 = p_2 \quad \text{bzw.} \quad H_0: \quad p_1 \leq p_2 \tag{5.1.2.7}$$

ist also zu entscheiden, falls das gesamte Stichprobenergebnis die Prüfbedingungen

$$\left| u_{prüf} \right| \leq u_{1-\alpha/2} \quad \text{bzw.} \quad u_{prüf} \leq u_{1-\alpha} \tag{5.1.2.8}$$

erfüllt. Andernfalls schätzen wir die Differenz der mittleren Fehleranteile entweder durch eine zweiseitige Abgrenzung

$$\hat{p}_1 - \hat{p}_2 - u_{1-\alpha/2}\,\hat{\sigma} \ \leq \ p_1 - p_2 \ \leq \ \hat{p}_1 - \hat{p}_2 + u_{1-\alpha/2}\,\hat{\sigma} \tag{5.1.2.9}$$

oder durch eine einseitige Abgrenzung

$$p_1 - p_2 \ \leq \ \hat{p}_1 - \hat{p}_2 + u_{1-\alpha}\,\hat{\sigma} \tag{5.1.2.10}$$

ab unter Verwendung der Schätzwerte

$$\hat{p}_1 = \frac{x_1}{n_1}, \quad \hat{p}_2 = \frac{x_2}{n_2}, \quad \hat{\sigma} = \sqrt{\frac{\hat{p}_1(1-\hat{p}_1)}{n_1} + \frac{\hat{p}_2(1-\hat{p}_2)}{n_2}}. \tag{5.1.2.11}$$

Der notwendige Stichprobenumfang $n = n_1 = n_2$ hat sich gegenüber dem Vergleich einer Grundgesamtheit mit einer Vorgabe verdoppelt:

$$n \approx \frac{1}{2}\left(\frac{u_{1-\alpha/2} + u_{1-\beta}}{\arcsin\sqrt{p_1} - \arcsin\sqrt{p_2}} \right)^2$$

$$\approx \frac{7,44}{\left(\arcsin\sqrt{p_1} - \arcsin\sqrt{p_2} \right)^2} \qquad (\alpha = 0,01; \ \beta = 0,10). \tag{5.1.2.12}$$

Für einen einseitigen Test ist diese Berechnungsformel geeignet anzupassen. Wieder liegt der Wert bei den in Klammern angegebenen Fehlerwahrscheinlichkeiten um ca. 12,5% tiefer als im entsprechenden zweiseitigen Fall.

5.1.3
Vergleich mehrerer Grundgesamtheiten, Mehrfeldertest

Das grundsätzliche Verfahren zur Überprüfung einer Nullhypothese der Form

$$H_0: \quad p_1 = p_2 = \ldots = p_k \tag{5.1.3.1}$$

haben wir im letzten Abschnitt bereits angerissen. Die dazu komplementäre Alternativhypothese besteht in der eventuellen Ungleichheit mindestens eines Paares mittlerer Fehleranteile.

Liegt in allen k Grundgesamtheiten ein identischer Fehleranteil p vor, dann können die k Stichprobenresultate

x_1 fehlerhafte Einheiten in der 1. Stichprobe vom Umfang n_1,

x_2 fehlerhafte Einheiten in der 2. Stichprobe vom Umfang n_2,

$\vdots$ $\vdots$ $\vdots$

x_k fehlerhafte Einheiten in der k-ten Stichprobe vom Umfang n_k

zu einem sicherlich adäquaten Schätzwert für p zusammengefaßt werden:

$$\bar{p} = \frac{x_1 + x_2 + \ldots + x_k}{n_1 + n_2 + \ldots + n_k}. \tag{5.1.3.2}$$

Wieder wären in diesem Fall die geschätzten Erwartungswerte für die jeweilige Anzahl fehlerhafter bzw. fehlerfreier Einheiten gegeben durch

$$E(x_j) = n_j\,\bar{p}, \quad E(n_j - x_j) = n_j\,(1 - \bar{p}) \text{ für } j = 1, 2, \ldots, k. \tag{5.1.3.3}$$

Die Verdichtung all dieser Informationen über empirische und erwartete Häufigkeiten zur Prüfgröße

$$
\begin{aligned}
\chi^2_{pr\ddot{u}f} &= \sum \frac{(\,\text{Beobachtungswert} - \text{Erwartungswert}\,)^2}{\text{Erwartungswert}} \\[2mm]
&= \sum_{j=1}^{k} \left(\frac{\left(x_j - n_j\,\bar{p}\right)^2}{n_j\,\bar{p}} + \frac{\left(n_j - x_j - n_j\,(1-\bar{p})\right)^2}{n_j\,(1-\bar{p})} \right) \\[2mm]
&= \sum_{j=1}^{k} \frac{\left(x_j - n_j\,\bar{p}\right)^2}{n_j\,\bar{p}\,(1-\bar{p})}
\end{aligned}
\tag{5.1.3.4}
$$

des Mehrfeldertests kann unter Verwendung einer geeigneten Tabelle erfolgen und gibt so diesem Test seinen Namen (2k-Feldertest, also Vierfeldertest für den Vergleich von $k = 2$ Grundgesamtheiten).

Diese Prüfgröße ist näherungsweise Chi-Quadrat-verteilt mit $k-1$ Freiheitsgraden, wobei umfangreiche Untersuchungen über die Voraussetzungen der Näherung durchgeführt worden sind (Fisz, 1989). Der Test ist also zugunsten der Nullhypothese zu entscheiden, falls die Stichprobenresultate das Prüfkriterium

$$\chi^2_{prüf} \leq \chi^2_{k-1;1-\alpha} \tag{5.1.3.5}$$

bei einem vorzugebenden Signifikanzniveau α erfüllen. Der Test wird immer nur einseitig durchgeführt gegenüber einem oberen kritischen Wert, was aber nur scheinbar im Widerspruch zum Fehlen einer Vorzugsrichtung in den zu prüfenden Hypothesen steht. Tatsächlich ist das Testkriterium identisch mit der Bedingung, die zur Annahme der Nullhypothese $p_1 = p_2$ im Abschn. 5.1.2 aufgestellt wurde.

Die von uns für den Fall $k=2$ angegeben Testvoraussetzungen, daß sämtliche eingesetzten Erwartungswerte ≥ 5 sein sollten, sind für $k>2$ als vergleichsweise scharfe Anforderungen zu bezeichnen. In (Levantin und Felsenstein, 1965) werden als ausreichende Bedingungen genannt:
– alle Erwartungswerte ≥ 2 für $2 < k \leq 5$,
– alle Erwartungswerte ≥ 1 für $5 < k$.

Wir fügen als weitere einschränkende Voraussetzung hinzu, daß höchstens 20% der Erwartungswerte kleiner als fünf sein sollten.

Da es keine einheitliche Vorgehensweise geben kann, wie im Falle einer Ablehnung der Nullhypothese weiter zu verfahren ist, verzichten wir auf die Angabe von Vertrauensbereichen und bemerken abschließend, daß als geeignete Forderung an den Umfang der einzelnen Stichproben etwa die entsprechende Relation des Abschn. 5.1.2 in Frage kommt.

5.2
Testverfahren für die Anzahl von Fehlern pro Einheit

Alle drei für die Anzahl fehlerhafter Einheiten vorgestellten Testverfahren lassen sich als sorgfältig durchzuführender Grenzfall beliebig kleiner Fehleranteile p in der Notation

$$p = \mu_E \tag{5.2.1}$$

zu entsprechenden Verfahren für die Anzahl von Fehlern pro Einheit übertragen. In dieser Form ergibt sich bekanntermaßen die Poisson-Verteilung als ein Grenzfall der Binomialverteilung. Wir werden also im ersten und im dritten der drei folgenden Abschnitte nur noch die Kerninformationen der Tests in dieser Notation festhalten. Für den Vergleich zweier Grundgesamtheiten allerdings ergibt sich aufgrund der einfacheren Gestalt der Poisson-Verteilung die Möglichkeit, ein Testverfahren anzuwenden, das ohne die beschriebene Näherung für große Stichprobenumfänge auskommt.

5.2.1
Vergleich einer Grundgesamtheit mit einer Vorgabe, μ mit μ_0

Im Rahmen eines solchen Vergleichs können als Nullhypothesen

$$H_0: \quad \mu = \mu_0 \qquad \text{oder} \quad H_0: \quad \mu \leq \mu_0 \text{ oder } H_0: \quad \mu \geq \mu_0 \qquad (5.2.1.1)$$

vorliegen. Im Grunde enthalten diese Hypothesen bereits implizit die Anzahl n der in der Stichprobenprüfung untersuchten Einheiten. Denn der eigentliche Parameter der Grundgesamtheit lautet in der oben vereinbarten Notation

$$p = \mu_E = \frac{\mu}{n} \qquad (5.2.1.2)$$

und ist bei einem vorzugebendem Signifikanzniveau α zu vergleichen mit

$$p_0 = \frac{\mu_0}{n}. \qquad (5.2.1.3)$$

Die Form der Nullhypothesen ist allerdings bereits angepaßt an die entsprechenden Prüfkriterien. Darin ist der Wert x für die Anzahl von Fehlern, die in der Stichprobe gefunden wurden, zu vergleichen mit den Streugrenzen x_{un} und x_{ob} , also dem jeweiligen Zufallsstreubereich zum Vertrauensniveau $1 - \alpha$ der durch μ_0 parametrisierten Poisson-Verteilung:

$$x_{un} \leq x \leq x_{ob} \qquad \text{bzw. } x \leq x_{ob} \qquad \text{bzw. } x \geq x_{un}. \qquad (5.2.1.4)$$

Jeder geeigneten Bedingung für die Annahme der Nullhypothese entspricht ein Vertrauensbereich

$$\frac{\mu_{un}}{n} \leq p \leq \frac{\mu_{ob}}{n} \qquad \text{bzw. } p \geq \frac{\mu_{un}}{n} \qquad \text{bzw. } p \leq \frac{\mu_{ob}}{n} \qquad (5.2.1.5)$$

für p, in dem p_0 nicht enthalten ist. Diese Vertrauensgrenzen können sowohl graphisch im Nomogramm D2 (Thorndike-Nomogramm) als auch rechnerisch über die Quantile der Chi-Quadrat-Verteilung ermittelt werden.

Der für einen zweiseitigen Test erforderliche Stichprobenumfang n beträgt näherungsweise

$$n \approx \frac{1}{4} \left(\frac{u_{1-\alpha/2} + u_{1-\beta}}{\sqrt{p} - \sqrt{p_0}} \right)^2 \approx \frac{3,72}{\left(\sqrt{p} - \sqrt{p_0} \right)} \quad (\alpha = 0,01; \ \beta = 0,10) \qquad (5.2.1.6)$$

Bei denselben geringen Risiken ist für den einseitigen Vergleich ein um ca. 12,5 % kleinerer Stichprobenumfang anzusetzen.

5.2.2
Vergleich zweier Grundgesamtheiten, μ_1 mit μ_2

Bei dem Vergleich des mittleren Fehlers pro Einheit zweier Grundgesamtheiten

$$H_0: \; p_1 = p_2 \quad \text{bzw.} \quad H_0: \; p_1 \leq p_2 \quad \text{bzw.} \quad H_0: \; p_1 \geq p_2 \qquad (5.2.2.1)$$

können wir eine Verdichtung der gefundenen Stichprobenresultate,

x_1 Fehler in der 1. Stichprobe vom Umfang n_1,
x_2 Fehler in der 2. Stichprobe vom Umfang n_2,

zu einer Prüfgröße exakt bekannter Verteilung vornehmen. Wir haben den einseitigen Vergleich hier zweimal notiert, um abhängig von den beiden Stichprobenergebnissen die Indizierung so vornehmen zu können, daß

$$\frac{x_1}{n_1} \geq \frac{x_2}{n_2} \qquad (5.2.2.2)$$

erfüllt ist. Diese Wahl der Indizierung erlaubt es, sich auf eine für jeden Fall adäquate Prüfgröße zu beschränken:

$$F_{prüf} = \frac{n_2}{n_1} \frac{x_1}{x_2 + 1}. \qquad (5.2.2.3)$$

Die jeweils relevanten Prüfkriterien erhalten wir aus einer etwas umständlichen Rechnung, die als Ergebnis zunächst Vertrauensbereiche für den Quotienten der beiden mittleren Fehlerzahlen pro Einheit liefert (Vertrauensniveau $1-\alpha$):

$$\frac{p_1}{p_2} \geq \frac{F_{prüf}}{F_{2x_2+2,\,2x_1;\,1-\alpha}} = \frac{F_{prüf}}{F_{f_1,\,f_2;\,1-\alpha}} \quad \text{(einseitig nach unten abgegrenzt)}, (5.2.2.4)$$

$$\frac{p_1}{p_2} \leq \frac{x_1+1}{x_2} \frac{n_2}{n_1} F_{2x_1+2,\,2x_2;\,1-\alpha} \quad \text{(einseitig nach oben abgegrenzt)}, \quad (5.2.2.5)$$

wobei diese beiden Begrenzungen wie üblich nach einer geeigneten Ersetzung in den Quantilen der F-Verteilung zu einer zweiseitigen Abschätzung verknüpft werden können. Die Bewertung nach den folgenden Prüfkriterien lautet dann, daß die jeweilige Nullhypothese

$$H_0: \; p_1 = p_2 \quad \text{für} \quad F_{prüf} \leq F_{f_1,\,f_2;\,1-\alpha/2}, \qquad (5.2.2.6)$$

$$H_0: \; p_1 \leq p_2 \quad \text{für} \quad F_{prüf} \leq F_{f_1,\,f_2;\,1-\alpha}, \qquad (5.2.2.7)$$

$$H_0: \; p_1 \geq p_2 \quad \text{in jedem Fall} \qquad (5.2.2.8)$$

nicht zu verwerfen ist.

Die beiden Freiheitsgrade in den F-Quantilen sind aus der Abgrenzung nach unten ablesbar:

$$f_1 = 2x_2 + 2, \quad f_2 = 2x_1. \tag{5.2.2.9}$$

Die dritte der eventuell zu beurteilenden Nullhypothesen kann durch einen solchen Test bei einem sinnvollen Wert des Signifikanzniveaus schon deshalb nicht verworfen werden, weil die in ihr enthaltene Ungleichung nach der gewählten Indizierung bereits von den beiden Schätzwerten erfüllt wird.

Gegenüber dem Vergleich einer Grundgesamtheit mit einer Vorgabe sollte der Stichprobenumfang verdoppelt werden auf

$$n \approx \frac{1}{2} \left(\frac{u_{1-\alpha/2} + u_{1-\beta}}{\sqrt{p_1} - \sqrt{p_2}} \right)^2 \approx \frac{7{,}44}{\left(\sqrt{p_1} - \sqrt{p_2} \right)^2} \tag{5.2.2.10}$$

für $\alpha = 0{,}01$ und $\beta = 0{,}10$ im zweiseitigen Fall. Wieder beträgt der Abschlag im entsprechenden einseitigen Fall etwa 12,5% .

5.2.3
Vergleich mehrerer Grundgesamtheiten, Mehrfeldertest

Wir übertragen den Mehrfeldertest zur Prüfung der Nullhypothese

$$H_0: \quad p_1 = p_2 = \dots = p_k \tag{5.2.3.1}$$

von der binomialverteilten Anzahl fehlerhafter Einheiten als kurze Zusammenfassung auf den Grenzfall Poisson-verteilter Fehlerzahlen. Testgrundlage sind die k Stichproben, in denen

x_1	Fehler in der 1. Stichprobe vom Umfang	n_1,
x_2	Fehler in der 2. Stichprobe vom Umfang	n_2,
$\vdots$	$\vdots$	$\vdots$
x_k	Fehler in der k-ten Stichprobe vom Umfang	n_k

gefunden wurden. Aus ihnen lassen sich, der Nullhypothese folgend, mit

$$\bar{p} = \frac{x_1 + x_2 + \dots + x_k}{n_1 + n_2 + \dots + n_k} \quad \text{und} \quad E(x_j) = n_j \, \bar{p} \quad \text{für} \quad j = 1, 2, \dots, k \tag{5.2.3.2}$$

Schätzwerte für die gemeinsame mittlere Anzahl p von Fehlern pro Einheit sowie die mittleren empirischen Fehlerzahlen bestimmen. Ist das Prüfkriterium des Chi-Quadrat-Anpassungstests

$$\chi^2_{prüf} = \sum \frac{(\text{Beobachtungswert} - \text{Erwartungswert})^2}{\text{Erwartungswert}}$$

$$= \sum_{j=1}^{k} \frac{\left(x_j - n_j \, \overline{p}\right)^2}{n_j \, \overline{p}} \leq \chi^2_{k-1;1-\alpha}$$

(5.2.3.3)

beim vereinbarten Signifikanzniveau α erfüllt, so ist der Test zugunsten der Nullhypothese zu entscheiden. Hinsichtlich der Testvoraussetzungen kann auf die für binomialverteilte Zufallsgrößen formulierten Bedingungen zurückgegriffen werden.

5.3
Testverfahren für normalverteilte Merkmalswerte

Solange einem Qualitätsmerkmal nur das Wertespektrum gut oder schlecht zur Verfügung steht, bleibt dem Zufall ein vergleichsweise geringer mathematischer Spielraum.
- Die Verteilung von Zählergebnissen, die aus wirklich zufällig gezogenen Stichproben gewonnen werden, ist im asymptotischen Grenzfall beliebig vieler Prüfungen streng determiniert (Binomialverteilung beim Ziehen mit Zurücklegen).
- Der einzige echte Parameter dieser Verteilung ist die relative Häufigkeit p fehlerhafter Teile in dem Los, das zur Beurteilung ansteht.
- Der Parameter könnte einerseits durch eine 100%-Prüfung exakt bestimmt werden und stimmt andererseits mit der Wahrscheinlichkeit überein, bei einem zufälligen Griff in das Los ein schlechtes Teil zu finden. Die statistische Verteilung berücksichtigt ansonsten nur die elementaren Regeln der Kombinatorik.

Die Mathematik benutzt die hypothetische Möglichkeit des angesprochenen Grenzübergangs daher auch nicht zur Einführung eines vermeintlich handfesten Wahrscheinlichkeitsbegriffs. Ihre axiomatische Definition von Wahrscheinlichkeit, schlicht eine Eigenschaft eines Ereignisses zu sein, korrespondiert mit unserer eigenen ganz intuitiven Axiomatik. Das samstägliche Ziehen der Lottozahlen läuft eben dann ordnungsgemäß zufällig ab, wenn jede der Kugeln die gleiche Chance hat, gezogen zu werden.

Der beobachtbare Wertevorrat für variable Merkmale ist im konkreten Einzelfall durch die Auflösung der Meßapparatur beschränkt. Die statistischen Modell-Verteilungen jedoch beziehen sich auf ein Kontinuum möglicher Merkmalswerte. Daher sind einer derartigen Modellierung zum Beispiel einer aktuellen Prozeßlage sowohl grundsätzliche als auch praktische Grenzen gesetzt:
- Die Parameter müssen durch eingehende Prozeßanalysen geschätzt werden. Die Menge der Parameter, die in einer näherungsweise statistischen Verteilung berücksichtigt werden können, bleibt in der Regel auf ein pragmatisches Minimum beschränkt.

– Zumindest zwei Parameter μ und σ sind notwendig, um zu beschreiben, wie breit die Merkmalswerte um welchen Mittelwert streuen. Auch daher bietet sich als einfaches Modell eine Normalverteilung an.

– Im Rahmen dieses Modells kann dann hinsichtlich korrekter oder erwarteter Parameterwerte getestet werden. Die Meßergebnisse enthalten aber darüber hinaus Informationen über gegebenenfalls signifikante Abweichungen von der verwendeten Modell-Verteilung. Solche Abweichungen können ebenso wie eventuelle Ausreißer auf Verbesserungspotentiale hindeuten.

Wir beginnen bei der Darstellung geeigneter statistischer Testverfahren aus Gründen der Überschaubarkeit wieder mit dem Vergleich einer Grundgesamtheit mit einer Vorgabe. Darin sind die relevanten Tests für eine Abnahmeprüfung und für Shewhart-Regelkarten enthalten. Anschließend können wir paarweise verbundene Stichprobenergebnisse auswerten, wie sie etwa beim Vergleich von Meßinstrumenten auftreten. Daran schließt sich der Vergleich zweier Grundgesamtheiten an, der vor allem durch die Berücksichtigung beider Parameter der Normalverteilung umfangreich wird. Zuletzt besprechen wir verschiedene Methoden der Auswertung von Daten, die deren Konformität mit dem angesetzten Modell prüfen.

5.3.1
Vergleich einer Grundgesamtheit mit einer Vorgabe, μ mit μ_0, σ mit σ_0

In den möglichen Vergleichen

μ mit μ_0 (σ bekannt), μ mit μ_0 (σ unbekannt), σ mit σ_0

lauten die jeweiligen Prüfgrößen:

$$u_{prüf} = \sqrt{n}\, \frac{\bar{x} - \mu_0}{\sigma}, \quad t_{prüf} = \sqrt{n}\, \frac{\bar{x} - \mu_0}{s}, \quad \chi^2_{prüf} = (n-1)\frac{s^2}{\sigma_0^2}. \quad (5.3.1.1)$$

Wie üblich bezeichnet n den Umfang, $\bar{x}$ den Mittelwert und s die Standardabweichung der Stichprobe. Liegt die Prüfgröße im relevanten Zufallsstreubereich der u-, t- bzw. Chi-Quadrat-Verteilung (wir notieren die Begrenzungsart in Klammern), so kann die entsprechend der technologischen Fragestellung angesetzte Nullhypothese

H_0: Parameter $=$ Vorgabewert   (zweiseitig begrenzt),

H_0: Parameter $\leq$ Vorgabewert   (einseitig nach oben begrenzt),

H_0: Parameter $\geq$ Vorgabewert   (einseitig nach unten begrenzt)

nicht verworfen werden. Das jeweils zu erfüllende Prüfkriterium kann also zusammen mit dem erforderlichen Stichprobenumfang der Tabelle 5.2 entnommen werden.

Die letzte Zeile in Tabelle 5.2 enthält bzgl. der beiden rechten Spalten Minimalforderungen. Bei den gleichen Risiken $\alpha = 0,01$ und $\beta = 0,10$ kann der Stichprobenumfang im einseitigen Fall um 12,5% kleiner gewählt werden. Genaue Werte zu den erforderlichen Stichprobenumfängen aller in Tabelle 5.2 beschriebenen Tests finden sich in den Abb. 5.3 bis 5.6 am Ende von Kapitel 5.

Tabelle 5.2 Prüfkriterien und Stichprobenumfang zum Vergleich μ mit μ_0 und σ mit σ_0

Test	μ mit μ_0 σ bekannt	μ mit μ_0 σ unbekannt	σ mit σ_0
"="	$\left| u_{prüf} \right| \leq u_{1-\alpha/2}$	$\left| t_{prüf} \right| \leq t_{n-1;1-\alpha/2}$	$\chi^2_{n-1;\alpha/2} \leq \chi^2_{prüf} \leq \chi^2_{n-1;1-\alpha/2}$
"$\leq$"	$u_{prüf} \leq u_{1-\alpha}$	$t_{prüf} \leq t_{n-1;1-\alpha}$	$\chi^2_{prüf} \leq \chi^2_{n-1;1-\alpha}$
"$\geq$"	$u_{prüf} \geq -u_{1-\alpha}$	$t_{prüf} \geq -t_{n-1;1-\alpha}$	$\chi^2_{prüf} \geq \chi^2_{n-1;\alpha}$
"="	$n \approx 14,88 \left(\dfrac{\sigma}{\Delta\mu} \right)^2$		$n \approx 7,44 \left(\dfrac{\sigma_0}{\Delta\sigma} \right)^2$

5.3.2
Vergleich zweier Grundgesamtheiten bei paarweise verbundenen Stichproben

Paarweise verbundene Stichproben treten, wie bereits erwähnt, unter anderem beim Vergleich zweier Meßinstrumente auf. Mit den Geräten werden n Meßwert-Paare aufgenommen, möglichst breit verteilt über den gemeinsamen Anzeigebereich der Instrumente. Die einzelnen Paare aber sollen aus jeweils zwei Meßwerten bestehen, die weitgehend identischen Meßbedingungen entsprechen. Sollen also zum Beispiel zwei Sonden zur Messung der Temperaturverteilung in einem Anlaßofen hinsichtlich eventueller Meßunterschiede überprüft werden, so sind beide Sonden unmittelbar nebeneinander an die verschiedensten Stellen des Ofens zu plazieren, um dort Meßwert-Paare aufzunehmen. Nur die n Meßwert-Differenzen enthalten dann die für diese Überprüfung relevanten Informationen.

Wir bezeichnen also einen möglicherweise vorliegenden Meßunterschied mit δ und vergleichen ihn unter den Testkriterien des vorigen Abschnitts mit seinem Idealwert Null. Dazu ist nur das Symbol x für Meßwerte durch d für Meßwert-Differenzen zu ersetzen (s. Tabelle 5.3).

Falls das entsprechende Prüfkriterium erfüllt ist, kann die jeweilige Nullhypothese über die relative Justierung beider Geräte nicht verworfen werden. Der minimale Stichprobenumfang wurde mit $\alpha = 0,01$ und $\beta = 0,10$ ermittelt und kann für einen einseitigen Test um ca. 12,5% tiefer festgelegt werden.

Tabelle 5.3 Prüfgröße, -kriterien und Stichprobenumfang zum Vergleich paarweise verbundener Stichproben

Test	δ mit $\delta_0 = 0$ δ_d bekannt	δ mit $\delta_0 = 0$ δ_d unbekannt
Prüfgröße	$u_{prüf} = \sqrt{n}\,\dfrac{\overline{d}}{\sigma_d}$	$t_{prüf} = \sqrt{n}\,\dfrac{\overline{d}}{s_d}$
"="	$\left\| u_{prüf} \right\| \leq u_{1-\alpha/2}$	$\left\| t_{prüf} \right\| \leq t_{n-1;1-\alpha/2}$
"≤"	$u_{prüf} \leq u_{1-\alpha}$	$t_{prüf} \leq t_{n-1;1-\alpha}$
"≥"	$u_{prüf} \geq -u_{1-\alpha}$	$t_{prüf} \geq -t_{n-1;1-\alpha}$
"="		$n \approx 14,88\left(\dfrac{\sigma_d}{\delta}\right)^2$

5.3.3
Vergleich zweier Grundgesamtheiten, μ_1 mit μ_2, σ_1 mit σ_2

Wir haben sämtliche Tests dieses Abschnitts tabelliert (s. Tabelle 5.4) und dabei folgende Notation verwendet:

Freiheitsgrad des t-Tests für $\sigma_1 = \sigma_2$:

$$f = f_1 + f_2 \quad \text{mit} \quad f_1 = n_1 - 1, \quad f_2 = n_2 - 1 \tag{5.3.3.1}$$

Modifizierter t-Test für $\sigma_1 \neq \sigma_2$:

$$\frac{1}{f} = \frac{c^2}{f_1} + \frac{(1-c)^2}{f_2} \quad \text{mit} \quad c = \frac{s_1^2}{n_1 s_d^2}, \quad s_d^2 = \sum_{j=1}^{2} \frac{s_j^2}{n_j} \tag{5.3.3.2}$$

Sonstige Varianzen:

$$\sigma_d^2 = \sum_{j=1}^{2} \frac{\sigma_j^2}{n_j}, \quad s_d^2 = \sum_{j=1}^{2} \frac{s_j^2 f_j}{f}\cdot\left(\frac{1}{n_1} + \frac{1}{n_2}\right) \quad \text{für } \sigma_1 = \sigma_2 \tag{5.3.3.3}$$

Tabelle 5.4 Prüfgröße, -kriterien, Stichprobenumfang und Vertrauensbereiche zum Vergleich μ_1 mit μ_2 und σ_1 mit σ_2

Test	μ_1 mit μ_2 σ_1 und σ_2 bekannt	μ_1 mit μ_2 σ_1 und σ_2 unbekannt	σ mit σ_0
Prüf-größe	$u_{prüf} = \dfrac{\overline{x}_1 - \overline{x}_2}{\sigma_d}$	$t_{prüf} = \dfrac{\overline{x}_1 - \overline{x}_2}{s_d}$	$F_{prüf} = \dfrac{s_1^2}{s_2^2}$
"="	$\left\| u_{prüf} \right\| \leq u_{1-\alpha/2}$	$\left\| t_{prüf} \right\| \leq t_{f;1-\alpha/2}$	$F_{f_1,f_2;\alpha/2} \leq F_{prüf} \leq F_{f_1,f_2;1-\alpha/2}$
"$\leq$"	$u_{prüf} \leq u_{1-\alpha}$	$t_{prüf} \leq t_{f;1-\alpha}$	$F_{prüf} \leq F_{f_1,f_2;1-\alpha}$
"$\geq$"	$u_{prüf} \geq -u_{1-\alpha}$	$t_{prüf} \geq -t_{f;1-\alpha}$	$F_{prüf} \geq F_{f_1,f_2;\alpha}$
"="	$n \approx 29,76 \left(\dfrac{\overline{\sigma}}{\Delta\mu} \right)^2, \quad n_j = n\dfrac{\sigma_j}{\overline{\sigma}}$		$n \approx 14,88 \left(\dfrac{\overline{\sigma}}{\Delta\sigma} \right)^2$

Grenzen der zweiseitigen Vertrauensbereiche, ausgedrückt durch die Prüfgröße sowie die kritischen Schwellenwerte des jeweiligen zweiseitigen Tests

für	$\mu_1 - \mu_2$	σ_1^2 / σ_2^2
oben unten	$(\overline{x}_1 - \overline{x}_2)\left(1 \pm \dfrac{\text{krit. Wert}}{\text{Prüfgröße}} \right)$	$\dfrac{F_{prüf}}{F_{krit;un/ob}}$

5.3.4
Ausreißertests

Ausreißer sind Meßwerte, die der Prüfer am liebsten nicht gesehen haben will. Tritt einer von ihnen alleinc auf, wird cr ihn aus der Auswertung des Meßproto-kolls eliminieren. Aus zwei Ausreißern läßt sich bereits eine eigene, in der Regel alarmierende Verteilung abschätzen. Es ist müßig, ohne jegliche Konkretisie-rung über den Ursprung und die Bedeutung von sogenannten Ausreißern zu spekulieren. Wir werden hier drei Methoden angeben, mit denen eventuell ein einsamer Meßwert als Ausreißer zu identifizieren ist.

Zunächst benötigen wir ein Maß für die Entfernung eines solchen Meßwertes vom empirischen Mittelwert, in dem noch nicht unterstellt wird, es müsse sich bei ihm um einen Ausreißer handeln. Dies ist dann unsere Prüfgröße:

$$T_{prüf} = \text{Max} \left| \frac{x_j - \overline{x}}{\sigma} \right| \quad \text{bzw.} \quad T_{prüf} = \text{Max} \left| \frac{x_j - \overline{x}}{s} \right|, \qquad (5.3.4.1)$$

abhängig davon, ob die Standardabweichung σ bekannt ist oder ob wir sie empirisch durch s, berechnet unter Einschluß aller Meßwerte, abschätzen müssen.

Die erste Methode besteht in der Anwendung einer Faustregel. Ist die Prüfgröße größer als vier, dann muß der Meßwert mit der größten Abweichung vom empirischen Mittelwert als Ausreißer bezeichnet werden (Schlötel in Masing, 1988).

Die zwei anderen Methoden gehen von einer Normalverteilung der Meßwerte aus und schätzen die Prüfgröße bei einem gegebenen Signifikanzniveau α (vorzugsweise $\alpha = 0,01$) gegen ihre entsprechenden Streugrenzen ab. Dabei ist zwischen bekannter und unbekannter Standardabweichung σ zu unterscheiden. Das Prüfkriterium hat die Form

$$T_{prüf} \leq T_{krit} \tag{5.3.4.2}$$

und entscheidet, wenn es nicht bestätigt wird, auf einen signifikanten Ausreißer. Die kritischen Schwellenwerte lauten bei den zwei Verfahren

$$T_{krit} = \sqrt{\frac{n-1}{n}}\ u_{1-\alpha/n} \qquad (\sigma \text{ bekannt}) \tag{5.3.4.3}$$

$$T_{krit} = T_{Grubbs} \approx \sqrt{\frac{n-1}{n}}\ \tau_{n-2;1-\alpha/n} \quad (\sigma \text{ unbekannt; Grubbs-Test}). \tag{5.3.4.4}$$

Die Schwellenwerte des Grubbs-Tests (Grubbs, 1950) lassen sich in guter Näherung durch die Quantile der Thompson-Verteilung

$$\tau_{f;G} = t_{f;G}\ \sqrt{\frac{f+1}{f+t_{f;G}^2}} \tag{5.3.4.5}$$

bestimmen und liegen uns darüber hinaus in Tabelle B15 vor. Die Thompson-Regel (Thompson, 1935) benutzt diese Quantile im Gegensatz zum Grubbs-Test ausschließlich mit dem Index $G = 1 - \alpha/2$ und testet die Prüfgröße nicht konsistent gegen ihre Streugrenzen.

5.3.5
Chi-Quadrat-Anpassungstest auf Normalverteilung

Jeder überzeugende Test auf eine Verteilungsform sollte mit einer Eintragung der Meßwerte in ein Wahrscheinlichkeitsnetz (Auswertenetz D8) beginnen. Diese graphische Darstellung vermittelt auf einfache Art und Weise einen Eindruck davon, wie nahe die empirische Verteilung der Meßpunkte an einer Modellverteilung liegt. Streuen die einzelnen Punkte oder auch die beobachteten Klassenhäufigkeiten ($n > 50$) regellos um eine Gerade, dann ist die mögliche Übereinstimmung mit dem zugrunde gelegten Modell augenfällig. Beschreiben die Punkte eine Links- oder Rechtskurve (schiefe Verteilung) oder auch ein um die Bestgerade gewundenes Fragezeichen (evtl. zweigipflige Verteilung), dann können sie die Angepaßtheit der Modellverteilung in Frage stellen.

Wir beschreiben nun einen quantitativen Test auf Normalverteilung, den wir in prinzipiell derselben Form schon als Mehrfeldertest vorgestellt haben. Dieser Anpassungstest läßt sich sinngemäß auf jede zu überprüfende Verteilungsform übertragen, solange die Meßdaten geeignet klassiert werden können (Fisz, 1989).

Vorab klären wir die verwendete Notation. Wir bezeichnen

k	als Anzahl der Klassen,
$x_{un,j}$ und $x_{ob,j}$	als Klassengrenzen,
n_j	als beobachtete Klassenhäufigkeit,
$n = n_1 + n_2 + \ldots + n_k$	als Umfang der gesamten Stichprobe,
$v_j = n\left(G(u_{ob,j}) - G(u_{un,j})\right)$	als erwartete Klassenhäufigkeit

mit den geschätzt standardisierten Klassengrenzen

$$u_{un,j} = \frac{x_{un,j} - \overline{x}}{s} \quad \text{und} \quad u_{ob,j} = \frac{x_{ob,j} - \overline{x}}{s}. \tag{5.3.5.1}$$

Die Klassierung sollte, analog zu den Voraussetzungen beim Mehrfeldertest, so erfolgen, daß sämtliche Werte der erwarteten Klassenhäufigkeiten größer als eins und höchstens 20% von ihnen kleiner als fünf sind. Eventuell sind Randklassen solange zusammenzufassen, bis diese Bedingung erfüllt ist. Unsere Notation bezieht sich dann auf die endgültige Klassierung.

Wir haben zwei Parameter der Verteilung schätzen müssen, also beträgt der Freiheitsgrad im Prüfkriterium des Chi-Quadrat-Anpassungstests $k-3$:

$$\begin{aligned} \chi^2_{prüf} &= \sum \frac{(\text{beobachtete} - \text{erwartete Häufigkeit})^2}{\text{erwartete Häufigkeit}} \\ &= \sum_{j=1}^{k} \frac{\left(n_j - v_j\right)^2}{v_j} \le \chi^2_{k-3;1-\alpha} \end{aligned} \tag{5.3.5.2}$$

Ist dieses Prüfkriterium bei gegebenem Signifikanzniveau (vorzugsweise $\alpha = 0,01$) erfüllt, so konnten systematische Abweichungen von der getesteten Normalverteilung nicht signifikant nachgewiesen werden. Sollen bereits klassierte Ergebnisse aus mehreren Stichproben auf eine gemeinsame Normalverteilung hin getestet werden, sind im Prüfkriterium die Regeln für die Addition Chi-Quadratverteilter Zufallsgrößen zu berücksichtigen. Sowohl die resultierende Prüfgröße als auch der gesamte Freiheitsgrad ergeben sich durch einfaches Summieren.

5.3.6
Test auf Normalverteilung nach H. A. David

Ein sehr einfaches Testverfahren zur Überprüfung, ob einem Satz von Meßdaten eine Normalverteilung zugrunde liegt, wurde 1954 von David, Hartley und Pearson entwickelt. Dieser Test eignet sich insbesondere dazu, auch mit Datensätzen geringen Umfangs eventuelle zweigipflige Verteilungen signifikant zu identifizieren. Die Prüfgröße des Tests ist der Quotient

$$Q_{prüf} = \frac{R}{s} \tag{5.3.6.1}$$

aus Spannweite und Standardabweichung der Stichprobenwerte. Die Verteilung der Prüfgröße kann unter Voraussetzung einer beliebigen Normalverteilung numerisch bestimmt werden. Wir haben für die Prüfbedingung

$$Q_{n;\alpha/2} \leq Q_{prüf} \leq Q_{n;1-\alpha/2} \tag{5.3.6.2}$$

relevante Quantilen in unserem Tabellenanhang aufgelistet (Tabelle B14). Dabei empfehlen wir die angegebene zweiseitige Form des Testkriteriums:
- Überschreitet die Prüfgröße den oberen kritischen Schwellenwert, so kann auf eine signifikante, oft ausreißerartige Abweichung von der Normalverteilung geschlossen werden.
- Ist das Kriterium am unteren Schwellenwert nicht erfüllt, dann muß die Hypothese der Normalverteilung ebenfalls verworfen werden. Gegebenenfalls können technologische Erklärungen für eine eventuelle Mehrgipfligkeit oder ähnliche Abweichungen angeführt werden.

5.3.7
Vergleich von mehreren Grundgesamtheiten, Bartlett-Test und einfache Varianzanalyse

Beim Vergleich mehrerer Grundgesamtheiten (Graf, Henning, Stange, Wilrich, 1987) sollte das auszuwertende Datenmaterial in der Form von Kennwerten aus k Stichprobenuntersuchungen wie in der folgenden Tabelle vorliegen:

Nr.	n	$\bar{x}$	s
1	n_1	$\bar{x}_1$	s_1
⋮	⋮	⋮	⋮
j	n_j	$\bar{x}_j$	s_j
⋮	⋮	⋮	⋮
k	n_k	$\bar{x}_k$	s_k

Zwei Fragestellungen können nun unter der Voraussetzung, daß die einzelnen k Grundgesamtheiten selbst normalverteilt sind, bearbeitet werden:
- Sind die Standardabweichungen aller Grundgesamtheiten gleich (Bartlett-Test)?
- Sind nach bestandenem Bartlett-Test die Mittelwerte aller Grundgesamtheiten gleich (einfache, im Falle gleicher Stichprobenumfänge balancierte Varianzanalyse)?

Folgende Größen fließen in die beiden Prüfkriterien ein:
Gesamter Prüfumfang und Gesamtmittelwert:

$$N = \sum_{j=1}^{k} n_j, \quad \overline{\overline{x}} = \frac{1}{N} \sum_{j=1}^{k} n_j \, \overline{x}_j \tag{5.3.7.1}$$

Mittlere Varianz:

$$s_I^2 = \frac{1}{f_{ges}} \sum_{j=1}^{k} f_j s_j^2 \quad \text{mit Freiheitsgrad} \quad f_{ges} = \sum_{j=1}^{k} f_j = N - k \tag{5.3.7.2}$$

Streuung zwischen den Stichproben:

$$s_z^2 = \frac{1}{k-1} \sum_{j=1}^{k} n_j (\overline{x}_j - \overline{\overline{x}})^2 \quad \text{mit Freiheitsgrad} \quad k-1 \tag{5.3.7.3}$$

Hilfsgröße:

$$c = 1 + \frac{1}{3(k-1)} \left(\sum_{j=1}^{k} \frac{1}{f_j} - \frac{1}{f_{ges}} \right) . \tag{5.3.7.4}$$

Weitere Voraussetzung für die Anwendbarkeit des Bartlett-Tests:

$$n_j \geq 5 . \tag{5.3.7.5}$$

Nullhypothese und Prüfkriterium des für $n_j \geq 5$ anwendbaren Bartlett-Tests lauten dann:

$$H_0 : \quad \sigma_1^2 = \sigma_2^2 = \ldots = \sigma_k^2 , \tag{5.3.7.6}$$

$$\chi_{prüf}^2 = \frac{1}{c} \sum_{j=1}^{k} f_j \ln \left(\frac{s_I^2}{s_j^2} \right) \leq \chi_{k-1\,;\,1-\alpha}^2 . \tag{5.3.7.7}$$

Nur unter der Voraussetzung gleicher Varianzen in sämtlichen, den Stichproben zugrunde liegenden normalverteilten Grundgesamtheiten, also bei Erfüllung dieses Prüfkriteriums, kann sich die folgende Varianzanalyse anschließen. Sie testet dann die Gleichheit der Mittelwerte

$$H_0 : \quad \mu_1 = \mu_2 = \ldots = \mu_k \tag{5.3.7.8}$$

durch das Kriterium

$$F_{prüf} = \frac{s_z^2}{s_I^2} \leq F_{k-1,\, f_{ges}\,;\,1-\alpha} . \tag{5.3.7.9}$$

Wird auch dieser Test bestanden, dann kann die Annahme einer gemeinsamen Grundgesamtheit nicht verworfen werden. Man spricht in diesem Fall von einer vorliegenden Homogenität der Mittelwerte und der Varianzen. Für beide Testverfahren ist ein Signifikanzniveau von $\alpha = 0,01$ zu empfehlen.

5.3.8
Test eines Vorlaufs auf Störungsfreiheit

Vorlaufuntersuchungen dienen der Festlegung aller qualitätsrelevanter Parameter des zukünftigen Fertigungsprozesses. Die dabei in kurzen Abständen durchzuführenden Stichprobenprüfungen sind schon der späteren Steuerung und Überwachung durch geeignete Qualitätsregelkarten (SPC) angepaßt. Handelt es sich um variable Merkmalswerte, so verlangt SPC die Beantwortung folgender Fragen:
- Verläuft der Prozeß während des Vorlaufs stabil (normal-) verteilt?
- Wie lauten dann die Parameter des Prozesses?

Die nun kurz beschriebene Vorgehensweise wird zumindest den Minimalanforderungen an eine geeignete Auswertung der Stichprobenergebnisse gerecht. Die statistischen Test- und Schätzmethoden beziehen sich auf erwartungsgemäß normalverteilte Merkmale. Die Art des Vorgehens läßt sich in Kenntnis der relevanten statistischen Verfahren auf andere hinreichend einfach parametrisierte Verteilungen übertragen.

Einen ersten Überblick erlaubt sicher die Eintragung aller aufgenommenen Meßwerte in ein Wahrscheinlichkeitsnetz. Zu einer quantitativen Beurteilung sollten die in den mindestens $k = 25$ einzelnen Stichproben enthaltenen Daten komprimiert werden auf ihren Mittelwert, ihre Standardabweichung und Spannweite sowie eventuell den jeweils größten und kleinsten gefundenen Wert. Tabelliert besitzt der reduzierte Datensatz, der leicht durch die späteren Prüfgrößen ergänzt werden kann, folgende Gestalt:

Nr.	n	$\bar{x}$	s	R
1	n	$\bar{x}_1$	s_1	R_1
$\vdots$	$\vdots$	$\vdots$	$\vdots$	$\vdots$
j	n	$\bar{x}_j$	s_j	R_j
$\vdots$	$\vdots$	$\vdots$	$\vdots$	$\vdots$
k	n	$\bar{x}_k$	s_k	R_k

In dieser Form können sämtliche Stichprobenresultate zunächst einem R/s-Test auf Normalverteilung unterzogen werden, der zweiseitig ausgeführt auch etwaige Ausreißer identifizieren kann. Anschließen sollte sich ein Bartlett-Test auf Homogenität der Varianzen, gefolgt von einer balancierten Varianzanalyse zur Überprüfung der Homogenität der Mittelwerte. Die Tests müssen nacheinander bestanden werden, dazu sind gegebenenfalls wenige auffällige Datenreihen aus der weiteren Auswertung zu eliminieren. Aus dem verbleibenden Datensatz können dann μ als durchschnittlicher Stichproben-Mittelwert und σ als die Wurzel aus der durchschnittlichen Stichprobenvarianz zusammen mit ihren Vertrauensbereichen geschätzt werden. Mit diesen Schätzwerten lassen sich geeignete Regelkarten konzipieren, so daß die Vorlaufuntersuchungen als abgeschlossen betrachtet werden können, wenn alle der Schätzung zugrundeliegenden Kenndaten innerhalb der Eingriffsgrenzen ihrer Regelkarte verbleiben.

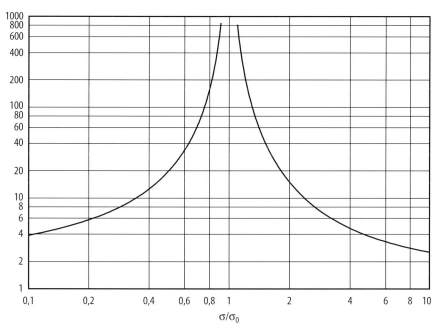

Abb. 5.3. Stichprobenumfang für den zweiseitigen Test $H_0 : \sigma = \sigma_0$

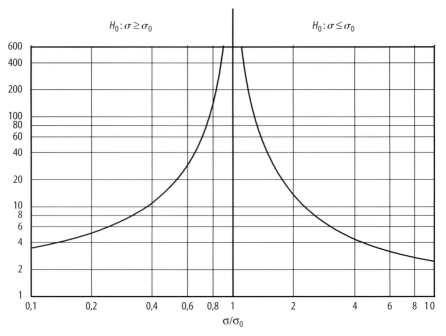

Abb. 5.4. Stichprobenumfang für die einseitigen Tests $H_0 : \sigma \geq \sigma_0$ und $H_0 : \sigma \leq \sigma_0$

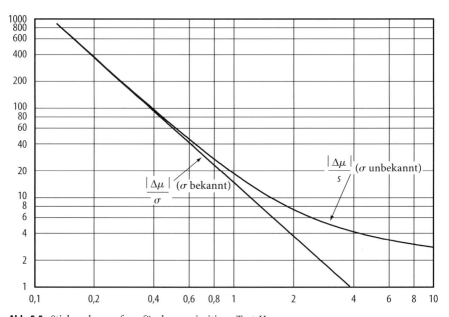

Abb. 5.5. Stichprobenumfang für den zweiseitigen Test $H_0 : \mu = \mu_0$

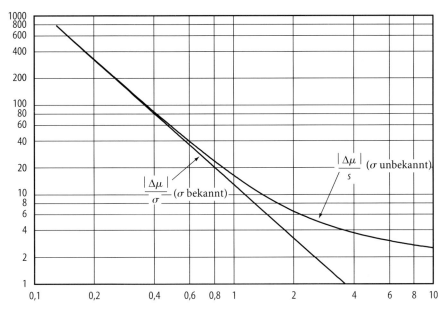

Abb. 5.6. Stichprobenumfang für die einseitigen Tests $H_0 : \mu \leq \mu_0$ und $\mu \geq \mu_0$

6 Annahmeprüfung

Jeder von uns ist im täglichen Leben aus vielerlei Gründen den unterschiedlichsten Prüfsituationen ausgesetzt. Das Spektrum unserer persönlichen Prüfstrategien reicht dabei von fast blindem Vertrauen bis hin zu erbsenzählerischer Akribie. In der Regel jedoch verlassen wir uns intuitiv auf das Ergebnis der Begutachtung einer ausgewählten Teilmenge von Prüfobjekten. Während sich die meisten von uns vor dem Kauf eines Buches auf die Lektüre allenfalls weniger Seiten beschränken, variieren die individuellen Prüfmengen zum Beispiel beim Erwerb von Frischobst erheblich.

Unser unterschiedliches Verhalten in vergleichbaren Prüfsituationen ist geprägt durch ein mehr oder minder großes Vertrauen in den Namen des Herstellers, in die gleichbleibende Qualität seiner Produkte oder aber in die Aussagefähigkeit von stichprobenhaften Prüfungen schlechthin. Der einzelne mag sich bei seinen Entscheidungen durchaus systematischer Methoden bedienen, doch wird er gerade hinsichtlich der statistischen Komponente in den seltensten Fällen eine quantitative Optimierung in Betracht ziehen.

Im gewerblichen Bereich unterliegen die Beziehungen zwischen Lieferant und Kunde grundsätzlich denselben Bedingungen. Dort allerdings sind die Vertragspartner in sehr viel stärkerem Maße dazu verpflichtet, bei ihren Beurteilungsmethoden und strategien quantitative Maßstäbe zugrunde zu legen. Ohne die Bedeutung von Erfahrungen und gegenseitigem Vertrauen abzuschwächen, bedienen sich die Partner in diesem Bereich nicht nur präziserer Prüfmittel, sondern auch detaillierter Prüfanweisungen, einschließlich statistischer Methoden der Qualitätssicherung. Diese Methoden sind der wesentliche Bestandteil einer optimalen Planung, Durchführung und Auswertung von Stichprobenprüfungen. Wo immer die Überprüfung und Gewährleistung der Produktsicherheit im Vordergrund steht, sei es bei der Entwicklung geeigneter Versuchspläne, bei der Steuerung komplexer Fertigungsprozesse oder bei Annahmeprüfungen an der Schnittstelle zwischen Lieferant und Kunde, besitzt die Interpretation und Bewertung von Stichprobenprüfungen einen nicht zu unterschätzenden Stellenwert.

Annahmeprüfungen im Wareneingang, im Warenausgang oder auch fertigungsintern zwischen verschiedenen Produktionsbereichen stellen das klassische Anwendungsfeld von Stichprobenuntersuchungen dar. Dabei stehen den

Geschäftspartnern verschiedene Möglichkeiten der vertraglichen Festlegung solcher Prüfungen zur Auswahl. Beide tragen einen Teil der bei Stichprobenprüfungen unvermeidlichen Risiken. Die Verteilung dieser Risiken und die spezifischen Anforderungen an die Produktqualität legen dabei die Art und den Umfang der Prüfungen fest.

Zunächst einmal steht es den Vertragspartnern frei, eine der Fertigungslage des Lieferanten und den Minimalforderungen des Kunden individuell angepaßte Vereinbarung zu treffen. In diesem Fall garantiert der Lieferant eine für den Kunden akzeptable Qualitätslage, so daß entsprechende Lieferlose nach einer geeigneten Stichprobenprüfung mit hoher Wahrscheinlichkeit angenommen werden. Der Kunde seinerseits möchte sich ebenfalls mit einem für ihn vertretbaren Risiko dagegen absichern, daß Lose mit inakzeptablen Fehleranteilen durch die Stichprobenprüfung nicht erkannt werden. Häufig werden dabei sowohl das Lieferantenrisiko α, als auch das Abnehmerrisiko β auf jeweils 10% festgelegt. Diese Vereinbarungen legen die Prüfanweisung vollständig fest, d.h. in der Regel den Umfang einer Stichprobe und das konkrete Entscheidungskriterium, nach der eine Lieferung anzunehmen oder abzulehnen ist.

Dies ist nicht die einzige Art und Weise, zu einer freien Vereinbarung zu gelangen. Möglich ist zum Beispiel auch die Orientierung an einer oberen Schranke für den maximalen Durchschlupf an fehlerhaften Teilen, die im Durchschnitt eine solche Stichprobenprüfung unentdeckt passieren können. Selbstverständlich spielen Kostenerwägungen in diesem Zusammenhang eine bedeutende Rolle.

Wie für fast alle technischen Belange stehen auch zur Festlegung von Annahmeprüfungen geeignete Regelwerke nationaler und internationaler Organisationen zur Verfügung. Diese Normen enthalten eine Vielfalt von Stichprobenanweisungen, zusammengefaßt zu Prüfplansammlungen, die in der Regel nicht aus einem mathematischen Algorithmus, sondern unter praktischer Bewährung als Summe von Erfahrungswerten entstanden sind. Für einen historischen Abriß der Entstehung dieser Normen und ihrer Verknüpfung untereinander verweisen wir auf die umfangreiche Fachliteratur. Wir wollen in diesem Kapitel ausschließlich den Gebrauch wichtiger Teile zweier Regelwerke erläutern. Dies ist zum einen die DIN ISO 2859 Teil 1 für die zählende (attributive) Annahmeprüfung, die aus dem Military Standard 105D (MIL-STD-105D) entstanden ist und die DIN 40 080 abgelöst hat. Zum zweiten gehen wir auf die ISO 3951 ein, einer modernen Fassung des MIL-STD-414, die sich mit der messenden (variablen) Annahmeprüfung befaßt. Sowohl die DIN ISO 2859 Teil 1 als auch die ISO 3951 orientieren sich an einer akzeptablen Qualitätslage *AQL* (acceptable quality level), beinhalten verschiedene Prüfniveaus und definieren Übergangsregeln zwischen normaler, verschärfter und reduzierter Prüfung. Darüber hinaus enthält die DIN ISO 2859 Doppel- und Siebenfach-Pläne.

Die Ermittlung eines geeigneten Prüfplans aus diesen beiden Normen basiert auf denselben Vorgaben wie eine freie Vereinbarung. Nach Festlegung einer vom Lieferanten garantierten und einer für den Abnehmer nicht mehr akzeptablen Fertigungslage, sowie der damit verknüpften jeweiligen Risiken α und β, liefert ein definierter Algorithmus in der Regel eine adäquate Prüfvorschrift. Der Vorteil einer solchen normierten vertraglichen Regelung beruht auf der internationalen Verbindlichkeit beider Normen.

6.1
Freie Vereinbarung

Wir werden nun die soeben skizzierte Vorgehensweise des Entwurfes frei vereinbarter Prüfanweisungen für binomial-, Poisson- und normalverteilte Zufallsgrößen in expliziten Bestimmungsgleichungen zusammenfassen. Konkrete Anwendungen finden sich dann in unserem umfangreichen Aufgaben- und Lösungsteil.

6.1.1
Einfach-Stichprobenanweisungen für die zählende Annahmeprüfung

Wir werden in diesem Abschnitt die Notation für binomialverteilte Zufallsgrößen verwenden. Sämtliche Relationen lassen sich ohne Mühe auf die Anzahl von Fehlern pro Einheit (Poisson-Verteilung) übertragen.

Beginnen wir zunächst mit den Vorgaben des Lieferanten. Er kann in Kenntnis der mittelfristigen Variationsbreite seiner Fertigungslage davon ausgehen, daß in seinen Lieferlosen der Anteil fehlerhafter Einheiten einen bestimmten maximalen Wert in näherer Zukunft nicht überschreiten wird. Selbst bei Lieferlosen mit dieser Grenzqualität möchte er mit einer hohen Wahrscheinlichkeit von mindestens $1-\alpha$ davon ausgehen können, daß sie ohne Beanstandungen die Annahmeprüfung bestehen. Wir fassen diese Vorgaben zusammen als

$$(p_{1-\alpha}^{*}, 1-\alpha), \text{ also } P_a(p_{1-\alpha}^{*}) \geq 1-\alpha. \tag{6.1.1.1}$$

Der Kunde möchte mit einer Wahrscheinlichkeit größer als $1-\beta$ sicherstellen, daß die Annahmeprüfung Lieferlose mit einem für seine Ansprüche unannehmbaren Fehleranteil zurückweist. Er fordert also

$$(p_{\beta}^{*}, \beta), \text{ und somit } P_a(p_{\beta}^{*}) \leq \beta \tag{6.1.1.2}$$

für die Annahmewahrscheinlichkeit von Losen einer derart schlechten Qualitätslage. Beide Forderungen sollen bei minimalem Prüfaufwand, d.h. kleinstmöglichem Stichprobenumfang n realisiert werden.

Zur Ermittlung der gesuchten Prüfanweisung $(n-c)$,

$$\text{also} \begin{Bmatrix} \text{Annahme} \\ \text{Rückweisung} \end{Bmatrix} \text{des Loses, wenn} \begin{Bmatrix} x \leq c \\ x > c \end{Bmatrix} \tag{6.1.1.3}$$

fehlerhafte Einheiten bzw. Fehler in der Stichprobe vom Umfang n gefunden werden, stehen sowohl graphische als auch numerische Algorithmen zur Aus-

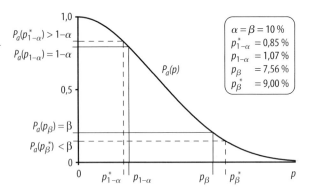

Abb. 6.1. Schematische Darstellung der Operationscharakteristik der Annahmeprüfung

wahl. Auf ein entsprechendes graphisches Verfahren kann für Poisson-verteilte Zufallsgrößen nicht zurückgegriffen werden.

Eine Skizze der Operationscharakteristik (OC) zu vorgegebenen Werten von α, β, p_β und $p_{1-\alpha}$ ist in Abb. 6.1 dargestellt.

Wir sehen, daß die Interessen beider Vertragspartner angemessen berücksichtigt werden konnten, wobei der Stichprobenumfang n so klein wie möglich gewählt wurde. Die beiden Punkte

$$(p_{1-\alpha}, 1-\alpha) \quad \text{und} \quad (p_\beta, \beta) \tag{6.1.1.4}$$

werden in der Literatur als Lieferanten- und Konsumentenpunkt der Operationscharakteristik bezeichnet. Der Abbildung lassen sich die folgenden, jeweils paarweise gleichwertigen Relationen entnehmen:

$$p^*_{1-\alpha} \leq p_{1-\alpha} \quad \text{und} \quad P_a(p^*_{1-\alpha}) \geq 1-\alpha = P_a(p_{1-\alpha}) \tag{6.1.1.5}$$

sowie

$$p^*_\beta \geq p_\beta \quad \text{und} \quad P_a(p^*_\beta) \leq \beta = P_a(p_\beta). \tag{6.1.1.6}$$

Mit den in der Graphik angegebenen Zahlenwerten erhalten wir die Prüfanweisung

$$(n-c) = (50-1). \tag{6.1.1.7}$$

Die Operationscharakteristik (s. Abb. 6.2) gibt unter anderem Aufschluß darüber, mit welcher Annahmewahrscheinlichkeit gerechnet werden kann, wenn ein Lieferlos mit einem mittleren Anteil p von fehlerhaften Einheiten nach dieser Stichprobenanweisung geprüft wird.

Neben dem gezeigten Verfahren besteht unter anderem auch die Möglichkeit, eine der beiden Forderungen durch die Vorgabe einer oberen Schranke *AOQL* (average outgoing quality limit) für den mittlere Durchschlupf *D* oder auch *AOQ* (average outgoing quality) zu ersetzen. Für den Fall, daß Lieferlose aus *N* Einheiten im Falle der Rückweisung einer 100%-igen Sortierprüfung unterzogen wer-

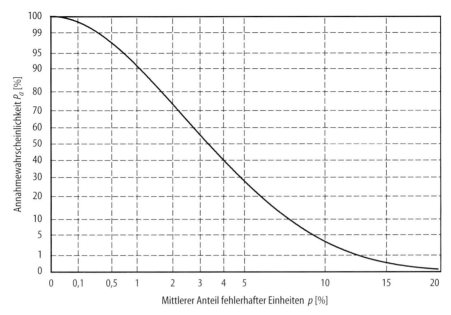

Abb. 6.2. Operationscharakteristik der Prüfanweisung $(n - c) = (50 - 1)$

den, und daß darüber hinaus auch nach Annahme eines Loses sämtliche in der Stichprobe vom Umfang n gefundenen fehlerhaften Einheiten durch fehlerfreie zu ersetzen sind, hat der mittlere Durchschlupf in Abhängigkeit vom Fehleranteil p die einfache Form:

$$D = \left(1 - \frac{n}{N}\right) \cdot p \cdot P_a(p). \qquad (6.1.1.8)$$

In der Abb. 6.3 ist dieser Zusammenhang für die Prüfanweisung $(n-c) = (50 - 1)$ graphisch dargestellt. Anstelle des mittleren Durchschlupfs D, der explizit vom Losumfang N abhängt, wird in der Regel die von N unabhängige Funktion $p \cdot P_a(p)$ angegeben.

Der mittlere Durchschlupf kann höchstens den Wert

$$AOQL = D_{Max} = \left(1 - \frac{n}{N}\right) \cdot p_{AOQL} \cdot P_a(p_{AOQL}) \qquad (6.1.1.9)$$

annehmen. Zur Berücksichtigung einer solchen Vorgabe empfehlen sich im Rahmen freier Vereinbarungen in der Regel ausschließlich numerische Verfahren.

Einige Komplikationen des dargestellten Verfahrens resultieren aus der diskreten Natur der zugrundeliegenden Verteilungen und verschwinden beim Übergang auf kontinuierliche Merkmalswerte. Grundsätzlich aber ist die gezeigte Vorgehensweise übertragbar auf alle in diesem Kapitel besprochenen Frage-

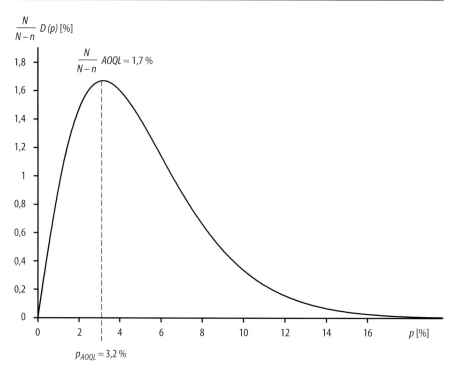

Abb. 6.3. Die zur Berechnung des mittleren Durchschlupfs benötigte Funktion $p \cdot P_a (p)$ für die Prüfanweisung $(n - c) = (50 - 1)$

stellungen. Auch das Aufsuchen geeigneter Stichprobenanweisungen in der DIN ISO 2859 Teil 1 basiert auf den gleichen Ideen. Die Verwendung dieser Norm bietet zudem den Vorteil, sowohl den in tabellierter Form vorliegenden maximalen Durchschlupf gegebenenfalls geeignet berücksichtigen zu können, als auch Doppel- und Siebenfach-Anweisungen zu verwenden, deren OC's in etwa der einer Einfach-Anweisung äquivalent ist.

Bei der Annahmeprüfung nach einer Doppel-Stichprobenanweisung ist auf der Grundlage des Prüfergebnisses für die erste gezogene Stichprobe zu entscheiden, ob das Lieferlos angenommen oder zurückgewiesen wird, oder eventuell eine zweite Stichprobe zu untersuchen ist. Auf diese Art und Weise läßt sich abhängig vom Fehleranteil der durchschnittliche Prüfaufwand mitunter deutlich reduzieren. Dieser Effekt verstärkt sich beim Übergang auf Mehrfach-Stichprobenanweisungen. Will man dieses Rationalisierungspotential vollständig ausschöpfen und auf eine Festlegung der Anzahl gegebenenfalls zu prüfender Stichproben völlig verzichten, ist man auf die Konzipierung einer geeigneten sequentiellen Prüfung angewiesen. Die Prüfplansammlung der DIN ISO 2859 Teil 1 enthalten keine entsprechenden Prüfanweisungen.

6.1.2
Sequentielle Prüfanweisungen für die zählende Annahmeprüfung

Die Idee der Sequentialanalyse geht auf Abraham Wald (1902–1950) zurück, einen Statistiker aus Siebenbürgen, der ab 1938 in den Vereinigten Staaten tätig war und als Begründer der Statistischen Entscheidungstheorie gilt (Wald, 1947).

Während des Verlaufs einer sequentieller attributiven Prüfung werden dem zu beurteilenden Liefer- oder Fertigungslos nacheinander einzelne Einheiten entnommen und geprüft, bis eine definitive Entscheidung über Annahme oder Rückweisung des Loses getroffen werden kann. Der Stichprobenumfang wächst also mit jeder neu gezogenen Einheit an. Trotzdem bleibt für alle Qualitätslagen der mittlere Prüfaufwand endlich. Da diese Aussage mitunter auf Mißtrauen stößt, kann außerdem noch die Möglichkeit einer finalen Entscheidung nach Erreichen eines vorgegebenen Maximalumfangs der kumulierten Stichprobe mit in die Prüfanweisung einbezogen werden.

Die Wirkungsweise einer sequentiellen Stichprobenprüfung läßt sich am besten anhand der Abb. 6.4 verdeutlichen, in der folgende Abkürzungen verwendet werden:

n	aktueller kumulierter Stichprobenumfang,
x_n	aktuelle kumulierte Anzahl fehlerhafter Einheiten,
$c(n), d(n)$	Annahme- bzw. Rückweisgrenze.

Die dargestellte Prüfanweisung hat in etwa die gleiche Operationscharakteristik wie die Einfach-Stichprobenanweisung $(200-5)$.

Unter denselben Vorgaben, von denen wir im letzten Abschnitt bei der Erstellung von Einfach-Stichprobenanweisungen ausgegangen sind, können wir die Entscheidungsgrenzen $c(n)$ und $d(n)$ in der Tat als Geraden berechnen.

Die Vorgaben bestehen in der Vereinbarung eines Lieferantenpunktes

$$(p_{1-\alpha}, 1-\alpha), \text{ also } P_a(p_{1-\alpha}) = 1-\alpha \qquad (6.1.2.1)$$

Abb. 6.4. Funktionsweise der sequentiellen Stichprobenprüfung

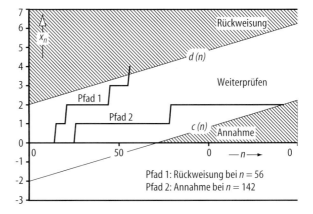

Pfad 1: Rückweisung bei $n = 56$
Pfad 2: Annahme bei $n = 142$

und eines Konsumentenpunktes

$$(p_\beta, \beta), \text{ also } P_a(p_\beta) = \beta \tag{6.1.2.2}$$

der Operationscharakteristik der sequentiellen Prüfung. Die analytische Bestimmung dieser OC ist sehr komplex, da die Anzahl der möglichen Pfade durch den Bereich Weiterprüfen vor Annahme oder Rückweisung des Loses sehr umfangreich ist. Deshalb bedient man sich in der Regel guter Näherungen.

Nach jeder Einzelprüfung stehen die folgenden Alternativen zur Auswahl:

$$x_n \leq c(n) \qquad \text{Annahme} \tag{6.1.2.3}$$
$$c(n) < x_n < d(n) \qquad \text{Weiterprüfen} \tag{6.1.2.4}$$
$$x_n \geq d(n) \qquad \text{Rückweisung.} \tag{6.1.2.5}$$

Die Wahrscheinlichkeit, auf einem bestimmten Pfad bis zu einem Punkt (n, x_n) im Bereich Weiterprüfen zu gelangen, beträgt für einen Fehleranteil p im Los

$$p^{x_n} (1-p)^{n-x_n} . \tag{6.1.2.6}$$

Daher ist unter Vernachlässigung der Tatsache, daß es sich bei n und x_n um ganzzahlige Werte handelt, auf der Annahmegeraden unabhängig vom speziellen Pfad das Verhältnis der Annahmewahrscheinlichkeiten für die beiden vorgegebenen kritischen Qualitätslagen gegeben durch:

$$\frac{1-\alpha}{\beta} = \frac{p_{1-\alpha}^{c(n)} (1-p_{1-\alpha})^{n-c(n)}}{p_\beta^{c(n)} (1-p_\beta)^{n-c(n)}} . \tag{6.1.2.7}$$

Ebenso gilt für das Verhältnis der Rückweisewahrscheinlichkeiten:

$$\frac{\alpha}{1-\beta} = \frac{p_{1-\alpha}^{d(n)} (1-p_{1-\alpha})^{n-d(n)}}{p_\beta^{d(n)} (1-p_\beta)^{n-d(n)}} . \tag{6.1.2.8}$$

Durch Logarithmieren dieser beiden Relationen finden wir die gesuchte Parametrisierung der Entscheidungsgrenzen für die sequentielle Annahmeprüfung:

$$c(n) = -c_0 + an \quad \text{und} \quad d(n) = d_0 + an \tag{6.1.2.9}$$

mit den Ordinatenschnittpunkten

$$c_0 = \frac{1}{A} \ln\left(\frac{1-\alpha}{\beta}\right) \quad \text{und} \quad d_0 = \frac{1}{A} \ln\left(\frac{1-\beta}{\alpha}\right) \tag{6.1.2.10}$$

der Steigung

$$a = \frac{1}{A} \ln\left(\frac{1-p_{1-\alpha}}{1-p_\beta}\right) \tag{6.1.2.11}$$

Tabelle 6.1 Charakteristische Punkte $(p, P_a(p))$ der OC einer sequentiellen Stichprobenprüfung und der dazugehörige mittlere Stichprobenumfang $\bar{n}(p)$

p	$P_a(p)$	$\bar{n}(p)$
0	1	$\dfrac{c_0}{a}$
$p_{1-\alpha}$	$1-\alpha$	$\dfrac{(1-\alpha)\,c_0 - \alpha\,d_0}{a - p_{1-\alpha}}$
a	$\dfrac{d_0}{c_0 + d_0}$	$\dfrac{c_0\,d_0}{a\,(1-a)}$
p_β	β	$\dfrac{(1-\beta)\,d_0 - \beta\,c_0}{p_\beta - a}$

und der Hilfsgröße

$$A = \ln\left(\frac{p_\beta\,(1 - p_{1-\alpha})}{p_{1-\alpha}\,(1 - p_\beta)}\right). \tag{6.1.2.12}$$

Der Übergang von binomial- zu Poisson-verteilten Zufallsgrößen läßt sich bekanntermaßen realisieren als Grenzfall $p \to 0$. In den Bestimmungsgleichungen sind daher nur die Steigung a und die Hilfsgröße A zu ersetzen durch

$$a = \frac{p_\beta - p_{1-\alpha}}{A} \quad \text{und} \quad A = \ln\left(\frac{p_\beta}{p_{1-\alpha}}\right) \quad (p: \text{Fehler pro Einheit}). \tag{6.1.2.13}$$

In der Tabelle 6.1 sind einige ausgewählte Punkte der Operationscharakteristik für binomialverteilte Zufallsvariablen zusammen mit den entsprechenden mittleren Stichprobenumfängen $\bar{n}$ zusammengefaßt.

Selbstverständlich kann die Methode der Sequentialanalyse auch im Bereich der messenden Annahmeprüfung angewendet werden (Hartung, Eppelt, Klösener, 1993). Wir verzichten jedoch auf eine ausführliche Darstellung und wollen uns im nächsten Abschnitt mit dem Entwurf von Einfach-Stichprobenanweisungen bei normalverteilten Merkmalswerten befassen.

6.1.3
Einfach-Stichprobenanweisungen für die messende Annahmeprüfung

Bei kontinuierlichen Merkmalswerten ist der mittlere Prozentsatz von Toleranzüberschreitungen als Fehleranteil p zu bezeichnen. Falls der Prüfer davon ausgehen kann, daß es sich um normalverteilte Meßwerte handelt, hat er die Mög-

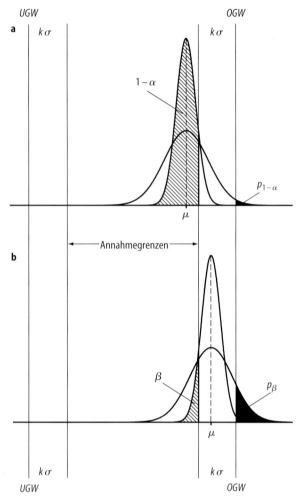

Abb. 6.5 a-b. Messende Annahmeprüfung ($n_\sigma - k$) für bekannte Standardabweichung σ der normalverteilten Grundgesamtheit: **a** bei akzeptabler Qualitätslage $p_{1-\alpha}$ und **b** bei rückzuweisender Qualitätslage p_β

lichkeit, durch eine messende Prüfung den Stichprobenumfang gegenüber einer entsprechenden attributiven Prüfung deutlich zu verringern. Dies gilt sowohl für den Fall, daß ihm die Standardabweichung σ der Einzelwerte bekannt ist, als auch für den Fall, daß er in einer geeigneten Prüfanweisung auf die empirische Standardabweichung s der untersuchten Stichprobe zurückgreifen muß. Die Anweisungen bestehen in den beiden Fällen aus der Angabe des Stichprobenumfangs n_σ bzw. n_s, sowie eines Annahmefaktors k. Zur Annahme des Lieferloses muß der empirische Mittelwert $\bar{x}$ der Stichprobe um diesen Faktor, wie in der Abb. 6.5 dargestellt, unterhalb der oberen Toleranzgrenze OGW und oberhalb der unteren Toleranzgrenze UGW liegen. Die Annahmebedingungen lauten also:

$$\bar{x} + k \cdot \left\{ {\sigma \atop s} \right\} \leq OGW \quad \text{und} \quad \bar{x} - k \cdot \left\{ {\sigma \atop s} \right\} \geq UGW. \tag{6.1.3.1}$$

Abbildung 6.5 zeigt die beiden kritischen Grenzfälle, die beim Entwurf einer Stichprobenanweisung ($n_\sigma - k$) einer messenden Annahmeprüfung zugrunde gelegt werden können. Diese Situationen entsprechen dem Lieferanten- und Konsumentenpunkt

$$P_a(p) = \begin{cases} 1 - \alpha & \text{für} \quad p = p_{1-\alpha} \\ \beta & \text{für} \quad p = p_\beta \end{cases} \qquad (6.1.3.2)$$

der Operationscharakteristik.

Wenn die Toleranzbreite $T = OGW - UGW$ im Vergleich zur Standardabweichung σ (hinreichend ist sicher $T \geq 10\,\sigma$) genügend groß ist, kann es nur an einer der beiden Toleranzgrenzen zu nennenswerten Toleranzüberschreitungen kommen. Es genügt, die Annahmewahrscheinlichkeit $P_a(p)$ für variierende Überschreitungsanteile p an der oberen Toleranzgrenze OGW in einen analytischen Zusammenhang zu setzen. Dieser lautet, ausgedrückt durch die beiden dargestellten Verteilungen für Merkmalswert und Stichproben-Mittelwert

$$P_a(p) = G\left(\frac{OEG - \mu}{\sigma_{\bar{x}}} \right) = G\left(\frac{OGW - k\,\sigma - \mu}{\sigma / \sqrt{n}} \right) = G\left(\sqrt{n}\,(u_{1-p} - k) \right) \quad (6.1.3.3)$$

mit der Verteilungsfunktion G der Standard-Normalverteilung. Das entspricht einer Rückweisewahrscheinlichkeit

$$1 - P_a(p) = G\left(\sqrt{n}\,(k - u_{1-p}) \right). \qquad (6.1.3.4)$$

Diese Relation läßt sich für beliebige Werte des Überschreitungsanteils p auflösen nach dem Annahmefaktor

$$k = u_{1-p} + \frac{u_{1-P_a(p)}}{\sqrt{n}}. \qquad (6.1.3.5)$$

Haben sich also Lieferant und Abnehmer auf die beiden in der Graphik dargestellten kritischen Grenzfälle als Forderungen an eine messende ($\bar{x}, \sigma$)-Annahmeprüfung geeinigt, so errechnen sich der benötigte Stichprobenumfang n_σ sowie der Annahmefaktor k zu

$$k = \frac{u_{1-\alpha}\,u_{1-p_\beta} - u_\beta\,u_{1-p_{1-\alpha}}}{u_{1-\alpha} - u_\beta}$$

$$n_\sigma^\star = \left(\frac{u_{1-\alpha} - u_\beta}{u_{1-p_{1-\alpha}} - u_{1-p_\beta}} \right)^2. \qquad (6.1.3.6)$$

Der Stern zeigt an, daß ein solcher Wert für den Stichprobenumfang in der Regel keiner ganzen Zahl entspricht und somit zur Gewährleistung der beiden Forderungen auf den tatsächlichen Stichprobenumfang n_σ aufzurunden ist.

Diese Formeln sind für den Fall gültig, daß die Standardabweichung σ als bekannt vorausgesetzt werden darf. Um jedoch bei unbekannter Standardabweichung durch eine analoge $(\bar{x}, s)$-Stichprobenanweisung $(n_s - k)$ denselben Risiko-Vorgaben entsprechen zu können, ist mit Sicherheit ein vergleichsweise (größerer) Stichprobenumfang n_s zu wählen. Eine sorgfältige Berücksichtigung der entsprechenden Verteilungsfunktion für den geschätzten Anteil von Toleranzüberschreitungen liefert in guter Näherung:

$$n_s^* = n_\sigma^* \left(1 + \frac{k^2}{2} \right) \text{ mit unverändertem Annahmefaktor } k. \qquad (6.1.3.7)$$

Zur Ermittlung von Stichprobenanweisungen stehen für beide Sorten der Annahmeprüfung neben den angegebenen analytischen Berechnungsformeln gleichwertige graphische Verfahren zur Verfügung (Nomogramme D3 und D4) (Wilrich, 1970).

6.2
Vereinbarung normierter *AQL*-Prüfanweisungen

Bei der vertraglichen Festlegung einer Annahmeprüfung können sich Lieferant und Abnehmer nach den in den vorangegangenen Abschnitten beschriebenen Verfahren stets auf eine für ihre Belange geeignete Stichprobenanweisung einigen. Häufig werden dabei die Eckdaten wie z. B. eine annehmbare oder rückzuweisende Qualitätsgrenzlage nebst den damit verbundenen Risiken vereinbart. Die Operationscharakteristik, die diesen Vorgaben am ehesten gerecht wird, legt dann die Stichprobenanweisung fest. Natürlich können sich beide Vertragspartner auch direkt auf eine spezielle Anweisung festlegen und sich mit Hilfe der zugehörigen Operationscharakteristik Klarheit über die Wirkungsweise der resultierenden Annahmeprüfung verschaffen (Prüfschärfe, Qualitätsgrenzlagen, etc.). Gegen die Wirksamkeit der Stichprobenprüfung muß dabei immer der Prüfaufwand abgewogen werden, d.h. die Organisation der Durchführung und nicht zuletzt die damit verbundenen Kosten.

Daher einigt man sich bei der Vereinbarung einer Annahmeprüfung in der Regel auf einen normierten Prüfplan, der alle diese Vorgaben in angemessener Weise berücksichtigt. Solche Prüfpläne sind zu Prüfplansammlungen oder Stichprobensystemen zusammengefaßt, die neben geeigneten Stichprobenanweisungen auch detaillierte Anwendungsregeln zur Durchführung der Prüfungen enthalten. Am häufigsten werden sogenannte *AQL*-Stichprobensysteme verwendet, die für attributive Prüfungen in der DIN ISO 2859 Teil 1 und für messende Prüfungen bei normalverteilten Merkmalswerten in der ISO 3951 zusammengefaßt sind.

Ein *AQL*-Plan enthält Stichprobenanweisungen, die zu einer hohen Annahmewahrscheinlichkeit „guter" Lose führen. Die unter einem *AQL*-Wert zusammengefaßten Anweisungen eines Planes orientieren sich also an der vom Lieferanten garantierten akzeptablen Qualitätslage und sind so konzipiert, daß Lieferlose mit einem Fehleranteil von $p = AQL$ stets eine Annahmewahrscheinlichkeit zwischen 80% und 99% besitzen. Bei der Festlegung eines Stichprobenplans ist der Lieferant daher gut beraten, mögliche zufällige Schwankungen um seine mittlere Produktionslage $\overline{p}$ zu berücksichtigen, und einen Wert

$$AQL \geq 2 \cdot \overline{p} \qquad (6.2.1)$$

zu vereinbaren. Auf diese Art kann er bei konstanter Qualitätslage immer mit einer hohen Annahmewahrscheinlichkeit seiner Lieferlose rechnen (Masing, 1988).

Die Stichprobensysteme der DIN ISO 2859 Teil 1 und der ISO 3951 sind nach dem gleichen Schema aufgebaut und klassifiziert. Hauptkriterien zur Auswahl eines Prüfplans sind der *AQL*-Wert und der Losumfang N. Darüber hinaus wird noch zwischen verschiedenen Prüfniveaus unterschieden, die neben dem Stichprobenumfang n die Prüfschärfe entscheidend bestimmen. Die prinzipielle Vorgehensweise beim Aufsuchen einer geeigneten Stichprobenanweisung ist daher in beiden Regelwerken die gleiche. Wir werden im Folgenden das *AQL*-Stichprobensystem der DIN ISO 2859 Teil 1 vorstellen und daneben kurz auf einige abweichende Besonderheiten der ISO 3951 eingehen.

6.2.1
AQL-Stichprobenpläne für die zählende Prüfung

Die DIN ISO 2859 Teil 1 unterscheidet eine Reihe von *AQL*-Werten (Vorzugswerte) zwischen 0,01 und 1000 (angegeben in Prozent) und ist sowohl für binomialverteilte als auch für Poisson-verteilte Zufallsgrößen anwendbar. Große *AQL*-Werte beziehen sich natürlich ausschließlich auf die Anzahl von Fehlern pro 100 Einheiten, so charakterisiert etwa ein *AQL* 250 eine mittlere annehmbare Qualitätslage von 2,5 Fehlern pro Einheit in den angelieferten Losen. In der Liste der Vorzugswerte ist jeder einzelne *AQL*-Wert um einen Faktor $\sqrt[5]{10} \approx 1{,}585$ größer als sein direkter Vorgänger. Bis zu einem Stichprobenumfang $n - 80$ werden die Operationscharakteristiken für den Anteil fehlerhafter Einheiten und für die Anzahl von Fehlern pro Einheit getrennt angegeben, für größere Stichprobenumfänge verwendet die DIN ISO 2859 Teil 1 generell die Approximation durch die Poisson-Verteilung.

Für einen festen *AQL*-Wert werden die Prüfpläne in drei allgemeine Prüfniveaus und vier besondere Prüfniveaus unterteilt:
- Allgemeine Prüfniveaus: I, II und III ,
- Besondere Prüfniveaus: S-1, S-2, S-3 und S-4 .

Die Prüfschärfe der Hauptniveaus nimmt dabei von I nach III zu, die Sonderniveaus haben eine geringere Prüfschärfe und werden vornehmlich bei sehr teurer oder zerstörender Prüfung verwendet.

Weitere Elemente der DIN ISO 2859 Teil 1, auf die wir bereits hingewiesen haben, sind zum einen die Möglichkeit, Mehrfach-Stichprobenpläne zu vereinba-

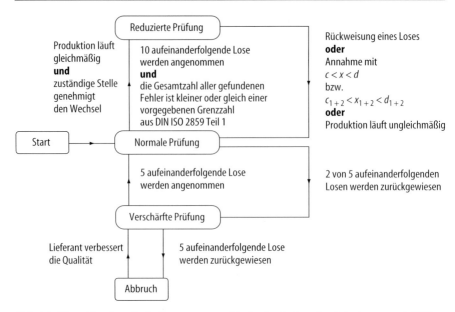

Abb. 6.6. Übersicht über die Bedingungen zum Wechsel zwischen den Subniveaus nach DIN ISO 2859 Teil 1

ren, und zum anderen die Verwendung verschiedener Beurteilungsstufen (Subniveaus) unterschiedlicher Prüfschärfe:

- normale Prüfung,
- verschärfte Prüfung,
- reduzierte Prüfung.

Die Unterteilung in diese Subniveaus ist ein dynamisches Element der Norm, denn ein Wechsel zwischen den einzelnen Beurteilungsstufen innerhalb eines festgelegten Prüfplans hängt wesentlich von den Ergebnissen der zuvor stattgefundenen Prüfungen ab. Wenn Lieferant und Abnehmer nichts anderes vereinbart haben, findet die Annahmeprüfung der ersten Lieferung auf der normalen Prüfstufe statt. Danach wird nach DIN ISO 2859 Teil 1 weiter verfahren, wie es in Abb. 6.6 dargestellt ist.

Wenn die angegebenen Bedingungen erfüllt sind, sind sowohl der Wechsel von normaler zu verschärfter Prüfung, als auch der Rücksprung zur normalen Prüfstufe von der Norm zwingend vorgeschrieben. Ebenso muß der vereinbarte Prüfplan bei entsprechend ungünstigem Prüfverlauf ganz abgebrochen werden. Ein möglicher Wechsel von normaler zu reduzierter Prüfung liegt im Ermessen der Vertragspartner und wird gesondert vereinbart.

Normale und verschärfte Prüfungen für einen Einfach-Stichprobenplan basieren auf den gleichen Stichprobenanweisungen $(n - c)$ wie wir sie im Zusammenhang mit den freien Vereinbarungen besprochen haben:

Annahme des Loses für $x \leq c$,   (6.2.1.1)

Rückweisung des Loses für $x > c$,   (6.2.1.2) wenn x die in der Stichprobe vom Umfang n gefundene Anzahl fehlerhafter Einheiten (bzw. die Anzahl der in der Stichprobe gezählten Fehler) ist.

Die Stichprobenanweisung für eine reduzierte Prüfung lautet hingegen

$$n-c\,/\,d\,.$$

Zusätzlich zur Annahmezahl c wird eine Rückweisezahl d angegeben, die bis auf wenige exponierte Ausnahmen größer als $c+1$ ist. Der Vergleich von x mit der Rückweisezahl d entscheidet nun über Annahme oder Ablehnung des Loses, während die Annahmezahl c ein Kriterium für die Prüfstufe der nächstfolgenden Annahmeprüfung liefert. Abhängig von der Anzahl x der in einer reduzierten Prüfung gefundenen fehlerhaften Einheiten ist also eine der folgenden Entscheidungen zu treffen:

$x \leq c$ Annahme , das folgende Los wird
wieder reduziert geprüft,   (6.2.1.3)

$c < x < d$ Annahme , das folgende Los muß
normal geprüft werden,   (6.2.1.4)

$x \geq d$ Rückweisung, das folgende Los wird
normal geprüft.   (6.2.1.5)

Aufgrund der beiden verschiedenen Möglichkeiten für die Annahme eines Loses wird die Wirkungsweise einer reduzierten Stichprobenanweisung durch zwei Operationscharakteristiken beschrieben. Für die Annahmewahrscheinlichkeit bei reduzierter Folgeprüfung ergibt sich wie bisher

$$P_{a,red} = G(c)\,, \tag{6.2.1.6}$$

während die OC im Falle einer Annahme mit nachfolgender normaler Prüfung durch

$$P_{a,nor} = \sum_{x=c+1}^{d-1} g(x) \tag{6.2.1.7}$$

bestimmt wird. Die Wahrscheinlichkeit, daß ein Lieferlos zurückgewiesen wird, ist daher:

$$R = 1 - G(d-1) = 1 - P_{a,red} - P_{a,nor} \tag{6.2.1.8}$$

Bevor wir die Möglichkeiten aufzeigen, einen geeigneten Prüfplan in der DIN ISO 2859 Teil 1 zu finden, befassen wir uns noch kurz mit der Durchführung von Mehrfach-Stichprobenanweisungen. Die Norm beinhaltet Stichprobenpläne mit zwei und mit sieben Prüfstufen. Die besonderen Vorteile dieser Anweisungen werden aber bereits deutlich, wenn mit nur zwei Prüfstufen gearbeitet wird. Wir beschränken uns daher auf die Diskussion von Doppel-Stichprobenprüfungen.

6.2.2
Durchführung einer Doppel-Stichprobenanweisung

Die Anweisung zur Durchführung einer Doppel-Stichprobenprüfung lautet abgekürzt:

$$n - c_1 / d_1 - c_{1+2} / d_{1+2}.$$

Darin bedeuten:

n Prüfumfang jeder einzelnen Stichprobe,
c_1 Annahmezahl der ersten Stichprobe,
d_1 Rückweisezahl der ersten Stichprobe
c_{1+2} Gesamt-Annahmezahl,
d_{1+2} Gesamt-Rückweisezahl.

Haben sich Lieferant und Abnehmer auf eine Annahmeprüfung nach einer solchen Doppel-Stichprobe geeinigt, so wird einem eingehenden Lieferlos zuerst eine Stichprobe von n Einheiten entnommen. Die Anzahl x_1 der in dieser Stichprobe gefundenen fehlerhaften Einheiten (bzw. die Anzahl x_1 der in der Stichprobe gezählten Fehler bei Poisson-verteilten Zufallsvariablen) wird mit der Annahmezahl c_1 und mit der Rückweisezahl d_1 verglichen, um eine der drei folgenden Entscheidungen treffen zu können:

Annahme des Loses für $x_1 \leq c_1$,   (6.2.2.1)

Rückweisung des Loses für $x_1 \geq d_1$,   (6.2.2.2)

Entnahme einer zweiten Stichprobe vom Umfang n für $c_1 < x_1 < d_1$. (6.2.2.3)

Wenn eine zweite Stichprobe gezogen werden muß, wird die Anzahl x_2 der darin gefundenen fehlerhaften Einheiten zu x_1 addiert und die resultierende Gesamtzahl aus beiden Stichproben

$$x_{1+2} = x_1 + x_2$$ (6.2.2.4)

mit der Gesamt-Rückweisezahl d_{1+2} verglichen. Danach ist zu entscheiden, ob das Los angenommen oder zurückgewiesen wird:

Annahme des Loses für $x_{1+2} < d_{1+2}$ (6.2.2.5)

Rückweisung des Loses für $x_{1+2} \geq d_{1+2}$.   (6.2.2.6)

Wird die Annahmeprüfung auf einer normalen oder verschärften Prüfstufe durchgeführt, so gilt stets

$$d_{1+2} = c_{1+2} + 1$$ (6.2.2.7)

und auf die Angabe der Gesamt-Rückweisezahl wird in der Regel verzichtet. Dieser Zusammenhang besteht nicht mehr im Fall einer reduzierten Prüfung. Dann müssen beide Zahlen explizit angegeben werden. Das grundsätzliche Entscheidungskriterium über Annahme oder Rückweisung eines Loses bleibt auch für die reduzierte Prüfung bestehen, darüber hinaus wird aber mit Hilfe der Gesamt-Annahmezahl c_{1+2} geprüft, mit welcher Schärfe das folgende Lieferlos zu prüfen ist. Die folgenden Fälle sind möglich:

$$x_{1+2} \leq c_{1+2} \qquad \text{Annahme, reduziert weiterprüfen,} \qquad (6.2.2.8)$$
$$c_{1+2} < x_{1+2} < d_{1+2} \qquad \text{Annahme, normal weiterprüfen,} \qquad (6.2.2.9)$$
$$x_{1+2} \geq d_{1+2} \qquad \text{Rückweisung, normal weiterprüfen.} \qquad (6.2.2.10)$$

Unabhängig von der Annahme oder Rückweisung des Loses wird also das nächste Los stets einer normalen Annahmeprüfung unterzogen, wenn die Gesamtzahl der in beiden Stichproben einer reduzierten Doppel-Stichprobenanweisung gefundenen fehlerhaften Einheiten größer ist als die Gesamt-Annahmezahl c_{1+2}.

Da bei der Annahmeprüfung mit Hilfe einer Doppel-Stichprobenprüfung mitunter schon nach der ersten gezogenen Stichprobe über Annahme oder Rückweisung entschieden werden kann, wird in der Regel der im Mittel benötigte Stichprobenumfang $\bar{n}$ gegenüber einer Einfach-Stichprobenanweisung mit annähernd gleicher Operationscharakteristik deutlich reduziert. In jedem Fall wird eine erste Stichprobe vom Umfang n gezogen. Weitere n Einheiten des Loses müssen nur dann überprüft werden, wenn die Anzahl x_1 der gefundenen fehlerhaften Einheiten zwischen der Annahme- und der Rückweisezahl liegt:

$$c_1 < x_1 < d_1. \qquad (6.2.2.11)$$

Dieser Fall kann mit einer Wahrscheinlichkeit

$$G(d_1 - 1) - G(c_1) < 1 \qquad (6.2.2.12)$$

auftreten, wobei G entweder für die Verteilungsfunktion der Binomialverteilung (fehlerhafte Einheiten) oder der Poisson-Verteilung (Fehler pro Einheit) stehen kann. Damit berechnet sich also der durchschnittliche Stichprobenumfang zu:

$$\bar{n} = n \left(1 + G(d_1 - 1) - G(c_1) \right). \qquad (6.2.2.13)$$

Die Anzahl n der in jeder Stichprobe zu prüfenden Einheiten bei einer Doppel-Stichprobenanweisung ist deutlich kleiner als der Stichprobenumfang einer äquivalenten Einfach-Prüfanweisung. Dies erklärt den (in Abhängigkeit vom Fehleranteil p) zum Teil erheblich reduzierten Prüfaufwand bei der Verwendung von Doppel-Stichproben in der Annahmeprüfung.

Es stellt sich nun noch die Frage nach der Annahmewahrscheinlichkeit (Operationscharakteristik) für Lose mit variierenden Fehleranteilen p, wenn diese bei der Annahmeprüfung nach einer Doppel-Stichprobenanweisung untersucht werden. Für eine normale oder reduzierte Prüfstufe berechnet sich diese als Summe aus der Wahrscheinlichkeit $G(c_1)$, daß ein Los bereits nach der ersten Stichprobe angenommen wird, und den Wahrscheinlichkeiten, für die verschiedenen möglichen x_1 zwischen c_1 und d_1 eine Gesamtfehlerzahl x_{1+2} kleiner oder gleich c_{1+2} zu finden.

Demnach ergibt sich für die Annahmewahrscheinlichkeit bei einer normalen oder verschärften Doppel-Stichprobenprüfung:

$$P_a = G(c_1) + \sum_{x=c_1+1}^{d_1-1} g(x) \cdot G(c_{1+2} - x) \qquad (6.2.2.14)$$

Für die reduzierte Prüfstufe stellt sich nicht nur die Frage nach Annahme oder Rückweisung eines Loses, sondern auch nach der Art der Folgeprüfung. Entsprechend den drei möglichen Entscheidungen erhält man die Wahrscheinlichkeiten für die Annahme des Loses und reduzierte Folgeprüfung

$$P_{a,red} = G(c_1) + \sum_{x=c_1+1}^{d_1-1} g(x) \cdot G(c_{1+2} - x), \qquad (6.2.2.15)$$

die Annahme des Loses und normale Folgeprüfung

$$P_{a,nor} = \sum_{x=c_1+1}^{d_1-1} g(x) \cdot \left(G(d_{1+2} - x - 1) - G(c_{1+2} - x) \right), \qquad (6.2.2.16)$$

und die Rückweisung des Loses und normale Folgeprüfung

$$R = 1 - G(c_1) - \sum_{x=c_1+1}^{d_1-1} g(x) \cdot G(d_{1+2} - x - 1) = 1 - P_{a,red} - P_{a,nor}. \qquad (6.2.2.17)$$

Mit ähnlichen Überlegungen lassen sich die Durchführung und die Wirkungsweise anderer Mehrfach-Stichprobenanweisungen erklären, mit denen der durchschnittliche Prüfaufwand bei zählender Annahmeprüfung noch weiter reduziert werden kann. Die DIN ISO 2859 Teil 1 enthält noch Siebenfach-Prüfpläne, aber keine äquivalenten Anweisungen für die sequentielle Prüfung. Für diese existiert jedoch seit 1985 ein eigener Normentwurf (ISO 8422).

6.2.3
Festlegung eines geeigneten Prüfplans nach DIN ISO 2859 Teil 1 oder ISO 3951

Wie bereits erwähnt, sind der *AQL*-Wert, das Prüfniveau und der Losumfang die entscheidenden Informationen, die zur Festlegung eines normierten Stichprobenplans sowohl für attributive als auch für messende Annahmeprüfung erforderlich sind. Die Vorgehensweise beim Aufsuchen eines geeigneten Planes in den entsprechenden Prüfplansammlungen ist im wesentlichen identisch und in Abb. 6.7 zusammengefaßt.

Im Gegensatz zur DIN ISO 2859 Teil 1 enthält die ISO 3951 keine Mehrfachanweisungen. Daneben sollte man sich vor der Festlegung eines Prüfplanes für

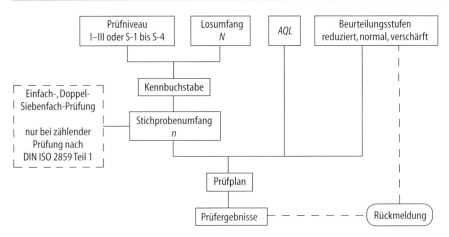

Abb. 6.7. Schematische Vorgehensweise beim Aufsuchen geeigneter Prüfpläne nach
DIN ISO 2859 Teil 1 oder ISO 3951

die messende Prüfung nach ISO 3951 sorgfältig vergewissern, ob die Merkmalswerte auch wirklich in guter Näherung normalverteilt sind. Ist das der Fall, so
ist die messende Prüfung wegen des stark verminderten Prüfumfanges einer
eventuellen attributiven Prüfung vorzuziehen. Die ISO 3951 enthält Anweisungen für die Prüfung von Merkmalswerten mit bekannter und unbekannter Standardabweichung, wobei der letztgenannte Fall in der Praxis die größere Relevanz besitzt.

6.2.4
Auffinden eines Prüfplans bei konkreten Vorgaben

Wenn sich Lieferant und Kunde nicht einfach nur auf einen *AQL*-Wert einigen
wollen, sondern, wie bei der freien Vereinbarung, konkrete Eckdaten

$$p^*_{0,90} \,,\ p^*_{0,10} \text{ oder } AOQL^* \tag{6.2.4.1}$$

der gewünschten Operationscharakteristik vereinbaren, so können sie ebenfalls
normierte Prüfpläne in den Regelwerken finden, die in etwa ihren Vorgaben entsprechen. Die kritischen Werte

$$p_{0,90} \,,\ p_{0,10} \text{ und } AOQL$$

sind für die Einfach-Stichprobenanweisungen der DIN ISO 2859 Teil 1 tabelliert.
Mit Hilfe solcher Tabellen können in den meisten Fällen geeignete

$$p_{0,90} \geq p^*_{0,90} \,,\ p_{0,10} \leq p^*_{0,10} \text{ und/oder } AOQL \leq AOQL^* \tag{6.2.4.2}$$

für eine normierte Einfach-Stichprobenanweisung $(n-c)$ auf normaler Prüfstufe gefunden werden. Dieser Anweisung läßt sich dann umgekehrt zu der im letzten Abschnitt beschriebenen Vorgehensweise ein Kennbuchstabe, ein Prüfniveau und ein *AQL*-Wert zuordnen, die den Prüfplan vollständig charakterisieren.

Im Fall der messenden Prüfung können direkt aus den Vorgaben ein Stichprobenumfang und ein k-Wert bestimmt und mit den normierten Plänen verglichen werden. Besonders auf graphischem Wege (Nomogramm D3, Nomogramm D4) ist es sehr einfach, auf diese Art eine Stichprobenanweisung

$$(n_\sigma - k) \quad \text{oder} \quad (n_s - k)$$

der normalen Prüfstufe zu finden und einem Kennbuchstaben zuzuordnen. Zur genauen Vorgehensweise dabei dienen die Anmerkungen hinter den Nomogrammen im Anhang D.

Etwas komplizierter stellt sich das Auffinden eines geeigneten Prüfplans dar, wenn in der Annahmeprüfung die Zuverlässigkeit von Bauelementen zur Beurteilung ansteht. In diesem Fall benötigt zum Beispiel eine attributive Einfach-Stichprobenanweisung neben dem Stichprobenumfang und der Annahmezahl als weitere Vorgabe eine Angabe über die Dauer der Prüfung. Mit dem Entwurf solcher Prüfanweisungen befassen wir uns im letzten Abschnitt dieses Kapitels.

6.2.5
AQL-Stichprobenprüfung auf Zuverlässigkeit

Eine Zuverlässigkeitsprüfung von Produkten oder Produktkomponenten, die in der Lage sein soll, deren Ausfallverhalten mit zunehmender Beanspruchungsdauer bis in den Bereich der erwarteten mittleren Lebensdauer und darüber hinaus quantitativ zu prognostizieren, kann nur unter bestimmten Voraussetzungen durchgeführt werden:

- Entweder ist die zur Verfügung stehende Prüfzeit mindestens etwa so groß wie die mittlere Lebensdauer, so daß für einen Großteil der zu testenden Einheiten die einzelnen Ausfallzeitpunkte aufgenommen werden können.
- Oder aber, es können verläßliche Annahmen über die Art des Ausfallverhaltens getroffen werden, die zum Beispiel die zeitliche Änderung der Ausfallrate $\lambda(t)$ durch einen vertrauenswürdigen Wert für die Ausfallsteilheit b charakterisieren. Dann lassen sich verschiedene zeitraffende Effekte benutzen, um die reale Prüfzeit zu verringern.

Oft sind diese Rahmenbedingungen bei Prüfungen, die über die Annahme eines Fertigungs- oder Lieferloses entscheiden, nicht oder nur unzureichend gegeben. Bei der Beurteilung der Lose ist mit einer beschränkten Anzahl von Prüfplätzen sowie mit einer vergleichsweise kurzen Testzeit zu disponieren, in deren Verlauf nur ein geringer Prozentsatz der zu prüfenden Einheiten ausfällt. Solche Prüfungen können dann auch attributiv durchgeführt werden. Die Prüfanweisung einer attributiven Stichprobenprüfung auf Zuverlässigkeit

$$n - c - t_{\text{Prüf}}$$

beinhaltet den Stichprobenumfang n, die Annahmezahl c und die Prüfzeit $t_{Prüf}$. Werden

$$x \leq c \tag{6.2.5.1}$$

während der Prüfzeit ausgefallene Einheiten festgestellt, so endet die Prüfung mit der Annahme, andernfalls mit der Rückweisung des Loses. Die Annahmewahrscheinlichkeit stimmt daher exakt überein mit der unteren Summenwahrscheinlichkeit

$$G\big(c;n,p\big) = \sum_{i=0}^{c} \binom{n}{i} p^{i}(1-p)^{n-i}, \tag{6.2.5.2}$$

wenn wir darin den mittleren Fehleranteil

$$p = F(t_{Prüf}) \tag{6.2.5.3}$$

mit der Ausfallwahrscheinlichkeit nach Ablauf der Prüfzeit gleichsetzen.

In der Regel wird jedoch zur Konzeption solcher Stichprobenprüfungen die Operationscharakteristik näherungsweise auf der Grundlage einer Poisson-Verteilung berechnet:

$$P_a = \sum_{i=0}^{c} \frac{\mu^{i}}{i!} e^{-\mu} \qquad \text{mit} \quad \mu = n \cdot F(t_{Prüf}). \tag{6.2.5.4}$$

Diese Näherung stellt den Grenzfall seltener Ereignisse dar, entspricht also gerade der Vorgabe einer geringen Ausfallwahrscheinlichkeit. In diesem Grenzfall läßt sich auch deren Abhängigkeit von der Prüfzeit $t_{prüf}$, der charakteristischen Lebensdauer T und der Ausfallsteilheit b vereinfachen:

$$F(t_{Prüf}) - 1 - e^{-(t_{Prüf}/T)^{b}} \approx (t_{Prüf}/T)^{b}. \tag{6.2.5.5}$$

Anschließend wird insbesondere unter der Voraussetzung, daß die Lebensdauern einer Exponentialverteilung genügen, also von einem spontanen Ausfallmechanismus und damit von einer Ausfallsteilheit $b=1$ und einer konstanten Ausfallrate auszugehen ist, die Bedeutung dieser Vereinfachung klar. Die charakteristische Lebensdauer stimmt dann mit der mittleren Lebensdauer überein. Der einzige verbleibende Parameter der Operationscharakteristik ist

$$\mu = n \cdot F(t_{Prüf}) \approx n \cdot (t_{Prüf}/T)^{b} \approx n \cdot t_{Prüf}/T$$
$$= \frac{\text{Anzahl der Bauelemente-Stunden}}{\text{Mittlere Lebensdauer}} \tag{6.2.5.6}$$

In diesem Fall kann also durch eine Anpassung der Prüfzeit an eine möglicherweise fest vorgegebene Anzahl von Prüfplätzen eine immer noch frei bestimmbare Operationscharakteristik für einen solchen Kurzzeit-Test ausgewählt werden. Die Einheit der mittleren Lebensdauer kann geeignet in Zeiteinheiten, Anzahl der Lastwechsel, Anzahl der Kilometer oder vergleichbarer Grössen gewählt werden.

Wollen nun etwa Lieferant und Abnehmer eines Produktes eine solche Einfach-Stichprobenprüfung auf Zuverlässigkeit, d. h. vom Lieferant gewährleistete charakteristische Lebensdauer des Produkts, entweder als freie oder als *AQL*-Vereinbarung

$$p = AQL = \frac{\mu}{n} = F(t_{Prüf}) = 1 - e^{-(t_{Prüf}/T_{AQL})^b} \qquad (6.2.5.7)$$

festlegen, dann sollten sie folgendes beachten:

- Wird das Produkt während der Prüfung „Zufallsausfälle" ($b = 1$) oder „Verschleißausfälle" ($b > 1$) zeigen? Über die Ausfallsteilheit müssen vor der Vereinbarung Annahmen gemacht werden, die sich auf Erfahrungswerte beider Partner stützen sollten und zu seiner quantitativen Festlegung führen müssen. Handelt es sich um Verschleißausfälle, dann ist eine Sonderprüfung nach DIN 40080 mit geeignetem Prüfniveau in Betracht zu ziehen, da auch die während der Prüfung nicht ausgefallenen Einheiten zumindest teilweise geschädigt wurden.

- Die Prüfzeit kann eindeutig bestimmt werden über

$$t_{Prüf} = T_{AQL} \sqrt[b]{-\ln(1 - AQL)} \quad \text{mit der Gewährleistung} \quad T \geq T_{AQL}, \quad (6.2.5.8)$$

wenn ein geeigneter *AQL*-Wert ausgewählt wurde.

- Diese Gewährleistung stellt eine Minimalforderung an die Produktqualität des Lieferanten dar. Eine größere charakteristische Lebensdauer führt auch zu einer höheren Annahmewahrscheinlichkeit durch die Stichprobenprüfung. Da die DIN ISO 2859 Teil 1 für jede Losgröße nach Vorgabe des Prüfniveaus einen bestimmten Stichprobenumfang vorsieht und die Trennschärfe der einzelnen Anweisungen mit wachsendem *AQL* zunimmt, wird er in Erwartung einer besseren Fertigungsqualität und nur aus diesem Grund auch einen höheren *AQL*-Wert wünschen. Fertigt er dagegen Produkte minderer als der gewährleisteten Qualität, so führt eine höhere Trennschärfe, das heißt im Indifferenzbereich steilere OC, zu einer größeren Rückweisewahrscheinlichkeit für seine Lieferlose.

- Für den Abnehmer führt ein kleiner *AQL* zu kurzen Prüfzeiten und damit auch geringen Wartedauern hinsichtlich seiner eigenen Weiterverarbeitung. Allerdings weiß er, daß die Rückweisewahrscheinlichkeit für Lose mit einer für ihn inakzeptablen charakteristischen Produktlebensdauer mit wachsender Prüfzeit ansteigt.

- Beide Partner könnten also den Stichprobenumfang an den Empfehlungen der DIN ISO 2859 Teil 1 oder an der Anzahl zur Verfügung stehender Prüfplätze ausrichten, um anschließend die Prüfzeit und die Annahmezahl durch Anpassung der OC an die für sie vertretbaren Risiken auf die übliche Art und Weise festzulegen (vgl. dazu den Fall einer freien Vereinbarung bei Poisson-verteilten Zufallsgrößen im Aufgabenteil). Der Norm würden sie dann letztlich den zu vereinbarenden *AQL*-Wert entnehmen.

– Letztlich bleibt noch die Sensibilität dieser Prüfung gegenüber möglicherweise unzutreffenden Annahmen hinsichtlich der Ausfallsteilheit zu betonen. Liegt die Schätzung über dem wahren Wert, so wächst die Annahmewahrscheinlichkeit unter ansonsten gleichen Voraussetzungen beträchtlich an. Der Wert für die Prüfzeit müßte eigentlich höher gewählt werden, zum Beispiel um einen Faktor 10, wenn bei *AQL* 1,0 statt angenommener „Zufallsausfälle" ($b = 1$) in Wirklichkeit $b = 2$ vorliegt. Die Schlußfolgerung lautet, diese Schätzung so genau als möglich durchzuführen.

7 Statistische Prozeßsteuerung (SPC)

Sämtliche Fertigungsprozesse sind im allgemeinen einer Vielzahl von unterschiedlichen Einflüssen ausgesetzt. Dabei ist die Unterscheidung zwischen zufallsbedingten Schwankungen einerseits und steuerbaren Einflußgrößen, die der Prozeßregelung dienen können, andererseits in der statistischen Prozeßsteuerung grundsätzlich von praxisrelevanter Bedeutung. SPC beinhaltet die Prozeßregelung bei laufender Fertigung sowie die kontinuierlichen Erfassung und Dokumentation relevanter Prozeßdaten und liefert so wesentliche Informationen zur Beherrschung und ständigen Verbesserung der betrieblichen Produktionsabläufe.

Nach Abschluß der Vorlaufuntersuchungen und mit Sicherstellung der Qualitätsfähigkeit eines Fertigungsprozesses akzeptiert der Fachmann ein tolerierbares Restmaß an zufälligen Schwankungen der aktuellen Prozeßlage. Dagegen will er signifikante systematische Veränderungen der Prozeßparameter etwa durch Werkzeugverschleiß, Dejustierung, unzulässiges Spiel oder auch menschliche Einflußfaktoren frühzeitig erkennen.

Das wesentliche Hilfsmittel der statistischen Prozeßsteuerung sind prozeßbegleitend zu führende Qualitätsregelkarten (QRK). Sämtliche Erzeugnisse werden möglichst nach jedem Fertigungsschritt im Rahmen von regelmäßigen Stichprobenprüfungen hinsichtlich ihrer relevanten Qualitätsmerkmale untersucht. Die Qualitätsregelkarten dienen der quantitativen Erfassung und Visualisierung der so gewonnenen Prozeßdaten.

Das mit jeder Stichprobenprüfung verbundene Risiko der statistischen Unsicherheit, einerseits nur signifikante Prozeßveränderungen mit hoher Wahrscheinlichkeit entdecken zu können, andererseits auch bei optimaler Prozeßlage durch seltene Überschreitungen von Regelgrenzen getäuscht zu werden, muß für jede Qualitätsregelkarte abgewogen werden gegen den Umfang und die Kosten der notwendigen Qualitätsprüfungen. Der mit den Methoden der angewandten Statistik vertraute Prüfplaner entscheidet unter diesen Gesichtspunkten über die genaue Spezifikation, insbesondere über den Stichprobenumfang der Prüfungen.

Qualitätsregelkarten werden sowohl in der zählenden, als auch in der messenden Prüfung geführt. Eine zählende Prüfung ermittelt diskrete Kennwerte, wie die Anzahl von Fehlern bzw. die Anzahl fehlerhafter Einheiten in der Stichprobe. Die entsprechende Qualitätsregelkarte reagiert auf signifikante Veränderungen des mittleren Fehlers μ_E pro Einheit bzw. des mittleren Fehleranteils p gegenüber einer festgelegten Prozeßlage bei beherrschter Fertigung. Eine solche Regelkarte wird als Shewhart-Regelkarte für die zählende Prüfung bezeichnet.

Die erste Qualitätsregelkarte wurde im Jahr 1924 im Engeneering Department der Western Electric (ab 1925 Bell Telephone Laboratories) von dem Ingenieur Walter Andrew Shewhart (1891–1967) als control chart for fraction of nonconforming units entwickelt und eingeführt.

Shewhart-Regelkarten werden auch in der messenden Prüfung eingesetzt. Sie dienen dort ebenso wie in der zählenden Prüfung der Überwachung, ob ein Fertigungsprozeß statistisch beherrscht ist. Dabei werden insbesondere für normalverteilte Merkmalswerte sowohl der aktuelle Prozeßmittelwert, als auch die Prozeßstreuung auf signifikante Änderungen hin beobachtet. Solche Shewart-Regelkarten ohne Grenzwertvorgaben werden einspurig als Urwert-Karte für die einzelnen Meßwerte x_i sowie zweispurig als $\bar{x}/s$ - oder $\tilde{x}/R$ -Karte und weniger verbreitet auch als $\bar{x}/R$ - oder $\tilde{x}/s$ -Karte geführt.

In der messenden Prüfung werden daneben häufig sogenannte Annahme-Regelkarten verwendet, die mitunter auch als Shewhart-Regelkarten mit Grenzwertvorgaben bezeichnet werden. Sie reagieren im Gegensatz zu den Karten ohne Grenzwertvorgaben signifikant auf nicht akzeptable Überschreitungen vorgegebener Toleranzgrenzen und somit insbesondere für Prozesse ausgezeichneter Qualitätsfähigkeit nur auf diesbezüglich relevante Veränderungen des aktuellen Prozeßmittelwertes. In der Regel wird die Prozeß-Streuung parallel auf einer zweiten Spur mit einer Shewhart-Regelkarte überwacht.

Die verschiedenen Ausführungen dieser beiden gebräuchlichsten Arten von Qualitätsregelkarten, wie wir sie in diesem Kapitel vorstellen werden, sind in Abb. 7.1 zusammengefaßt.

7.1
Vorlaufuntersuchungen

Vor der Aufnahme einer Serienfertigung sind in der Regel mehr oder weniger umfangreiche Vorlaufuntersuchungen notwendig. Sie sollen sicherstellen, daß die gewünschte Fertigungsqualität durch die eingesetzten Materialien, Maschinen und Werkzeuge gewährleistet werden kann. Insbesondere müssen die relevanten Prozeßparameter mit akzeptablem Aufwand und Risiko überwacht und gesteuert werden können.

Die Methoden und detaillierten Testverfahren, mit denen Vorlaufergebnisse ausgewertet und beurteilt werden können, sind Bestandteil des Kapitels 5 (Statistische Testverfahren zur Auswertung von Produktions- und Versuchsdaten). Dazu zählen unter anderem

- der Bartlett-Test zur Beurteilung eventueller Veränderungen der Prozeßstreuung,
- die Varianzanalyse zur Überprüfung der Stabilität des Prozeßmittelwertes,
- der Chi-Quadrat-Test auf Normalverteilung der untersuchten Merkmalswerte.

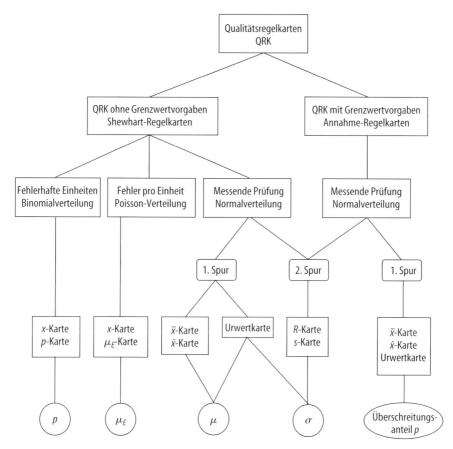

Abb. 7.1. Verschiedene Kombinationen von Shewhart- und Annahme-Regelkarten als Übersicht

Neben dem Einfluß der wesentlichen Steuergrößen liefern die so gewonnenen Resultate sämtliche Informationen für den Entwurf geeigneter Qualitätsregelkarten.

7.2
Entwurf von Shewhart-Regelkarten ohne Grenzwertvorgaben

Die grundsätzliche Vorgehensweise bei der Erstellung von Qualitätsregelkarten ohne Grenzwertvorgaben, die wir im folgenden als Shewhart-Regelkarten bezeichnen wollen, ist unabhängig von der konkreten statistischen Verteilung des zu überwachenden Qualitätsmerkmals, gleichgültig, ob es sich um eine zählende oder eine messende Prüfung handelt. Diese Regelkarten enthalten geeignete Grenzlinien, deren Überschreitung vor möglichen Änderungen der aktuellen Prozeßparameter warnen bzw. zum sofortigen Eingriff veranlassen soll.

Diese sogenannten Warn- und Eingriffsgrenzen fallen für variable Merkmalswerte exakt mit den Grenzen adäquater Zufallsstreubereiche zusammen. Üblicherweise wählt man den zweiseitigen 95%-Zufallsstreubereich zur Bestimmung der Warngrenzen und den zweiseitigen 99%-Zufallsstreubereich zur Festlegung der Eingriffsgrenzen. Selbstverständlich sind diese Konventionen nicht
bindend, der konkrete Fertigungsprozeß kann im Einzelfall durchaus davon abweichende Entscheidungsgrenzen erfordern (Rinne und Mittag, 1989). Wir beschränken uns im weiteren ausschließlich auf den soeben beschriebenen Regel-
fall.

Für attributive Merkmalswerte liegen die Warn- und Eingriffsgrenzen in einer Entfernung von 0,5 fehlerhaften Einheiten bzw. 0,5 Fehlern pro Stichprobe
außerhalb der jeweiligen Zufallsstreubereiche. Durch diese geringfügige Modi-
fikation können eventuelle Zweideutigkeiten bei der Beurteilung von Eintragungen in die entsprechende Regelkarte vermieden werden.

7.2.1
Shewhart-Regelkarte für den Anteil fehlerhafter Einheiten

Bei ungestörter Fertigung tritt ein mittlerer Anteil fehlerhafter Einheiten auf,
den wir mit p bezeichnen. Der Fertigungsprozeß wird durch regelmäßige Stichproben des Umfangs n überwacht.

Mit den Grenzen des 95% - bzw. 99% - Zufallsstreubereiches,

$$x_{ob/un;0,95} \quad \text{und} \quad x_{ob/un;0,99} \, ,$$

werden folgende Linien in die Shewhart-Karte eingetragen:

Obere Eingriffsgrenze:	OEG	$= x_{ob;0,99} +0,5$
Obere Warngrenze:	OWG	$= x_{ob;0,95} +0,5$
Mittelwert:	M	$= n \cdot p$
Untere Warngrenze:	UWG	$= x_{un;0,95} -0,5$
Untere Eingriffsgrenze:	UEG	$= x_{un;0,99} -0,5$

$$(7.2.1.1)$$

Es kommt mitunter vor, daß sich aus diesen Berechnungsformeln für eine oder
beide unteren Grenzen der Wert $-0,5$ ergibt. In diesem Fall entfällt sowohl die
Angabe dieser Grenze(n), als auch die Eintragung der entsprechenden Grenzli-
nie(n) in der Regelkarte.

In der Praxis wird diese Karte in leicht veränderter Form auch als Regelkarte
für den empirischen Fehleranteil x / n in der Stichprobe geführt. Dazu ist nur
die Division durch den Stichprobenumfang n in der Karte konsistent zu berücksichtigen.

7.2.2
Shewhart-Regelkarte für die Anzahl von Fehlern pro Einheit

Shewhart-Karten für die in einer Stichprobe zu erwartende Anzahl von Fehlern (Poisson-verteilt), werden völlig analog aufgestellt:

Obere Eingriffsgrenze:	OEG	$= x_{ob;0,99} +0,5$	———————
Obere Warngrenze:	OWG	$= x_{ob;0,95} +0,5$	— — — — — —
Mittelwert:	M	$\mu = n \cdot \mu_E$	— · — · — · — · —
Untere Warngrenze:	UWG	$= x_{un;0,95} -0,5$	— — — — — —
Untere Eingriffsgrenze:	UEG	$= x_{un;0,99} -0,5$	———————

$$(7.2.2.1)$$

Darin ist im Fall einer beherrschten Fertigung von einer durchschnittlichen Anzahl μ_E von Fehlern pro Einheit auszugehen, was einem Mittelwert μ von Fehlern pro Stichprobe des Umfangs n entspricht. Auch diese Regelkarte kann zur Eintragung der empirischen Anzahl x/n von Fehlern pro Einheit abgewandelt werden.

7.2.3
Urwertkarte für normalverteilte Merkmale

In eine Urwert-Qualitätsregelkarte (x-Karte) für kontinuierliche Meßwerte sind sämtliche Einzelwerte einer Stichprobe einzutragen. Falls auch nur ein einziger Meßwert außerhalb der Warn- oder Eingriffsgrenzen liegt, ist entsprechend angemessen zu reagieren. Wir stellen im folgenden eine adäquate Shewhart-Regelkarte für normalverteilte Merkmalswerte auf. Sollten berechtigte Gründe dafür vorliegen, daß der Fertigungsprozeß durch eine andere stetige Verteilungsform modelliert werden muß, kann es zum Zweck einer optimalen Prozeßsteuerung notwendig sein, unser Verfahren geeignet zu übertragen.

Wir gehen davon aus, daß nach der Auswertung von Vorlaufergebnissen oder einer Analyse von bereits zur Verfügung stehenden Produktionsdaten der Mittelwert μ und die Standardabweichung σ des zu überwachenden Fertigungsprozesses bekannt sind. Damit ist die Problemstellung, geeignete Warn- und Eingriffsgrenzen und somit zwei Bereiche zu finden, in denen sämtliche Meßwerte einer Stichprobe vom Umfang n mit einer Wahrscheinlichkeit von 95% bzw. 99% zu erwarten sind, vollständig beschrieben.

Die Grenzen des zweiseitigen Zufallsstreubereiches eines einzigen Meßwertes zum Vertrauensniveau $1-\alpha$ lauten

$$x_{ob/un} = \mu \pm u_{1-\frac{\alpha}{2}} \cdot \sigma \qquad (7.2.3.1)$$

mit den Quantilen u der Standard-Normalverteilung. Die Wahrscheinlichkeit P, daß sämtliche n Urwerte der Stichprobe in diesem Intervall liegen, beträgt

$$P = (1-\alpha)^n . \qquad (7.2.3.2)$$

Diese Wahrscheinlichkeit soll 95% bzw. 99% betragen. In der Formel für $x_{ob/un}$ ist daher

$$1 - \frac{\alpha}{2} = \frac{1 + (1 - \alpha)}{2} = \frac{1 + \sqrt[n]{P}}{2} \tag{7.2.3.3}$$

einzusetzen, um daraus die gesuchten Grenzlinien der Urwertkarte zu bestimmen als:

Obere Eingriffsgrenze: $OEG = \mu + u_{\frac{1 + \sqrt[n]{0,99}}{2}} \cdot \sigma$ ——————————

Obere Warngrenze: $OWG = \mu + u_{\frac{1 + \sqrt[n]{0,95}}{2}} \cdot \sigma$ — — — — — —

Mittelwert: $M = \mu$ —·—·—·—·—··

Untere Warngrenze: $UWG = \mu - u_{\frac{1 + \sqrt[n]{0,95}}{2}} \cdot \sigma$ — — — — — —

Untere Eingriffsgrenze: $UEG = \mu - u_{\frac{1 + \sqrt[n]{0,99}}{2}} \cdot \sigma$ ——————————

$$\tag{7.2.3.4}$$

Die Urwertkarte reagiert sowohl auf eine eventuelle Veränderung des Prozeßmittelwertes als auch auf eine mögliche aktuelle Vergrößerung der Prozeßstreuung. Daher kann bei einer Überschreitung ihrer Warn- oder Eingriffsgrenzen nicht unmittelbar und ohne weitere Informationen auf den Prozeßparameter geschlossen werden, der sich gegebenenfalls geändert haben könnte. Diese Schwierigkeit entfällt, falls die Prozeßbeobachtung mit Hilfe einer zweispurigen Qualitätsregelkarte erfolgt, in deren erste Spur der Mittelwert $\bar{x}$ oder der Median $\tilde{x}$ einer Stichprobe und in deren zweite Spur gleichzeitig die Standardabweichung s oder die Spannweite R einzutragen sind.

7.2.4
Mittelwertkarte für normalverteilte Merkmale

Die $\bar{x}$- oder Mittelwertkarte ist die am besten geeignete und am häufigsten verwendete Regelkarte zur Überwachung von Sollwerten meßbarer Qualitätsmerkmale. Verglichen mit Urwert- und Mediankarte reagiert sie bei gleichem Stichprobenumfang n am schärfsten auf Veränderungen des Prozeßmittelwertes.

Der empirische Mittelwert $\bar{x}$ einer Stichprobe (μ, σ^2)-normalverteilter Merkmalswerte genügt ebenfalls einer Normalverteilung um den Mittelwert μ mit der Standardabweichung

$$\sigma_{\bar{x}} = \frac{\sigma}{\sqrt{n}} \cdot \tag{7.2.4.1}$$

Für nicht zu kleine Stichprobenumfänge n (in der Praxis oft schon ab $n=5$) sind die Stichprobenmittelwerte auch für den Fall, daß in den Einzelwerten Abweichungen von der Normalverteilung vorliegen, in guter Näherung derart normalverteilt. Dies ist ein weiterer Grund für den häufigen Einsatz dieser Karte.

Die Zufallsstreubereiche der Mittelwertverteilung definieren die Warn- und Eingriffsgrenzen der $\bar{x}$-Karte:

Obere Eingriffsgrenze: $OEG = \mu + u_{0,995}\dfrac{\sigma}{\sqrt{n}}$ ————————————

Obere Warngrenze: $OWG = \mu + u_{0,975}\dfrac{\sigma}{\sqrt{n}}$ — — — — — —

Mittelwert: $M = \mu$ —·—·—·—·—

Untere Warngrenze: $UWG = \mu + u_{0,975}\dfrac{\sigma}{\sqrt{n}}$ — — — — — —

Untere Eingriffsgrenze: $UEG = \mu + u_{0,975}\dfrac{\sigma}{\sqrt{n}}$ ————————————

$$(7.2.4.2)$$

Wiederum bezeichnen $u_{0,995} \approx 2{,}5758$ und $u_{0,975} \approx 1{,}9600$ die entsprechenden Quantile der Standard-Normalverteilung.

7.2.5
Mediankarte für normalverteilte Merkmale

Schon bei kleinen Stichprobenumfängen ist der Median oder Zentralwert

$$\tilde{x} = \begin{cases} x_{\left(\frac{n+1}{2}\right)} & \text{für ungerade } n \\[2ex] \dfrac{1}{2}\left(x_{\left(\frac{n}{2}\right)} + x_{\left(\frac{n}{2}+1\right)}\right) & \text{für gerade } n \end{cases} \qquad (7.2.5.1)$$

einer geordneten Meßreihe $x_{(1)} \le x_{(2)} \le \cdots \le x_{(n)}$ normalverteilter Merkmalswerte näherungsweise normalverteilt um μ mit der Standardabweichung $\sigma_{\tilde{x}} = c_n\,\sigma_{\bar{x}}$. Da die Koeffizienten c_n für $n>2$ größer als eins sind (s. Tabelle B12), sind die Zufallsstreubereiche der Median-Verteilung gerade um den Faktor c_n gegenüber den entsprechenden Zufallsstreubereichen für die Mittelwerte verbreitert. Daraus erklärt sich die geringere Schärfe der Median-Karte, deren Grenzlinien berechnet werden durch:

Obere Eingriffsgrenze: $OEG = \mu + u_{0,995}\,c_n\dfrac{\sigma}{\sqrt{n}}$ ————————————

Obere Warngrenze: $OWG = \mu + u_{0,975}\,c_n\dfrac{\sigma}{\sqrt{n}}$ — — — — — —

Mittelwert: $\qquad M = \mu$

Untere Warngrenze: $\quad UWG = \mu - u_{0,975} c_n \dfrac{\sigma}{\sqrt{n}}$

Untere Eingriffsgrenze: $UEG = \mu - u_{0,995} c_n \dfrac{\sigma}{\sqrt{n}}$

$$(7.2.5.2)$$

Die $\tilde{x}$-Karte kann für ungerade Stichprobenumfänge ohne Rechenaufwand geführt werden. Wenn die Prozeßdaten vor Ort ohne Rechnerunterstützung ausgewertet werden, kann dieser Vorteil die geringere Schärfe gegenüber der Mittelwert-Karte zumindest teilweise ausgleichen,

7.2.6
Shewhart-Regelkarte für die Standardabweichung normalverteilter Merkmale

Zusätzlich zum aktuellen Prozeßmittelwert können eventuelle Veränderungen der Prozeßstreuung durch Eintragung der Stichproben-Standardabweichung s in eine weitere parallel geführte Qualitätsregelkarte aufgezeigt werden. Auch die s-Karte wird zweiseitig geführt, in der Regel als zweite Spur einer $\bar{x}/s$-Karte. Damit kann auch eine signifikante Reduzierung der Streuung des Prozesses mit hoher Wahrscheinlichkeit sichtbar gemacht werden, eine wichtige Information hinsichtlich möglicher Verbesserungspotentiale.

Für normalverteilte Merkmalswerte genügen die empirischen Varianzen s^2 von Stichproben des Umfangs n nach der Substitution

$$\chi_{n-1}^2 = \frac{(n-1)s^2}{\sigma^2} \tag{7.2.6.1}$$

einer Chi-Quadrat-Verteilung mit $f = n-1$ Freiheitsgraden. Zur Bestimmung der Warn- und Eingriffsgrenzen benötigen wir also die Quantile

$$\chi_{n-1;0,995}^2, \ \chi_{n-1;0,975}^2, \ \chi_{n-1;0,025}^2 \ \text{und} \ \chi_{n-1;0,005}^2 \tag{7.2.6.2}$$

der Chi-Quadrat-Verteilung in Abhängikeit vom Stichprobenumfang n.

Bei Vorliegen einer stabilen Normalverteilung wird die empirische Standardabweichung s im Mittel um einen Faktor $a_n < 1$ kleiner als die Standardabweichung s der Grundgesamtheit ausfallen. Die Koeffizienten a_n können am schnellsten unter Verwendung der Rekursionsformel

$$a_{n+1} = \sqrt{\frac{n-1}{n} \frac{1}{a_n}} \ \text{für} \ n>1 \ \text{mit} \ a_2 = \sqrt{\frac{2}{\pi}} \tag{7.2.6.3}$$

tabelliert werden. Somit verfügen wir über alle notwendigen Informationen, um die s-Karte zu erstellen:

$$\text{Obere Eingriffsgrenze: } OEG = \sqrt{\frac{\chi^2_{n-1;0,995}}{n-1}}\ \sigma$$

$$\text{Obere Warngrenze: } \quad OWG = \sqrt{\frac{\chi^2_{n-1;0,975}}{n-1}}\ \sigma$$

$$\text{Mittelwert: } \qquad\quad M \ = a_n\,\sigma$$

$$\text{Untere Warngrenze: } \quad UWG = \sqrt{\frac{\chi^2_{n-1;0,025}}{n-1}}\ \sigma$$

$$\text{Untere Eingriffsgrenze: } UEG = \sqrt{\frac{\chi^2_{n-1;0,005}}{n-1}}\ \sigma$$

$$(7.2.6.4)$$

Mit wachsendem Stichprobenumfang n zeigt sich die Überlegenheit der s-Karte gegenüber der im folgenden Abschnitt beschriebenen Spannweiten- oder R-Karte. Für kleine Stichprobenumfänge (etwa $n \le 10$) hingegen sind die Unterschiede in der Trennschärfe der beiden Karten unerheblich.

7.2.7
Rangekarte für normalverteilte Merkmale

Mit geringem Rechenaufwand läßt sich die Spannweite (Range), also der Abstand zwischen kleinstem und größtem Meßwert einer Stichprobe, als Maß für die aktuelle Prozeßstreuung bestimmen. Dieser Kennwert R wird daher besonders für einen kleinen Stichprobenumfang n neben dem Median $\tilde{x}$, aber auch gelegentlich neben dem Mittelwert $\bar{x}$, ermittelt und anstelle der Standardabweichung s in eine zweispurige Qualitätsregelkarte mit aufgenommen.

Die Spannweiten von Stichproben normalverteilter Merkmalswerte sind nach der einfachen Substitution

$$w = \frac{R}{\sigma} \qquad\qquad (7.2.7.1)$$

w-verteilt. An dieser Stelle erinnern wir daran, daß bei eventuellen Abweichungen von der zugrundegelegten Normalverteilung die Zufallsstreubereiche dieses Quotienten nicht mehr durch die tabellierten Werte für die Quantile $w_{n;G}$ begrenzt werden. Der Einfluß der Einzelwert-Verteilung gewinnt mit wachsendem Stichprobenumfang an Bedeutung, weshalb – wie im übrigen bei jeglicher Form von statistischer Prozeßsteuerung – einer gewissenhafte Planung und Auswertung der Vorlaufuntersuchungen größte Bedeutung beizumessen ist.

Aus den Zufallsstreubereichen der w-Verteilung ergeben sich die Warn- und Eingriffsgrenzen der R-Karte:

Obere Eingriffsgrenze: $OEG = w_{n;0,995}\,\sigma$

Obere Warngrenze: $OWG = w_{n;0,975}\,\sigma$

Mittelwert: $M = d_n\,\sigma$

Untere Warngrenze: $UWG = w_{n;0,025}\,\sigma$

Untere Eingriffsgrenze: $UEG = w_{n;0,005}\,\sigma$

$$(7.2.7.2)$$

Die Faktoren d_n bestimmen das Verhältnis der mittleren Stichprobenspann-weite zur Standardabweichung σ der normalverteilten Grundgesamtheit. Diese Koeffizienten können numerisch berechnet werden und liegen in Tabelle B13 vor.

7.2.8
Zusammenfassung, Tabellierung und Operationscharakteristiken

Um den Gebrauch der in den vorigen Abschnitten für normalverteilte Merk-malswerte erstellten Berechnungsformeln zu erleichtern, haben wir die darin auftretenden Faktoren in der Tabelle 7.1 zusammengefaßt. Die Zahlenwerte der jeweiligen Koeffizienten können den angegebenen Tabellen entnommen wer-den.

Die Operationscharakteristiken der in Tabelle 7.1 dargestellten Qualitätsre-gelkarten, d.h. die Eingriffswahrscheinlichkeiten in Abhängigkeit von den je-weils relevanten Veränderungen der Prozeßparameter haben wir für ausgewähl-te Stichprobenumfänge in den Abbildungen 7.2 bis 7.7 graphisch dargestellt. Darüber hinaus sind die allgemeinen Berechnungsformeln in Tabelle 7.2 ange-geben.

Tabelle 7.1 Shewhart-Regelkarten für normalverteilte Merkmalswerte

	x	$\bar{x}$	$\tilde{x}$	s	R
OEG	$\mu + E_E\,\sigma$	$\mu + A_E\,\sigma$	$+C_E\,\sigma$	$B_{OEG}\,\sigma$	$D_{OEG}\,\sigma$
OWG	$\mu + E_W\,\sigma$	$\mu + A_W\,\sigma$	$\mu + C_W\,\sigma$	$B_{OWG}\,\sigma$	$D_{OWG}\,\sigma$
M	μ	μ	μ	$a_n\,\sigma$	$d_n\,\sigma$
UWG	$\mu - E_W\,\sigma$	$\mu - A_W\,\sigma$	$\mu - C_W\,\sigma$	$B_{UWG}\,\sigma$	$D_{UWG}\,\sigma$
UEG	$\mu - E_E\,\sigma$	$\mu - A_E\,\sigma$	$\mu - C_E\,\sigma$	$B_{UEG}\,\sigma$	$D_{UEG}\,\sigma$
Tabelle	B12	B12	B12	B13	B13

Tabelle 7.2 Berechnungsformeln für die Nichteingriffswahrscheinlichkeiten P_a der verschiedenen Shewhart-Regelkarten

---

Veränderung des Mittelwertes $\mu \rightarrow \mu + \Delta\mu$

x-Karte

$$P_a = \left(G\left(u_{\frac{1+\sqrt[n]{0,99}}{2}} - \frac{\Delta\mu}{\sigma} \right) - G\left(-u_{\frac{1+\sqrt[n]{0,99}}{2}} - \frac{\Delta\mu}{\sigma} \right) \right)^n$$

$\bar{x}$-Karte

$$P_a = G\left(2,5758 - \sqrt{n}\,\frac{\Delta\mu}{\sigma} \right) - G\left(-2,5758 - \sqrt{n}\,\frac{\Delta\mu}{\sigma} \right)$$

$\bar{x}$-Karte

$$P_a = G\left(2,5758 - \frac{\sqrt{n}\,\Delta\mu}{c_n\,\sigma} \right) - G\left(-2,5758 - \frac{\sqrt{n}\,\Delta\mu}{c_n\,\sigma} \right)$$

Veränderung der Streuung $\sigma \rightarrow \sigma^*$

x-Karte

$$P_a = \left(G\left(u_{\frac{1+\sqrt[n]{0,99}}{2}} \cdot \frac{\sigma}{\sigma^*} \right) - G\left(-u_{\frac{1+\sqrt[n]{0,99}}{2}} \cdot \frac{\sigma}{\sigma^*} \right) \right)^n$$

s-Karte

$$P_a = G\left(\chi^2_{n-1;0,995} \cdot \left(\frac{\sigma}{\sigma^*}\right)^2 \right) - G\left(\chi^2_{n-1;0,005} \cdot \left(\frac{\sigma}{\sigma^*}\right)^2 \right)$$

R-Karte

$$P_a = G\left(w_{n;0,995} \cdot \frac{\sigma}{\sigma^*} \right) - G\left(w_{n;0,005} \cdot \frac{\sigma}{\sigma^*} \right)$$

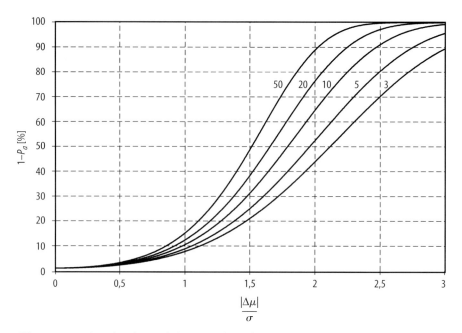

Abb. 7.2. Operationscharakteristik der Urwertkarte für eine Veränderung des Mittelwertes
$\mu \rightarrow \mu + \Delta\mu$

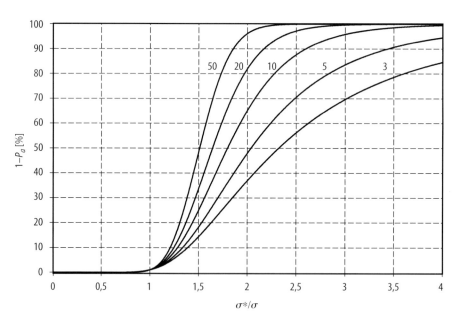

Abb. 7.3. Operationscharakteristik der Urwertkarte für eine Veränderung der Steuerung
$\sigma \rightarrow \sigma^*$

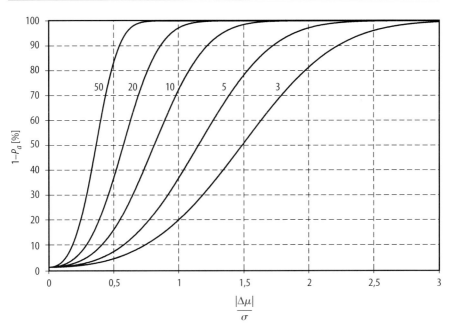

Abb. 7.4. Operationscharakteristik der Mittelwert-Karte für eine Veränderung des Mittelwertes $\mu \to \mu + \Delta\mu$

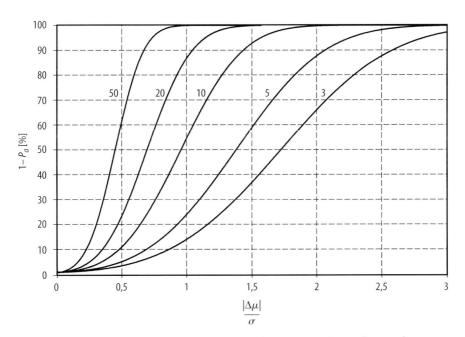

Abb. 7.5. Operationscharakteristik der Median-Karte für eine Veränderung des Mittelwertes $\mu \to \mu + \Delta\mu$

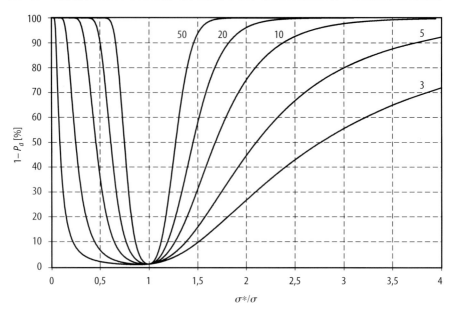

Abb. 7.6. Operationscharakteristik der *s*-Karte für eine Veränderung der Standardabweichung $\sigma \to \sigma*$

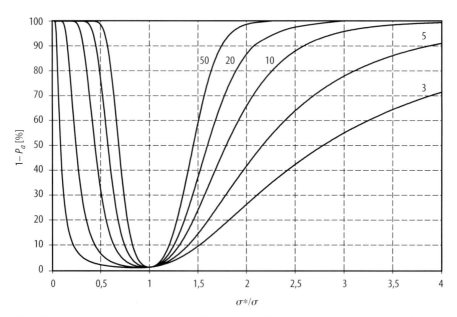

Abb. 7.7. Operationscharakteristik der *R*-Karte für eine Veränderung der Standardabweichung $\sigma \to \sigma*$

7.3
Entwurf von Shewhart-Regelkarten mit Grenzwertvorgaben

In der Regel sind für quantitative Merkmalswerte Toleranzen vorgegeben, sei es auf der Grundlage nationaler oder internationaler Normen, durch individuelle vertragliche Vereinbarungen zwischen Lieferant und Abnehmer oder infolge materialspezifischer Anforderungen. Bei den bisher beschriebenen Regelkarten sind Grenzwertvorgaben nicht explizit berücksichtigt worden. Implizit sind sie natürlich in der Vorgabe des Sollwertes enthalten, der entweder mit der Toleranzmitte zusammenfällt oder, abhängig von den unterschiedlichen Fehlerkosten durch Nacharbeit oder Ausschuß, kostenoptimal festgelegt wird.

Es entspricht sicher nicht einer idealen Form von Qualitätssicherung in der Fertigung, stellt aber die Lösung häufig in der Praxis anzutreffender Probleme dar, sich bei der Konzeption von Regelkarten im wesentlichen an der Strategie der Stichprobenprüfung zu orientieren. Die entscheidenden Eckdaten dieser Art der Prüfung sind die zu akzeptierende und die zurückzuweisende Qualitätsgrenzlage, entsprechend den jeweils an den Toleranzgrenzen auftretenden Überschreitungsanteilen. Wir nennen solchermaßen konzipierte Qualitätsregelkarten, wie wir sie im folgenden beschreiben werden, konsistenterweise Annahme-Regelkarten.

Die drei entscheidenden Begriffe, auf die wir in diesem Zusammenhang eingehen werden, sind einerseits der Spielraum, den ein Fertigungsprozeß benötigt, und andererseits die Qualitätsfähigkeit und die Beherrschung des Prozesses. Qualitätsfähig ist ein Fertigungsprozeß, wenn die Toleranzbreite im Vergleich zur aktuellen Prozeßstreuung hinreichend groß ist. Ein qualitätsfähiger Prozeß erlaubt dem Prozeßmittelwert, sich innerhalb eines endlichen Spielraumes zu bewegen und gilt darüber hinaus als beherrscht, wenn er diesen Spielraum nicht verläßt. Wir werden diese Begriffe später quantifizieren.

Eine Fertigung kann aus den unterschiedlichsten Gründen einen endlichen Spielraum benötigen. So kann die aktuelle Prozeßlage eine stetige Veränderung aufgrund von Werkzeugabnutzung aufweisen. Es können Meßunsicherheiten der unterschiedlichsten Art von der Größenordnung der Prozeßstreuung bestehen. In solchen Fällen macht es Sinn, sich bei der Festlegung von Eingriffsgrenzen an einem Mindestspielraum bzw. an kritischen Qualitätsgrenzlagen zu orientieren.

Annahme-Qualitätsregelkarten enthalten prinzipiell nur Eingriffs- und keinerlei Warngrenzen. Darüber hinaus sollte die Angabe der Toleranzgrenzen in der Regelkarte allein schon aus verständlichen psychologischen Gründen entfallen, um Fehlentscheidungen bei der Auswertung vor Ort zu vermeiden. Wir wollen im folgenden bei der Erstellung von Annahme-Regelkarten davon ausgehen, daß es nicht an beiden Toleranzgrenzen zu nennenswerten Überschreitungsanteilen kommen kann, daß also die Qualitätsfähigkeit unserer Prozesse gewährleistet ist.

Wir werden die drei Annahme-Regelkarten für Mittelwert, Median und Urwerte für normalverteilte Merkmalswerte entwerfen. Annahme-Regelkarten sind für eine vorgegebene Toleranz durch den Stichprobenumfang und den Abstand der Eingriffsgrenzen (*OEG* und *UEG*) von den Toleranzgrenzen (*OGW* und *UGW*) vollständig festgelegt:

$$OGW - OEG = k \cdot \sigma = UEG - UGW .\qquad(7.3.1)$$

Zur Bestimmung des Stichprobenumfangs *n* und der Annahmefaktoren (in den Wilrich-Nomogrammen – Nomogramme D5 bis D7 – als Abgrenzungsfaktoren bezeichnet)

$$k = \begin{cases} k_A & \text{für} & \text{Mittelwert-Karten,} \\ k_C & \text{für} & \text{Median-Karten,} \\ k_E & \text{für} & \text{Urwert-Karten,} \end{cases}\qquad(7.3.2)$$

werden genau zwei Informationen benötigt. Diese können in folgenden Vorgaben (typische Werte sind $\alpha = \beta = 10\%$) enthalten sein:
- Nichteingriffswahrscheinlichkeit $1-\alpha$ für einen tolerierbaren Überschreitungsanteil $p_{1-\alpha}$,
- Eingriffswahrscheinlichkeit $1-\beta$ für einen inakzeptablen Überschreitungsanteil p_{β},
- eventuell bereits vorgegebener Stichprobenumfang *n*,
- Mindestwert für den Spielraum *S* der Regelkarte.

Der Spielraum ist der um den Platzbedarf der zugehörigen Shewhart-Karte ohne Grenzwertvorgaben verminderte Abstand zwischen oberer und unterer Eingriffsgrenze der entsprechenden Annahme-Regelkarte und ergibt sich daher zu:

$$S = \begin{cases} T - 2\sigma(k_A + A_E) & \text{für} & \text{Mittelwert-Karten,} \\ T - 2\sigma(k_C + C_E) & \text{für} & \text{Median-Karten,} \\ T - 2\sigma(k_E + E_E) & \text{für} & \text{Urwert-Karten.} \end{cases}\qquad(7.3.3)$$

Damit ist die jeweilige Beziehung zwischen Annahmefaktor *k* und Spielraum *S* hergestellt. Es bleibt noch die Frage zu beantworten, wie die Überschreitungsanteile $p_{1-\alpha}$ und p_{β} sowie die mit ihnen verknüpften Risiken α und β die Erstellung der einzelnen Regelkarten beeinflussen. Für die Mittelwerte ist diese Frage im Kapitel 6 (Annahmeprüfung) bereits vollständig beantwortet worden (siehe dort bei $(\bar{x}, \sigma)$-Stichprobenanweisung). Insofern stellt der folgende Abschnitt eigentlich eine Wiederholung dar.

7.3.1
Annahme-Regelkarte für den Mittelwert

Die Reaktion einer Annahme-Regelkarte für den Mittelwert auf Überschreitungsanteile $p_{1-\alpha}$ und p_β an der oberen Toleranzgrenze ist in Abb. 7.8 graphisch dargestellt. Die Annahmewahrscheinlichkeit beträgt darin

$$P_a(p) = \begin{cases} 1-\alpha & \text{für} \quad p = p_{1-\alpha}, \\ \beta & \text{für} \quad p = p_\beta. \end{cases} \tag{7.3.1.1}$$

Den genauen Zusammenhang zwischen Nichteingriffswahrscheinlichkeit (Annahmewahrscheinlichkeit) P_a und Überschreitungsanteil p können wir in Kenntnis der beiden dargestellten Verteilungen für Merkmalswert und Stichproben-Mittelwert mit Hilfe der Standard-Normalverteilung formulieren als:

Abb. 7.8. Reaktion einer Annahme-Regelkarte für den Mittelwert auf Überschreitungsanteile $p_{1-\alpha}$ und p_β einer normalverteilten Grundgesamtheit

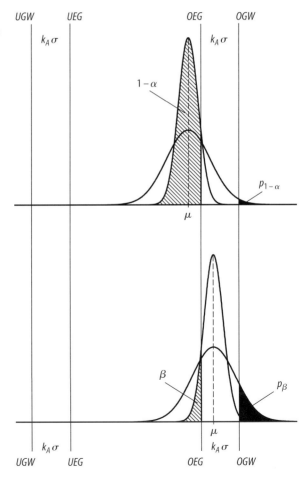

$$P_a(p) = G\left(\frac{OEG - \mu}{\sigma_{\bar{x}}}\right) = G\left(\frac{OGW - k_A \sigma - \mu}{\sigma / \sqrt{n}}\right) = G\left(\sqrt{n}\,(u_{1-p} - k_A)\right). \quad (7.3.1.2)$$

Die entsprechende Relation für die Eingriffswahrscheinlichkeit (Rückweise-wahrscheinlichkeit) lautet:

$$1 - P_a(p) = G\left(\sqrt{n}\,(k_A - u_{1-p})\right). \quad (7.3.1.3)$$

Diese Beziehungen gelten für beliebige Werte des Überschreitungsanteils p, ebenso wie die Auflösung der letzten Gleichung nach k_A:

$$k_A = u_{1-p} + \frac{u_{1-P_a(p)}}{\sqrt{n}}. \quad (7.3.1.4)$$

Sollten etwa $1 - \alpha$ und β zusammen mit $p_{1-\alpha}$ und p_β vorgegeben sein, so lassen sich der benötigte Stichprobenumfang n sowie der Annahmefaktor k_A aus den bereits im Zusammenhang mit den $(\bar{x}, \sigma)$-Stichprobenprüfungen angegebenen Formeln berechnen:

$$k_A = \frac{u_{1-\alpha}\, u_{1-p_\beta} - u_\beta\, u_{1-p_{1-\alpha}}}{u_{1-\alpha} - u_\beta}, \quad n^* = \left(\frac{u_{1-\alpha} - u_\beta}{u_{1-p_{1-\alpha}} - u_{1-p_\beta}}\right)^2, \quad (7.3.1.5)$$

wobei n^* zum nächstgrößeren ganzzahligen Wert n aufzurunden ist.

7.3.2
Annahme-Regelkarte für den Median

Entsprechend der verbreiterten Streuung der Medianverteilung

$$\sigma_{\tilde{x}} = c_n\, \sigma_{\bar{x}}, \quad (7.3.2.1)$$

können bei der Erstellung von Median-Karten sämtliche Formeln des Abschnitts 7.3.1 mit den Modifikationen

$$\left.\begin{array}{r} n \\ n^* \\ k_A \end{array}\right\} \longrightarrow \left\{\begin{array}{l} n / c_n^2 \\ n^* / c_n^2 \\ k_C \end{array}\right. \quad (7.3.2.2)$$

übernommen werden. So lautet die Eingriffswahrscheinlichkeit der Median-Karte in Abhängigkeit von der aktuellen Qualitätslage p:

$$1 - P_a(p) = G\left(\sqrt{n}\,(k_C - u_{1-p}) / c_n\right). \quad (7.3.2.3)$$

Daraus erhalten wir

$$k_C = u_{1-p} + \frac{u_{1-P_a(p)}}{\sqrt{n}} \cdot c_n. \qquad (7.3.2.4)$$

Unter denselben Voraussetzungen wie im vorigen Abschnitt, zwei Punkte der Operationscharakteristik geeignet vorzugeben, ergeben sich k_C und n^* zu

$$k_C = \frac{u_{1-\alpha}\, u_{1-p_\beta} - u_\beta\, u_{1-p_{1-\alpha}}}{u_{1-\alpha} - u_\beta}, \quad n^* = c_n^2 \cdot \left(\frac{u_{1-\alpha} - u_\beta}{u_{1-p_{1-\alpha}} - u_{1-p_\beta}} \right)^2. \qquad (7.3.2.5)$$

Der Annahmefaktor ist also unverändert geblieben. Zur Bestimmung des Stichprobenumfangs empfehlen wir ein einfaches Iterationsverfahren, bei dem im ersten Schritt zum Beispiel

$$c_\infty = \sqrt{\frac{\pi}{2}} \approx 1{,}2533 \qquad (7.3.2.6)$$

angenommen wird und für n in jedem weiteren Iterationsschritt die nächste auf n^* folgende ungerade ganze Zahl gewählt wird.

7.3.3
Annahme-Regelkarten für Urwerte

Wie bei der Bestimmung von Warn- und Eingriffsgrenzen für Urwert-Regelkarten ohne Grenzwertvorgaben enthält die Eingriffswahrscheinlichkeit die n-te Potenz der Verteilungsfunktion eines Einzelwertes in der Form

$$1 - P_a(p) = 1 - \Big(G(u_{1-p} - k_E) \Big)^n, \qquad (7.3.3.1)$$

da bereits eine eventuelle Überschreitung der Eingriffsgrenzen durch einen einzigen Meßwert eine nicht tolerierbare Qualitätslage signalisieren soll. Diese Beziehung ist gleichbedeutend mit

$$\sqrt[n]{P_a} = G(u_{1-p} - k_E) \qquad (7.3.3.2)$$

und liefert daher den Annahmefaktor

$$k_E = u_{1-p} - u_{\sqrt[n]{P_a(p)}}. \qquad (7.3.3.3)$$

Sollte der Stichprobenumfang n nicht bereits explizit in der Liste der Vorgaben enthalten sein, wie etwa für den Fall der Orientierung an zwei Punkten der Operationscharakteristik, so besteht neben einer aufwendigen numerischen Lösung wiederum die Möglichkeit, ein graphisches Verfahren (Wilrich, 1979) zu verwenden (Nomogramm D7).

7.4
Qualitätskennzahlen

Wir wollen nun abschließend die Begriffe Qualitätsfähigkeit und Prozeßbeherrschung durch geeignete Qualitätskennzahlen quantifizieren. Ein Fertigungsprozeß kann als qualitätsfähig bezeichnet werden, wenn die Toleranzbreite $T = OGW - UGW$ gegenüber der Prozeßstreuung s hinreichend groß ist. Ein geeignetes Maß für dieses Verhältnis ist die Qualitätskennzahl

$$C_p = \frac{T}{6\sigma} \text{ (process capability).} \tag{7.4.1}$$

In dieser Definition spiegelt sich die im anglo-amerikanischen Sprachraum verbreitete Neigung zu sinnvollen Vereinfachungen wider. 6σ steht für die Breite des zweiseitigen $99,73\%$-Zufallsstreubereiches. Die Qualitätskennzahl C_p gibt Aufschluß darüber, zu welcher Qualitätslage der Prozeß bei optimaler Aussteuerung in der Lage ist. Sie enthält keinerlei Informationen darüber, inwieweit die aktuelle Prozeßlage von diesem Optimum abweicht, d.h. wo genau sich der derzeitige Prozeßmittelwert befindet.

Eine dimensionslose Zahl, die die relative Entfernung des aktuellen Prozeßmittelwertes μ von der Toleranzmitte T_m angibt, ist der sogenannte k-Wert:

$$k = 2\frac{\mu - T_m}{T}. \tag{7.4.2}$$

Ein gebräuchliches Maß für den Grad der Beherrschung eines Fertigungsprozesses ist dann die Qualitätskennzahl

$$C_{pk} = C_p\left(1 - |k|\right). \tag{7.4.3}$$

Die aktuellen Empfehlungen zur ausreichenden Sicherung der Produktqualität variieren von mindestens

$$C_p \geq \frac{4}{3} \text{ und } C_{pk} \geq 1 \text{ (Minimalforderung, } T \geq 8\sigma\text{)} \tag{7.4.4}$$

über

$$C_p \geq \frac{5}{3} \text{ und } C_{pk} \geq \frac{4}{3} \text{ (Automobilindustrie, } T \geq 10\sigma\text{)} \tag{7.4.5}$$

bis hin zu

$$C_p \geq 2 \text{ und } C_{pk} \geq \frac{5}{3} \text{ (sicherheitskritische Produkte, } T \geq 12\sigma\text{).} \tag{7.4.6}$$

Letztlich können auch die beiden Qualitätskennzahlen $C_{pu/po} = C_p\left(1 \pm k\right)$ zur Charakterisierung der Prozeßlage herangezogen werden. In der Praxis werden für alle diese Kennzahlen nur Schätzwerte vorliegen, was die Notwendigkeit einer möglichst genauen Kenntnis der aktuellen Prozeßparameter besonders unterstreicht.

Anhang A: Aufgaben

Aufgaben zu Kapitel 1

Aufgabe 1.1
Beim Wurf von Münzen kann das Einzelergebnis Kopf oder Zahl lauten. Sie werfen gleichzeitig sechs Münzen, ohne das Wurfergebnis systematisch zu beeinflussen. Wie groß ist jeweils die Wahrscheinlichkeit, daß Sie
- sechsmal Zahl,
- dreimal Kopf und dreimal Zahl erhalten?

Aufgabe 1.2
Sie werfen gleichzeitig zwei ungezinkte Würfel, einen roten und einen blauen. Sie können als zufällige Einzelergebnisse Augenzahlen von eins bis sechs erhalten. Wie groß ist die Wahrscheinlichkeit, in einem Wurf
- einen Pasch, also bei beiden Würfeln die gleiche Augenzahl,
- mit dem roten Würfel die Augenzahl 6 und mit dem blauen Würfel eine gerade Augenzahl,
- mit einem der beiden Würfel die Augenzahl 6 und mit dem anderen eine gerade Augenzahl zu erzielen?

Sie nehmen einen weiteren Würfel hinzu und werfen nun drei Würfel simultan. Wie groß ist die Wahrscheinlichkeit, bei einem Wurf
- die Augensumme 7,
- eine Straße, also drei aufeinanderfolgende Zahlen zu erhalten?

Aufgabe 1.3
Sie würfeln mit einem roten und einem blauen Paar ungezinkter Würfel. Wie groß ist die Wahrscheinlichkeit, bei einem gleichzeitigen Wurf
- mit beiden Paaren dieselbe Augensumme,
- mit einem der beiden Paare die Augensumme 6 und mit dem anderen die Augensumme 8,
- höchstens einmal die Augenzahl 6 und mindestens die Augensumme 21 zu erhalten?

Aufgabe 1.4

Bei einer Tombola winken Ihnen drei Hauptgewinne sowie zehn Trostpreise. Allerdings befinden sich auch dreißig Nieten in der Losurne. Sie erwerben also drei Lose.

- Wie groß ist für Sie die Wahrscheinlichkeit, in der Reihenfolge Niete – Trostpreis – Hauptgewinn zu ziehen?

Aufgabe 1.5

Eine Urne enthält 16 rote und 4 blaue Kugeln. Sie entnehmen blind 2 Kugeln. Wie groß ist die Wahrscheinlichkeit, daß Sie anschließend eine blaue Kugel ziehen?

Aufgabe 1.6

Bei einem Hersteller von Arzneimittelverpackungen treten während der Probefertigung eines Loses von Faltschachteln drei Arten von Fehlern auf, die vollkommen unabhängig voneinander entstehen. Von den Faltschachteln weisen
- 6 % gravierende Stanzfehler,
- 4 % auffällige Druckfehler,
- 5 % funktionsbeeinträchtigende Klebmängel auf.

Wie groß ist der Prozentsatz an fehlerfreien Schachteln? Welcher Anteil der Schachteln ist ausschließlich mit gravierenden Stanzfehlern behaftet?

Aufgabe 1.7

Im Laufe eines Fertigungsprozesses elektronischer Bauelemente können unabhängig voneinander 116 verschiedene Fehlerarten auftreten. Zu jeder einzelnen Fehlerart beträgt der Anteil fehlerhafter Einheiten
- 37 mal 0,1 %,
- 43 mal 0,5 %,
- 15 mal 1,0 %,
- 11 mal 2,0 %,
- 10 mal 5,0 %.

Wie groß ist die Wahrscheinlichkeit, mit einem Griff ein fehlerfreies Teil zu erhalten?

Aufgabe 1.8

Ein Bauteil besteht aus dreimal zwei Komponenten bekannter Zuverlässigkeit:

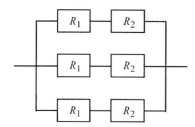

Wie groß ist die Gesamt-Zuverlässigkeit des Bauteils, wenn die Zahlenwerte für die Einzelkomponenten

$$R_1 = 0,95 \text{ und } R_2 = 0,80$$

betragen?

Aufgabe 1.9

Ein Produktionsprozeß ist folgendermaßen aus sieben Einzelprozessen zusammengesetzt:

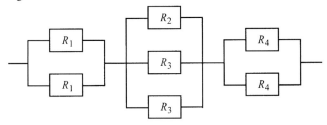

Die jeweiligen Werte für die Zuverlässigkeit der Komponenten lauten:

$$R_1 = 0,90, \ R_2 = 0,75, \ R_3 = 0,70 \text{ und } R_4 = 85.$$

Wie groß ist die Ausfallwahrscheinlichkeit des gesamten Bauteils?

Aufgaben zu Kapitel 2

Aufgabe 2.1
In einem Fertigungslos, bestehend aus $N = 80$ Spritzampullen, befindet sich eine defekte Ampulle. Sie entnehmen diesem Los eine Stichprobe von $n = 4$ Ampullen.

Mit welcher Wahrscheinlichkeit erwarten Sie, in Ihrer Stichprobe die defekte Spritzampulle zu finden?

Aufgabe 2.2
In einem Pokalwettbewerb – 4 Vorrundengruppen à 4 Mannschaften – wurden Ihr Team sowie 3 weitere gesetzt, d.h. auf die Vorrundengruppen verteilt. Von den verbleibenden 12 Mannschaften beurteilen Sie 3 als besonders unangenehme, starke Gegner. Da sich nur die 4 Erst- und Zweitplazierten jeder Gruppe für das Viertelfinale qualifizieren, sehen Sie der bevorstehenden Auslosung mit Spannnung entgegen.

In der Losurne befinden sich also 12 Kugeln, die die übrigen Mannschaften repräsentieren. Wie groß ist die Wahrscheinlichkeit, daß Ihnen mindestens 2 der vermeintlich schwächeren Gegner zugelost werden?

Aufgabe 2.3
In eine Farbmonitor-Röhre werden drei gleichartige Elektronenstrahlsysteme eingebaut, jeweils eins für die drei Farben rot, grün und blau. Sie gehen davon aus, daß 1% der installierten Strahlsysteme fehlerbehaftet sind.

Welcher Prozentsatz an produzierten Röhren enthält
- genau ein,
- kein fehlerhaftes Strahlsystem?

Aufgabe 2.4
Sie erhalten von einem Ihrer Lieferanten zwei umfangreiche Lose Glaspipetten identischer Spezifikation. Beide Lose enthalten denselben Anteil $p = 1\%$ fehlerhafter Pipetten. Sie unterziehen beide Lose einer Eingangsprüfung und entnehmen ihnen jeweils eine Stichprobe vom Umfang $n = 100$ Einheiten.

Wie groß ist die Wahrscheinlichkeit, in den beiden gezogenen Stichproben nicht dieselbe Anzahl fehlerhafter Pipetten zu finden?

Aufgabe 2.5
Bei der Versuchsproduktion einer neuartigen Verkapselung von Wirkstoffen sind 70% fehlerhafte Einheiten angefallen. Wie groß ist die Wahrscheinlichkeit, in einer Stichprobe vom Umfang $n = 10$ wenigstens eine fehlerfreie Kapsel zu finden?

Aufgabe 2.6
Tabletten wurden auf drei Rundlaufpressen parallel gefertigt. Die drei Maschinen produzierten folgende Anteile fehlerhafter Einheiten:

Maschine	Stückzahl	Fehleranteil
A	4000	5%
B	1000	2%
C	2000	3%

Wie hoch ist der Anteil fehlerhafter Tabletten insgesamt?

Aufgabe 2.7

Ein umfangreicher Bestand an Zink-Kohle-Batterien enthält aufgrund mangelhafter Lagerung $p = 4\%$ fehlerhafte Einheiten. Sie entnehmen eine Stichprobe von $n = 50$ Batterien. Wie groß ist die Wahrscheinlichkeit, daß sich in der Stichprobe
- keine,
- höchstens 3,
- mindestens 5,
- weniger als 3,
- mehr als 3,

fehlerhafte Einheiten befinden?

Aufgabe 2.8

An einer Förderbandanlage rechnen Sie mit durchschnittlich einem Betriebsausfall in drei Schichten. Sie wissen aufgrund Ihrer statistische Auswertung einer großen Menge von Ausfällen, daß ihre Anzahl pro Schicht einer Poisson-Verteilung genügt. Wie groß ist demnach die Wahrscheinlichkeit, daß diese Anlage in einer Schicht mindestens einmal ausfällt?

Aufgabe 2.9

Sie begutachten ein Sonderangebot von Keramikfliesen mit leichten Oberflächenfehlern. Die mittlere Anzahl der Fehler, so versichert Ihnen der Verkäufer, liege pro Fliese bei 0,5. Sie benötigen 150 Fliesen dieser Ausführung, wollen jedoch im Grunde nur fehlerfreie Einheiten verwenden.

Wieviele Fliesen aus dem Sonderangebot müssen Sie kaufen, damit Sie wenigstens im Mittel davon ausgehen können, unter ihnen 150 fehlerfreie zu finden?

Aufgabe 2.10

Bei einem beherrschten Fertigungprozeß zur Herstellung von Flachglas ist durchschnittlich mit 10 kleinen Verunreinigungen (Bläschen) pro Quadratmeter Glasfläche zu rechnen. Es werden Fensterscheiben der Abmessung

$$\text{Länge} \times \text{Breite} = 1{,}2 \times 0{,}6 \ \text{m}^2$$

hergestellt.

Wie groß ist die jeweilige Wahrscheinlichkeit, Scheiben der folgenden Kategorien
- I. Wahl mit höchstens 7 Verunreinigungen,
- II. Wahl mit 8 bis 12 Verunreinigungen,
- Ausschuß mit mehr als 12 Verunreinigungen zu erhalten?

Aufgabe 2.11

Ein Fertigungsprozeß zur Herstellung von Kondensatoren verläuft stabil normalverteilt. Die mittlere Kapazität beträgt

$$\mu = 250 \text{ pF},$$

die Einzelwerte streuen mit der Standardabweichung

$$\sigma = 2 \text{ pF}.$$

Sie entnehmen der Fertigung eine Stichprobe von vier Kondensatoren. Wie groß ist die Wahrscheinlichkeit, daß sämliche vier Kapazitätswerte unterhalb von 250 pF liegen?

Aufgabe 2.12

Sie gehen bei einer Fertigung von Sintergrünlingen davon aus, daß der Durchmesser dieser Teile normalverteilt ist um den Mittelwert

$$\mu = 5,00 \text{ cm}$$

mit der Standardabweichung

$$\sigma = 0,05 \text{ cm}.$$

Sie entnehmen eine Stichprobe vom Umfang $n = 7$. In welchem Intervall

$$\mu - k \cdot \sigma \le x \le \mu + k \cdot \sigma$$

erwarten Sie mit einer Wahrscheinlichkeit von $P = 99\%$ alle sieben Meßwerte?

Aufgabe 2.13

Bei der Produktion von Drehteilen liefert Ihnen der vermeintlich beherrschte Fertigungsprozeß normalverteilte Werte des Durchmessers dieser Teile. Die obere Toleranzgrenze

$$OGW = 10,2 \text{ mm}$$

wird tatsächlich nur von 0,135% der Durchmesserwerte überschritten, falls sich der Prozeßmittelwert um 0,05 mm oberhalb der Toleranzmitte von 10 mm befindet.

Nun finden Sie an der oberen Grenze einen Überschreitungsanteil von $p = 2,275\%$. Sie gehen davon aus, daß sich die Standardabweichung zeitlich stabil verhält. Wo liegt also der aktuelle Prozeßmittelwert μ für den Durchmesser der Drehteile?

Aufgabe 2.14
Der Überschreitungsanteil eines stabil normalverteilten Fertigungsprozesses
von Backwaren setzt sich wie folgt zusammen:
- 0,5 % an der oberen Toleranzgrenze OGW und
- 0,1 % an der unteren Toleranzgrenze UGW.

Wie breit ist die Toleranz im Verhältnis zu 6σ ?

Aufgabe 2.15
Bei der Prüfung von dosierten Füllmengen haben Sie zur übersichtlicheren Auswertung der Merkmalswerte deren Nullpunkt in die obere Toleranzgrenze ver-
schoben. Als Toleranzbreite sind 50 mm^3 vorgegeben:

$$UGW = -50 \ \text{mm}^3, \ OGW = 0 \ \text{mm}^3 \ .$$

Die Füllmengen sind stabil normalverteilt, Mittelwert und Standardabweichung
liegen bei

$$\mu = -32 \ \text{mm}^3, \ \sigma = 10 \ \text{mm}^3 \ .$$

Wie groß ist der Anteil fehlerhafter Füllmengen?

Aufgabe 2.16
Der Füllausstoß einer Abfülleinrichtung schwankt beständig um einen Mittelwert etwas oberhalb von 1000 g. Auf eine vorbeilaufende Packung entfallen je
nach verlangter Füllmenge von 1000 g, 2000 g, 3000 g, … ein oder mehrere Füllausstöße. Die angegebenen Zahlenwerte sind Mindestfüllmengen. Die tatsächlich ausgestoßenen Mengen schwanken normalverteilt, Unterschreitungen der
jeweiligen Mindestfüllmengen sind nicht vollständig zu vermeiden. So beträgt
der ungenügend gefüllte Anteil bei den leichtesten Packungen im Mittel 4% .

Ab welchem Packungsgewicht können Sie von einem mittleren Fehleranteil
ausgehen, der unterhalb von 0,01% liegt?

Aufgabe 2.17
Ein Lieferlos Hochdruckfilter mit einer charakteristischen Lebensdauer von
$T = 20\,000$ Betriebsstunden kommt bei der Bestückung diverser Filtersysteme
zum Einsatz. Nach welcher Zeit werden fünf von hundert dieser Filter ausgefallen sein, wenn zufällige Ausfallmechanismen und somit ein exponentielles Lebensdauergesetz vorliegen?

Aufgabe 2.18
Eine Baugruppe aus Ihrer Fertigung zeigt wie jede ihrer Baugruppen exponentielles Ausfallverhalten mit einer konstanten resultierenden Ausfallrate von

$$\lambda = 4 \cdot 10^{-5} \text{h}^{-1} \ .$$

Mit welchem Ausfall müssen Sie bei einer Betriebszeit von 500 Stunden rechnen?

Aufgabe 2.19

Bei einer Zuverlässigkeitsprüfung sind nach 240 Stunden Versuchsdauer 10% der getesteten Säure-Basen-Katalysatoren nicht mehr funktionsfähig. Welcher charakteristischen Lebensdauer entspricht ein solcher Ausfall, wenn die Lebensdauer der getesteten Einheiten einer Exponentialverteilung genügt?

Aufgabe 2.20

Die vorwiegend verschleißbedingte endliche Lebensdauer von PKW-Getrieben schlägt sich in ihrem Weibull-verteilten Ausfallverhalten mit $b > 1$ nieder. Nach welcher Zahl t gefahrener Kilometer beträgt für eine mittlere Lebensdauer von 100 000 km ihre Ausfallrate

$$\lambda(t) = 2 \cdot 10^{-5} \mathrm{km}^{-1},$$

wenn der Wert der Ausfallsteilheit $b = 2$ beträgt?

Aufgaben zu Kapitel 3

Aufgabe 3.1

In einer Nullserie von Glasampullen, die nach dem Befüllen mit Lösung zugeschmolzen wurden, beträgt der durchschnittliche Anteil undichter Einheiten $p = 8\%$. Welche Zahlenwerte erwarten Sie bei einer Irrtumswahrscheinlichkeit von $\alpha = 5\%$ für die Anzahl x fehlerhafter Einheiten in Stichproben vom Umfang $n = 50$?

Aufgabe 3.2

Bei der Fertigung eines Massenproduktes beträgt der mittlere Fehleranteil stabil $p = 5\%$. Sie untersuchen eine Stichprobe von $n = 400$ Einheiten. Mit wievielen fehlerhaften Einheiten rechnen Sie höchstens bei dieser Stichprobenprüfung, wenn Sie ein Vertrauensniveau von 99% zugrunde legen?

Aufgabe 3.3

Die Versuchsproduktion eines neuartigen elektronischen Meßgerätes liefert bislang beständig einen Anteil fehlerhafter Einheiten von $p = 50\%$. Mit welcher Anzahl fehlerhafter Geräte rechnen Sie in Stichproben vom Umfang $n = 10$, wenn Sie eine Aussagewahrscheinlichkeit von $1 - \alpha = 90\%$ voraussetzen?

Aufgabe 3.4

In einer Weberei wurde pro Ballen Tuch eine mittlere Anzahl von 5,5 Webfehlern festgestellt. Wie lauten die Grenzen der zweiseitigen 95%- und 99%-Zufallsstreubereiche für die Anzahl x von Webfehlern pro Tuchballen?

Aufgabe 3.5

Ein Hersteller von Erfrischungsgetränken hat an einem seiner Bänder ein elektronisches Bildverarbeitungssystem zur automatischen Erkennung und Sortierung von Getränkekisten installiert. Dem System unterlaufen im Durchschnitt 4 Fehlentscheidungen pro 8 Stunden Einsatzzeit. Diese Fehlentscheidungen erfolgen unter dem steten Zeitdruck als Zufallsentscheide und genügen daher bezüglich der Häufigkeit ihres Auftretens einer Poisson-Verteilung.

Mit wievielen Fehlentscheidungen müssen Sie während einer Einsatzzeit von 16 Stunden bei einem Vertrauensniveau von 90% mindestens rechnen? Wie groß ist die Wahrscheinlichkeit, daß dieses System im Zeitraum von einer Stunde höchstens eine Fehlentscheidung trifft?

Aufgabe 3.6

An einer Abfülleinrichtung für Pulver entnehmen Sie regelmäßig Stichproben des Umfangs $n = 10$. Die Sollfüllmenge beträgt 1000 g.

In welchen Grenzen liegen mit einer jeweiligen Aussagewahrscheinlichkeit von $1 - \alpha = 99\%$ der Mittelwert $\bar{x}$ und die Standardabweichung s Ihrer Stichproben, wenn die einzelnen Füllmengen stabil normalverteilt um den Prozeßmittelwert $\mu = 998$ g mit $\sigma = 5$ g streuen?

Aufgabe 3.7

Ein Fertigungsprozeß einer Pelletieranlage ist beherrscht und liefert bezüglich des Gewichts der Pellets normalverteilte Merkmalswerte. Mittelwert und Standardabweichung liegen stabil bei

$$\mu = 12{,}0 \ \text{g} \ \text{ und } \ \sigma = 0{,}1 \ \text{g}.$$

Sie prüfen in regelmäßigen Abständen Stichproben von $n = 12$ Pellets. In welchen Bereichen erwarten Sie jeweils mit einer Wahrscheinlichkeit von 95%
- sämtliche Einzelwerte,
- den Mittelwert,
- die Standardabweichung

Ihrer Stichproben zu finden?

Aufgaben zu Kapitel 4

Aufgabe 4.1

In der Eingangsprüfung wurde einem Lieferlos von Brausetabletten eine Stichprobe vom Umfang $n = 200$ entnommen. Die Prüfung der Stichprobe ergab ausschließlich unversehrte fehlerfreie Tabletten.

Wie groß schätzen Sie den Anteil zerbrochener Tabletten im Lieferlos höchstens, wenn Sie ein Vertrauensniveau von 95% zugrunde legen?

Aufgabe 4.2

Aus Ihrer Pilotfertigung von 1000 Staubschutzmasken erfüllten 48 nicht die spezifischen Anforderungen der DIN 3181 T2 für Partikelfilter. Wie hoch schätzen sie bei einem Vertrauensniveau von 99% den zu erwartenden Anteil p fehlerhafter Filter, wenn Sie unter diesen Bedingungen die Serienproduktion aufnehmen?

Aufgabe 4.3

Sie erhielten ein Lieferlos von 10000 Kompressen. Während Ihrer Eingangsprüfung erwiesen sich 2 Einheiten aus einer Stichprobe von $n = 200$ Einheiten als fehlerhaft.

Wie hoch schätzen Sie bei einer Irrtumswahrscheinlichkeit von 1% den Anteil fehlerhafter Einheiten im Lieferlos höchstens?

Aufgabe 4.4

Einem Fertigungslos elektronischer Baugruppen haben Sie $n = 10$ Einheiten entnommen. Ihre Prüfung ergab eine fehlerhafte Baugruppe.

Welchen Bereich schätzen sie für den Anteil p fehlerhafter Baugruppen in diesem Los bei einem Vertrauensniveau von 95%?

Aufgabe 4.5

Gegenstand einer von der Geschäftsleitung angeordneten Maßnahme zur Sicherung der Wettbewerbsfähigkeit sind die privaten Telephongespräche auf Firmenkosten. Sie werden mit allen erforderlichen Vollmachten ausgestattet, das entsprechende Einsparungspotential auszuloten.

Als Ergebnis erhalten Sie, daß während eines Beobachtungszeitraumes von zwei Wochen, also zehn Arbeitstagen von Ihrem Betrieb aus 32 Telephonanrufe privater Natur zu Lasten der Firmenkasse getätigt wurden.

Sie gehen weiterhin davon aus, daß die Anzahl dieser untersagten Telephonate pro Zeitintervall einer Poisson-Verteilung genügt. Wie groß also schätzen Sie deren mittlere Anzahl pro Arbeitstag mindestens, wenn Sie ein Vertrauensniveau von 99% zugrunde legen?

Aufgabe 4.6

Eine neue Fertigungslinie zur Herstellung von Gipsplatten soll in Betrieb genommen werden. Während der Vorfertigung sind bei einem Herstellungsvolumen von 1000 Platten insgesamt 15 Fehler aufgetreten.

Mit welcher mittleren Anzahl von Fehlern pro Platte müssen Sie bei dieser Fertigung mindestens rechnen, wenn Sie die Irrtumswahrscheinlichkeit auf 1% beschränken?

Aufgabe 4.7

In Ihrer Eingangsprüfung wurde einer Lieferung von Kunststoffgehäusen eine Stichprobe von 200 Stück entnommen und hinsichtlich Oberflächenfehlern untersucht. Gehäuse mit mehr als einem Fehler waren wegen ungenügender Qualität als fehlerhaft einzustufen. In der Stichprobe wurde eine solche fehlerhafte Einheit gefunden.

Wie groß schätzen Sie bei einem Vertrauensniveau von 90% den Anteil der Gehäuse im Lieferlos höchstens, der mehr als einen Fehler aufweist? Laut Prüfprotokoll enthielt die Stichprobe
– 181 fehlerfreie Einheiten,
– 18 Einheiten mit einem Fehler,
– 1 Einheit mit zwei Fehlern.

Zu welcher Abschätzung gelangen Sie auf der Grundlage dieser Informationen?

Aufgabe 4.8

Ein Innenmaß ist mit $\sigma = 0,02$ mm stabil normalverteilt. Eine Stichprobe des Umfangs $n = 15$ besitzt einen Median von 20,02 mm.

In welchem Intervall liegt bei einem Vertrauensniveau von 99% der Prozeßmittelwert μ?

Aufgabe 4.9

Aus einem Galvanisierprozeß liegt Ihnen die folgende Meßreihe für die ermittelten Schichtdicken x_i in μm vor:

i	x_i
1	26
2	33
3	35
4	28
5	29
6	32

Bestimmen Sie die Vertrauensbereiche für Mittelwert und Standardabweichung der Grundgesamtheit, wobei Sie Normalverteiltheit des Merkmals voraussetzen und die jeweilige Irrtumswahrscheinlichkeit auf 5% begrenzen.

Aufgabe 4.10

Sie erhalten für die Schüttdichte von Granulat aus einer Meßreihe als empirische Werte für Mittelwert und Standardabweichung

$$\bar{x} = 0{,}7980 \text{ g/cm}^3, \ s = 0{,}0188 \text{ g/cm}^3.$$

Dabei standen Ihnen $n = 10$ Einzelwerte zur Verfügung. In welchem Bereich schätzen Sie den Mittelwert der normalverteilten Grundgesamtheit, wenn Sie eine Irrtumswahrscheinlichkeit von 1% zulassen?

Aufgabe 4.11

Sie überprüfen ein numerisch gesteuertes Preßverfahren. Solldrücke von 50 N/mm^2 werden seit längerer Zeit mit einer konstanten Standardabweichung von

$$\sigma = 0{,}05 \text{ N/mm}^2$$

erzeugt. Aus $n = 20$ Messungen werden folgende Werte

$$\bar{x} = 49{,}980 \text{ N/mm}^2 \text{ und } s = 0{,}049 \text{ N/mm}^2$$

für Mittelwert und Standardabweichung ermittelt. Die Verteilung der 20 Meßwerte zeigt keine signifikanten Abweichungen von einer Normalverteilung.

In welchem Bereich schätzen Sie den Mittelwert μ der mit der aktuellen Maschineneinstellung erzeugten Preßdrücke bei einer Irrtumswahrscheinlichkeit von 5%?

Aufgabe 4.12

Sie haben aus einem Los von Halbleiter-Bauelementen 256 zufällig ausgewählte Exemplare einer Lebensdauerprüfung unterworfen, die Sie wie geplant mit dem ersten Ausfall nach 351 Stunden abgebrochen haben. Wie groß schätzen Sie unter der Voraussetzung eines exponentiellen Lebensdauergesetzes bei einer Irrtumswahrschlichkeit von 1% die Ausfallrate höchstens?

Aufgabe 4.13

Sie überprüfen die Zugfestigkeit eines Loses von PVC-Schläuchen mit der mittleren Querschnittsfläche 10 mm^2. Aus einer Stichprobe von 60 Schläuchen haben Sie die folgenden, bereits geordneten Werte für die Zugfestigkeit erhalten:

Festigkeitswerte in N					
516	564	590	613	637	663
524	567	591	616	640	664
530	571	593	619	644	668
541	572	596	620	645	670
544	575	599	623	647	674
546	578	600	627	649	679
550	582	604	629	650	683
555	583	606	630	653	687
557	586	609	633	655	699
562	587	611	635	659	705

Welche Schätzwerte können Sie aus diesen Ergebnissen für Mittelwert und Standardabweichung der Zugfestigkeit im Los rechnerisch und graphisch ermitteln? Wie lauten die entsprechenden 95%-Vertrauensbereiche, wenn Sie das Merkmal als normalverteilt voraussetzen?

Für die Zugfestigkeit der Schläuche ist ein Mindestwert von 500 N vorgegeben. Wie hoch schätzen Sie den Anteil an Schläuchen im geprüften Los, der diese Bedingung nicht erfüllt? Können Sie zu dieser Schätzung einen Vertrauensbereich (Irrtumswahrscheinlichkeit 5%) angeben?

Aufgabe 4.14

Sie haben 20 Materialproben eines Kesselbaustahls bei erhöhter Temperatur einer statischen Nennspannung von 200 N/mm^2 ausgesetzt. Nach 100 Stunden haben Sie die ersten Daten für die verbleibende Reststauchung aufgenommen und die folgenden Resultate erhalten:

Lfd. Nr. der Probe	Reststauchung in ‰
1	2,84
2	2,94
3	2,74
4	2,86
5	2,98
6	2,93
7	2,84
8	2,91
9	2,91
10	2,92
11	2,97
12	2,93
13	2,86
14	2,88
15	2,78
16	2,94
17	2,77
18	2,88
19	2,93
20	2,80

Laut Spezifikation darf nach dieser Prüfzeit eine Reststauchung von 3 ‰ nicht überschritten werden. Wie lautet nach einer rechnerischen bzw. graphischen Auswertung dieser Daten Ihr Schätzwert für den entsprechenden Überschreitungsanteil?

In welchen Bereichen liegen nach den oben aufgelisteten Resultaten Mittelwert, Standardabweichung und Überschreitungsanteil, wenn Sie jeweils ein Vertrauensniveau von 95% zugrunde legen?

Aufgabe 4.15

Der Lackschutz von 10 identischen PKW-Teilen wird auf seine Witterungsbeständigkeit geprüft und dazu in wiederholten Zyklen verschiedenen extremen Belastungen ausgesetzt. Das Ausfallkriterium besteht in einer erkennbaren Rißbildung des Lacks. Die 10 Teile sind jeweils nach der folgenden Anzahl von Belastungszyklen ausgefallen:

Nr.	Zyklenanzahl
1	038
2	054
3	063
4	068
5	069
6	085
7	092
8	104
9	106
10	114

Welche Schätzwerte erhalten sie mit rechnerischen und mit graphischen Methoden für die charakteristische Lebensdauer T und die Ausfallsteilheit b, wenn Sie eine zweiparametrige Weibull-Verteilung voraussetzen? Welcher Wert ergibt sich aus dieser Schätzung für die mittlere Lebensdauer $\bar{t}$, und nach wievielen Belastungszyklen rechnen Sie mit einem Ausfall von 10%?

Können Sie näherungsweise die zweiseitigen 95%-Vertrauensbereiche für die Parameter T und b der Weibull-Verteilung angeben?

Aufgaben zu Kapitel 5

Aufgabe 5.1

Sie wollen von einer Druckerei in umfangreichen Mengen Etiketten zum Kennzeichnen von Säurebehältern beziehen. Der potentielle Lieferant versichert Ihnen, daß der mittlere Anteil fehlerhaft bedruckter Etiketten bei allenfalls 1,5% liegen werde. Also vereinbaren Sie zunächst eine Probelieferung geeigneten Umfangs, um nach deren vollständiger Prüfung entscheiden zu können, ob die momentane Fertigungsqualität dieses Lieferanten den für Sie kritischen Fehleranteil von 2,5% überschreitet. Diesen Fall wollen Sie mit einer Sicherheit von zumindest 90% aufdecken. Dabei soll das Risiko, trotz zutreffender Ausage des Lieferanten zu einer Fehlentscheidung zu gelangen, auf 1% beschränkt bleiben. Welchen Prüfumfang schlagen Sie vor?

Sie haben sich für eine genaue Prüfung von $n = 2500$ Etiketten entschieden. Das Prüfresultat erbringt 51 fehlerhafte Einheiten. Müssen Sie daher annehmen, daß bei der Fertigung des Lieferanten das zugesagte Limit von 1,5% Fehleranteil überschritten wird?

Bislang hatten Sie diese Etiketten von einer anderen Druckerei bezogen, allerdings zu einem höheren Stückpreis. Dabei mußten von ebenfalls $n = 2500$ kürzlich gelieferten Einheiten nach denselben Prüfkriterien nur 29 als fehlerhaft bezeichnet werden. Können Sie nun schließen, daß sich die beiden Lieferanten hinsichtlich ihrer Fertigungslage signifikant voneinander unterscheiden?

Aufgabe 5.2

Sie testen für ein Versandhaus die Qualität von drei Probelieferungen Blue Jeans à 100 Exemplaren, hergestellt in Mailand, Lodz und Singapur. Dazu vergleichen Sie die Formbeständigkeit der Jeans unter Streßbedingungen.

Nach einem mehrfach wiederholten, verschärften Beanspruchungszyklus haben Sie folgende Resultate für die jeweilige Anzahl von Jeans erhalten, die wegen ungenügender Formbeständigkeit als fehlerhaft einzustufen ist:

Herstellungsort	Fehlerhaft	Fehlerfrei
Mailand	9	91
Lodz	8	92
Singapur	4	96

Wie bewerten Sie dieses Ergebnis?

Aufgabe 5.3

Sie rechnen bei der Beurteilung zweier Lieferlose Tropfpipetten mit einem maximalen Anteil fehlerhafter Einheiten von 10%. Anhand von Stichproben wollen Sie Unterschiede von mehr als 3% im Fehleranteil der Lieferlose mit einer Wahrscheinlichkeit von mindestens 90% aufdecken. Dabei soll die Wahrscheinlichkeit eines Fehlers 1. Art höchstens 1% betragen.

Welchen Umfang wählen Sie für Ihre Stichproben?

Aufgabe 5.4

Sie verwenden in Ihrer Abfüllanlage für flüssige Molkereiprodukte ausschließlich Mehrwegbehälter aus Klarglas. Die Behälter überstehen nur wenige Verbrauchszyklen schadlos und werden daher vom Einzelhandel zurückkommend einer hundertprozentigen Eingangskontrolle unterworfen. Diese Eingangskontrolle erfolgt zur Zeit als Sichtprüfung und ist damit auch entsprechend fehleranfällig.

Sie haben also extern ein elektronisches Bildverarbeitungssystem für den Einsatz in dieser Eingangsprüfung entwickeln lassen. Bei der Erstabnahme dieses Systems wollen Sie prüfen, ob es im Mittel weniger Fehlentscheidungen trifft als das herkömmliche Verfahren.

Als Resultat erhalten Sie nach einem Probelauf von einer Stunde unter identischen Bedingungen 3 Fehlentscheidungen (defektes Gewinde oder Sprünge im Glas nicht entdeckt) des elektronischen Systems im Vergleich zu 10 Fehlentscheidungen durch das für den Wareneingang zuständige Prüfpersonal.

Wie bewerten Sie dieses Resultat?

Aufgabe 5.5

Sie erhalten zur Weiterverarbeitung durch Ihre Textilmanufaktur von zwei verschiedenen Lieferanten eine Probelieferung Webstoffe gleicher Spezifikation. Bezüglich möglicher Webfehler erwarten Sie eine Qualitätslage von sicherlich mindestens 0,1 Fehler pro Quadratmeter.

Sie wollen die beiden Lieferlose durch Ziehen je einer Stichprobe miteinander vergleichen. Sollte eine der Lieferungen doppelt so viele Webfehler pro Quadratmeter aufweisen als die andere, so möchten Sie diesen Qualitätsunterschied mit einer Wahrscheinlichkeit von 90% aufdecken. Bei gleicher Qualitätslage nehmen sie eine Irrtumswahrscheinlichkeit von 1% in Kauf.

Welchen Stichprobenumfang schlagen Sie vor?

Aufgabe 5.6

Vier parallel eingesetzte Lötautomaten werden hinsichtlich ihrer Fertigungsqualität untersucht. Dazu sind mit jedem der Automaten jeweils $n = 200$ baugleiche Computerplatinen bearbeitet und anschließend auf eventuelle Lötfehler hin geprüft worden. Die Ergebnisse finden sich zusammengefaßt in der folgenden Tabelle:

Automat	Fehlerzahl
A	5
B	4
C	17
D	6

Welche Schlußfolgerung können Sie aus diesen Prüfresultaten ziehen?

Aufgabe 5.7

In der regelmäßigen Überprüfung eines Fertigungsprozesses zur Herstellung von Verpackungskartonagen ist die Bestimmung des Kartongewichts enthalten. Ein Quadratmeter Karton, bestehend aus zwei Lagen Wellpappe sowie Trenn- und Deckschichten, soll im Durchschnitt trocken und staubfrei 800 Gramm wiegen. Die Prozeßstreuung verläuft in der Regel normalverteilt mit einer Standardabweichung von 10 Gramm.

Die Überwachung der Prozeßparameter erfolgt anhand von Stichproben, bestehend aus $n = 10$ Fertigungseinheiten à 1 qm, als jeweils zweiseitiger Test bei einem Signifikanzniveau von $\alpha = 0,01$.

Wie beurteilen Sie das Ergebnis

$$\bar{x} = 809,1\,\text{g} \quad \text{und} \quad s = 14,2\,\text{g}.$$

Aufgabe 5.8

Sie haben von einem Lieferanten zwei Lose von Spiralfedern derselben Spezifikation erhalten. In Ihrer Montage-Fertigung wollen Sie die beiden Lose gemischt verarbeiten. Dazu müssen Sie insbesondere sicherstellen, daß sich im Mittel unter gleicher Belastung die Federwege von Federn aus den beiden Losen nicht signifikant unterscheiden.

Sie entnehmen also beiden Losen eine Stichprobe von jeweils 20 Federn und ermitteln deren Federwege unter einer Lastkraft von 1000 N. Anschließend unterwerfen Sie die Resultate einem geeigneten statistischen Test mit dem Signifikanzniveau $\alpha = 1\%$. Die Auswertung Ihrer Meßergebnisse liefert:

Los Nr.	$\bar{x}$	s	n
1	53,27 mm	0,44 mm	20
2	53,55 mm	0,47 mm	20

Welchen Test wenden Sie an und mit welcher Aussage endet Ihre Untersuchung?

Aufgabe 5.9

Sie wollen ihrer Geschäftsleitung die Auswirkungen unterschiedlicher Beleuchtungsstärken am Arbeitsplatz belegen. Dazu ließen Sie eine Mitarbeiterin, beschäftigt in der Endprüfung mit einfachen Sortiertätigkeiten, 22 Tage hintereinander jeweils eine Stunde lang auf Akkordlohn-Basis eine ihr wohl vertraute Routineprüfung durchführen. Sie stellten ihr dabei tageweise wechselnd zwei bis auf die Beleuchtung weitgehend identische Prüfplätze zur Verfügung. Ihre jeweilige Leistung hielten Sie im Verhältnis zur entsprechenden Normleistung fest.

Die Beleuchtungsstärke beträgt am Arbeitsplatz A nur 100 Lux gegenüber 500 Lux am Arbeitsplatz B. Nachdem Sie beide Meßreihen von Leistungsdaten aufgenommen und um jeweils einen Ausreißer bereinigt haben, müssen Sie nun die folgenden Resultate geeignet beurteilen:

Leistung in % der Norm	
Arbeitsplatz	
A	B
109	115
108	112
103	121
100	114
107	110
101	116
106	122
100	120
112	119
104	108

Ist der beobachtete mittlere Leistungsanstieg als zufällig einzustufen? Oder können Sie die Hypothese verwerfen, daß ein derartiger Unterschied in der Beleuchtungsstärke am Arbeitsplatz keinen Einfluß auf die hier geforderte Arbeitsleistung ausübt?

Falls Sie einen signifikanten Einfluß finden, wie groß ist dann der entsprechende Vertrauensbereich für den mittleren Leistungsunterschied in % der Normleistung?

Aufgabe 5.10

Ein Psychologe hat zur Ermittlung der Höhe menschlicher Intelligenz ein Testverfahren entwickelt. Für jedes Testkriterium kann er auf umfangreiche Fragenkataloge zurückgreifen, aus denen er die Intelligenztests für die einzelnen Probanden bestückt.

Nach ausgedehnten Voruntersuchungen gelangte er zu dem erwünschten Ergebnis, daß sich auch nach vielfacher Wiederholung des Tests durch ein und dieselbe Versuchsperson kein erkennbarer Lern- oder Trainingseffekt einstellt, und die Testresultate einer solchen Person normalverteilt um einen stabilen persönlichen Mittelwert schwanken.

Ein Auszug aus dem Meßprotokoll mit den im Verlaufe einer Woche ermittelten IQ-Werten von zwei Testpersonen enthält folgende Daten:

Wochentag	Proband A	Proband B
	IQ	IQ
Montag	130	140
Dienstag	104	127
Mittwoch	120	141
Donnerstag	121	129
Freitag	123	132

In welchem Bereich liegt unter diesen Voraussetzungen die Differenz der Intelligenzquotienten von Proband A und B, wenn Sie ein Vertrauensniveau von 99% zugrunde legen?

Aufgabe 5.11

Aus Ihrem Prüflabor liegt Ihnen die folgende Meßreihe von Temperaturwerten für eine Phasentransformation einer Charge von Kristallen vor:

393 °C	401 °C	421 °C
402 °C	405 °C	401 °C
387 °C	392 °C	403 °C
398 °C	403 °C	359 °C

Sie erwarten normalverteilte Werte, doch der letzte Wert liegt anscheinend deutlich zu tief. Wie beantworten Sie die Frage, ob der letzte Wert einen Ausreißer darstellt?

Aufgabe 5.12

Bei der Herstellung eines kohlensäurehaltigen Erfrischungsgetränks treten unerwartete Schwankungen des CO_2-Gehaltes auf. Es stehen Ihnen die in der folgenden Tabelle aufgelisteten Daten zur Verfügung:

Klassierte Stichprobenergebnisse: CO_2-Gehalt (200 Einzelwerte)					
Klasse Nr.	Grenze unten in g/l	Grenze oben in g/l	Einzelwerte absolute Häufigkeit	Relative Häufigkeit h in %	Häufigkeitssumme H in %
1	6,15	6,25	4	2,0	2,0
2	6,25	6,35	13	6,5	8,5
3	6,35	6,45	22	11,0	19,5
4	6,45	6,55	24	12,0	31,5
5	6,55	6,65	19	9,5	41,0
6	6,65	6,75	10	5,0	46,0
7	6,75	6,85	9	4,5	50,5
8	6,85	6,95	8	4,0	54,5
9	6,95	7,05	12	6,0	60,5
10	7,05	7,15	18	9,0	69,5
11	7,15	7,25	23	11,5	81,0
12	7,25	7,35	19	9,5	90,5
13	7,35	7,45	14	7,0	97,5
14	7,45	7,55	5	2,5	100,0

Können Sie anhand dieser bereits klassierten Stichprobenergebnisse auf eventuelle Abweichungen von einer Normalverteilung schließen (Vertrauensniveau 95%)?

Aufgabe 5.13

Ein Galvanisierprozeß soll zukünftig durch eine geeignete Qualitätsregelkarte ohne Grenzwertvorgaben überwacht und gesteuert werden. Es handelt sich um galvanisch aufgebrachte Platinschichten, deren Dickenwerte in regelmäßigen Stichprobenprüfungen à 5 Einheiten aufzunehmen sind. Für den Entwurf der Regelkarte stehen die folgenden Vorlaufergebnisse, bestehend aus den jeweils 5 Einzelwerten von insgesamt 25 Stichproben, zur Verfügung:

Stichprobe Nr.	Einzelwerte für die Schichtdicke in μm				
1	135	140	141	131	146
2	142	134	126	142	146
3	139	136	125	133	144
4	141	141	137	134	148
5	137	141	131	145	135
6	141	132	145	136	140
7	135	141	147	143	127
8	137	132	145	140	124
9	140	133	149	141	136
10	140	143	136	136	129
11	135	139	146	132	144
12	137	136	145	144	141
13	139	134	135	140	148
14	136	142	138	142	142
15	145	141	136	140	130
16	144	135	143	131	126
17	143	139	148	142	138
18	140	135	128	134	133
19	139	132	135	134	128
20	140	131	143	140	146
21	142	132	145	127	134
22	147	141	144	137	138
23	129	134	141	134	136
24	136	133	138	127	131
25	142	139	141	146	133

Wie beurteilen Sie diesen Vorlauf? Welche Schätzwerte erhalten Sie für Mittelwert und Standardabweichung? Wie lauten deren zweiseitige 95%- und 99%-Zufallsstreubereiche?

Aufgaben zu Kapitel 6

Aufgabe 6.1
Sie wollen in Ihrer Fertigung von Erd- und Gesteins-Bohrgeräten Diamanten einer bestimmten Spezifikation verwenden, die Sie von einer Vertriebsgesellschaft in Losen zu je 2000 Stück beziehen können. Die Vertriebsgesellschaft geht von einem Fehleranteil in den Lieferlosen von durchschnittlich 0,5% und maximal 1% aus, während Ihr Fertigungsleiter nur bis zu einem Fehleranteil von höchstens 7,5% für Bohrkronen der gewünschten Qualität garantiert.

Ihre Einkaufsabteilung möchte vertraglich eine attributive Stichprobenprüfung festhalten, die in Ihrem Haus als Wareneingangsprüfung durchgeführt werden soll, und die sowohl die Forderung Ihrer Fertigung als auch die Interessen der Vertriebsgesellschaft gleichgewichtet mit einem Risiko von jeweils 10% berücksichtigt. Welche Stichprobenanweisung schlagen Sie vor?

Bei den Vorgesprächen mit Ihrem Fertigungsleiter hat sich nebenbei herausgestellt, daß dieser kritische Fehleranteil von 7,5% als reiner Erfahrungswert anzusehen ist. Ihr Fertigungsleiter will nun von Ihnen wissen, was ein solcher Fehleranteil im Lieferlos für Bohrkronen bedeutet, die mit jeweils 100 Diamanten bestückt werden. Können Sie Ihm für seine Frage nach der Anzahl von fehlerhaften Diamanten, mit der er für diesen kritischen Grenzfall pro Bohrkrone höchstens rechnen muß, beantworten?

Aufgabe 6.2
Ein Hersteller von Membranen verhandelt mit einem Kunden über einen Lieferauftrag von monatlich jeweils 1000 Einheiten. Die Fertigung der Membranen verläuft seit längerer Zeit beherrscht. Der Hersteller hat sich die während der letzten acht Wochen aufgetretenen Fehleranteile notiert:

Kalenderwoche	28	29	30	31	32	33	34	35
Fehleranteil in %	0,8	1,2	1,3	1,0	0,9	1,3	0,7	0,8

Kunde und Hersteller sind sich darüber einig, bei einer Stichprobenprüfung der Lieferlose beiderseits ein Risiko von höchstens 5% eingehen zu wollen. Die rückzuweisende Qualitätsgrenzlage liegt bei einem Fehleranteil von 8%.

Welche nicht normierte Einfach-Stichprobenanweisung schlagen Sie vor? Wie groß ist etwa der maximale Durchschlupf, wenn die in den Stichproben gefundenen fehlerhaften Membranen umgehend durch den Hersteller zu ersetzen sind?

Aufgabe 6.3
Welche Zahlenwerte ergeben sich bei Stichproben Poisson-verteilter Zufallsgrößen für das Verhältnis von $P_{0,90}$ zu $P_{0,10}$, wenn die Annahmezahl die Werte $c = 0$, 1, 2, 3, 4, 5 durchläuft? Welche nicht normierte Stichprobenanweisung schlagen Sie also vor, wenn bei einem Risiko von jeweils 10% Lose mit durchschnittlich 6,0 Fehlern pro hundert Einheiten mit hoher Wahrscheinlichkeit zu-

rückgewiesen und Lose mit durchschnittlich 1,5 Fehlern pro hundert Einheiten mit hoher Wahrscheinlichkeit angenommen werden sollen?

Welche Stichprobenanweisung würde die DIN 40 080 für diese Anforderungen vorsehen? Wie groß ist in beiden Fällen der maximale Durchschlupf bei sehr umfangreichen Lieferlosen?

Aufgabe 6.4

In der Endprüfung eines Herstellers von Gewürzmischungen werden ausgehende Lieferlose vor dem Versand einer letzten Gewichtskontrolle unterzogen. Dazu wird zur Zeit jeweils eine Stichprobe von 50 einzelnen Packungseinheiten nacheinander ausgewogen. Falls für mehr als eine Einheit das Mindestfüllgewicht unterschritten wird, gelangt das entsprechende Los nicht zur Auslieferung und geht vollständig zurück in die Produktion. Der Hersteller hat sich mit seinen Abnehmern bei der Vereinbarung dieser Endprüfung auf ein vertretbares Risiko von beiderseitig 10% geeinigt.

Zur Reduzierung der im Endprüffeld anfallenden Kosten möchte der Hersteller den Umfang der untersuchten Stichproben absenken, ohne die jeweiligen Risiken für sich und seine Kunden zu modifizieren. Eine Umstellung der Stichprobenprüfung von attributiv auf variabel wäre völlig unproblematisch zu verwirklichen, auf der Basis normalverteilter Merkmalswerte mit allerdings produktionsbedingt unbekannter Varianz. Darüber hinaus besteht auch die Möglichkeit, weiterhin attributiv, aber nicht mit der Einfach-Stichprobenanweisung $50-1$, sondern sequentiell zu prüfen.

Welcher der beiden genannten Alternativen würden Sie den Vorzug geben, wenn Sie den durchschnittlichen Stichprobenumfang der sequentiellen mit dem der messenden Prüfung vergleichen?

Aufgabe 6.5

Sie beziehen von einem Hersteller für Spiralfedern aus Runddraht regelmäßig Druckfedern einer bestimmten Spezifikation in Lieferlosen à 1000 Stück. Sie verwenden diese Druckfedern bei der Montage von Baugruppen, für die die Länge der ungespannten Federn ihrer Spezifikation entsprechend die untere Toleranzgrenze $UGW = 61$ mm nicht unterschreiten darf.

Ihr Lieferant gibt an, daß seine Fertigung seit längerem bei einem mittleren Fehleranteil von etwa 0,3% und sicher unterhalb 0,6% liegt. Sie können Lieferlose mit einem Fehleranteil oberhalb von 5% für Ihre Montagefertigung nicht akzeptieren.

Welche Einfach-Stichprobenanweisung nach ISO 2859 (normale Prüfung, Prüfniveau II) berücksichtigt angemessen sowohl Ihre Bedingungen als auch die Interessen Ihres Lieferanten? Mit welchem maximalen Durchschlupf müssen Sie bei dieser Stichprobenprüfung rechnen?

Wie hoch ist bei einem Fehleranteil von 1% der mittlere Prüfaufwand der entsprechenden Doppel-Stichprobenanweisung nach ISO 2859? Für welchen Fehleranteil erwarten Sie den höchsten durchschnittlichen Prüfaufwand?

Durch welche Stichprobenanweisung für eine messende Prüfung können Sie in etwa die Operationscharakteristik der erhaltenen Einfach-Stichprobenanweisung nach ISO 2859 realisieren, wenn Sie davon ausgehen, daß die ungespannten Federlängen einer Normalverteilung Ihnen unbekannter Varianz genügen?

Aufgabe 6.6

Für die Herstellung von Viskosimetern sollen in großen Liefermengen Kapillarröhrchen einer bestimmten Sorte bestellt werden. Die Lieferlose werden einer Eingangs-Sichtprüfung auf fehlerhafte Einheiten zu unterwerfen sein. Der Lieferant geht von einem maximalen Fehleranteil von 1% aus und will Lose einer derartigen Qualitätslage mit einer hohen Wahrscheinlichkeit – mindestens 90% – angenommen wissen. Für die reibungslose Fertigung der Viskosimeter muß der mittlere Durchschlupf, der bei einer zu vereinbarenden Stichprobenprüfung in Kauf zu nehmen ist, in jedem Fall auf unter 1,1% beschränkt bleiben.

Welche Einfach-Stichprobenanweisung der ISO 2859 schlagen Sie vor? Wie hoch ist der *AQL* für diese Anweisung bei normaler Prüfung, und welchem Prüfniveau entspricht sie dann bei Lieferlosen von 10000 Einheiten?

Wie groß sind nach einem Wechsel auf geeignete Doppel-Stichprobenanweisungen nach ISO 2859 bei normaler, verschärfter und reduzierter Prüfung jeweils der mittlere Prüfaufwand und die Annahmewahrscheinlichkeit, wenn von 10000 gelieferten Röhrchen 100 fehlerhaft sind?

Aufgabe 6.7

Sie haben mit einem Lieferanten von CO_2-Patronen in Ihrer Eingangsprüfung durchzuführende Stichprobenprüfungen nach Doppel-Stichprobenanweisungen gemäß ISO 2859 mit *AQL* 0,65 (Prüfniveau I, Losgröße $N = 5000$) einschließlich der Möglichkeit des Übergangs auf reduzierte Prüfung vereinbart. Die letzte Prüfung erfolgte reduziert und ergab sowohl für die erste als auch für die zweite Stichprobe jeweils eine fehlerhafte Patrone.

Wie groß war die Wahrscheinlichkeit dieses Ergebnisses, wenn der Fehleranteil im Los $p = 1\%$ beträgt? Wie hoch ist für diesen Fehleranteil bei der nachfolgenden Prüfung die Annahmewahrscheinlichkeit?

Aufgabe 6.8

In Ihrer Endprüfung testen Sie Filtereinsätze für Atemschutzgeräte. Da es sich hierbei um eine zerstörende Prüfung handelt, müssen Sie aus den Fertigungslosen Stichproben geeigneten Umfangs ziehen. Aus grundsätzlichen Erwägungen heraus sollen nur solche Lose angenommen werden, deren attributive Stichprobenprüfung keine fehlerhafte Einheit geliefert hat. Auf keinen Fall sollte dabei der mittlere Durchschlupf die Grenze von 1% überschreiten.

Welche Stichprobenanweisungen erfüllen diese Bedingungen? Welche adäquaten Anweisungen für normale und verschärfte Prüfung sieht die ISO 2859 in Ihrem Fall vor? Bis zu welchem maximalen Losumfang sollten Sie gemäß dieser Norm die beiden Anweisungen noch zur Stichprobenprüfung verwenden, wenn Sie angesichts der Sicherheitsrelevanz der Qualität Ihrer Produkte Prüfniveau III zugrunde legen?

Aufgabe 6.9

Eingehende Lieferlose eloxierter Aluminiumprofile werden hinsichtlich möglicher Oberflächenfehler einer Annahme-Stichprobenprüfung nach ISO 2859 mit *AQL* 6,5 (Prüfniveau II) unterworfen. Zur Untersuchung steht ein Los aus $N = 500$ Teilen an.

Welche Einfach-Stichprobenanweisung ist für eine normale Prüfung zu verwenden? Wie groß ist dann die Annahmewahrscheinlichkeit, wenn die durchschnittliche Anzahl der Fehler pro Einheit $\mu_E = 0,1$ beträgt?

Wie lautet die entsprechende Doppel-Stichprobenanweisung mit ungefähr gleicher Operationscharakteristik? Mit welcher Wahrscheinlichkeit werden nun Lieferlose mit $\mu_E = 0,2$ Oberflächenfehlern pro Profil angenommen?

Aufgabe 6.10

Eine Handelsgesellschaft hat mit einer Schuh- und Lederwarenmanufaktur Kontakt aufgenommen und für den kommenden Monat 10 Lieferungen à 150 Paar Herrenhalbschuhe bestellt. Vertraglich festgelegt wurde insbesondere eine Stichprobenprüfung auf Nahtfehler nach ISO 2859 unmittelbar nach Eingang der einzelnen Lieferlose bei der Handelsgesellschaft.

Der Hersteller geht davon aus, eine durchschnittliche Fehlerzahl von maximal $\mu_E = 0,15$ Nahtfehlern pro Schuhpaar gewährleisten zu können. Durch den vereinbarten *AQL* 10 (Prüfniveau II) bleibt daher bei Anwendung der relevanten Einfach-Stichprobenanweisung $20 - 5$ für normale Prüfung sowohl sein Risiko als auch das seines Abnehmers, der noch $\mu_E = 0,5$ Fehler pro Paar akzeptieren kann, auf unter 10% beschränkt.

Vereinbart wurde weiterhin, gemäß ISO 2859 gegebenenfalls verschärft zu prüfen. Ein möglicher Wechsel auf die entsprechende reduzierte Prüfung steht wegen der geringen Anzahl der Lieferlose nicht zur Disposition.

Wie hoch ist das tatsächliche Lieferantenrisiko, also die Rückweisewahrscheinlichkeit bei durchschnittlich 0,15 Nahtfehlern pro Paar, für die ersten fünf Lieferungen?

Wie verändert sich anschließend das über die einzelnen Lieferungen gemittelte effektive Risiko des Lieferanten, wenn Sie den eventuellen Übergang auf verschärfte Prüfung berücksichtigen?

Aufgabe 6.11

Eine sorgfältige Analyse der Prüfaufzeichnungen für Fertigungslose, die bislang in der Endkontrolle nach der gemäß ISO 3951 genormten Stichprobenanweisung $n_\sigma - k = 8 - 2,13$ geprüft wurden, ist zu dem Ergebnis gelangt, daß die Standardabweichung seit geraumer Zeit von Los zu Los signifikanten Schwankungen unterworfen war. Für die nähere Zukunft muß daher solange auf die entsprechende Prüfanweisung bei unbekannter Standardabweichung zurückgegriffen werden, bis die Identifizierung der genauen Ursachen dieser Schwankungen sowie die Festlegung und Umsetzung geeigneter Korrekturmaßnahmen abgeschlossen sind.

Auf welchen Wert ist der Stichprobenumfang anzuheben, wenn die Norm als bindend vorausgesetzt werden muß? Welche nicht genormte Stichprobenanweisung außerhalb des Rahmens der ISO 3951 würden Sie kurzfristig für die Endprüfung vorschlagen?

Aufgabe 6.12

Sie prüfen eine Lieferung Elektronenröhren gemäß ISO 3951 reduziert nach der Stichprobenanweisung $n_s - k = 10 - 1,72$. Für Mittelwert und Standardabweichung der Anodenströme der Röhren erhalten Sie die Werte $\bar{x} = 97,44$ mA und $s = 1,51$ mA. Die Toleranzgrenzen liegen bei 100 ± 5 mA.

Welche Anzahl von Elektronenröhren sind zur Prüfung des folgenden Lieferloses zu untersuchen? Wie groß darf dann der Überschreitungsanteil höchstens sein, damit die Rückweisewahrscheinlichkeit die Schranke von 10% nicht übersteigt?

Welche weiteren charakteristischen Punkte der Operationscharakteristik sowie der Durchschlupfkurve können Sie für diese nächste Prüfung ermitteln? Wie lautet die Einfach-Stichprobenanweisung der ISO 2859 mit etwa gleicher OC?

Aufgabe 6.13

In Ihrer Wareneingangsprüfung werden elektronische Bauteile getestet, für deren Leistungsaufnahme unter definierten Betriebsbedingungen die Toleranz 200 ± 5 W vorgegeben ist. Aufgrund Ihrer Erfahrung mit derartigen Bauteilen gehen Sie davon aus, daß deren Kennwerte normalverteilt sind. Allerdings wissen Sie nicht, wie groß die Streuung speziell bei diesen Teilen ausfällt.

Für die Prüfung sind *AQL* 1,0 und Prüfniveau II vorgesehen. Das zu beurteilende Lieferlos hat einen Umfang von 500 Bauteilen. Welche Stichprobenanweisung der ISO 3951 ist anzuwenden, wenn die letzten beiden Lose im Gegensatz zu allen früheren Lieferungen zurückgewiesen werden mußten?

Die Stichprobenprüfung ergibt nun $\bar{x} = 203,11$ W und $s = 0,98$ W. Wird dieses Lieferlos ebenfalls zurückgewiesen? Nach welcher Stichprobenanweisung wird eine für den nächsten Tag erwartete Nachlieferung von 80 Bauteilen zu prüfen sein? Wie wäre zu verfahren, wenn die soeben erhaltenen Werte aus einer Stichprobe dieses nachzuliefernden Loses gewonnen worden wären?

Aufgabe 6.14

Für die Zugfestigkeit R_m (résistance maximale) von Drahtseilen ist eine untere Toleranzgrenze von 4300 N vorgegeben. Aufgrund der Prüfergebnisse zahlreicher bereits erfolgter Zugversuche können Sie davon ausgehen, daß die Festigkeitswerte mit einer praktisch konstanten Standardabweichung von 40 N normalverteilt um einen allerdings gelegentlich schwankenden Mittelwert streuen. In keinem Fall jedoch haben diese Schwankungen des Fertigungsmittelwertes 4400 N unterschritten.

Für Ihren Kunden stellt die Toleranzgrenze bereits einen Vorhaltewert dar, den im Durchschnitt höchstens eines von zwanzig Seilen unterschreiten darf. Gegen eine solchermaßen schlechte Qualitätslage will er sich mit einem Risiko von maximal 5% absichern. Sie wollen ebenfalls ein Risiko von allenfalls 5% eingehen, daß eines Ihrer Lieferlose vom Kunden zurückgewiesen wird.

Welche Einfach-Stichprobenanweisung der ISO 3951 für normale Prüfung würden Sie auswählen? Wie lauten die entsprechenden Anweisungen für verschärfte und reduzierte Prüfung? Wo liegt für diese drei Prüfanweisungen bei indifferenter Qualitätslage $p_{0,50}$ jeweils der momentane Fertigungsmittelwert?

Falls vertraglich nur die Möglichkeit des Wechselns zwischen normaler und verschärfter, nicht aber ausdrücklich zwischen normaler und reduzierter Prüfung vorgesehen ist, hängt die aktuelle Annahmewahrscheinlichkeit eines Lieferloses vom Ergebnis der vorangehenden fünf Prüfungen ab. Mit welcher Wahrscheinlichkeit wird ein Los bei normaler bzw. verschärfter Prüfung noch angenommen, wenn die mittlere Fertigungslage doch auf 4390 N abgesunken sein sollte?

Wenn Sie davon absehen, daß die Norm auch einen eventuellen Abbruch der Prüfung vorsieht, dann wird nach einer Vielzahl von untersuchten Losen einer solchen Lieferqualität die effektive durchschnittliche Annahmewahrscheinlichkeit zwischen den beiden erhaltenen Werten liegen. Können Sie diese effektive Annahmewahrscheinlichkeit berechnen?

Aufgabe 6.15

Wie groß sind mittlerer Stichprobenumfang und Rückweisewahrscheinlichkeit der Stichprobenanweisung $100 - 1/4 - 3/7$ bei einem Fehleranteil von $p = 4\%$? Welche reduzierte Prüfung nach ISO 3951 schlagen Sie vor, wenn diese Lose mit diesem Fehleranteil mindestens ebenso wahrscheinlich zurückweisen soll wie die attributive Prüfung? Ihnen stehen für eine messende Prüfung 25 Prüfplätze zur Verfügung, wobei diese Anzahl für die Untersuchung einer Stichprobe vollständig ausreichen soll. Die entsprechende Standardabweichung können Sie nicht als bekannt voraussetzen.

Wieviele Einheiten sind pro Prüfplatz bei einer eventuell nachfolgenden normalen Prüfung derselben Norm zu testen? Mit welcher Wahrscheinlichkeit würde dann ein solches Los zurückgewiesen?

Aufgabe 6.16

Ein Lieferlos von Peltierkühlelementen ist einer Abnahmeprüfung auf Zuverlässigkeit zu unterwerfen. Eine mittlere Lebensdauer unterhalb von 6500 Stunden ist inakzeptabel und soll daher mit einer Rückweisewahrscheinlichkeit von mindestens 90% aufgedeckt werden. Sie gehen von einer Exponentialverteilung der Lebensdauern aus und prüfen $c = 0$ als Annahmezahl.

Welche Prüfzeit benötigen Sie, wenn Ihnen $n = 100$ Prüfplätze zur Verfügung stehen? Welche Rückweisewahrscheinlichkeit ergibt sich für Lose mit einer durchschnittlichen Lebensdauer der Kühlelemente von 10000 Stunden?

Aufgabe 6.17

Lieferant und Abnehmer vereinbaren die monatliche Lieferung von $N = 3000$ Feinfiltern bestimmter Spezifikation (mittlere Lebensdauer: 20 000 Betriebsstunden). Die Wareneingangsprüfung soll unter der Voraussetzung einer Exponentialverteilung der Lebensdauer nach ISO 2859 *AQL* 1,0 als normale Einfach-Stichprobenprüfung auf dem Prüfniveau II erfolgen.

Gemäß welcher Stichprobenanweisung (Umfang, Annahmezahl, Prüfzeit) ist zu prüfen? Wie groß ist die Annahmewahrscheinlichkeit, wenn die mittlere Lebensdauer 15 000 Stunden beträgt? Gesetzt der Fall, der Abnehmer verfügt nur über 25 Prüfplätze, welche Möglichkeiten der praktischen Durchführung schlagen Sie vor?

Aufgaben zu Kapitel 7

Aufgabe 7.1

In Ihrer Fertigung sind Wirkstoffkapseln herzustellen. Die Kapselwandstärke kann mit einer Sonderlehre attributiv geprüft werden.

Während der letzten Phase der Vorlaufuntersuchungen hatten 987 von 1000 hergestellten Kapseln diese Lehrenprüfung fehlerfrei bestanden. Da Sie den entsprechenden Anteil fehlerhafter Einheiten für die zukünftige Serienproduktion akzeptieren können, wollen Sie nun eine zur Überwachung dieses Fertigungsprozesses geeignete Qualitätsregelkarte aufstellen, um die Ergebnisse regelmäßiger, zweimal pro Schicht durchzuführender Stichprobenprüfungen, festzuhalten. Hierbei halten Sie einen Stichprobenumfang von $n = 200$ Einheiten für angemessen.

Wie lauten die Warn- und Eingriffsgrenzen dieser Regelkarte? Mit welcher Wahrscheinlichkeit wird eine sprunghafte Verdopplung, Verdreifachung, Vervierfachung des Fehleranteils gegenüber dem oben aufgeführten Vorlaufresultat nach einer Stichprobenprüfung zum Eingriff führen? Wieviele aufeinanderfolgende Prüfungen sind jeweils nötig, um diese Veränderungen der Qualitätslage mit einer Wahrscheinlichkeit von mindestens 70% zu entdecken?

Aufgabe 7.2

Bei der Papierherstellung führen der Zusatz bzw. die ausschließliche Verwendung von aufbereitetem Altpapier im Endprodukt zu unerwünschten, weil besonders augenfälligen Einschlüssen von dunklen Druck- und Verunreinigungsresten. Da das Ausmaß der Aufbereitung sowohl die ökologische als auch insbesondere die finanzielle Bilanz des Altpapierrecyclings belasten, sind solche Einschlüsse nicht vollständig vermeidbar und der angestrebten Papierqualität entsprechend zu tolerieren.

Können Sie für eine mittlere Qualitätslage von $\mu = 12{,}0$ Einschlußfehlern pro Quadratmeter eine geeignete Shewhart-Regelkarte entwerfen, wenn die regelmäßig zu untersuchenden Stichproben einen Umfang von gerade einem Quadratmeter Papierfläche umfassen sollen? Auf welchen Wert hat sich die mittlere Qualitätslage jeweils verschlechtert, falls die Eingriffswahrscheinlichkeit bei der nächsten Stichprobenprüfung 50% bzw. 90% beträgt?

Sie erachten ein Viertel des gerade genannten Stichprobenumfangs für angemessen. Wie fallen unter dieser Voraussetzung die Antworten auf die eben gestellten Fragen aus?

Aufgabe 7.3

An einer der Abfülleinrichtungen eines Herstellers von Kunstharzlacken sind die Prozeßparameter bislang durch eine Urwert-Qualitätsregelkarte überwacht worden, in der die jeweils ermittelten Füllausstoßmengen stündlich gezogener Stichproben des Umfangs $n = 25$ festgehalten wurden. Der Sollwert liegt bei $\mu = 375$ ml, die Prozeßstreuung verläuft in der Regel erwartungsgemäß normalverteilt mit einer Standardabweichung von $\sigma = 0{,}5$ ml.

Wie lauten die Warn- und Eingriffsgrenzen dieser bisher geführten Regelkarte? Wie groß ist die Abweichung des Prozeßmittelwertes vom Sollwert, wenn die
Eingriffswahrscheinlichkeit der Karte 80% beträgt? Falls eine solche Abweichung nicht vorliegt, auf welchen Wert muß dann die Standardabweichung an-
wachsen, um mit derselben Wahrscheinlichkeit zum Eingriff zu führen?

Sie wollen nun diese Urwert-Karte durch eine geeignete zweispurige Shewhart-Regelkarte entweder für Mittelwert und Standardabweichung oder für Median und Spannweite ersetzen. Dabei dienen Ihnen die beiden soeben bestimmten Punkte der jeweiligen Operationscharakteristiken der Urwert-Karte als Ori-
entierungspunkte. Auf beide angesprochenen Veränderungen soll die zweispurige Regelkarte mit mindestens derselben Eingriffswahrscheinlichkeit antworten. Dazu ist insbesondere der Stichprobenumfang für die neue Karte adäquat
zu wählen.

Wo liegen die Warn- und Eingriffsgrenzen in den vier relevanten Fällen, wenn
Sie Ihre Vorauswahl zunächst nur an einem der beiden OC-Punkte ausrichten?
Für welche Regelkarte entscheiden Sie sich schließlich? Auf welche Veränderungen der Prozeßparameter reagiert die neue Karte mit einer Eingriffswahrscheinlichkeit von jeweils 80%?

Aufgabe 7.4

Die Serienfertigung von Wellen des Solldurchmessers $\mu = 50,0$ soll durch eine
zweispurige $\bar{x}/s$-Qualitätsregelkarte ohne vorgegebene Grenzwerte überwacht
werden. Da Ihnen die Regelkarte insbesondere eine eventuelle Verdopplung der
Standardabweichung des Fertigungsprozesses mit einer Eingriffswahrscheinlichkeit von etwa 75% anzeigen soll, haben Sie den Stichprobenumfang auf
$n = 10$ jeweils zu prüfende Wellen festgelegt. Für den Entwurf der Regelkarte stehen Ihnen die folgenden, bereits komprimierten Ergebnisse der Untersuchung
von $k = 25$ Stichproben zur Verfügung.

Nr.	$\bar{x}$ [mm]	s [mm]
1	49,992	0,033
2	49,991	0,032
3	50,003	0,026
4	50,002	0,024
5	49,997	0,031
6	49,983	0,038
7	50,003	0,036
8	49,991	0,028
9	49,988	0,031
10	49,989	0,024
11	49,984	0,035
12	50,005	0,017
13	50,001	0,029
14	49,995	0,019

Nr.	$\bar{x}$ [mm]	s [mm]
15	49,993	0,040
16	49,986	0,036
17	49,996	0,029
18	50,009	0,030
19	49,984	0,032
20	50,000	0,023
21	50,006	0,031
22	50,024	0,020
23	50,004	0,034
24	49,997	0,023
25	49,999	0,044

Welchen Schätzwert für die Standardabweichung σ der Prozeßstreuung können Sie aus den aufgelisteten Prüfresultaten extrahieren? Welche Warn- und Eingriffsgrenzen schlagen Sie für die $\bar{x}/s$- Regelkarte vor? Mit welcher Wahrscheinlichkeit können Sie bei einem zugrunde gelegten Datenmaterial dieses Umfangs davon ausgehen, daß sämtliche 25 Stichprobenmittelwerte zwischen den beiden Eingriffsgrenzen der entsprechenden Spur Ihrer Qualitätsregelkarte liegen?

Aufgabe 7.5

In der Probenpräparation Ihres mechanischen Prüflabors werden für verschiedene Versuche Prüflinge normgerechter Bemaßung angefertigt. Für bestimmte Proben einer häufig verlangten Geometrie ist eine Solldicke von $\mu = 10,0$ mm vorgesehen. Der entsprechende Bearbeitungsprozeß verläuft seit langem stabil normalverteilt mit einer Standardabweichung von $\sigma = 0,02$ mm. Einmal pro Schicht werden die Merkmalswerte einer Stichprobe von $n = 5$ gefertigten Prüflingen aufgenommen. Anschließend sind Mittelwert und Spannweite der fünf gemessenen Dicken in eine zweispurige Qualitätsregelkarte einzutragen.

Welchen Abstand haben die jeweiligen Eingriffsgrenzen voneinander? Welche Abweichung des Mittelwertes vom Sollwert wird mit einer Wahrscheinlichkeit von 50% bei der nächsten Stichprobenprüfung entdeckt? Mit welcher Wahrscheinlichkeit zeigt die R-Spur eine Vergrößerung der Standardabweichung auf 0,05 mm an?

Aufgabe 7.6

Für die Leistungsaufnahme von Pumpaggregaten, die bei Ihnen in Serie gefertigt werden, ist unter definierten Betriebsbedingungen ein Sollwert von 2400 W mit einer Toleranz von ± 100 W vorgesehen. Im Rahmen einer Prozeßanalyse ergab sich aus den während eines Produktionszeitraumes von vier Wochen gewonnenen Daten ein Mittelwert von $\bar{x} = 2411$ W bei einer Standardabweichung von $s = 37$ W. Die Leistungscharakterisik der eingesetzten Elektromotoren ist Ihnen seit längerem bekannt. Vor der Montage streut sie unter vergleichbaren Bedingungen mit einer Standardabweichung von 25 W.

Welche Qualitätskennzahlen der Prozeßfähigkeit ermitteln Sie aus diesen Angaben für Ihren gesamten Fertigungsprozeß? Wie beurteilen Sie die Möglichkeit, allein durch die Verwendung anderer Motoren zumindest $C_p = 1,33$ zu erreichen?

Aufgabe 7.7

Für den Durchmesser von säurebeständigen Dichtungsringen sind als Toleranzgrenzen $50,0 \pm 0,2$ mm vorgegeben. Sie kennen den Wert der aktuellen Prozeßstreuung für die Fertigung dieser Teile aus Ihren Voruntersuchungen: $\sigma = 0,035$ mm. Die Streuung verläuft stabil normalverteilt, bezüglich des Prozeßmittelwertes allerdings erwarten Sie ein schwach ausgeprägtes Trendverhalten. Daher wollen Sie die zukünftige Serienproduktion durch eine Annahme-Qualitätsregelkarte für den Mittelwert und zusätzlich einer R-Spur für die Spannweite von Stichproben des Umfangs $n = 5$ überwachen. Ein Überschreitungsanteil von 1% soll mit einer Wahrscheinlichkeit von 90% zum Eingriff führen.

Welche Werte erhalten Sie für die relevanten Grenzen dieser Karte? Welcher Spielraum verbleibt noch für den momentanen Prozeßmittelwert? Wie groß wäre der Spielraum einer Urwert-Annahmekarte unter sonst gleichen Bedingungen? Auf welchen Wert müßten Sie den Stichprobenumfang gegebenenfalls anheben, wenn der erforderliche Spielraum für den Fertigungsmittelwert mindestens 4σ, 5σ, oder 6σ betragen würde?

Aufgabe 7.8

Für den Entwurf einer Qualitätsregelkarte zur Überwachung eines Beschichtungsprozesses stehen Ihnen die folgenden Ergebnisse für den Median $\tilde{x}$ sowie die Spannweite R von $k = 10$ Stichproben des Umfangs $n = 3$ zur Verfügung:

Nr.	$\tilde{x}$ [µm]	R [µm]
1	143	14
2	154	17
3	153	16
4	164	21
5	149	20
6	140	18
7	147	17
8	151	15
9	144	19
10	155	13

Als Mindestschichtdicke ist ein Wert von 120 µm vorgesehen, die obere Toleranzgrenze liegt bei 200 µm. Die Überwachung des Fertigungsmittelwertes soll so erfolgen, daß Toleranzüberschreitungen von 2% mit einer Eingriffswahrscheinlichkeit von 95% entdeckt werden.

Wo liegen die Eingriffsgrenzen der entsprechenden Annahme-Qualitätsregelkarte für den Stichproben-Median ($n = 3$)? Wie lauten die Warn- und Eingriffsgrenzen der parallel zu führenden R-Karte? Mit welcher Wahrscheinlichkeit führt ein Überschreitungsanteil von 1% zum Eingriff? Wie wird die R-Spur auf eine eventuelle Verdopplung der Standardabweichung reagieren?

Aufgabe 7.9

Vergütete Stahlbleche, die zu Formen für Kunststoffprodukte weiterverarbeitet werden sollen, zeichnen sich einerseits durch ihre hohe Kernzähigkeit andererseits durch eine bestimmte Oberflächenhärte aus. Vergüten besteht in der Regel aus Härten und nachfolgendem Anlassen. Dabei sinkt die im ersten Schritt erzielte Oberflächenhärte mit steigender Anlaßtemperatur wieder ab und soll schließlich zusammen mit der Kernzähigkeit des Stahls die gewünschten Werte erreichen.

Für bestimmte Kunststofformstähle ist eine Härte von 330 ± 20 HB (Brinellhärte) vorgesehen. Die Prozeßstreuung des Anlassens verläuft normalverteilt mit der Standardabweichung $\sigma = 10$ HB. Die im Anschluß an diesen Fertigungsschritt geprüften Bleche sind im Fall einer eventuellen Überschreitung der oberen Toleranzgrenze einer Nachbehandlung in Form eines erneuten Anlassens unter modifizierten Bedingungen zu unterziehen. Wenn allerdings die Oberflächenhärte des Bleches die untere Toleranzgrenze unterschreitet, dann ist davon auszugehen, daß Härten und Anlassen wiederholt werden müssen. Pro Blech sind die Kosten dieser Neubearbeitung wegen gegebenenfalls zu geringer Härte fünfmal so hoch wie die Kosten einer Nachbehandlung wegen zu hoher Härte nach erstmaligem Anlassen.

Wie beurteilen Sie die Qualitätsfähigkeit des erstmaligen Anlassen für sich alleine genommen? Welchen Sollwert schlagen Sie für diesen Fertigungsschritt vor, um die durchschnittlichen Fehlerkosten insgesamt so gering wie möglich zu halten? Wie groß ist das Verhältnis des Kostenoptimums zu dem Betrag an Fehlerkosten, der entsteht, wenn Sie diesen Sollwert in die Toleranzmitte legen?

Anhang B: Tabellen

Tabelle B1. Binomialverteilung

n	Stichprobenumfang
p	Mittlerer Anteil fehlerhafter Einheiten in der Grundgesamtheit (Los)

$$g(x) = g(x;n,p) = \binom{n}{x} p^x (1-p)^{n-x}$$

Wahrscheinlichkeit, genau x fehlerhafte Einheiten in der Stichprobe zu finden

$$G(x) = G(x;n,p) = \sum_{j=0}^{x} g(j;n,p)$$

Wahrscheinlichkeit, bis zu (höchstens) x fehlerhafte Einheiten in der Stichprobe zu finden

$n = 2$

$p =$	0,01		0,02		0,03		0,04		0,05		0,06	
x	$g(x)$	$G(x)$	$g(x)$	$G(x)$	$g(x)$	$G(x)$	$g(x)$	$G(x)$	$g(x)$	$G(x)$	$g(x)$	$G(x)$
0	0,9801	0,9801	0,9604	0,9604	0,9409	0,9409	0,9216	0,9216	0,9025	0,9025	0,8836	0,8836
1	0,0198	0,9999	0,0392	0,9996	0,0582	0,9991	0,0768	0,9984	0,0950	0,9975	0,1128	0,9964
2	0,0001	1	0,0004	1	0,0009	1	0,0016	1	0,0025	1	0,0036	1

$p =$	0,07		0,08		0,09		0,10		0,12		0,16	
x	$g(x)$	$G(x)$	$g(x)$	$G(x)$	$g(x)$	$G(x)$	$g(x)$	$G(x)$	$g(x)$	$G(x)$	$g(x)$	$G(x)$
0	0,8649	0,8649	0,8464	0,8464	0,8281	0,8281	0,8100	0,8100	0,7744	0,7744	0,7056	0,7056
1	0,1302	0,9951	0,1472	0,9936	0,1638	0,9919	0,1800	0,9900	0,2112	0,9856	0,2688	0,9744
2	0,0049	1	0,0064	1	0,0081	1	0,0100	1	0,0144	1	0,0256	1

$n = 3$

$p =$	0,01		0,02		0,03		0,04		0,05		0,06	
x	$g(x)$	$G(x)$	$g(x)$	$G(x)$	$g(x)$	$G(x)$	$g(x)$	$G(x)$	$g(x)$	$G(x)$	$g(x)$	$G(x)$
0	0,9703	0,9703	0,9412	0,9412	0,9127	0,9127	0,8847	0,8847	0,8574	0,8574	0,8306	0,8306
1	0,0294	0,9997	0,0576	0,9988	0,0847	0,9974	0,1106	0,9953	0,1354	0,9928	0,1590	0,9896
2	0,0003	1	0,0012	1	0,0026	1	0,0046	0,9999	0,0071	0,9999	0,0102	0,9998
3	0	1	0	1	0	1	0,0001	1	0,0001	1	0,0002	1

$p =$	0,07		0,08		0,09		0,10		0,12		0,16	
x	$g(x)$	$G(x)$	$g(x)$	$G(x)$	$g(x)$	$G(x)$	$g(x)$	$G(x)$	$g(x)$	$G(x)$	$g(x)$	$G(x)$
0	0,8044	0,8044	0,7787	0,7787	0,7536	0,7536	0,7290	0,7290	0,6815	0,6815	0,5927	0,5927
1	0,1816	0,9860	0,2031	0,9818	0,2236	0,9772	0,2430	0,9720	0,2788	0,9603	0,3387	0,9314
2	0,0137	0,9997	0,0177	0,9995	0,0221	0,9993	0,0270	0,9990	0,0380	0,9983	0,0645	0,9959
3	0,0003	1	0,0005	1	0,0007	1	0,0010	1	0,0017	1	0,0041	1

$n = 5$

$p =$	0,01		0,02		0,03		0,04		0,05		0,06	
x	$g(x)$	$G(x)$	$g(x)$	$G(x)$	$g(x)$	$G(x)$	$g(x)$	$G(x)$	$g(x)$	$G(x)$	$g(x)$	$G(x)$
0	0,9510	0,9510	0,9039	0,9039	0,8587	0,8587	0,8154	0,8154	0,7738	0,7738	0,7339	0,7339
1	0,0480	0,9990	0,0922	0,9962	0,1328	0,9915	0,1699	0,9852	0,2036	0,9774	0,2342	0,9681
2	0,0010	1	0,0038	0,9999	0,0082	0,9997	0,0142	0,9994	0,0214	0,9988	0,0299	0,9980
3	0	1	0,0001	1	0,0003	1	0,0006	1	0,0011	1	0,0019	0,9999
4	0	1	0	1	0	1	0	1	0	1	0,0001	1
5	0	1	0	1	0	1	0	1	0	1	0	1

$p =$	0,07		0,08		0,09		0,10		0,12		0,16	
x	$g(x)$	$G(x)$	$g(x)$	$G(x)$	$g(x)$	$G(x)$	$g(x)$	$G(x)$	$g(x)$	$G(x)$	$g(x)$	$G(x)$
0	0,6957	0,6957	0,6591	0,6591	0,6240	0,6240	0,5905	0,5905	0,5277	0,5277	0,4182	0,4182
1	0,2618	0,9575	0,2866	0,9456	0,3086	0,9326	0,3281	0,9185	0,3598	0,8875	0,3983	0,8165
2	0,0394	0,9969	0,0498	0,9955	0,0610	0,9937	0,0729	0,9914	0,0981	0,9857	0,1517	0,9682
3	0,0030	0,9999	0,0043	0,9998	0,0060	0,9997	0,0081	0,9995	0,0134	0,9991	0,0289	0,9971
4	0,0001	1	0,0002	1	0,0003	1	0,0005	1	0,0009	1	0,0028	0,9999
5	0	1	0	1	0	1	0	1	0	1	0,0001	1

$n = 8$

$p =$	0,01		0,02		0,03		0,04		0,05		0,06	
x	$g(x)$	$G(x)$	$g(x)$	$G(x)$	$g(x)$	$G(x)$	$g(x)$	$G(x)$	$g(x)$	$G(x)$	$g(x)$	$G(x)$
0	0,9227	0,9227	0,8508	0,8508	0,7837	0,7837	0,7214	0,7214	0,6634	0,6634	0,6096	0,6096
1	0,0746	0,9973	0,1389	0,9897	0,1939	0,9777	0,2405	0,9619	0,2793	0,9428	0,3113	0,9208
2	0,0026	0,9999	0,0099	0,9996	0,0210	0,9987	0,0351	0,9969	0,0515	0,9942	0,0695	0,9904
3	0,0001	1	0,0004	1	0,0013	0,9999	0,0029	0,9998	0,0054	0,9996	0,0089	0,9993
4	0	1	0	1	0,0001	1	0,0002	1	0,0004	1	0,0007	1
5	0	1	0	1	0	1	0	1	0	1	0	1
6	0	1	0	1	0	1	0	1	0	1	0	1
7	0	1	0	1	0	1	0	1	0	1	0	1

$p =$	0,07		0,08		0,09		0,10		0,12		0,16	
x	$g(x)$	$G(x)$	$g(x)$	$G(x)$	$g(x)$	$G(x)$	$g(x)$	$G(x)$	$g(x)$	$G(x)$	$g(x)$	$G(x)$
0	0,5596	0,5596	0,5132	0,5132	0,4703	0,4703	0,4305	0,4305	0,3596	0,3596	0,2479	0,2479
1	0,3370	0,8965	0,3570	0,8702	0,3721	0,8423	0,3826	0,8131	0,3923	0,7520	0,3777	0,6256
2	0,0888	0,9853	0,1087	0,9789	0,1288	0,9711	0,1488	0,9619	0,1872	0,9392	0,2518	0,8774
3	0,0134	0,9987	0,0189	0,9978	0,0255	0,9966	0,0331	0,9950	0,0511	0,9903	0,0959	0,9733
4	0,0013	0,9999	0,0021	0,9999	0,0031	0,9997	0,0046	0,9996	0,0087	0,9990	0,0228	0,9962
5	0,0001	1	0,0001	1	0,0002	1	0,0004	1	0,0009	0,9999	0,0035	0,9997
6	0	1	0	1	0	1	0	1	0,0001	1	0,0003	1
7	0	1	0	1	0	1	0	1	0	1	0	1

$n = 10$

$p =$	0,01		0,02		0,03		0,04		0,05		0,06	
x	$g(x)$	$G(x)$	$g(x)$	$G(x)$	$g(x)$	$G(x)$	$g(x)$	$G(x)$	$g(x)$	$G(x)$	$g(x)$	$G(x)$
0	0,9044	0,9044	0,8171	0,8171	0,7374	0,7374	0,6648	0,6648	0,5987	0,5987	0,5386	0,5386
1	0,0914	0,9957	0,1667	0,9838	0,2281	0,9655	0,2770	0,9418	0,3151	0,9139	0,3438	0,8824
2	0,0042	0,9999	0,0153	0,9991	0,0317	0,9972	0,0519	0,9938	0,0746	0,9885	0,0988	0,9812
3	0,0001	1	0,0008	1	0,0026	0,9999	0,0058	0,9996	0,0105	0,9990	0,0168	0,9980
4	0	1	0	1	0,0001	1	0,0004	1	0,0010	0,9999	0,0019	0,9998
5	0	1	0	1	0	1	0	1	0,0001	1	0,0001	1
6	0	1	0	1	0	1	0	1	0	1	0	1

$p =$	0,07		0,08		0,09		0,10		0,12		0,16	
x	$g(x)$	$G(x)$	$g(x)$	$G(x)$	$g(x)$	$G(x)$	$g(x)$	$G(x)$	$g(x)$	$G(x)$	$g(x)$	$G(x)$
0	0,4840	0,4840	0,4344	0,4344	0,3894	0,3894	0,3487	0,3487	0,2785	0,2785	0,1749	0,1749
1	0,3643	0,8483	0,3777	0,8121	0,3851	0,7746	0,3874	0,7361	0,3798	0,6583	0,3331	0,5080
2	0,1234	0,9717	0,1478	0,9599	0,1714	0,9460	0,1937	0,9298	0,2330	0,8913	0,2856	0,7936
3	0,0248	0,9964	0,0343	0,9942	0,0452	0,9912	0,0574	0,9872	0,0847	0,9761	0,1450	0,9386
4	0,0033	0,9997	0,0052	0,9994	0,0078	0,9990	0,0112	0,9984	0,0202	0,9963	0,0483	0,9870
5	0,0003	1	0,0005	1	0,0009	0,9999	0,0015	0,9999	0,0033	0,9996	0,0111	0,9980
6	0	1	0	1	0,0001	1	0,0001	1	0,0004	1	0,0018	0,9998
7	0	1	0	1	0	1	0	1	0	1	0,0002	1
8	0	1	0	1	0	1	0	1	0	1	0	1

$n = 13$

$p =$	0,01		0,02		0,03		0,04		0,05		0,06	
x	$g(x)$	$G(x)$	$g(x)$	$G(x)$	$g(x)$	$G(x)$	$g(x)$	$G(x)$	$g(x)$	$G(x)$	$g(x)$	$G(x)$
0	0,8775	0,8775	0,7690	0,7690	0,6730	0,6730	0,5882	0,5882	0,5133	0,5133	0,4474	0,4474
1	0,1152	0,9928	0,2040	0,9730	0,2706	0,9436	0,3186	0,9068	0,3512	0,8646	0,3712	0,8186
2	0,0070	0,9997	0,0250	0,9980	0,0502	0,9938	0,0797	0,9865	0,1109	0,9755	0,1422	0,9608
3	0,0003	1	0,0019	0,9999	0,0057	0,9995	0,0122	0,9986	0,0214	0,9969	0,0333	0,9940
4	0	1	0,0001	1	0,0004	1	0,0013	0,9999	0,0028	0,9997	0,0053	0,9993
5	0	1	0	1	0	1	0,0001	1	0,0003	1	0,0006	0,9999
6	0	1	0	1	0	1	0	1	0	1	0,0001	1
7	0	1	0	1	0	1	0	1	0	1	0	1

$p =$	0,07		0,08		0,09		0,10		0,12		0,16	
x	$g(x)$	$G(x)$	$g(x)$	$G(x)$	$g(x)$	$G(x)$	$g(x)$	$G(x)$	$g(x)$	$G(x)$	$g(x)$	$G(x)$
0	0,3893	0,3893	0,3383	0,3383	0,2935	0,2935	0,2542	0,2542	0,1898	0,1898	0,1037	0,1037
1	0,3809	0,7702	0,3824	0,7206	0,3773	0,6707	0,3672	0,6213	0,3364	0,5262	0,2567	0,3604
2	0,1720	0,9422	0,1995	0,9201	0,2239	0,8946	0,2448	0,8661	0,2753	0,8015	0,2934	0,6537
3	0,0475	0,9897	0,0636	0,9837	0,0812	0,9758	0,0997	0,9658	0,1376	0,9391	0,2049	0,8586
4	0,0089	0,9987	0,0138	0,9976	0,0201	0,9959	0,0277	0,9935	0,0469	0,9861	0,0976	0,9562
5	0,0012	0,9999	0,0022	0,9997	0,0036	0,9995	0,0055	0,9991	0,0115	0,9976	0,0335	0,9896
6	0,0001	1	0,0003	1	0,0005	0,9999	0,0008	0,9999	0,0021	0,9997	0,0085	0,9981
7	0	1	0	1	0	1	0,0001	1	0,0003	1	0,0016	0,9997
8	0	1	0	1	0	1	0	1	0	1	0,0002	1
9	0	1	0	1	0	1	0	1	0	1	0	1

$n = 20$

$p =$	0,01		0,02		0,03		0,04		0,05		0,06	
x	$g(x)$	$G(x)$	$g(x)$	$G(x)$	$g(x)$	$G(x)$	$g(x)$	$G(x)$	$g(x)$	$G(x)$	$g(x)$	$G(x)$
0	0,8179	0,8179	0,6676	0,6676	0,5438	0,5438	0,4420	0,4420	0,3585	0,3585	0,2901	0,2901
1	0,1652	0,9831	0,2725	0,9401	0,3364	0,8802	0,3683	0,8103	0,3774	0,7358	0,3703	0,6605
2	0,0159	0,9990	0,0528	0,9929	0,0988	0,9790	0,1458	0,9561	0,1887	0,9245	0,2246	0,8850
3	0,0010	1	0,0065	0,9994	0,0183	0,9973	0,0364	0,9926	0,0596	0,9841	0,0860	0,9710
4	0	1	0,0006	1	0,0024	0,9997	0,0065	0,9990	0,0133	0,9974	0,0233	0,9944
5	0	1	0	1	0,0002	1	0,0009	0,9999	0,0022	0,9997	0,0048	0,9991
6	0	1	0	1	0	1	0	1	0,0003	1	0,0008	0,9999
7	0	1	0	1	0	1	0	1	0	1	0,0001	1
9	0	1	0	1	0	1	0	1	0	1	0	1
10	0	1	0	1	0	1	0	1	0	1	0	1
11	0	1	0	1	0	1	0	1	0	1	0	1
12	0	1	0	1	0	1	0	1	0	1	0	1

$p =$	0,07		0,08		0,09		0,10		0,12		0,16	
x	$g(x)$	$G(x)$	$g(x)$	$G(x)$	$g(x)$	$G(x)$	$g(x)$	$G(x)$	$g(x)$	$G(x)$	$g(x)$	$G(x)$
0	0,2342	0,2342	0,1887	0,1887	0,1516	0,1516	0,1216	0,1216	0,0776	0,0776	0,0306	0,0306
1	0,3526	0,5869	0,3282	0,5169	0,3000	0,4516	0,2702	0,3917	0,2115	0,2891	0,1165	0,1471
2	0,2521	0,8390	0,2711	0,7879	0,2818	0,7334	0,2852	0,6769	0,2740	0,5631	0,2109	0,3580
3	0,1139	0,9529	0,1414	0,9294	0,1672	0,9007	0,1901	0,8670	0,2242	0,7873	0,2410	0,5990
4	0,0364	0,9893	0,0523	0,9817	0,0703	0,9710	0,0898	0,9568	0,1299	0,9173	0,1951	0,7941
5	0,0088	0,9981	0,0145	0,9962	0,0222	0,9932	0,0319	0,9887	0,0567	0,9740	0,1189	0,9130
6	0,0017	0,9997	0,0032	0,9994	0,0055	0,9987	0,0089	0,9976	0,0193	0,9933	0,0566	0,9696
7	0,0002	1	0,0005	0,9999	0,0011	0,9998	0,0020	0,9996	0,0053	0,9986	0,0216	0,9912
8	0	1	0,0001	1	0,0002	1	0,0004	0,9999	0,0012	0,9998	0,0067	0,9979
9	0	1	0	1	0	1	0,0001	1	0,0002	1	0,0017	0,9996
10	0	1	0	1	0	1	0	1	0	1	0,0004	0,9999
11	0	1	0	1	0	1	0	1	0	1	0,0001	1
12	0	1	0	1	0	1	0	1	0	1	0	1

$n = 25$

$p =$	0,01		0,02		0,03		0,04		0,05		0,06	
x	$g(x)$	$G(x)$	$g(x)$	$G(x)$	$g(x)$	$G(x)$	$g(x)$	$G(x)$	$g(x)$	$G(x)$	$g(x)$	$G(x)$
0	0,7778	0,7778	0,6035	0,6035	0,4670	0,4670	0,3604	0,3604	0,2774	0,2774	0,2129	0,2129
1	0,1964	0,9742	0,3079	0,9114	0,3611	0,8280	0,3754	0,7358	0,3650	0,6424	0,3398	0,5527
2	0,0238	0,9980	0,0754	0,9868	0,1340	0,9620	0,1877	0,9235	0,2305	0,8729	0,2602	0,8129
3	0,0018	0,9999	0,0118	0,9986	0,0318	0,9938	0,0600	0,9835	0,0930	0,9659	0,1273	0,9402
4	0,0001	1	0,0013	0,9999	0,0054	0,9992	0,0137	0,9972	0,0269	0,9928	0,0447	0,9850
5	0	1	0,0001	1	0,0007	0,9999	0,0024	0,9996	0,0060	0,9988	0,0120	0,9969
6	0	1	0	1	0,0001	1	0,0003	1	0,0010	0,9998	0,0026	0,9995
7	0	1	0	1	0	1	0	1	0,0001	1	0,0004	0,9999
8	0	1	0	1	0	1	0	1	0	1	0,0001	1
9	0	1	0	1	0	1	0	1	0	1	0	1
10	0	1	0	1	0	1	0	1	0	1	0	1
11	0	1	0	1	0	1	0	1	0	1	0	1
12	0	1	0	1	0	1	0	1	0	1	0	1
13	0	1	0	1	0	1	0	1	0	1	0	1

$p =$	0,07		0,08		0,09		0,10		0,12		0,16	
x	$g(x)$	$G(x)$	$g(x)$	$G(x)$	$g(x)$	$G(x)$	$g(x)$	$G(x)$	$g(x)$	$G(x)$	$g(x)$	$G(x)$
0	0,1630	0,1630	0,1244	0,1244	0,0946	0,0946	0,0718	0,0718	0,0409	0,0409	0,0128	0,0128
1	0,3066	0,4696	0,2704	0,3947	0,2340	0,3286	0,1994	0,2712	0,1395	0,1805	0,0609	0,0737
2	0,2770	0,7466	0,2821	0,6768	0,2777	0,6063	0,2659	0,5371	0,2283	0,4088	0,1392	0,2130
3	0,1598	0,9064	0,1881	0,8649	0,2106	0,8169	0,2265	0,7636	0,2387	0,6475	0,2033	0,4163
4	0,0662	0,9726	0,0899	0,9549	0,1145	0,9314	0,1384	0,9020	0,1790	0,8266	0,2130	0,6293
5	0,0209	0,9935	0,0329	0,9877	0,0476	0,9790	0,0646	0,9666	0,1025	0,9291	0,1704	0,7998
6	0,0052	0,9987	0,0095	0,9972	0,0157	0,9946	0,0239	0,9905	0,0466	0,9757	0,1082	0,9080
7	0,0011	0,9998	0,0022	0,9995	0,0042	0,9989	0,0072	0,9977	0,0173	0,9930	0,0559	0,9639
8	0,0002	1	0,0004	0,9999	0,0009	0,9998	0,0018	0,9995	0,0053	0,9983	0,0240	0,9879
9	0	1	0,0001	1	0,0002	1	0,0004	0,9999	0,0014	0,9996	0,0086	0,9965
10	0	1	0	1	0	1	0,0001	1	0,0003	0,9999	0,0026	0,9991
11	0	1	0	1	0	1	0	1	0,0001	1	0,0007	0,9998
12	0	1	0	1	0	1	0	1	0	1	0,0002	1
13	0	1	0	1	0	1	0	1	0	1	0	1

$n = 32$

$p =$	0,01		0,02		0,03		0,04		0,05		0,06	
x	$g(x)$	$G(x)$	$g(x)$	$G(x)$	$g(x)$	$G(x)$	$g(x)$	$G(x)$	$g(x)$	$G(x)$	$g(x)$	$G(x)$
0	0,7250	0,7250	0,5239	0,5239	0,3773	0,3773	0,2708	0,2708	0,1937	0,1937	0,1381	0,1381
1	0,2343	0,9593	0,3421	0,8660	0,3734	0,7507	0,3611	0,6319	0,3263	0,5200	0,2820	0,4201
2	0,0367	0,9960	0,1082	0,9742	0,1790	0,9297	0,2332	0,8651	0,2662	0,7861	0,2790	0,6991
3	0,0037	0,9997	0,0221	0,9963	0,0554	0,9851	0,0972	0,9623	0,1401	0,9262	0,1781	0,8772
4	0,0003	1	0,0033	0,9996	0,0124	0,9975	0,0294	0,9916	0,0535	0,9796	0,0824	0,9596
5	0	1	0,0004	1	0,0022	0,9997	0,0068	0,9985	0,0158	0,9954	0,0295	0,9891
6	0	1	0	1	0,0003	1	0,0013	0,9998	0,0037	0,9991	0,0085	0,9975
7	0	1	0	1	0	1	0,0002	1	0,0007	0,9999	0,0020	0,9995
8	0	1	0	1	0	1	0	1	0,0001	1	0,0004	0,9999
9	0	1	0	1	0	1	0	1	0	1	0,0001	1
10	0	1	0	1	0	1	0	1	0	1	0	1
11	0	1	0	1	0	1	0	1	0	1	0	1
12	0	1	0	1	0	1	0	1	0	1	0	1
13	0	1	0	1	0	1	0	1	0	1	0	1
14	0	1	0	1	0	1	0	1	0	1	0	1
15	0	1	0	1	0	1	0	1	0	1	0	1

$p =$	0,07		0,08		0,09		0,10		0,12		0,16	
x	$g(x)$	$G(x)$	$g(x)$	$G(x)$	$g(x)$	$G(x)$	$g(x)$	$G(x)$	$g(x)$	$G(x)$	$g(x)$	$G(x)$
0	0,0981	0,0981	0,0694	0,0694	0,0489	0,0489	0,0343	0,0343	0,0167	0,0167	0,0038	0,0038
1	0,2362	0,3342	0,1930	0,2624	0,1548	0,2037	0,1221	0,1564	0,0730	0,0897	0,0230	0,0268
2	0,2755	0,6097	0,2602	0,5226	0,2373	0,4409	0,2103	0,3667	0,1543	0,2440	0,0679	0,0947
3	0,2074	0,8171	0,2263	0,7489	0,2346	0,6756	0,2336	0,6003	0,2104	0,4544	0,1294	0,2241
4	0,1132	0,9303	0,1426	0,8915	0,1682	0,8438	0,1882	0,7885	0,2080	0,6624	0,1787	0,4028
5	0,0477	0,9780	0,0695	0,9610	0,0932	0,9370	0,1171	0,9056	0,1588	0,8212	0,1906	0,5934
6	0,0162	0,9942	0,0272	0,9881	0,0415	0,9785	0,0585	0,9642	0,0975	0,9187	0,1634	0,7568
7	0,0045	0,9987	0,0088	0,9969	0,0152	0,9937	0,0242	0,9883	0,0494	0,9681	0,1156	0,8724
8	0,0011	0,9997	0,0024	0,9993	0,0047	0,9984	0,0084	0,9967	0,0210	0,9891	0,0688	0,9412
9	0,0002	1	0,0006	0,9999	0,0012	0,9997	0,0025	0,9992	0,0076	0,9968	0,0349	0,9762
10	0	1	0,0001	1	0,0003	0,9999	0,0006	0,9998	0,0024	0,9991	0,0153	0,9915
11	0	1	0	1	0,0001	1	0,0001	1	0,0007	0,9998	0,0058	0,9973
12	0	1	0	1	0	1	0	1	0,0002	1	0,0019	0,9992
13	0	1	0	1	0	1	0	1	0	1	0,0006	0,9998
14	0	1	0	1	0	1	0	1	0	1	0,0001	1
15	0	1	0	1	0	1	0	1	0	1	0	1

$n = 50$

$p =$	0,01		0,02		0,03		0,04		0,05		0,06	
x	$g(x)$	$G(x)$	$g(x)$	$G(x)$	$g(x)$	$G(x)$	$g(x)$	$G(x)$	$g(x)$	$G(x)$	$g(x)$	$G(x)$
0	0,6050	0,6050	0,3642	0,3642	0,2181	0,2181	0,1299	0,1299	0,0769	0,0769	0,0453	0,0453
1	0,3056	0,9106	0,3716	0,7358	0,3372	0,5553	0,2706	0,4005	0,2025	0,2794	0,1447	0,1900
2	0,0756	0,9862	0,1858	0,9216	0,2555	0,8108	0,2762	0,6767	0,2611	0,5405	0,2262	0,4162
3	0,0122	0,9984	0,0607	0,9822	0,1264	0,9372	0,1842	0,8609	0,2199	0,7604	0,2311	0,6473
4	0,0015	0,9999	0,0145	0,9968	0,0459	0,9832	0,0902	0,9510	0,1360	0,8964	0,1733	0,8206
5	0,0001	1	0,0027	0,9995	0,0131	0,9963	0,0346	0,9856	0,0658	0,9622	0,1018	0,9224
6	0	1	0,0004	0,9999	0,0030	0,9993	0,0108	0,9964	0,0260	0,9882	0,0487	0,9711
7	0	1	0,0001	1	0,0006	0,9999	0,0028	0,9992	0,0086	0,9968	0,0195	0,9906
8	0	1	0	1	0,0001	1	0,0006	0,9999	0,0024	0,9992	0,0067	0,9973
9	0	1	0	1	0	1	0,0001	1	0,0006	0,9998	0,0020	0,9993
10	0	1	0	1	0	1	0	1	0,0001	1	0,0005	0,9998
11	0	1	0	1	0	1	0	1	0	1	0,0001	1
12	0	1	0	1	0	1	0	1	0	1	0	1
13	0	1	0	1	0	1	0	1	0	1	0	1
14	0	1	0	1	0	1	0	1	0	1	0	1
15	0	1	0	1	0	1	0	1	0	1	0	1
16	0	1	0	1	0	1	0	1	0	1	0	1
17	0	1	0	1	0	1	0	1	0	1	0	1
18	0	1	0	1	0	1	0	1	0	1	0	1
19	0	1	0	1	0	1	0	1	0	1	0	1
20	0	1	0	1	0	1	0	1	0	1	0	1

$p =$	0,07		0,08		0,09		0,10		0,12		0,16	
x	$g(x)$	$G(x)$	$g(x)$	$G(x)$	$g(x)$	$G(x)$	$g(x)$	$G(x)$	$g(x)$	$G(x)$	$g(x)$	$G(x)$
0	0,0266	0,0266	0,0155	0,0155	0,0090	0,0090	0,0052	0,0052	0,0017	0,0017	0,0002	0,0002
1	0,0999	0,1265	0,0672	0,0827	0,0443	0,0532	0,0286	0,0338	0,0114	0,0131	0,0016	0,0017
2	0,1843	0,3108	0,1433	0,2260	0,1073	0,1605	0,0779	0,1117	0,0382	0,0513	0,0073	0,0090
3	0,2219	0,5327	0,1993	0,4253	0,1698	0,3303	0,1386	0,2503	0,0833	0,1345	0,0222	0,0312
4	0,1963	0,7290	0,2037	0,6290	0,1973	0,5277	0,1809	0,4312	0,1334	0,2680	0,0496	0,0808
5	0,1359	0,8650	0,1629	0,7919	0,1795	0,7072	0,1849	0,6161	0,1674	0,4353	0,0869	0,1677
6	0,0767	0,9417	0,1063	0,8981	0,1332	0,8404	0,1541	0,7702	0,1712	0,6065	0,1242	0,2919
7	0,0363	0,9780	0,0581	0,9562	0,0828	0,9232	0,1076	0,8779	0,1467	0,7533	0,1487	0,4406
8	0,0147	0,9927	0,0271	0,9833	0,0440	0,9672	0,0643	0,9421	0,1075	0,8608	0,1523	0,5929
9	0,0052	0,9978	0,0110	0,9944	0,0203	0,9875	0,0333	0,9755	0,0684	0,9292	0,1353	0,7282
10	0,0016	0,9994	0,0039	0,9983	0,0082	0,9957	0,0152	0,9906	0,0383	0,9675	0,1057	0,8339
11	0,0004	0,9999	0,0012	0,9995	0,0030	0,9987	0,0061	0,9968	0,0190	0,9865	0,0732	0,9071
12	0,0001	1	0,0004	0,9999	0,0010	0,9996	0,0022	0,9990	0,0084	0,9949	0,0453	0,9525
13	0	1	0,0001	1	0,0003	0,9999	0,0007	0,9997	0,0034	0,9982	0,0252	0,9777
14	0	1	0	1	0,0001	1	0,0002	0,9999	0,0012	0,9994	0,0127	0,9904
15	0	1	0	1	0	1	0,0001	1	0,0004	0,9998	0,0058	0,9962
16	0	1	0	1	0	1	0	1	0,0001	1	0,0024	0,9986
17	0	1	0	1	0	1	0	1	0	1	0,0009	0,9995
18	0	1	0	1	0	1	0	1	0	1	0,0003	0,9999
19	0	1	0	1	0	1	0	1	0	1	0,0001	1
20	0	1	0	1	0	1	0	1	0	1	0	1

$n = 80$

$p =$	0,01		0,02		0,03		0,04		0,05		0,06	
x	$g(x)$	$G(x)$	$g(x)$	$G(x)$	$g(x)$	$G(x)$	$g(x)$	$G(x)$	$g(x)$	$G(x)$	$g(x)$	$G(x)$
0	0,4475	0,4475	0,1986	0,1986	0,0874	0,0874	0,0382	0,0382	0,0165	0,0165	0,0071	0,0071
1	0,3616	0,8092	0,3243	0,5230	0,2164	0,3038	0,1272	0,1654	0,0695	0,0861	0,0362	0,0433
2	0,1443	0,9534	0,2614	0,7844	0,2643	0,5681	0,2094	0,3748	0,1446	0,2306	0,0912	0,1344
3	0,0379	0,9913	0,1387	0,9231	0,2125	0,7807	0,2268	0,6016	0,1978	0,4284	0,1513	0,2858
4	0,0074	0,9987	0,0545	0,9776	0,1265	0,9072	0,1819	0,7836	0,2004	0,6289	0,1860	0,4717
5	0,0011	0,9998	0,0169	0,9946	0,0595	0,9667	0,1152	0,8988	0,1603	0,7892	0,1804	0,6522
6	0,0001	1	0,0043	0,9989	0,0230	0,9897	0,0600	0,9588	0,1055	0,8947	0,1440	0,7961
7	0	1	0,0009	0,9998	0,0075	0,9972	0,0264	0,9853	0,0587	0,9534	0,0971	0,8932
8	0	1	0,0002	1	0,0021	0,9993	0,0101	0,9953	0,0282	0,9816	0,0566	0,9498
9	0	1	0	1	0,0005	0,9999	0,0034	0,9987	0,0119	0,9935	0,0289	0,9787
10	0	1	0	1	0,0001	1	0,0010	0,9997	0,0044	0,9979	0,0131	0,9918
11	0	1	0	1	0	1	0,0003	0,9999	0,0015	0,9994	0,0053	0,9971
12	0	1	0	1	0	1	0,0001	1	0,0004	0,9998	0,0020	0,9991
13	0	1	0	1	0	1	0	1	0,0001	1	0,0007	0,9997
14	0	1	0	1	0	1	0	1	0	1	0,0002	0,9999
15	0	1	0	1	0	1	0	1	0	1	0,0001	1,0000
16	0	1	0	1	0	1	0	1	0	1	0	1

$p =$	0,07		0,08		0,09		0,10		0,12		0,16	
x	$g(x)$	$G(x)$	$g(x)$	$G(x)$	$g(x)$	$G(x)$	$g(x)$	$G(x)$	$g(x)$	$G(x)$	$g(x)$	$G(x)$
0	0,0030	0,0030	0,0013	0,0013	0,0005	0,0005	0,0002	0,0002	0	0	0	0
1	0,0181	0,0211	0,0088	0,0101	0,0042	0,0047	0,0019	0,0022	0,0004	0,0004	0	0
2	0,0539	0,0750	0,0303	0,0404	0,0163	0,0211	0,0085	0,0107	0,0021	0,0026	0,0001	0,0001
3	0,1055	0,1805	0,0685	0,1089	0,0420	0,0631	0,0246	0,0353	0,0075	0,0101	0,0005	0,0006
4	0,1528	0,3333	0,1146	0,2235	0,0800	0,1431	0,0527	0,0880	0,0198	0,0299	0,0018	0,0024
5	0,1748	0,5082	0,1515	0,3750	0,1203	0,2634	0,0889	0,1769	0,0410	0,0709	0,0053	0,0077
6	0,1645	0,6727	0,1647	0,5397	0,1487	0,4121	0,1235	0,3005	0,0699	0,1408	0,0126	0,0203
7	0,1309	0,8036	0,1514	0,6911	0,1555	0,5676	0,1451	0,4456	0,1008	0,2416	0,0253	0,0456
8	0,0899	0,8935	0,1201	0,8112	0,1403	0,7079	0,1471	0,5927	0,1254	0,3671	0,0440	0,0896
9	0,0541	0,9476	0,0836	0,8948	0,1110	0,8190	0,1308	0,7234	0,1368	0,5039	0,0670	0,1566
10	0,0289	0,9765	0,0516	0,9464	0,0780	0,8969	0,1032	0,8266	0,1325	0,6364	0,0906	0,2472
11	0,0139	0,9904	0,0286	0,9750	0,0491	0,9460	0,0729	0,8996	0,1150	0,7514	0,1099	0,3571
12	0,0060	0,9964	0,0143	0,9892	0,0279	0,9739	0,0466	0,9462	0,0901	0,8415	0,1203	0,4774
13	0,0024	0,9987	0,0065	0,9957	0,0144	0,9883	0,0271	0,9733	0,0643	0,9058	0,1199	0,5973
14	0,0009	0,9996	0,0027	0,9984	0,0068	0,9952	0,0144	0,9877	0,0420	0,9478	0,1093	0,7066
15	0,0003	0,9999	0,0010	0,9995	0,0030	0,9981	0,0070	0,9947	0,0252	0,9729	0,0916	0,7982
16	0,0001	1	0,0004	0,9998	0,0012	0,9993	0,0032	0,9979	0,0139	0,9869	0,0709	0,8691
17	0	1	0,0001	0,9999	0,0004	0,9998	0,0013	0,9992	0,0072	0,9940	0,0508	0,9199
18	0	1	0	1	0,0002	0,9999	0,0005	0,9997	0,0034	0,9975	0,0339	0,9538
19	0	1	0	1	0	1	0,0002	0,9999	0,0015	0,9990	0,0211	0,9748
20	0	1	0	1	0	1	0,0001	1	0,0006	0,9996	0,0122	0,9871
21	0	1	0	1	0	1	0	1	0,0002	0,9999	0,0067	0,9937
22	0	1	0	1	0	1	0	1	0,0001	1	0,0034	0,9971
23	0	1	0	1	0	1	0	1	0	1	0,0016	0,9987
24	0	1	0	1	0	1	0	1	0	1	0,0007	0,9995
25	0	1	0	1	0	1	0	1	0	1	0,0003	0,9998
26	0	1	0	1	0	1	0	1	0	1	0,0001	0,9999
27	0	1	0	1	0	1	0	1	0	1	0	1

$n = 100$

$p =$	0,01		0,02		0,03		0,04		0,05		0,06	
x	$g(x)$	$G(x)$	$g(x)$	$G(x)$	$g(x)$	$G(x)$	$g(x)$	$G(x)$	$g(x)$	$G(x)$	$g(x)$	$G(x)$
0	0,3660	0,3660	0,1326	0,1326	0,0476	0,0476	0,0169	0,0169	0,0059	0,0059	0,0021	0,0021
1	0,3697	0,7358	0,2707	0,4033	0,1471	0,1946	0,0703	0,0872	0,0312	0,0371	0,0131	0,0152
2	0,1849	0,9206	0,2734	0,6767	0,2252	0,4198	0,1450	0,2321	0,0812	0,1183	0,0414	0,0566
3	0,0610	0,9816	0,1823	0,8590	0,2275	0,6472	0,1973	0,4295	0,1396	0,2578	0,0864	0,1430
4	0,0149	0,9966	0,0902	0,9492	0,1706	0,8179	0,1994	0,6289	0,1781	0,4360	0,1338	0,2768
5	0,0029	0,9995	0,0353	0,9845	0,1013	0,9192	0,1595	0,7884	0,1800	0,6160	0,1639	0,4407
6	0,0005	0,9999	0,0114	0,9959	0,0496	0,9688	0,1052	0,8936	0,1500	0,7660	0,1657	0,6064
7	0,0001	1	0,0031	0,9991	0,0206	0,9894	0,0589	0,9525	0,1060	0,8720	0,1420	0,7483
8	0	1	0,0007	0,9998	0,0074	0,9968	0,0285	0,9810	0,0649	0,9369	0,1054	0,8537
9	0	1	0,0002	1	0,0023	0,9991	0,0121	0,9932	0,0349	0,9718	0,0687	0,9225
10	0	1	0	1	0,0007	0,9998	0,0046	0,9978	0,0167	0,9885	0,0399	0,9624
11	0	1	0	1	0,0002	1	0,0016	0,9993	0,0072	0,9957	0,0209	0,9832
12	0	1	0	1	0	1	0,0005	0,9998	0,0028	0,9985	0,0099	0,9931
13	0	1	0	1	0	1	0,0001	1	0,0010	0,9995	0,0043	0,9974
14	0	1	0	1	0	1	0	1	0,0003	0,9999	0,0017	0,9991
15	0	1	0	1	0	1	0	1	0,0001	1	0,0006	0,9997
16	0	1	0	1	0	1	0	1	0	1	0,0002	0,9999
17	0	1	0	1	0	1	0	1	0	1	0,0001	1
18	0	1	0	1	0	1	0	1	0	1	0	1
19	0	1	0	1	0	1	0	1	0	1	0	1
20	0	1	0	1	0	1	0	1	0	1	0	1
21	0	1	0	1	0	1	0	1	0	1	0	1
22	0	1	0	1	0	1	0	1	0	1	0	1
23	0	1	0	1	0	1	0	1	0	1	0	1
24	0	1	0	1	0	1	0	1	0	1	0	1
25	0	1	0	1	0	1	0	1	0	1	0	1
26	0	1	0	1	0	1	0	1	0	1	0	1
27	0	1	0	1	0	1	0	1	0	1	0	1
28	0	1	0	1	0	1	0	1	0	1	0	1
29	0	1	0	1	0	1	0	1	0	1	0	1
30	0	1	0	1	0	1	0	1	0	1	0	1
31	0	1	0	1	0	1	0	1	0	1	0	1
32	0	1	0	1	0	1	0	1	0	1	0	1

$n = 100$

$p =$	0,07		0,08		0,09		0,10		0,12		0,16	
x	$g(x)$	$G(x)$	$g(x)$	$G(x)$	$g(x)$	$G(x)$	$g(x)$	$G(x)$	$g(x)$	$G(x)$	$g(x)$	$G(x)$
0	0,0007	0,0007	0,0002	0,0002	0,0001	0,0001	0	0	0	0	0	0
1	0,0053	0,0060	0,0021	0,0023	0,0008	0,0009	0,0003	0,0003	0	0	0	0
2	0,0198	0,0258	0,0090	0,0113	0,0039	0,0048	0,0016	0,0019	0,0003	0,0003	0	0
3	0,0486	0,0744	0,0254	0,0367	0,0125	0,0173	0,0059	0,0078	0,0012	0,0015	0	0
4	0,0888	0,1632	0,0536	0,0903	0,0301	0,0474	0,0159	0,0237	0,0038	0,0053	0,0001	0,0002
5	0,1283	0,2914	0,0895	0,1799	0,0571	0,1045	0,0339	0,0576	0,0100	0,0152	0,0005	0,0007
6	0,1529	0,4443	0,1233	0,3032	0,0895	0,1940	0,0596	0,1172	0,0215	0,0367	0,0015	0,0022
7	0,1545	0,5988	0,1440	0,4471	0,1188	0,3128	0,0889	0,2061	0,0394	0,0761	0,0039	0,0061
8	0,1352	0,7340	0,1455	0,5926	0,1366	0,4494	0,1148	0,3209	0,0625	0,1386	0,0086	0,0147
9	0,1040	0,8380	0,1293	0,7220	0,1381	0,5875	0,1304	0,4513	0,0871	0,2257	0,0168	0,0316
10	0,0712	0,9092	0,1024	0,8243	0,1243	0,7118	0,1319	0,5832	0,1080	0,3337	0,0292	0,0607
11	0,0439	0,9531	0,0728	0,8972	0,1006	0,8124	0,1199	0,7030	0,1205	0,4542	0,0454	0,1061
12	0,0245	0,9776	0,0470	0,9441	0,0738	0,8862	0,0988	0,8018	0,1219	0,5761	0,0642	0,1703
13	0,0125	0,9901	0,0276	0,9718	0,0494	0,9355	0,0743	0,8761	0,1125	0,6886	0,0827	0,2531
14	0,0058	0,9959	0,0149	0,9867	0,0304	0,9659	0,0513	0,9274	0,0954	0,7840	0,0979	0,3510
15	0,0025	0,9984	0,0074	0,9942	0,0172	0,9831	0,0327	0,9601	0,0745	0,8586	0,1070	0,4580
16	0,0010	0,9994	0,0034	0,9976	0,0090	0,9922	0,0193	0,9794	0,0540	0,9126	0,1082	0,5662
17	0,0004	0,9998	0,0015	0,9991	0,0044	0,9966	0,0106	0,9900	0,0364	0,9489	0,1019	0,6681
18	0,0001	0,9999	0,0006	0,9997	0,0020	0,9986	0,0054	0,9954	0,0229	0,9718	0,0895	0,7576
19	0	1	0,0002	0,9999	0,0009	0,9995	0,0026	0,9980	0,0135	0,9853	0,0736	0,8311
20	0	1	0,0001	1	0,0003	0,9998	0,0012	0,9992	0,0074	0,9927	0,0567	0,8879
21	0	1	0	1	0,0001	0,9999	0,0005	0,9997	0,0039	0,9966	0,0412	0,9290
22	0	1	0	1	0	1	0,0002	0,9999	0,0019	0,9985	0,0282	0,9572
23	0	1	0	1	0	1	0,0001	1	0,0009	0,9994	0,0182	0,9754
24	0	1	0	1	0	1	0	1	0,0004	0,9997	0,0111	0,9865
25	0	1	0	1	0	1	0	1	0,0002	0,9999	0,0064	0,9929
26	0	1	0	1	0	1	0	1	0,0001	1	0,0035	0,9965
27	0	1	0	1	0	1	0	1	0	1	0,0018	0,9983
28	0	1	0	1	0	1	0	1	0	1	0,0009	0,9992
29	0	1	0	1	0	1	0	1	0	1	0,0004	0,9997
30	0	1	0	1	0	1	0	1	0	1	0,0002	0,9999
31	0	1	0	1	0	1	0	1	0	1	0,0001	0,9999
32	0	1	0	1	0	1	0	1	0	1	0	1

$n = 125$

$p =$	0,01		0,02		0,03		0,04		0,05		0,06	
x	$g(x)$	$G(x)$	$g(x)$	$G(x)$	$g(x)$	$G(x)$	$g(x)$	$G(x)$	$g(x)$	$G(x)$	$g(x)$	$G(x)$
0	0,2847	0,2847	0,0800	0,0800	0,0222	0,0222	0,0061	0,0061	0,0016	0,0016	0,0004	0,0004
1	0,3595	0,6442	0,2042	0,2842	0,0858	0,1081	0,0317	0,0377	0,0108	0,0124	0,0035	0,0039
2	0,2251	0,8693	0,2583	0,5425	0,1646	0,2727	0,0818	0,1196	0,0353	0,0477	0,0138	0,0177
3	0,0932	0,9626	0,2162	0,7587	0,2087	0,4814	0,1398	0,2593	0,0761	0,1238	0,0362	0,0539
4	0,0287	0,9913	0,1345	0,8932	0,1969	0,6783	0,1776	0,4369	0,1221	0,2459	0,0704	0,1243
5	0,0070	0,9983	0,0664	0,9597	0,1474	0,8257	0,1791	0,6160	0,1556	0,4015	0,1087	0,2330
6	0,0014	0,9997	0,0271	0,9868	0,0912	0,9168	0,1492	0,7652	0,1637	0,5652	0,1388	0,3718
7	0,0002	1	0,0094	0,9962	0,0479	0,9648	0,1057	0,8709	0,1465	0,7117	0,1506	0,5224
8	0	1	0,0028	0,9990	0,0219	0,9866	0,0650	0,9359	0,1137	0,8255	0,1418	0,6642
9	0	1	0,0008	0,9998	0,0088	0,9954	0,0352	0,9711	0,0778	0,9033	0,1177	0,7818
10	0	1	0,0002	1	0,0032	0,9986	0,0170	0,9881	0,0475	0,9508	0,0871	0,8689
11	0	1	0	1	0,0010	0,9996	0,0074	0,9955	0,0261	0,9769	0,0581	0,9271
12	0	1	0	1	0,0003	0,9999	0,0029	0,9984	0,0131	0,9900	0,0353	0,9623
13	0	1	0	1	0,0001	1	0,0011	0,9995	0,0060	0,9960	0,0196	0,9819
14	0	1	0	1	0	1	0,0004	0,9998	0,0025	0,9985	0,0100	0,9919
15	0	1	0	1	0	1	0,0001	1	0,0010	0,9995	0,0047	0,9966
16	0	1	0	1	0	1	0	1	0,0004	0,9998	0,0021	0,9987
17	0	1	0	1	0	1	0	1	0,0001	0,9999	0,0008	0,9995
18	0	1	0	1	0	1	0	1	0	1	0,0003	0,9998
19	0	1	0	1	0	1	0	1	0	1	0,0001	0,9999
20	0	1	0	1	0	1	0	1	0	1	0	1
21	0	1	0	1	0	1	0	1	0	1	0	1
22	0	1	0	1	0	1	0	1	0	1	0	1
23	0	1	0	1	0	1	0	1	0	1	0	1
24	0	1	0	1	0	1	0	1	0	1	0	1
25	0	1	0	1	0	1	0	1	0	1	0	1
26	0	1	0	1	0	1	0	1	0	1	0	1
27	0	1	0	1	0	1	0	1	0	1	0	1
28	0	1	0	1	0	1	0	1	0	1	0	1
29	0	1	0	1	0	1	0	1	0	1	0	1
30	0	1	0	1	0	1	0	1	0	1	0	1
31	0	1	0	1	0	1	0	1	0	1	0	1
32	0	1	0	1	0	1	0	1	0	1	0	1
33	0	1	0	1	0	1	0	1	0	1	0	1
34	0	1	0	1	0	1	0	1	0	1	0	1
35	0	1	0	1	0	1	0	1	0	1	0	1
36	0	1	0	1	0	1	0	1	0	1	0	1
37	0	1	0	1	0	1	0	1	0	1	0	1
38	0	1	0	1	0	1	0	1	0	1	0	1

$n = 125$

$p =$	0,07		0,08		0,09		0,10		0,12		0,16	
x	g(x)	G(x)	g(x)	G(x)	g(x)	G(x)	g(x)	G(x)	g(x)	G(x)	g(x)	G(x)
0	0,0001	0,0001	0	0	0	0	0	0	0	0	0	0
1	0,0011	0,0012	0,0003	0,0004	0,0001	0,0001	0	0	0	0	0	0
2	0,0050	0,0062	0,0017	0,0021	0,0006	0,0007	0,0002	0,0002	0	0	0	0
3	0,0156	0,0218	0,0062	0,0083	0,0023	0,0030	0,0008	0,0010	0,0001	0,0001	0	0
4	0,0357	0,0576	0,0165	0,0248	0,0070	0,0100	0,0028	0,0039	0,0004	0,0005	0	0
5	0,0651	0,1227	0,0347	0,0595	0,0168	0,0269	0,0076	0,0114	0,0013	0,0018	0	0
6	0,0980	0,2207	0,0603	0,1198	0,0333	0,0602	0,0168	0,0283	0,0035	0,0052	0,0001	0,0001
7	0,1254	0,3461	0,0892	0,2090	0,0560	0,1162	0,0318	0,0601	0,0080	0,0133	0,0002	0,0004
8	0,1392	0,4853	0,1144	0,3234	0,0817	0,1979	0,0521	0,1122	0,0162	0,0294	0,0007	0,0010
9	0,1362	0,6216	0,1293	0,4527	0,1051	0,3030	0,0753	0,1874	0,0286	0,0581	0,0017	0,0028
10	0,1190	0,7405	0,1304	0,5831	0,1205	0,4235	0,0970	0,2844	0,0453	0,1034	0,0038	0,0066
11	0,0936	0,8341	0,1186	0,7017	0,1246	0,5481	0,1127	0,3971	0,0646	0,1680	0,0076	0,0142
12	0,0669	0,9011	0,0980	0,7996	0,1171	0,6652	0,1189	0,5160	0,0837	0,2517	0,0138	0,0280
13	0,0438	0,9449	0,0740	0,8737	0,1007	0,7658	0,1149	0,6309	0,0992	0,3508	0,0228	0,0508
14	0,0264	0,9712	0,0515	0,9252	0,0796	0,8455	0,1021	0,7330	0,1082	0,4590	0,0347	0,0855
15	0,0147	0,9859	0,0331	0,9583	0,0583	0,9038	0,0840	0,8169	0,1092	0,5682	0,0490	0,1345
16	0,0076	0,9935	0,0198	0,9781	0,0396	0,9434	0,0641	0,8811	0,1024	0,6706	0,0641	0,1986
17	0,0037	0,9972	0,0110	0,9892	0,0251	0,9685	0,0457	0,9268	0,0895	0,7601	0,0783	0,2769
18	0,0017	0,9989	0,0058	0,9949	0,0149	0,9834	0,0305	0,9572	0,0732	0,8333	0,0895	0,3664
19	0,0007	0,9996	0,0028	0,9978	0,0083	0,9917	0,0191	0,9763	0,0562	0,8896	0,0960	0,4624
20	0,0003	0,9998	0,0013	0,9991	0,0044	0,9961	0,0112	0,9875	0,0406	0,9302	0,0969	0,5593
21	0,0001	0,9999	0,0006	0,9996	0,0022	0,9982	0,0062	0,9937	0,0277	0,9579	0,0923	0,6516
22	0	1	0,0002	0,9999	0,0010	0,9992	0,0033	0,9970	0,0179	0,9758	0,0831	0,7347
23	0	1	0,0001	0,9999	0,0004	0,9997	0,0016	0,9986	0,0109	0,9867	0,0709	0,8056
24	0	1	0	1	0,0002	0,9999	0,0008	0,9994	0,0063	0,9930	0,0574	0,8630
25	0	1	0	1	0,0001	1	0,0003	0,9998	0,0035	0,9965	0,0442	0,9072
26	0	1	0	1	0	1	0,0001	0,9999	0,0018	0,9983	0,0324	0,9395
27	0	1	0	1	0	1	0,0001	1	0,0009	0,9992	0,0226	0,9621
28	0	1	0	1	0	1	0	1	0,0004	0,9997	0,0151	0,9772
29	0	1	0	1	0	1	0	1	0,0002	0,9999	0,0096	0,9868
30	0	1	0	1	0	1	0	1	0,0001	0,9999	0,0058	0,9926
31	0	1	0	1	0	1	0	1	0	1	0,0034	0,9960
32	0	1	0	1	0	1	0	1	0	1	0,0019	0,9980
33	0	1	0	1	0	1	0	1	0	1	0,0010	0,9990
34	0	1	0	1	0	1	0	1	0	1	0,0005	0,9995
35	0	1	0	1	0	1	0	1	0	1	0,0003	0,9998
36	0	1	0	1	0	1	0	1	0	1	0,0001	0,9999
37	0	1	0	1	0	1	0	1	0	1	0,0001	1
38	0	1	0	1	0	1	0	1	0	1	0	1

$n = 200$

$p =$	0,01		0,02		0,03		0,04		0,05		0,06	
x	$g(x)$	$G(x)$	$g(x)$	$G(x)$	$g(x)$	$G(x)$	$g(x)$	$G(x)$	$g(x)$	$G(x)$	$g(x)$	$G(x)$
0	0,1340	0,1340	0,0176	0,0176	0,0023	0,0023	0,0003	0,0003	0	0	0	0
1	0,2707	0,4046	0,0718	0,0894	0,0140	0,0162	0,0024	0,0027	0,0004	0,0004	0,0001	0,0001
2	0,2720	0,6767	0,1458	0,2351	0,0430	0,0593	0,0098	0,0125	0,0019	0,0023	0,0003	0,0004
3	0,1814	0,8580	0,1963	0,4315	0,0879	0,1472	0,0270	0,0395	0,0067	0,0090	0,0014	0,0018
4	0,0902	0,9483	0,1973	0,6288	0,1338	0,2810	0,0555	0,0950	0,0174	0,0264	0,0045	0,0064
5	0,0357	0,9840	0,1579	0,7867	0,1622	0,4432	0,0906	0,1856	0,0359	0,0623	0,0113	0,0177
6	0,0117	0,9957	0,1047	0,8914	0,1631	0,6063	0,1227	0,3084	0,0614	0,1237	0,0235	0,0413
7	0,0033	0,9990	0,0592	0,9507	0,1398	0,7461	0,1417	0,4501	0,0896	0,2133	0,0416	0,0829
8	0,0008	0,9998	0,0292	0,9798	0,1043	0,8504	0,1425	0,5926	0,1137	0,3270	0,0641	0,1470
9	0,0002	1	0,0127	0,9925	0,0688	0,9192	0,1266	0,7192	0,1277	0,4547	0,0873	0,2343
10	0	1	0,0049	0,9975	0,0407	0,9599	0,1008	0,8200	0,1284	0,5831	0,1064	0,3407
11	0	1	0,0017	0,9992	0,0217	0,9816	0,0725	0,8925	0,1167	0,6998	0,1173	0,4580
12	0	1	0,0006	0,9998	0,0106	0,9922	0,0476	0,9401	0,0967	0,7965	0,1180	0,5760
13	0	1	0,0002	0,9999	0,0047	0,9969	0,0287	0,9688	0,0736	0,8701	0,1089	0,6849
14	0	1	0	1	0,0020	0,9989	0,0160	0,9848	0,0518	0,9219	0,0928	0,7777
15	0	1	0	1	0,0007	0,9996	0,0082	0,9930	0,0338	0,9556	0,0735	0,8512
16	0	1	0	1	0,0003	0,9999	0,0040	0,9970	0,0206	0,9762	0,0542	0,9054
17	0	1	0	1	0,0001	1	0,0018	0,9988	0,0117	0,9879	0,0375	0,9429
18	0	1	0	1	0	1	0,0008	0,9995	0,0063	0,9942	0,0243	0,9672
19	0	1	0	1	0	1	0,0003	0,9998	0,0032	0,9973	0,0149	0,9821
20	0	1	0	1	0	1	0,0001	0,9999	0,0015	0,9988	0,0086	0,9907
21	0	1	0	1	0	1	0	1	0,0007	0,9995	0,0047	0,9953
22	0	1	0	1	0	1	0	1	0,0003	0,9998	0,0024	0,9978
23	0	1	0	1	0	1	0	1	0,0001	0,9999	0,0012	0,9990
24	0	1	0	1	0	1	0	1	0	1	0,0006	0,9996
25	0	1	0	1	0	1	0	1	0	1	0,0003	0,9998
26	0	1	0	1	0	1	0	1	0	1	0,0001	0,9999
27	0	1	0	1	0	1	0	1	0	1	0	1

$n = 200$

$p =$	0,07		0,08		0,09		0,10		0,12		0,16	
x	g(x)	G(x)	g(x)	G(x)	g(x)	G(x)	g(x)	G(x)	g(x)	G(x)	g(x)	G(x)
0	0	0	0	0	0	0	0	0	0	0	0	0
1	0	0	0	0	0	0	0	0	0	0	0	0
2	0,0001	0,0001	0	0	0	0	0	0	0	0	0	0
3	0,0003	0,0003	0	0,0001	0	0	0	0	0	0	0	0
4	0,0010	0,0014	0,0002	0,0003	0	0	0	0	0	0	0	0
5	0,0030	0,0044	0,0007	0,0010	0,0002	0,0002	0	0	0	0	0	0
6	0,0075	0,0119	0,0020	0,0030	0,0005	0,0007	0,0001	0,0001	0	0	0	0
7	0,0155	0,0274	0,0049	0,0079	0,0014	0,0021	0,0003	0,0005	0	0	0	0
8	0,0282	0,0556	0,0103	0,0183	0,0032	0,0053	0,0009	0,0014	0,0001	0,0001	0	0
9	0,0453	0,1010	0,0191	0,0374	0,0068	0,0121	0,0021	0,0035	0,0002	0,0002	0	0
10	0,0652	0,1661	0,0318	0,0691	0,0129	0,0251	0,0045	0,0081	0,0004	0,0006	0	0
11	0,0847	0,2508	0,0477	0,1168	0,0221	0,0472	0,0087	0,0168	0,0009	0,0015	0	0
12	0,1004	0,3513	0,0653	0,1821	0,0344	0,0816	0,0153	0,0320	0,0020	0,0035	0	0
13	0,1093	0,4606	0,0821	0,2643	0,0492	0,1308	0,0245	0,0566	0,0039	0,0075	0	0
14	0,1099	0,5705	0,0954	0,3597	0,0650	0,1958	0,0364	0,0929	0,0071	0,0146	0,0001	0,0001
15	0,1026	0,6731	0,1029	0,4626	0,0797	0,2755	0,0501	0,1431	0,0121	0,0267	0,0002	0,0003
16	0,0893	0,7623	0,1034	0,5660	0,0912	0,3666	0,0644	0,2075	0,0191	0,0457	0,0004	0,0006
17	0,0727	0,8351	0,0974	0,6634	0,0976	0,4642	0,0775	0,2849	0,0281	0,0739	0,0008	0,0014
18	0,0557	0,8907	0,0861	0,7494	0,0981	0,5623	0,0875	0,3724	0,0390	0,1129	0,0015	0,0028
19	0,0401	0,9308	0,0717	0,8211	0,0929	0,6553	0,0931	0,4655	0,0509	0,1638	0,0027	0,0055
20	0,0273	0,9582	0,0564	0,8775	0,0832	0,7385	0,0936	0,5592	0,0628	0,2266	0,0046	0,0101
21	0,0176	0,9758	0,0420	0,9196	0,0705	0,8090	0,0892	0,6484	0,0735	0,3001	0,0075	0,0175
22	0,0108	0,9866	0,0298	0,9493	0,0568	0,8657	0,0806	0,7290	0,0815	0,3816	0,0116	0,0291
23	0,0063	0,9929	0,0200	0,9694	0,0434	0,9092	0,0693	0,7983	0,0860	0,4676	0,0171	0,0462
24	0,0035	0,9964	0,0128	0,9822	0,0317	0,9409	0,0568	0,8551	0,0865	0,5541	0,0240	0,0702
25	0,0019	0,9982	0,0079	0,9901	0,0221	0,9629	0,0444	0,8995	0,0830	0,6372	0,0321	0,1023
26	0,0009	0,9992	0,0046	0,9947	0,0147	0,9776	0,0332	0,9328	0,0762	0,7134	0,0412	0,1435
27	0,0005	0,9996	0,0026	0,9972	0,0094	0,9870	0,0238	0,9566	0,0670	0,7804	0,0506	0,1941
28	0,0002	0,9998	0,0014	0,9986	0,0057	0,9927	0,0163	0,9729	0,0564	0,8368	0,0595	0,2537
29	0,0001	0,9999	0,0007	0,9993	0,0034	0,9960	0,0108	0,9837	0,0456	0,8824	0,0673	0,3209
30	0	1	0,0004	0,9997	0,0019	0,9979	0,0068	0,9905	0,0355	0,9179	0,0730	0,3940
31	0	1	0,0002	0,9999	0,0010	0,9990	0,0042	0,9946	0,0265	0,9444	0,0763	0,4703
32	0	1	0,0001	0,9999	0,0005	0,9995	0,0024	0,9971	0,0191	0,9635	0,0767	0,5470
33	0	1	0	1	0,0003	0,9998	0,0014	0,9985	0,0133	0,9768	0,0744	0,6214
34	0	1	0	1	0,0001	0,9999	0,0008	0,9992	0,0089	0,9857	0,0696	0,6910
35	0	1	0	1	0,0001	1	0,0004	0,9996	0,0057	0,9914	0,0629	0,7539
36	0	1	0	1	0	1	0,0002	0,9998	0,0036	0,9950	0,0549	0,8089
37	0	1	0	1	0	1	0,0001	0,9999	0,0022	0,9972	0,0464	0,8552
38	0	1	0	1	0	1	0	1	0,0013	0,9985	0,0379	0,8931
39	0	1	0	1	0	1	0	1	0,0007	0,9992	0,0300	0,9231
40	0	1	0	1	0	1	0	1	0,0004	0,9996	0,0230	0,9460
41	0	1	0	1	0	1	0	1	0,0002	0,9998	0,0171	0,9631
42	0	1	0	1	0	1	0	1	0,0001	0,9999	0,0123	0,9754
43	0	1	0	1	0	1	0	1	0,0001	1	0,0086	0,9840
44	0	1	0	1	0	1	0	1	0	1	0,0059	0,9899
45	0	1	0	1	0	1	0	1	0	1	0,0039	0,9938

$n = 200$

$p =$	0,07		0,08		0,09		0,10		0,12		0,16	
x	g(x)	G(x)	g(x)	G(x)	g(x)	G(x)	g(x)	G(x)	g(x)	G(x)	g(x)	G(x)
46	0	1	0	1	0	1	0	1	0	1	0,0025	0,9963
47	0	1	0	1	0	1	0	1	0	1	0,0015	0,9978
48	0	1	0	1	0	1	0	1	0	1	0,0009	0,9987
49	0	1	0	1	0	1	0	1	0	1	0,0006	0,9993
50	0	1	0	1	0	1	0	1	0	1	0,0003	0,9996
51	0	1	0	1	0	1	0	1	0	1	0,0002	0,9998
52	0	1	0	1	0	1	0	1	0	1	0,0001	0,9999
53	0	1	0	1	0	1	0	1	0	1	0,0001	0,9999
54	0	1	0	1	0	1	0	1	0	1	0	1

Tabelle B2. Poisson-Verteilung

n	Stichprobenumfang
$\mu = n\mu_E$	Mittlere Anzahl von Fehlern pro n Einheiten in der Grundgesamtheit (Los)
μ_E	Mittlere Anzahl von Fehlern pro Einheit
$g(x) = g(x;\mu) = \dfrac{\mu^x}{x!}e^{-\mu}$	Wahrscheinlichkeit, genau x Fehler in der Stichprobe zu finden
$G(x) = G(x;\mu) = \displaystyle\sum_{j=0}^{x} g(j;\mu)$	Wahrscheinlichkeit, bis zu (höchstens) x Fehler in der Stichprobe zu finden

$\mu =$	0,01		0,02		0,03		0,04		0,05		0,06	
x	$g(x)$	$G(x)$	$g(x)$	$G(x)$	$g(x)$	$G(x)$	$g(x)$	$G(x)$	$g(x)$	$G(x)$	$g(x)$	$G(x)$
0	0,9512	0,9512	0,9048	0,9048	0,8607	0,8607	0,8187	0,8187	0,7788	0,7788	0,7408	0,7408
1	0,0476	0,9988	0,0905	0,9953	0,1291	0,9898	0,1637	0,9825	0,1947	0,9735	0,2222	0,9631
2	0,0012	1	0,0045	0,9998	0,0097	0,9995	0,0164	0,9989	0,0243	0,9978	0,0333	0,9964
3	0	1	0,0002	1	0,0005	1	0,0011	0,9999	0,0020	0,9999	0,0033	0,9997
4	0	1	0	1	0	1	0,0001	1	0,0001	1	0,0003	1
5	0	1	0	1	0	1	0	1	0	1	0	1

$\mu =$	0,35		0,40		0,45		0,50		0,55		0,60	
x	$g(x)$	$G(x)$	$g(x)$	$G(x)$	$g(x)$	$G(x)$	$g(x)$	$G(x)$	$g(x)$	$G(x)$	$g(x)$	$G(x)$
0	0,7047	0,7047	0,6703	0,6703	0,6376	0,6376	0,6065	0,6065	0,5769	0,5769	0,5488	0,5488
1	0,2466	0,9513	0,2681	0,9384	0,2869	0,9246	0,3033	0,9098	0,3173	0,8943	0,3293	0,8781
2	0,0432	0,9945	0,0536	0,9921	0,0646	0,9891	0,0758	0,9856	0,0873	0,9815	0,0988	0,9769
3	0,0050	0,9995	0,0072	0,9992	0,0097	0,9988	0,0126	0,9982	0,0160	0,9975	0,0198	0,9966
4	0,0004	1	0,0007	0,9999	0,0011	0,9999	0,0016	0,9998	0,0022	0,9997	0,0030	0,9996
5	0	1	0,0001	1	0,0001	1	0,0002	1	0,0002	1	0,0004	1
6	0	1	0	1	0	1	0	1	0	1	0	1

$\mu =$	0,65		0,70		0,75		0,80		0,85		0,90	
x	$g(x)$	$G(x)$	$g(x)$	$G(x)$	$g(x)$	$G(x)$	$g(x)$	$G(x)$	$g(x)$	$G(x)$	$g(x)$	$G(x)$
0	0,5220	0,5220	0,4966	0,4966	0,4724	0,4724	0,4493	0,4493	0,4274	0,4274	0,4066	0,4066
1	0,3393	0,8614	0,3476	0,8442	0,3543	0,8266	0,3595	0,8088	0,3633	0,7907	0,3659	0,7725
2	0,1103	0,9717	0,1217	0,9659	0,1329	0,9595	0,1438	0,9526	0,1544	0,9451	0,1647	0,9371
3	0,0239	0,9956	0,0284	0,9942	0,0332	0,9927	0,0383	0,9909	0,0437	0,9889	0,0494	0,9865
4	0,0039	0,9994	0,0050	0,9992	0,0062	0,9989	0,0077	0,9986	0,0093	0,9982	0,0111	0,9977
5	0,0005	0,9999	0,0007	0,9999	0,0009	0,9999	0,0012	0,9998	0,0016	0,9997	0,0020	0,9997
6	0,0001	1	0,0001	1	0,0001	1	0,0002	1	0,0002	1	0,0003	1
7	0	1	0	1	0	1	0	1	0	1	0	1

$\mu =$	0,95		1,0		1,1		1,2		1,3		1,4	
x	$g(x)$	$G(x)$	$g(x)$	$G(x)$	$g(x)$	$G(x)$	$g(x)$	$G(x)$	$g(x)$	$G(x)$	$g(x)$	$G(x)$
0	0,3867	0,3867	0,3679	0,3679	0,3329	0,3329	0,3012	0,3012	0,2725	0,2725	0,2466	0,2466
1	0,3674	0,7541	0,3679	0,7358	0,3662	0,6990	0,3614	0,6626	0,3543	0,6268	0,3452	0,5918
2	0,1745	0,9287	0,1839	0,9197	0,2014	0,9004	0,2169	0,8795	0,2303	0,8571	0,2417	0,8335
3	0,0553	0,9839	0,0613	0,9810	0,0738	0,9743	0,0867	0,9662	0,0998	0,9569	0,1128	0,9463
4	0,0131	0,9971	0,0153	0,9963	0,0203	0,9946	0,0260	0,9923	0,0324	0,9893	0,0395	0,9857
5	0,0025	0,9995	0,0031	0,9994	0,0045	0,9990	0,0062	0,9985	0,0084	0,9978	0,0111	0,9968
6	0,0004	0,9999	0,0005	0,9999	0,0008	0,9999	0,0012	0,9997	0,0018	0,9996	0,0026	0,9994
7	0,0001	1	0,0001	1	0,0001	1	0,0002	1	0,0003	0,9999	0,0005	0,9999
8	0	1	0	1	0	1	0	1	0,0001	1	0,0001	1
9	0	1	0	1	0	1	0	1	0	1	0	1

$\mu =$	1,5		1,6		1,7		1,8		1,9		2,0	
x	$g(x)$	$G(x)$	$g(x)$	$G(x)$	$g(x)$	$G(x)$	$g(x)$	$G(x)$	$g(x)$	$G(x)$	$g(x)$	$G(x)$
0	0,2231	0,2231	0,2019	0,2019	0,1827	0,1827	0,1653	0,1653	0,1496	0,1496	0,1353	0,1353
1	0,3347	0,5578	0,3230	0,5249	0,3106	0,4932	0,2975	0,4628	0,2842	0,4337	0,2707	0,4060
2	0,2510	0,8088	0,2584	0,7834	0,2640	0,7572	0,2678	0,7306	0,2700	0,7037	0,2707	0,6767
3	0,1255	0,9344	0,1378	0,9212	0,1496	0,9068	0,1607	0,8913	0,1710	0,8747	0,1804	0,8571
4	0,0471	0,9814	0,0551	0,9763	0,0636	0,9704	0,0723	0,9636	0,0812	0,9559	0,0902	0,9473
5	0,0141	0,9955	0,0176	0,9940	0,0216	0,9920	0,0260	0,9896	0,0309	0,9868	0,0361	0,9834
6	0,0035	0,9991	0,0047	0,9987	0,0061	0,9981	0,0078	0,9974	0,0098	0,9966	0,0120	0,9955
7	0,0008	0,9998	0,0011	0,9997	0,0015	0,9996	0,0020	0,9994	0,0027	0,9992	0,0034	0,9989
8	0,0001	1	0,0002	1	0,0003	0,9999	0,0005	0,9999	0,0006	0,9998	0,0009	0,9998
9	0	1	0	1	0,0001	1	0,0001	1	0,0001	1	0,0002	1
10	0	1	0	1	0	1	0	1	0	1	0	1

$\mu =$	2,1		2,2		2,3		2,4		2,5		2,6	
x	$g(x)$	$G(x)$	$g(x)$	$G(x)$	$g(x)$	$G(x)$	$g(x)$	$G(x)$	$g(x)$	$G(x)$	$g(x)$	$G(x)$
0	0,1225	0,1225	0,1108	0,1108	0,1003	0,1003	0,0907	0,0907	0,0821	0,0821	0,0743	0,0743
1	0,2572	0,3796	0,2438	0,3546	0,2306	0,3309	0,2177	0,3084	0,2052	0,2873	0,1931	0,2674
2	0,2700	0,6496	0,2681	0,6227	0,2652	0,5960	0,2613	0,5697	0,2565	0,5438	0,2510	0,5184
3	0,1890	0,8386	0,1966	0,8194	0,2033	0,7993	0,2090	0,7787	0,2138	0,7576	0,2176	0,7360
4	0,0992	0,9379	0,1082	0,9275	0,1169	0,9162	0,1254	0,9041	0,1336	0,8912	0,1414	0,8774
5	0,0417	0,9796	0,0476	0,9751	0,0538	0,9700	0,0602	0,9643	0,0668	0,9580	0,0735	0,9510
6	0,0146	0,9941	0,0174	0,9925	0,0206	0,9906	0,0241	0,9884	0,0278	0,9858	0,0319	0,9828
7	0,0044	0,9985	0,0055	0,9980	0,0068	0,9974	0,0083	0,9967	0,0099	0,9958	0,0118	0,9947
8	0,0011	0,9997	0,0015	0,9995	0,0019	0,9994	0,0025	0,9991	0,0031	0,9989	0,0038	0,9985
9	0,0003	0,9999	0,0004	0,9999	0,0005	0,9999	0,0007	0,9998	0,0009	0,9997	0,0011	0,9996
10	0,0001	1	0,0001	1	0,0001	1	0,0002	1	0,0002	0,9999	0,0003	0,9999
11	0	1	0	1	0	1	0	1	0	1	0,0001	1
12	0	1	0	1	0	1	0	1	0	1	0	1

$\mu =$	2,7		2,8		2,9		3,0		3,2		3,4	
x	$g(x)$	$G(x)$	$g(x)$	$G(x)$	$g(x)$	$G(x)$	$g(x)$	$G(x)$	$g(x)$	$G(x)$	$g(x)$	$G(x)$
0	0,0672	0,0672	0,0608	0,0608	0,0550	0,0550	0,0498	0,0498	0,0408	0,0408	0,0334	0,0334
1	0,1815	0,2487	0,1703	0,2311	0,1596	0,2146	0,1494	0,1991	0,1304	0,1712	0,1135	0,1468
2	0,2450	0,4936	0,2384	0,4695	0,2314	0,4460	0,2240	0,4232	0,2087	0,3799	0,1929	0,3397
3	0,2205	0,7141	0,2225	0,6919	0,2237	0,6696	0,2240	0,6472	0,2226	0,6025	0,2186	0,5584
4	0,1488	0,8629	0,1557	0,8477	0,1622	0,8318	0,1680	0,8153	0,1781	0,7806	0,1858	0,7442
5	0,0804	0,9433	0,0872	0,9349	0,0940	0,9258	0,1008	0,9161	0,1140	0,8946	0,1264	0,8705
6	0,0362	0,9794	0,0407	0,9756	0,0455	0,9713	0,0504	0,9665	0,0608	0,9554	0,0716	0,9421
7	0,0139	0,9934	0,0163	0,9919	0,0188	0,9901	0,0216	0,9881	0,0278	0,9832	0,0348	0,9769
8	0,0047	0,9981	0,0057	0,9976	0,0068	0,9969	0,0081	0,9962	0,0111	0,9943	0,0148	0,9917
9	0,0014	0,9995	0,0018	0,9993	0,0022	0,9991	0,0027	0,9989	0,0040	0,9982	0,0056	0,9973
10	0,0004	0,9999	0,0005	0,9998	0,0006	0,9998	0,0008	0,9997	0,0013	0,9995	0,0019	0,9992
11	0,0001	1	0,0001	1	0,0002	0,9999	0,0002	0,9999	0,0004	0,9999	0,0006	0,9998
12	0	1	0	1	0	1	0,0001	1	0,0001	1	0,0002	0,9999
13	0	1	0	1	0	1	0	1	0	1	0	1

$\mu =$	3,6		3,8		4,0		4,2		4,4		4,6	
x	$g(x)$	$G(x)$	$g(x)$	$G(x)$	$g(x)$	$G(x)$	$g(x)$	$G(x)$	$g(x)$	$G(x)$	$g(x)$	$G(x)$
0	0,0273	0,0273	0,0224	0,0224	0,0183	0,0183	0,0150	0,0150	0,0123	0,0123	0,0101	0,0101
1	0,0984	0,1257	0,0850	0,1074	0,0733	0,0916	0,0630	0,0780	0,0540	0,0663	0,0462	0,0563
2	0,1771	0,3027	0,1615	0,2689	0,1465	0,2381	0,1323	0,2102	0,1188	0,1851	0,1063	0,1626
3	0,2125	0,5152	0,2046	0,4735	0,1954	0,4335	0,1852	0,3954	0,1743	0,3594	0,1631	0,3257
4	0,1912	0,7064	0,1944	0,6678	0,1954	0,6288	0,1944	0,5898	0,1917	0,5512	0,1875	0,5132
5	0,1377	0,8441	0,1477	0,8156	0,1563	0,7851	0,1633	0,7531	0,1687	0,7199	0,1725	0,6858
6	0,0826	0,9267	0,0936	0,9091	0,1042	0,8893	0,1143	0,8675	0,1237	0,8436	0,1323	0,8180
7	0,0425	0,9692	0,0508	0,9599	0,0595	0,9489	0,0686	0,9361	0,0778	0,9214	0,0869	0,9049
8	0,0191	0,9883	0,0241	0,9840	0,0298	0,9786	0,0360	0,9721	0,0428	0,9642	0,0500	0,9549
9	0,0076	0,9960	0,0102	0,9942	0,0132	0,9919	0,0168	0,9889	0,0209	0,9851	0,0255	0,9805
10	0,0028	0,9987	0,0039	0,9981	0,0053	0,9972	0,0071	0,9959	0,0092	0,9943	0,0118	0,9922
11	0,0009	0,9996	0,0013	0,9994	0,0019	0,9991	0,0027	0,9986	0,0037	0,9980	0,0049	0,9971
12	0,0003	0,9999	0,0004	0,9998	0,0006	0,9997	0,0009	0,9996	0,0013	0,9993	0,0019	0,9990
13	0,0001	1	0,0001	1	0,0002	0,9999	0,0003	0,9999	0,0005	0,9998	0,0007	0,9997
14	0	1	0	1	0,0001	1	0,0001	1	0,0001	0,9999	0,0002	0,9999
15	0	1	0	1	0	1	0	1	0	1	0,0001	1
16	0	1	0	1	0	1	0	1	0	1	0	1

$\mu =$	4,8		5,0		5,5		6,0		6,5		7,0	
x	$g(x)$	$G(x)$	$g(x)$	$G(x)$	$g(x)$	$G(x)$	$g(x)$	$G(x)$	$g(x)$	$G(x)$	$g(x)$	$G(x)$
0	0,0082	0,0082	0,0067	0,0067	0,0041	0,0041	0,0025	0,0025	0,0015	0,0015	0,0009	0,0009
1	0,0395	0,0477	0,0337	0,0404	0,0225	0,0266	0,0149	0,0174	0,0098	0,0113	0,0064	0,0073
2	0,0948	0,1425	0,0842	0,1247	0,0618	0,0884	0,0446	0,0620	0,0318	0,0430	0,0223	0,0296
3	0,1517	0,2942	0,1404	0,2650	0,1133	0,2017	0,0892	0,1512	0,0688	0,1118	0,0521	0,0818
4	0,1820	0,4763	0,1755	0,4405	0,1558	0,3575	0,1339	0,2851	0,1118	0,2237	0,0912	0,1730
5	0,1747	0,6510	0,1755	0,6160	0,1714	0,5289	0,1606	0,4457	0,1454	0,3690	0,1277	0,3007
6	0,1398	0,7908	0,1462	0,7622	0,1571	0,6860	0,1606	0,6063	0,1575	0,5265	0,1490	0,4497
7	0,0959	0,8867	0,1044	0,8666	0,1234	0,8095	0,1377	0,7440	0,1462	0,6728	0,1490	0,5987
8	0,0575	0,9442	0,0653	0,9319	0,0849	0,8944	0,1033	0,8472	0,1188	0,7916	0,1304	0,7291
9	0,0307	0,9749	0,0363	0,9682	0,0519	0,9462	0,0688	0,9161	0,0858	0,8774	0,1014	0,8305
10	0,0147	0,9896	0,0181	0,9863	0,0285	0,9747	0,0413	0,9574	0,0558	0,9332	0,0710	0,9015
11	0,0064	0,9960	0,0082	0,9945	0,0143	0,9890	0,0225	0,9799	0,0330	0,9661	0,0452	0,9467
12	0,0026	0,9986	0,0034	0,9980	0,0065	0,9955	0,0113	0,9912	0,0179	0,9840	0,0263	0,9730
13	0,0009	0,9995	0,0013	0,9993	0,0028	0,9983	0,0052	0,9964	0,0089	0,9929	0,0142	0,9872
14	0,0003	0,9999	0,0005	0,9998	0,0011	0,9994	0,0022	0,9986	0,0041	0,9970	0,0071	0,9943
15	0,0001	1	0,0002	0,9999	0,0004	0,9998	0,0009	0,9995	0,0018	0,9988	0,0033	0,9976
16	0	1	0	1	0,0001	0,9999	0,0003	0,9998	0,0007	0,9996	0,0014	0,9990
17	0	1	0	1	0	1	0,0001	0,9999	0,0003	0,9998	0,0006	0,9996
18	0	1	0	1	0	1	0	1	0,0001	0,9999	0,0002	0,9999
19	0	1	0	1	0	1	0	1	0	1	0,0001	1
20	0	1	0	1	0	1	0	1	0	1	0	1

$\mu =$	7,5		8,0		8,5		9,0		9,5		10,0	
x	$g(x)$	$G(x)$	$g(x)$	$G(x)$	$g(x)$	$G(x)$	$g(x)$	$G(x)$	$g(x)$	$G(x)$	$g(x)$	$G(x)$
0	0,0006	0,0006	0,0003	0,0003	0,0002	0,0002	0,0001	0,0001	0,0001	0,0001	0	0
1	0,0041	0,0047	0,0027	0,0030	0,0017	0,0019	0,0011	0,0012	0,0007	0,0008	0,0005	0,0005
2	0,0156	0,0203	0,0107	0,0138	0,0074	0,0093	0,0050	0,0062	0,0034	0,0042	0,0023	0,0028
3	0,0389	0,0591	0,0286	0,0424	0,0208	0,0301	0,0150	0,0212	0,0107	0,0149	0,0076	0,0103
4	0,0729	0,1321	0,0573	0,0996	0,0443	0,0744	0,0337	0,0550	0,0254	0,0403	0,0189	0,0293
5	0,1094	0,2414	0,0916	0,1912	0,0752	0,1496	0,0607	0,1157	0,0483	0,0885	0,0378	0,0671
6	0,1367	0,3782	0,1221	0,3134	0,1066	0,2562	0,0911	0,2068	0,0764	0,1649	0,0631	0,1301
7	0,1465	0,5246	0,1396	0,4530	0,1294	0,3856	0,1171	0,3239	0,1037	0,2687	0,0901	0,2202
8	0,1373	0,6620	0,1396	0,5925	0,1375	0,5231	0,1318	0,4557	0,1232	0,3918	0,1126	0,3328
9	0,1144	0,7764	0,1241	0,7166	0,1299	0,6530	0,1318	0,5874	0,1300	0,5218	0,1251	0,4579
10	0,0858	0,8622	0,0993	0,8159	0,1104	0,7634	0,1186	0,7060	0,1235	0,6453	0,1251	0,5830
11	0,0585	0,9208	0,0722	0,8881	0,0853	0,8487	0,0970	0,8030	0,1067	0,7520	0,1137	0,6968
12	0,0366	0,9573	0,0481	0,9362	0,0604	0,9091	0,0728	0,8758	0,0844	0,8364	0,0948	0,7916
13	0,0211	0,9784	0,0296	0,9658	0,0395	0,9486	0,0504	0,9261	0,0617	0,8981	0,0729	0,8645
14	0,0113	0,9897	0,0169	0,9827	0,0240	0,9726	0,0324	0,9585	0,0419	0,9400	0,0521	0,9165
15	0,0057	0,9954	0,0090	0,9918	0,0136	0,9862	0,0194	0,9780	0,0265	0,9665	0,0347	0,9513
16	0,0026	0,9980	0,0045	0,9963	0,0072	0,9934	0,0109	0,9889	0,0157	0,9823	0,0217	0,9730
17	0,0012	0,9992	0,0021	0,9984	0,0036	0,9970	0,0058	0,9947	0,0088	0,9911	0,0128	0,9857
18	0,0005	0,9997	0,0009	0,9993	0,0017	0,9987	0,0029	0,9976	0,0046	0,9957	0,0071	0,9928
19	0,0002	0,9999	0,0004	0,9997	0,0008	0,9995	0,0014	0,9989	0,0023	0,9980	0,0037	0,9965

$\mu =$	7,5		8,0		8,5		9,0		9,5		10,0	
x	$g(x)$	$G(x)$	$g(x)$	$G(x)$	$g(x)$	$G(x)$	$g(x)$	$G(x)$	$g(x)$	$G(x)$	$g(x)$	$G(x)$
20	0,0001	1	0,0002	0,9999	0,0003	0,9998	0,0006	0,9996	0,0011	0,9991	0,0019	0,9984
21	0	1	0,0001	1	0,0001	0,9999	0,0003	0,9998	0,0005	0,9996	0,0009	0,9993
22	0	1	0	1	0,0001	1	0,0001	0,9999	0,0002	0,9999	0,0004	0,9997
23	0	1	0	1	0	1	0	1	0,0001	0,9999	0,0002	0,9999
24	0	1	0	1	0	1	0	1	0	1	0,0001	1
25	0	1	0	1	0	1	0	1	0	1	0	1

Tabelle B3. Standard-Normalverteilung

$$u = \frac{x - \mu}{\sigma}$$

$$g(u) = \frac{1}{\sqrt{2\pi}} e^{-\frac{u^2}{2}}, \quad G(u) = \int_{-\infty}^{u} g(y)\,dy$$

Werte für negative μ erhält man mit

$$g(-u) = g(u)$$
$$G(-u) = Q(u) = 1 - G(u)$$

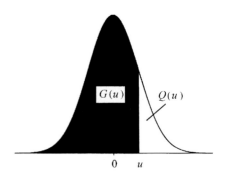

u	$g(u)$	$G(u)$	$Q(u)$
0,00	0,39894	0,50000	0,50000
0,01	0,39892	0,50399	0,49601
0,02	0,39886	0,50798	0,49202
0,03	0,39876	0,51197	0,48803
0,04	0,39862	0,51595	0,48405
0,05	0,39844	0,51994	0,48006
0,06	0,39822	0,52392	0,47608
0,07	0,39797	0,52790	0,47210
0,08	0,39767	0,53188	0,46812
0,09	0,39733	0,53586	0,46414
0,10	0,39695	0,53983	0,46017
0,11	0,39654	0,54380	0,45620
0,12	0,39608	0,54776	0,45224
0,13	0,39559	0,55172	0,44828
0,14	0,39505	0,55567	0,44433
0,15	0,39448	0,55962	0,44038
0,16	0,39387	0,56356	0,43644
0,17	0,39322	0,56749	0,43251
0,18	0,39253	0,57142	0,42858
0,19	0,39181	0,57535	0,42465
0,20	0,39104	0,57926	0,42074
0,21	0,39024	0,58317	0,41683
0,22	0,38940	0,58706	0,41294

u	$g(u)$	$G(u)$	$Q(u)$
0,23	0,38853	0,59095	0,40905
0,24	0,38762	0,59483	0,40517
0,25	0,38667	0,59871	0,40129
0,26	0,38568	0,60257	0,39743
0,27	0,38466	0,60642	0,39358
0,28	0,38361	0,61026	0,38974
0,29	0,38251	0,61409	0,38591
0,30	0,38139	0,61791	0,38209
0,31	0,38023	0,62172	0,37828
0,32	0,37903	0,62552	0,37448
0,33	0,37780	0,62930	0,37070
0,34	0,37654	0,63307	0,36693
0,35	0,37524	0,63683	0,36317
0,36	0,37391	0,64058	0,35942
0,37	0,37255	0,64431	0,35569
0,38	0,37115	0,64803	0,35197
0,39	0,36973	0,65173	0,34827
0,40	0,36827	0,65542	0,34458
0,41	0,36678	0,65910	0,34090
0,42	0,36526	0,66276	0,33724
0,43	0,36371	0,66640	0,33360
0,44	0,36213	0,67003	0,32997
0,45	0,36053	0,67364	0,32636
0,46	0,35889	0,67724	0,32276
0,47	0,35723	0,68082	0,31918
0,48	0,35553	0,68439	0,31561
0,49	0,35381	0,68793	0,31207
0,50	0,35207	0,69146	0,30854
0,51	0,35029	0,69497	0,30503
0,52	0,34849	0,69847	0,30153
0,53	0,34667	0,70194	0,29806
0,54	0,34482	0,70540	0,29460
0,55	0,34294	0,70884	0,29116
0,56	0,34105	0,71226	0,28774
0,57	0,33912	0,71566	0,28434
0,58	0,33718	0,71904	0,28096
0,59	0,33521	0,72240	0,27760
0,60	0,33322	0,72575	0,27425

u	$g(u)$	$G(u)$	$Q(u)$
0,61	0,33121	0,72907	0,27093
0,62	0,32918	0,73237	0,26763
0,63	0,32713	0,73565	0,26435
0,64	0,32506	0,73891	0,26109
0,65	0,32297	0,74215	0,25785
0,66	0,32086	0,74537	0,25463
0,67	0,31874	0,74857	0,25143
0,68	0,31659	0,75175	0,24825
0,69	0,31443	0,75490	0,24510
0,70	0,31225	0,75804	0,24196
0,71	0,31006	0,76115	0,23885
0,72	0,30785	0,76424	0,23576
0,73	0,30563	0,76730	0,23270
0,74	0,30339	0,77035	0,22965
0,75	0,30114	0,77337	0,22663
0,76	0,29887	0,77637	0,22363
0,77	0,29659	0,77935	0,22065
0,78	0,29431	0,78230	0,21770
0,79	0,29200	0,78524	0,21476
0,80	0,28969	0,78814	0,21186
0,81	0,28737	0,79103	0,20897
0,82	0,28504	0,79389	0,20611
0,83	0,28269	0,79673	0,20327
0,84	0,28034	0,79955	0,20045
0,85	0,27798	0,80234	0,19766
0,86	0,27562	0,80511	0,19489
0,87	0,27324	0,80785	0,19215
0,88	0,27086	0,81057	0,18943
0,89	0,26848	0,81327	0,18673
0,90	0,26609	0,81594	0,18406
0,91	0,26369	0,81859	0,18141
0,92	0,26129	0,82121	0,17879
0,93	0,25888	0,82381	0,17619
0,94	0,25647	0,82639	0,17361
0,95	0,25406	0,82894	0,17106
0,96	0,25164	0,83147	0,16853
0,97	0,24923	0,83398	0,16602

u	$g(u)$	$G(u)$	$Q(u)$
0,98	0,24681	0,83646	0,16354
0,99	0,24439	0,83891	0,16109
1,00	0,24197	0,84134	0,15866
1,01	0,23955	0,84375	0,15625
1,02	0,23713	0,84614	0,15386
1,03	0,23471	0,84849	0,15151
1,04	0,23230	0,85083	0,14917
1,05	0,22988	0,85314	0,14686
1,06	0,22747	0,85543	0,14457
1,07	0,22506	0,85769	0,14231
1,08	0,22265	0,85993	0,14007
1,09	0,22025	0,86214	0,13786
1,10	0,21785	0,86433	0,13567
1,11	0,21546	0,86650	0,13350
1,12	0,21307	0,86864	0,13136
1,13	0,21069	0,87076	0,12924
1,14	0,20831	0,87286	0,12714
1,15	0,20594	0,87493	0,12507
1,16	0,20357	0,87698	0,12302
1,17	0,20121	0,87900	0,12100
1,18	0,19886	0,88100	0,11900
1,19	0,19652	0,88298	0,11702
1,20	0,19419	0,88493	0,11507
1,21	0,19186	0,88686	0,11314
1,22	0,18954	0,88877	0,11123
1,23	0,18724	0,89065	0,10935
1,24	0,18494	0,89251	0,10749
1,25	0,18265	0,89435	0,10565
1,26	0,18037	0,89617	0,10383
1,27	0,17810	0,89796	0,10204
1,28	0,17585	0,89973	0,10027
1,29	0,17360	0,90147	0,09853
1,30	0,17137	0,90320	0,09680
1,31	0,16915	0,90490	0,09510
1,32	0,16694	0,90658	0,09342
1,33	0,16474	0,90824	0,09176
1,34	0,16256	0,90988	0,09012
1,35	0,16038	0,91149	0,08851

u	g(u)	G(u)	Q(u)
1,36	0,15822	0,91309	0,08691
1,37	0,15608	0,91466	0,08534
1,38	0,15395	0,91621	0,08379
1,39	0,15183	0,91774	0,08226
1,40	0,14973	0,91924	0,08076
1,41	0,14764	0,92073	0,07927
1,42	0,14556	0,92220	0,07780
1,43	0,14350	0,92364	0,07636
1,44	0,14146	0,92507	0,07493
1,45	0,13943	0,92647	0,07353
1,46	0,13742	0,92785	0,07215
1,47	0,13542	0,92922	0,07078
1,48	0,13344	0,93056	0,06944
1,49	0,13147	0,93189	0,06811
1,50	0,12952	0,93319	0,06681
1,54	0,12188	0,93822	0,06178
1,55	0,12001	0,93943	0,06057
1,56	0,11816	0,94062	0,05938
1,57	0,11632	0,94179	0,05821
1,58	0,11450	0,94295	0,05705
1,59	0,11270	0,94408	0,05592
1,60	0,11092	0,94520	0,05480
1,61	0,10915	0,94630	0,05370
1,62	0,10741	0,94738	0,05262
1,63	0,10567	0,94845	0,05155
1,64	0,10396	0,94950	0,05050
1,65	0,10226	0,95053	0,04947
1,66	0,10059	0,95154	0,04846
1,67	0,09893	0,95254	0,04746
1,68	0,09728	0,95352	0,04648
1,69	0,09566	0,95449	0,04551
1,70	0,09405	0,95543	0,04457
1,71	0,09246	0,95637	0,04363
1,72	0,09089	0,95728	0,04272
1,73	0,08933	0,95818	0,04182
1,74	0,08780	0,95907	0,04093
1,75	0,08628	0,95994	0,04006

u	$g(u)$	$G(u)$	$Q(u)$
1,76	0,08478	0,96080	0,03920
1,77	0,08329	0,96164	0,03836
1,78	0,08183	0,96246	0,03754
1,79	0,08038	0,96327	0,03673
1,80	0,07895	0,96407	0,03593
1,81	0,07754	0,96485	0,03515
1,82	0,07614	0,96562	0,03438
1,83	0,07477	0,96638	0,03362
1,84	0,07341	0,96712	0,03288
1,85	0,07206	0,96784	0,03216
1,86	0,07074	0,96856	0,03144
1,87	0,06943	0,96926	0,03074
1,88	0,06814	0,96995	0,03005
1,89	0,06687	0,97062	0,02938
1,90	0,06562	0,97128	0,02872
1,91	0,06438	0,97193	0,02807
1,92	0,06316	0,97257	0,02743
1,93	0,06195	0,97320	0,02680
1,94	0,06077	0,97381	0,02619
1,95	0,05959	0,97441	0,02559
1,96	0,05844	0,97500	0,02500
1,97	0,05730	0,97558	0,02442
1,98	0,05618	0,97615	0,02385
1,99	0,05508	0,97670	0,02330
2,00	0,05399	0,97725	0,02275
2,01	0,05292	0,97778	0,02222
2,02	0,05186	0,97831	0,02169
2,03	0,05082	0,97882	0,02118
2,04	0,04980	0,97932	0,02068
2,05	0,04879	0,97982	0,02018
2,06	0,04780	0,98030	0,01970
2,07	0,04682	0,98077	0,01923
2,08	0,04586	0,98124	0,01876
2,09	0,04491	0,98169	0,01831
2,10	0,04398	0,98214	0,01786
2,11	0,04307	0,98257	0,01743
2,12	0,04217	0,98300	0,01700

u	$g(u)$	$G(u)$	$Q(u)$
2,13	0,04128	0,98341	0,01659
2,14	0,04041	0,98382	0,01618
2,15	0,03955	0,98422	0,01578
2,16	0,03871	0,98461	0,01539
2,17	0,03788	0,98500	0,01500
2,18	0,03706	0,98537	0,01463
2,19	0,03626	0,98574	0,01426
2,20	0,03547	0,98610	0,01390
2,21	0,03470	0,98645	0,01355
2,22	0,03394	0,98679	0,01321
2,23	0,03319	0,98713	0,01287
2,24	0,03246	0,98745	0,01255
2,25	0,03174	0,98778	0,01222
2,26	0,03103	0,98809	0,01191
2,27	0,03034	0,98840	0,01160
2,28	0,02965	0,98870	0,01130
2,29	0,02898	0,98899	0,01101
2,30	0,02833	0,98928	0,01072
2,31	0,02768	0,98956	0,01044
2,32	0,02705	0,98983	0,01017
2,33	0,02643	0,99010	0,00990
2,34	0,02582	0,99036	0,00964
2,35	0,02522	0,99061	0,00939
2,36	0,02463	0,99086	0,00914
2,37	0,02406	0,99111	0,00889
2,38	0,02349	0,99134	0,00866
2,39	0,02294	0,99158	0,00842
2,40	0,02239	0,99180	0,00820
2,41	0,02186	0,99202	0,00798
2,42	0,02134	0,99224	0,00776
2,43	0,02083	0,99245	0,00755
2,44	0,02033	0,99266	0,00734
2,45	0,01984	0,99286	0,00714
2,46	0,01936	0,99305	0,00695
2,47	0,01888	0,99324	0,00676
2,48	0,01842	0,99343	0,00657
2,49	0,01797	0,99361	0,00639
2,50	0,01753	0,99379	0,00621

u	$g(u)$	$G(u)$	$Q(u)$
2,51	0,01709	0,99396	0,00604
2,52	0,01667	0,99413	0,00587
2,53	0,01625	0,99430	0,00570
2,54	0,01585	0,99446	0,00554
2,55	0,01545	0,99461	0,00539
2,56	0,01506	0,99477	0,00523
2,57	0,01468	0,99492	0,00508
2,58	0,01431	0,99506	0,00494
2,59	0,01394	0,99520	0,00480
2,60	0,01358	0,99534	0,00466
2,61	0,01323	0,99547	0,00453
2,62	0,01289	0,99560	0,00440
2,63	0,01256	0,99573	0,00427
2,64	0,01223	0,99585	0,00415
2,65	0,01191	0,99598	0,00402
2,66	0,01160	0,99609	0,00391
2,67	0,01130	0,99621	0,00379
2,68	0,01100	0,99632	0,00368
2,69	0,01071	0,99643	0,00357
2,70	0,01042	0,99653	0,00347
2,71	0,01014	0,99664	0,00336
2,72	0,00987	0,99674	0,00326
2,73	0,00961	0,99683	0,00317
2,74	0,00935	0,99693	0,00307
2,75	0,00909	0,99702	0,00298
2,76	0,00885	0,99711	0,00289
2,77	0,00861	0,99720	0,00280
2,78	0,00837	0,99728	0,00272
2,79	0,00814	0,99736	0,00264
2,80	0,00792	0,99744	0,00256
2,81	0,00770	0,99752	0,00248
2,82	0,00748	0,99760	0,00240
2,83	0,00727	0,99767	0,00233
2,84	0,00707	0,99774	0,00226
2,85	0,00687	0,99781	0,00219
2,86	0,00668	0,99788	0,00212
2,87	0,00649	0,99795	0,00205

u	$g(u)$	$G(u)$	$Q(u)$
2,88	0,00631	0,99801	0,00199
2,89	0,00613	0,99807	0,00193
2,90	0,00595	0,99813	0,00187
2,91	0,00578	0,99819	0,00181
2,92	0,00562	0,99825	0,00175
2,93	0,00545	0,99831	0,00169
2,94	0,00530	0,99836	0,00164
2,95	0,00514	0,99841	0,00159
2,96	0,00499	0,99846	0,00154
2,97	0,00485	0,99851	0,00149
2,98	0,00470	0,99856	0,00144
2,99	0,00457	0,99861	0,00139
3,00	0,00443	0,99865	0,00135
3,01	0,00430	0,99869	0,00131
3,02	0,00417	0,99874	0,00126
3,03	0,00405	0,99878	0,00122
3,04	0,00393	0,99882	0,00118
3,05	0,00381	0,99886	0,00114
3,06	0,00370	0,99889	0,00111
3,07	0,00358	0,99893	0,00107
3,08	0,00348	0,99896	0,00104
3,09	0,00337	0,99900	0,00100
3,10	0,00327	0,99903	0,00097
3,11	0,00317	0,99906	0,00094
3,12	0,00307	0,99910	0,00090
3,13	0,00298	0,99913	0,00087
3,14	0,00288	0,99916	0,00084
3,15	0,00279	0,99918	0,00082
3,16	0,00271	0,99921	0,00079
3,17	0,00262	0,99924	0,00076
3,18	0,00254	0,99926	0,00074
3,19	0,00246	0,99929	0,00071
3,20	0,00238	0,99931	0,00069
3,21	0,00231	0,99934	0,00066
3,22	0,00224	0,99936	0,00064
3,23	0,00216	0,99938	0,00062
3,24	0,00210	0,99940	0,00060
3,25	0,00203	0,99942	0,00058

u	$g(u)$	$G(u)$	$Q(u)$
3,26	0,00196	0,99944	0,00056
3,27	0,00190	0,99946	0,00054
3,28	0,00184	0,99948	0,00052
3,29	0,00178	0,99950	0,00050
3,30	0,00172	0,99952	0,00048
3,31	0,00167	0,99953	0,00047
3,32	0,00161	0,99955	0,00045
3,33	0,00156	0,99957	0,00043
3,34	0,00151	0,99958	0,00042
3,35	0,00146	0,99960	0,00040
3,36	0,00141	0,99961	0,00039
3,37	0,00136	0,99962	0,00038
3,38	0,00132	0,99964	0,00036
3,39	0,00127	0,99965	0,00035
3,40	0,00123	0,99966	0,00034
3,41	0,00119	0,99968	0,00032
3,42	0,00115	0,99969	0,00031
3,43	0,00111	0,99970	0,00030
3,44	0,00107	0,99971	0,00029
3,45	0,00104	0,99972	0,00028
3,46	0,00100	0,99973	0,00027
3,47	0,00097	0,99974	0,00026
3,48	0,00094	0,99975	0,00025
3,49	0,00090	0,99976	0,00024
3,50	0,00087	0,99977	0,00023
3,51	0,00084	0,99978	0,00022
3,52	0,00081	0,99978	0,00022
3,53	0,00079	0,99979	0,00021
3,54	0,00076	0,99980	0,00020
3,55	0,00073	0,99981	0,00019
3,56	0,00071	0,99981	0,00019
3,57	0,00068	0,99982	0,00018
3,58	0,00066	0,99983	0,00017
3,59	0,00063	0,99983	0,00017
3,60	0,00061	0,99984	0,00016
3,61	0,00059	0,99985	0,00015
3,62	0,00057	0,99985	0,00015

u	g(u)	G(u)	Q(u)
3,63	0,00055	0,99986	0,00014
3,64	0,00053	0,99986	0,00014
3,65	0,00051	0,99987	0,00013
3,66	0,00049	0,99987	0,00013
3,67	0,00047	0,99988	0,00012
3,68	0,00046	0,99988	0,00012
3,69	0,00044	0,99989	0,00011
3,70	0,00042	0,99989	0,00011
3,71	0,00041	0,99990	0,00010
3,72	0,00039	0,99990	0,00010
3,73	0,00038	0,99990	0,00010
3,74	0,00037	0,99991	0,00009
3,75	0,00035	0,99991	0,00009
3,76	0,00034	0,99992	0,00008
3,77	0,00033	0,99992	0,00008
3,78	0,00031	0,99992	0,00008
3,79	0,00030	0,99992	0,00008
3,80	0,00029	0,99993	0,00007
3,81	0,00028	0,99993	0,00007
3,82	0,00027	0,99993	0,00007
3,83	0,00026	0,99994	0,00006
3,84	0,00025	0,99994	0,00006
3,85	0,00024	0,99994	0,00006
3,86	0,00023	0,99994	0,00006
3,87	0,00022	0,99995	0,00005
3,88	0,00021	0,99995	0,00005
3,89	0,00021	0,99995	0,00005
3,90	0,00020	0,99995	0,00005
3,91	0,00019	0,99995	0,00005
3,92	0,00018	0,99996	0,00004
3,93	0,00018	0,99996	0,00004
3,94	0,00017	0,99996	0,00004
3,95	0,00016	0,99996	0,00004
3,96	0,00016	0,99996	0,00004
3,97	0,00015	0,99996	0,00004
3,98	0,00014	0,99997	0,00003
3,99	0,00014	0,99997	0,00003
4,00	0,00013	0,99997	0,00003

Für $u > 0$ kann die Näherung nach Hastings verwendet werden (Bosch, 1992):

$$G(u) \approx 1 - \frac{1}{\sqrt{2\pi}} e^{-\frac{u^2}{2}} \left(a_1 t + a_2 t^2 + a_3 t^3 + a_4 t^4 + a_5 t^5 \right), \text{ mit } t = \frac{1}{1 + b u},$$

$b = 0{,}2316419$, $a_1 = 0{,}319381530$, $a_2 = -0{,}356563782$,

$a_3 = 1{,}781477937$, $a_4 = -1{,}821255978$, $a_5 = 1{,}330274429$.

Die Näherungswerte sind für $u > 0$ auf mindestens sieben Stellen genau.

Tabelle B4. Quantile der Standard-Normalverteilung

Quantile für $0 < G < 0,5$ erhält man mit:

$$u_{1-G} = -u_G.$$

Für $0,5 \leq G < 1$ kann die Näherung nach Hastings verwendet werden, die auf mindestens drei Dezimalstellen genau ist (Hartung, Eppelt, Klösener, 1993):

$$u_G \approx t - \frac{a_0 + a_1 t + a_2 t^2}{1 + b_1 t + b_2 t^2 + b_3 t^3} \quad \text{mit} \quad t = \sqrt{-2\ln(1-G)}$$

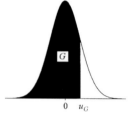

$$a_0 = 2,515517, \quad a_1 = 0,802853, \quad a_2 = 0,010328$$
$$b_1 = 1,432788, \quad b_2 = 0,189269, \quad b_3 = 0,001308$$

G	u_G
0,50	0,00000
0,51	0,02507
0,52	0,05015
0,53	0,07527
0,54	0,10043
0,55	0,12566
0,56	0,15097
0,57	0,17637
0,58	0,20189
0,59	0,22754
0,60	0,25335
0,61	0,27932
0,62	0,30548
0,63	0,33185
0,64	0,35846
0,65	0,38532
0,66	0,41246
0,67	0,43991
0,68	0,46770
0,69	0,49585
0,70	0,52440
0,71	0,55338
0,72	0,58284
0,73	0,61281
0,74	0,64335
0,75	0,67449

G	u_G
0,76	0,70630
0,77	0,73885
0,78	0,77219
0,79	0,80642
0,80	0,84162
0,81	0,87790
0,82	0,91537
0,83	0,95417
0,84	0,99446
0,85	1,03643
0,86	1,08032
0,87	1,12639
0,88	1,17499
0,89	1,22653
0,900	1,28155
0,905	1,31058
0,910	1,34076
0,915	1,37220
0,920	1,40507
0,925	1,43953
0,930	1,47579
0,935	1,51410
0,940	1,55477
0,945	1,59819
0,950	1,64485
0,955	1,69540
0,960	1,75069
0,965	1,81191
0,970	1,88079
0,975	1,95996
0,980	2,05375
0,985	2,17009
0,9900	2,32635
0,9905	2,34553
0,9910	2,36562
0,9915	2,38671
0,9920	2,40892
0,9925	2,43238
0,9930	2,45726
0,9935	2,48377
0,9940	2,51214
0,9945	2,54270
0,9950	2,57583
0,9955	2,61205

G	u_G
0,9960	2,65207
0,9965	2,69684
0,9970	2,74778
0,9975	2,80703
0,9976	2,82016
0,9977	2,83379
0,9978	2,84796
0,9979	2,86274
0,9980	2,87816
0,9981	2,89430
0,9982	2,91124
0,9983	2,92905
0,9984	2,94784
0,9985	2,96774
0,9986	2,98888
0,9987	3,01145
0,9988	3,03567
0,9989	3,06181
0,9990	3,09023
0,9991	3,12139
0,9992	3,15591
0,9993	3,19465
0,9994	3,23888
0,9995	3,29053
0,9996	3,35279
0,9997	3,43161
0,9998	3,54008
0,99990	3,71902
0,99991	3,74555
0,99992	3,77501
0,99993	3,80817
0,99994	3,84613
0,99995	3,89059
0,99996	3,94440
0,99997	4,01281
0,99998	4,10748
0,99999	4,26489

Tabelle B5. Quantile der Chi-Quadrat-Verteilung

$$\chi_f^2 = \frac{f s^2}{\sigma^2}$$

$$g_f(\chi^2) = \frac{1}{2^{\frac{f}{2}} \, \Gamma\!\left(\frac{f}{2}\right)} (\chi^2)^{\frac{f}{2}-1} \, e^{-\frac{\chi^2}{2}}$$

$$G_f(\chi^2) = \int_0^{\chi^2} g_f(y)\,\mathrm{d}y$$

G	f									
	1	2	3	4	5	6	7	8	9	10
0,0005	3,93 10-7	0,0010	0,0153	0,0639	0,1581	0,2994	0,4849	0,7104	0,9717	1,2650
0,0010	1,57 10-6	0,0020	0,0243	0,0908	0,2102	0,3811	0,5985	0,8571	1,1520	1,4787
0,0050	3,93 10-5	0,0100	0,0717	0,2070	0,4117	0,6757	0,9893	1,3444	1,7349	2,1559
0,0100	1,57 10-4	0,0201	0,1148	0,2971	0,5543	0,8721	1,2390	1,6465	2,0879	2,5582
0,0250	9,82 10-4	0,0506	0,2158	0,4844	0,8312	1,2373	1,6899	2,1797	2,7004	3,2470
0,0500	0,0039	0,1026	0,3519	0,7107	1,1455	1,6354	2,1674	2,7326	3,3251	3,9403
0,1000	0,0158	0,2107	0,5844	1,0636	1,6103	2,2041	2,8331	3,4895	4,1682	4,8652
0,2500	0,1015	0,5754	1,2125	1,9226	2,6746	3,4546	4,2549	5,0706	5,8988	6,7372
0,5000	0,4549	1,3863	2,3660	3,3567	4,3515	5,3481	6,3458	7,3441	8,3428	9,3418
0,7500	1,3233	2,7726	4,1083	5,3853	6,6257	7,8408	9,0372	10,2189	11,3888	12,5489
0,9000	2,7055	4,6052	6,2514	7,7794	9,2364	10,6446	12,0170	13,3616	14,6837	15,9872
0,9500	3,8415	5,9915	7,8147	9,4877	11,0705	12,5916	14,0671	15,5073	16,9190	18,3070
0,9750	5,0239	7,3778	9,3484	11,1433	12,8325	14,4494	16,0128	17,5346	19,0228	20,4832
0,9900	6,6349	9,2103	11,3449	13,2767	15,0863	16,8119	18,4753	20,0902	21,6660	23,2093
0,9950	7,8794	10,5966	12,8382	14,8603	16,7496	18,5476	20,2777	21,9550	23,5894	25,1882
0,9990	10,8276	13,8155	16,2662	18,4668	20,5150	22,4577	24,3219	26,1245	27,8772	29,5883
0,9995	12,1157	15,2018	17,7300	19,9974	22,1053	24,1028	26,0178	27,8681	29,6658	31,4198

G	f									
	11	12	13	14	15	16	17	18	19	20
0,0005	1,5869	1,9344	2,3051	2,6967	3,1075	3,5358	3,9802	4,4394	4,9123	5,3981
0,0010	1,8339	2,2142	2,6172	3,0407	3,4827	3,9416	4,4161	4,9049	5,4068	5,9210
0,0050	2,6032	3,0738	3,5650	4,0747	4,6009	5,1422	5,6972	6,2648	6,8440	7,4338
0,0100	3,0535	3,5706	4,1069	4,6604	5,2294	5,8122	6,4078	7,0149	7,6327	8,2604
0,0250	3,8158	4,4038	5,0088	5,6287	6,2621	6,9077	7,5642	8,2308	8,9065	9,5908
0,0500	4,5748	5,2260	5,8919	6,5706	7,2609	7,9617	8,6718	9,3905	10,1170	10,8508
0,1000	5,5778	6,3038	7,0415	7,7895	8,5468	9,3122	10,0852	10,8649	11,6509	12,4426
0,2500	7,5841	8,4384	9,2991	10,1653	11,0365	11,9122	12,7919	13,6753	14,5620	15,4518
0,5000	10,3410	11,3403	12,3398	13,3393	14,3389	15,3385	16,3382	17,3379	18,3377	19,3374
0,7500	13,7007	14,8454	15,9839	17,1169	18,2451	19,3689	20,4887	21,6049	22,7178	23,8277
0,9000	17,2750	18,5494	19,8119	21,0641	22,3071	23,5418	24,7690	25,9894	27,2036	28,4120
0,9500	19,6751	21,0261	22,3620	23,6848	24,9958	26,2962	27,5871	28,8693	30,1435	31,4104
0,9750	21,9201	23,3367	24,7356	26,1190	27,4884	28,8454	30,1910	31,5264	32,8523	34,1696
0,9900	24,7250	26,2170	27,6883	29,1412	30,5779	31,9999	33,4087	34,8053	36,1909	37,5662
0,9950	26,7569	28,2995	29,8195	31,3194	32,8013	34,2672	35,7185	37,1565	38,5823	39,9969
0,9990	31,2641	32,9095	34,5282	36,1233	37,6973	39,2524	40,7902	42,3124	43,8202	45,3148
0,9995	33,1366	34,8213	36,4778	38,1094	39,7188	41,3081	42,8792	44,4338	45,9731	47,4985

G	f									
	21	22	23	24	25	26	27	28	29	30
0,0005	5,8957	6,4045	6,9237	7,4527	7,9910	8,5380	9,0932	9,6563	10,2268	10,8044
0,0010	6,4467	6,9830	7,5292	8,0849	8,6493	9,2221	9,8028	10,3909	10,9861	11,5880
0,0050	8,0337	8,6427	9,2604	9,8862	10,5197	11,1602	11,8076	12,4613	13,1212	13,7867
0,0100	8,8972	9,5425	10,1957	10,8564	11,5240	12,1982	12,8785	13,5647	14,2565	14,9535
0,0250	10,2829	10,9823	11,6886	12,4012	13,1197	13,8439	14,5734	15,3079	16,0471	16,7908
0,0500	11,5913	12,3380	13,0905	13,8484	14,6114	15,3792	16,1514	16,9279	17,7084	18,4927
0,1000	13,2396	14,0415	14,8480	15,6587	16,4734	17,2919	18,1139	18,9392	19,7677	20,5992
0,2500	16,3444	17,2396	18,1373	19,0373	19,9393	20,8434	21,7494	22,6572	23,5666	24,4776
0,5000	20,3372	21,3370	22,3369	23,3367	24,3366	25,3365	26,3363	27,3362	28,3361	29,3360
0,7500	24,9348	26,0393	27,1413	28,2412	29,3389	30,4346	31,5284	32,6205	33,7109	34,7997
0,9000	29,6151	30,8133	32,0069	33,1962	34,3816	35,5632	36,7412	37,9159	39,0875	40,2560
0,9500	32,6706	33,9244	35,1725	36,4150	37,6525	38,8851	40,1133	41,3371	42,5570	43,7730
0,9750	35,4789	36,7807	38,0756	39,3641	40,6465	41,9232	43,1945	44,4608	45,7223	46,9792
0,9900	38,9322	40,2894	41,6384	42,9798	44,3141	45,6417	46,9629	48,2782	49,5879	50,8922
0,9950	41,4011	42,7957	44,1813	45,5585	46,9279	48,2899	49,6449	50,9934	52,3356	53,6720
0,9990	46,7970	48,2679	49,7282	51,1786	52,6197	54,0520	55,4760	56,8923	58,3012	59,7031
0,9995	49,0108	50,5111	52,0002	53,4788	54,9475	56,4069	57,8576	59,3000	60,7347	62,1619

G	f									
	31	32	33	34	35	36	37	38	39	40
0,0005	11,3887	11,9794	12,5763	13,1791	13,7875	14,4012	15,0202	15,6441	16,2729	16,9062
0,0010	12,1963	12,8107	13,4309	14,0567	14,6879	15,3241	15,9653	16,6112	17,2616	17,9164
0,0050	14,4578	15,1340	15,8153	16,5013	17,1918	17,8867	18,5858	19,2889	19,9959	20,7065
0,0100	15,6555	16,3622	17,0735	17,7892	18,5089	19,2327	19,9602	20,6914	21,4262	22,1643
0,0250	17,5387	18,2908	19,0467	19,8063	20,5694	21,3359	22,1056	22,8785	23,6543	24,4330
0,0500	19,2806	20,0719	20,8665	21,6643	22,4650	23,2686	24,0749	24,8839	25,6954	26,5093
0,1000	21,4336	22,2706	23,1102	23,9523	24,7967	25,6433	26,4921	27,3430	28,1958	29,0505
0,2500	25,3901	26,3041	27,2194	28,1361	29,0540	29,9730	30,8933	31,8146	32,7369	33,6603
0,5000	30,3359	31,3359	32,3358	33,3357	34,3356	35,3356	36,3355	37,3355	38,3354	39,3353
0,7500	35,8871	36,9730	38,0575	39,1408	40,2228	41,3036	42,3833	43,4619	44,5395	45,6160
0,9000	41,4217	42,5848	43,7452	44,9032	46,0588	47,2122	48,3634	49,5126	50,6598	51,8051
0,9500	44,9853	46,1943	47,3999	48,6024	49,8019	50,9985	52,1923	53,3835	54,5722	55,7585
0,9750	48,2319	49,4804	50,7251	51,9660	53,2034	54,4373	55,6680	56,8955	58,1201	59,3417
0,9900	52,1914	53,4858	54,7755	56,0609	57,3421	58,6192	59,8925	61,1621	62,4281	63,6907
0,9950	55,0027	56,3281	57,6485	58,9639	60,2748	61,5812	62,8833	64,1814	65,4756	66,7660
0,9990	61,0983	62,4872	63,8701	65,2472	66,6188	67,9852	69,3465	70,7029	72,0547	73,4020
0,9995	63,5820	64,9955	66,4025	67,8035	69,1986	70,5881	71,9722	73,3512	74,7253	76,0946

G	f									
	41	42	43	44	45	46	47	48	49	50
0,0005	17,5440	18,1861	18,8323	19,4825	20,1366	20,7945	21,4559	22,1209	22,7893	23,4610
0,0010	18,5754	19,2385	19,9055	20,5763	21,2507	21,9287	22,6101	23,2949	23,9828	24,6739
0,0050	21,4208	22,1385	22,8595	23,5837	24,3110	25,0413	25,7746	26,5106	27,2494	27,9908
0,0100	22,9056	23,6501	24,3976	25,1480	25,9013	26,6572	27,4159	28,1770	28,9407	29,7067
0,0250	25,2145	25,9987	26,7854	27,5746	28,3662	29,1601	29,9562	30,7545	31,5549	32,3574
0,0500	27,3256	28,1441	28,9647	29,7875	30,6123	31,4390	32,2676	33,0981	33,9303	34,7643
0,1000	29,9071	30,7654	31,6255	32,4871	33,3504	34,2152	35,0814	35,9491	36,8182	37,6887
0,2500	34,5846	35,5099	36,4361	37,3631	38,2910	39,2197	40,1492	41,0794	42,0104	42,9421
0,5000	40,3353	41,3353	42,3352	43,3352	44,3351	45,3351	46,3350	47,3350	48,3350	49,3349
0,7500	46,6916	47,7663	48,8400	49,9129	50,9850	52,0562	53,1267	54,1964	55,2653	56,3336
0,9000	52,9485	54,0902	55,2302	56,3685	57,5053	58,6405	59,7743	60,9066	62,0375	63,1671
0,9500	56,9424	58,1240	59,3035	60,4809	61,6562	62,8296	64,0011	65,1708	66,3387	67,5048
0,9750	60,5606	61,7768	62,9904	64,2015	65,4102	66,6165	67,8207	69,0226	70,2224	71,4202
0,9900	64,9501	66,2062	67,4594	68,7095	69,9568	71,2014	72,4433	73,6826	74,9195	76,1539
0,9950	68,0527	69,3360	70,6159	71,8926	73,1661	74,4365	75,7041	76,9688	78,2307	79,4900
0,9990	74,7449	76,0838	77,4186	78,7495	80,0767	81,4003	82,7204	84,0371	85,3506	86,6608
0,9995	77,4593	78,8197	80,1757	81,5277	82,8757	84,2199	85,5603	86,8972	88,2305	89,5605

G	f									
	51	52	53	54	55	56	57	58	59	60
0,0005	24,1359	24,8139	25,4949	26,1789	26,8658	27,5554	28,2478	28,9428	29,6404	30,3405
0,0010	25,3680	26,0651	26,7650	27,4677	28,1731	28,8812	29,5918	30,3049	31,0204	31,7383
0,0050	28,7347	29,4812	30,2300	30,9813	31,7348	32,4905	33,2484	34,0084	34,7704	35,5345
0,0100	30,4751	31,2457	32,0185	32,7935	33,5705	34,3495	35,1305	35,9135	36,6983	37,4849
0,0250	33,1618	33,9681	34,7763	35,5863	36,3981	37,2116	38,0267	38,8435	39,6619	40,4818
0,0500	35,5999	36,4371	37,2759	38,1162	38,9580	39,8013	40,6459	41,4920	42,3393	43,1880
0,1000	38,5604	39,4334	40,3076	41,1830	42,0596	42,9373	43,8162	44,6960	45,5770	46,4589
0,2500	43,8745	44,8075	45,7412	46,6755	47,6105	48,5460	49,4821	50,4188	51,3560	52,2938
0,5000	50,3349	51,3349	52,3348	53,3348	54,3348	55,3348	56,3347	57,3347	58,3347	59,3347
0,7500	57,4012	58,4681	59,5344	60,6000	61,6650	62,7294	63,7933	64,8565	65,9193	66,9815
0,9000	64,2954	65,4224	66,5482	67,6728	68,7962	69,9185	71,0397	72,1598	73,2789	74,3970
0,9500	68,6693	69,8322	70,9935	72,1532	73,3115	74,4683	75,6238	76,7778	77,9305	79,0819
0,9750	72,6160	73,8099	75,0019	76,1921	77,3805	78,5672	79,7522	80,9356	82,1174	83,2977
0,9900	77,3860	78,6158	79,8433	81,0688	82,2921	83,5134	84,7328	85,9502	87,1657	88,3794
0,9950	80,7467	82,0008	83,2526	84,5019	85,7490	86,9938	88,2364	89,4769	90,7153	91,9517
0,9990	87,9680	89,2722	90,5734	91,8719	93,1675	94,4605	95,7510	97,0388	98,3242	99,6072
0,9995	90,8872	92,2108	93,5312	94,8487	96,1632	97,4749	98,7838	100,0901	101,3937	102,6948

G	f									
	61	62	63	64	65	66	67	68	69	70
0,0005	31,0430	31,7480	32,4553	33,1649	33,8767	34,5906	35,3068	36,0250	36,7452	37,4674
0,0010	32,4586	33,1811	33,9058	34,6326	35,3616	36,0926	36,8257	37,5607	38,2976	39,0364
0,0050	36,3005	37,0684	37,8382	38,6098	39,3831	40,1582	40,9350	41,7135	42,4935	43,2752
0,0100	38,2732	39,0633	39,8551	40,6486	41,4436	42,2402	43,0384	43,8380	44,6392	45,4417
0,0250	41,3031	42,1260	42,9503	43,7760	44,6030	45,4314	46,2610	47,0920	47,9242	48,7576
0,0500	44,0379	44,8890	45,7414	46,5949	47,4496	48,3054	49,1623	50,0202	50,8792	51,7393
0,1000	47,3418	48,2257	49,1105	49,9963	50,8829	51,7705	52,6589	53,5481	54,4381	55,3289
0,2500	53,2321	54,1709	55,1102	56,0500	56,9903	57,9310	58,8722	59,8138	60,7559	61,6983
0,5000	60,3346	61,3346	62,3346	63,3346	64,3346	65,3345	66,3345	67,3345	68,3345	69,3345
0,7500	68,0431	69,1043	70,1650	71,2251	72,2849	73,3441	74,4029	75,4612	76,5192	77,5767
0,9000	75,5141	76,6302	77,7454	78,8596	79,9730	81,0855	82,1971	83,3079	84,4179	85,5270
0,9500	80,2321	81,3810	82,5287	83,6753	84,8207	85,9649	87,1081	88,2502	89,3912	90,5312
0,9750	84,4764	85,6537	86,8296	88,0041	89,1771	90,3489	91,5194	92,6885	93,8565	95,0232
0,9900	89,5913	90,8015	92,0100	93,2169	94,4221	95,6257	96,8278	98,0284	99,2275	100,4252
0,9950	93,1861	94,4187	95,6493	96,8781	98,1051	99,3304	100,5540	101,7759	102,9962	104,2149
0,9990	100,8879	102,1663	103,4424	104,7163	105,9881	107,2579	108,5256	109,7913	111,0551	112,3169
0,9995	103,9933	105,2895	106,5832	107,8747	109,1639	110,4508	111,7356	113,0183	114,2990	115,5776

G	f									
	71	72	73	74	75	76	77	78	79	80
0,0005	38,1916	38,9177	39,6457	40,3755	41,1072	41,8405	42,5757	43,3125	44,0509	44,7911
0,0010	39,7770	40,5195	41,2637	42,0097	42,7573	43,5066	44,2576	45,0101	45,7642	46,5199
0,0050	44,0584	44,8431	45,6293	46,4170	47,2061	47,9965	48,7884	49,5816	50,3761	51,1719
0,0100	46,2457	47,0510	47,8577	48,6657	49,4750	50,2856	51,0974	51,9105	52,7247	53,5401
0,0250	49,5922	50,4279	51,2648	52,1028	52,9419	53,7821	54,6234	55,4656	56,3089	57,1532
0,0500	52,6003	53,4623	54,3253	55,1892	56,0541	56,9198	57,7865	58,6539	59,5223	60,3915
0,1000	56,2206	57,1130	58,0061	58,9000	59,7946	60,6899	61,5859	62,4825	63,3799	64,2778
0,2500	62,6412	63,5845	64,5282	65,4723	66,4168	67,3616	68,3068	69,2524	70,1983	71,1445
0,5000	70,3345	71,3344	72,3344	73,3344	74,3344	75,3344	76,3344	77,3344	78,3343	79,3343
0,7500	78,6337	79,6904	80,7467	81,8026	82,8581	83,9133	84,9680	86,0225	87,0765	88,1303
0,9000	86,6354	87,7431	88,8499	89,9561	91,0615	92,1662	93,2702	94,3735	95,4762	96,5782
0,9500	91,6702	92,8083	93,9453	95,0815	96,2167	97,3510	98,4844	99,6169	100,7486	101,8795
0,9750	96,1887	97,3531	98,5163	99,6784	100,8393	101,9993	103,1581	104,3159	105,4728	106,6286
0,9900	101,6214	102,8163	104,0098	105,2020	106,3929	107,5825	108,7709	109,9581	111,1440	112,3288
0,9950	105,4320	106,6476	107,8617	109,0744	110,2856	111,4954	112,7038	113,9109	115,1166	116,3211
0,9990	113,5769	114,8351	116,0915	117,3462	118,5991	119,8504	121,1000	122,3480	123,5944	124,8392
0,9995	116,8542	118,1289	119,4017	120,6727	121,9418	123,2091	124,4747	125,7386	127,0008	128,2613

G	f									
	81	82	83	84	85	86	87	88	89	90
0,0005	45,5328	46,2761	47,0209	47,7672	48,5151	49,2644	50,0151	50,7673	51,5209	52,2758
0,0010	47,2770	48,0357	48,7958	49,5573	50,3203	51,0846	51,8503	52,6173	53,3856	54,1552
0,0050	51,9690	52,7674	53,5669	54,3677	55,1696	55,9727	56,7769	57,5823	58,3888	59,1963
0,0100	54,3566	55,1743	55,9931	56,8130	57,6339	58,4559	59,2790	60,1030	60,9281	61,7541
0,0250	57,9984	58,8446	59,6918	60,5398	61,3888	62,2386	63,0894	63,9409	64,7934	65,6466
0,0500	61,2615	62,1323	63,0039	63,8763	64,7494	65,6233	66,4979	67,3732	68,2493	69,1260
0,1000	65,1765	66,0757	66,9756	67,8761	68,7772	69,6788	70,5811	71,4838	72,3872	73,2911
0,2500	72,0911	73,0380	73,9853	74,9328	75,8807	76,8289	77,7774	78,7262	79,6753	80,6247
0,5000	80,3343	81,3343	82,3343	83,3313	84,3313	85,3313	86,3313	87,3312	88,3342	89,3342
0,7500	89,1837	90,2367	91,2894	92,3419	93,3940	94,4457	95,4972	96,5484	97,5993	98,6499
0,9000	97,6796	98,7803	99,8805	100,9800	102,0789	103,1773	104,2750	105,3723	106,4689	107,5650
0,9500	103,0095	104,1387	105,2672	106,3948	107,5217	108,6479	109,7733	110,8980	112,0220	113,1453
0,9750	107,7834	108,9373	110,0902	111,2423	112,3934	113,5436	114,6930	115,8414	116,9891	118,1359
0,9900	113,5124	114,6949	115,8763	117,0565	118,2358	119,4139	120,5910	121,7671	122,9422	124,1163
0,9950	117,5242	118,7261	119,9268	121,1263	122,3246	123,5217	124,7177	125,9125	127,1063	128,2989
0,9990	126,0826	127,3244	128,5648	129,8037	131,0412	132,2773	133,5121	134,7455	135,9776	137,2084
0,9995	129,5202	130,7776	132,0333	133,2876	134,5403	135,7916	137,0414	138,2897	139,5367	140,7823

G	f									
	91	92	93	94	95	96	97	98	99	100
0,0005	53,0321	53,7897	54,5486	55,3087	56,0702	56,8329	57,5968	58,3619	59,1282	59,8957
0,0010	54,9261	55,6983	56,4716	57,2462	58,0220	58,7989	59,5770	60,3562	61,1365	61,9179
0,0050	60,0049	60,8146	61,6253	62,4370	63,2497	64,0633	64,8780	65,6936	66,5101	67,3276
0,0100	62,5811	63,4090	64,2379	65,0677	65,8984	66,7299	67,5624	68,3957	69,2299	70,0649
0,0250	66,5007	67,3556	68,2112	69,0677	69,9249	70,7828	71,6415	72,5009	73,3611	74,2219
0,0500	70,0035	70,8816	71,7603	72,6398	73,5198	74,4005	75,2819	76,1638	77,0463	77,9295
0,1000	74,1955	75,1005	76,0060	76,9120	77,8184	78,7254	79,6329	80,5408	81,4493	82,3581
0,2500	81,5743	82,5243	83,4745	84,4249	85,3757	86,3267	87,2779	88,2295	89,1812	90,1332
0,5000	90,3342	91,3342	92,3342	93,3342	94,3342	95,3342	96,3342	97,3342	98,3341	99,3341
0,7500	99,7003	100,7503	101,8001	102,8496	103,8988	104,9478	105,9966	107,0450	108,0933	109,1412
0,9000	108,6606	109,7556	110,8502	111,9442	113,0377	114,1307	115,2232	116,3153	117,4069	118,4980
0,9500	114,2679	115,3898	116,5111	117,6317	118,7516	119,8709	120,9896	122,1077	123,2252	124,3421
0,9750	119,2819	120,4271	121,5715	122,7151	123,8580	125,0001	126,1414	127,2821	128,4220	129,5612
0,9900	125,2895	126,4617	127,6329	128,8033	129,9727	131,1412	132,3089	133,4757	134,6416	135,8067
0,9950	129,4905	130,6811	131,8706	133,0591	134,2466	135,4331	136,6186	137,8032	138,9868	140,1695
0,9990	138,4379	139,6661	140,8931	142,1189	143,3435	144,5670	145,7892	147,0104	148,2304	149,4493
0,9995	142,0265	143,2694	144,5110	145,7513	146,9903	148,2280	149,4646	150,6999	151,9340	153,1670

In der Literatur werden folgende Näherungen zur Berechnung der Quantile der Chi-Quadrat-Verteilung vorgeschlagen (Bosch, 1992):

(1) Näherung nach Wilson und Hilferty:

$$\chi^2_{f;G} \approx f\left[1 - \frac{2}{9f} + u_G\sqrt{\frac{2}{9f}}\right]^3 \quad \text{für } f > 30 \; .$$

(2) Näherung: $\chi^2_{f;G} \approx f + u_G\sqrt{2f}$ für $f > 30$.

(3) Näherung: $\chi^2_{f;G} \approx \frac{1}{2}\left[u_G + \sqrt{2f-1}\right]^2$ für $f > 30$.

Von diesen Näherungen liefert (1) stets die besten Resultate, wie folgende Tabelle zeigt:

G	$f = 30$				$f = 500$			
	$\chi^2_{30;G}$	(1)	(2)	(3)	$\chi^2_{500;G}$	(1)	(2)	(3)
0,001	11,588	11,510	6,063	10,538	407,947	407,924	402,278	406,602
0,010	14,953	14,925	11,980	14,337	429,388	429,381	426,434	428,677
0,050	18,493	18,491	17,259	18,218	449,147	449,147	447,985	448,864
0,500	29,336	29,338	30,000	29,500	499,333	499,334	500,000	499,500
0,950	43,773	43,767	42,741	43,487	553,127	553,126	552,015	552,842
0,990	50,892	50,914	48,020	50,075	576,493	576,499	573,566	575,735
0,999	59,703	59,805	53,937	58,011	603,446	603,470	597,722	601,948

Tabelle B6. Quantile der t-Verteilung

$$t_f = \frac{\overline{x} - \mu}{s / \sqrt{n}}$$

$$g_f(t) = \frac{\Gamma\!\left(\dfrac{f+1}{2}\right)\left(1 + \dfrac{t^2}{f}\right)^{-\frac{f+1}{2}}}{\Gamma\!\left(\dfrac{f}{2}\right)\sqrt{\pi f}}$$

$$G_f(t) = \int_{-\infty}^{t} g_f(y)\,\mathrm{d}y$$

Quantile für $0 < G < 0,5$ erhält man mit:

$$t_{f;1-G} = -t_{f;G}$$

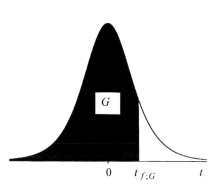

G	f									
	1	2	3	4	5	6	7	8	9	10
0,5000	0,0000	0,0000	0,0000	0,0000	0,0000	0,0000	0,0000	0,0000	0,0000	0,0000
0,5500	0,1584	0,1421	0,1366	0,1338	0,1322	0,1311	0,1303	0,1297	0,1293	0,1289
0,6000	0,3249	0,2887	0,2767	0,2707	0,2672	0,2648	0,2632	0,2619	0,2610	0,2602
0,6500	0,5095	0,4448	0,4242	0,4142	0,4082	0,4043	0,4015	0,3995	0,3979	0,3966
0,7000	0,7265	0,6172	0,5844	0,5687	0,5594	0,5534	0,5491	0,5459	0,5435	0,5415
0,7500	1,0000	0,8165	0,7649	0,7407	0,7267	0,7176	0,7111	0,7064	0,7027	0,6998
0,8000	1,3764	1,0607	0,9785	0,9410	0,9195	0,9057	0,8960	0,8889	0,8834	0,8791
0,8500	1,9626	1,3862	1,2498	1,1896	1,1558	1,1342	1,1192	1,1082	1,0997	1,0931
0,9000	3,0777	1,8856	1,6377	1,5332	1,4759	1,4398	1,4149	1,3968	1,3830	1,3722
0,9500	6,3138	2,9200	2,3534	2,1319	2,0151	1,9432	1,8946	1,8596	1,8331	1,8125
0,9750	12,7062	4,3027	3,1825	2,7765	2,5706	2,4469	2,3646	2,3060	2,2622	2,2281
0,9900	31,8205	6,9646	4,5407	3,7470	3,3649	3,1427	2,9980	2,8965	2,8214	2,7638
0,9950	63,6567	9,9248	5,8409	4,6041	4,0321	3,7074	3,4995	3,3554	3,2498	3,1693
0,9990	318,3088	22,3271	10,2145	7,1732	5,8934	5,2076	4,7853	4,5008	4,2968	4,1437
0,9995	636,6193	31,5991	12,9240	8,6103	6,8688	5,9588	5,4079	5,0413	4,7809	4,5869
0,9999	3183,0988	70,7001	22,2037	13,0337	9,6776	8,0248	7,0634	6,4420	6,0101	5,6938

G	f									
	11	12	13	14	15	16	17	18	19	20
0,5000	0,0000	0,0000	0,0000	0,0000	0,0000	0,0000	0,0000	0,0000	0,0000	0,0000
0,5500	0,1286	0,1284	0,1281	0,1280	0,1278	0,1277	0,1276	0,1275	0,1274	0,1273
0,6000	0,2596	0,2590	0,2586	0,2582	0,2579	0,2576	0,2574	0,2571	0,2569	0,2567
0,6500	0,3956	0,3947	0,3940	0,3933	0,3928	0,3923	0,3919	0,3915	0,3912	0,3909
0,7000	0,5399	0,5386	0,5375	0,5366	0,5357	0,5350	0,5344	0,5338	0,5333	0,5329
0,7500	0,6975	0,6955	0,6938	0,6924	0,6912	0,6901	0,6892	0,6884	0,6876	0,6870
0,8000	0,8755	0,8726	0,8702	0,8681	0,8662	0,8647	0,8633	0,8621	0,8610	0,8600
0,8500	1,0877	1,0832	1,0795	1,0763	1,0735	1,0711	1,0690	1,0672	1,0655	1,0640
0,9000	1,3634	1,3562	1,3502	1,3450	1,3406	1,3368	1,3334	1,3304	1,3277	1,3253
0,9500	1,7959	1,7823	1,7709	1,7613	1,7531	1,7459	1,7396	1,7341	1,7291	1,7247
0,9750	2,2010	2,1788	2,1604	2,1448	2,1315	2,1199	2,1098	2,1009	2,0930	2,0860
0,9900	2,7181	2,6810	2,6503	2,6245	2,6025	2,5835	2,5669	2,5524	2,5395	2,5280
0,9950	3,1058	3,0545	3,0123	2,9768	2,9467	2,9208	2,8982	2,8784	2,8609	2,8453
0,9990	4,0247	3,9296	3,8520	3,7874	3,7328	3,6862	3,6458	3,6105	3,5794	3,5518
0,9995	4,4370	4,3178	4,2208	4,1405	4,0728	4,0150	3,9651	3,9217	3,8834	3,8495
0,9999	5,4528	5,2633	5,1106	4,9850	4,8800	4,7909	4,7144	4,6480	4,5899	4,5385

G	f									
	21	22	23	24	25	26	27	28	29	30
0,5000	0,0000	0,0000	0,0000	0,0000	0,0000	0,0000	0,0000	0,0000	0,0000	0,0000
0,5500	0,1272	0,1271	0,1271	0,1270	0,1269	0,1269	0,1269	0,1268	0,1268	0,1267
0,6000	0,2566	0,2564	0,2563	0,2562	0,2561	0,2560	0,2559	0,2558	0,2557	0,2556
0,6500	0,3906	0,3904	0,3902	0,3900	0,3898	0,3896	0,3895	0,3893	0,3892	0,3890
0,7000	0,5325	0,5321	0,5318	0,5314	0,5312	0,5309	0,5307	0,5304	0,5302	0,5300
0,7500	0,6864	0,6858	0,6853	0,6849	0,6844	0,6840	0,6837	0,6834	0,6830	0,6828
0,8000	0,8591	0,8583	0,8575	0,8569	0,8562	0,8557	0,8551	0,8547	0,8542	0,8538
0,8500	1,0627	1,0615	1,0603	1,0593	1,0584	1,0575	1,0567	1,0560	1,0553	1,0547
0,9000	1,3232	1,3212	1,3195	1,3178	1,3164	1,3150	1,3137	1,3125	1,3114	1,3104
0,9500	1,7207	1,7171	1,7139	1,7109	1,7081	1,7056	1,7033	1,7011	1,6991	1,6973
0,9750	2,0796	2,0739	2,0687	2,0639	2,0595	2,0555	2,0518	2,0484	2,0452	2,0423
0,9900	2,5177	2,5083	2,4999	2,4922	2,4851	2,4786	2,4727	2,4671	2,4620	2,4573
0,9950	2,8314	2,8188	2,8073	2,7969	2,7874	2,7787	2,7707	2,7633	2,7564	2,7500
0,9990	3,5272	3,5050	3,4850	3,4668	3,4502	3,4350	3,4210	3,4082	3,3962	3,3852
0,9995	3,8193	3,7921	3,7676	3,7454	3,7251	3,7066	3,6896	3,6739	3,6594	3,6460
0,9999	4,4929	4,4520	4,4152	4,3819	4,3517	4,3240	4,2987	4,2754	4,2539	4,2340

G	f									
	31	32	33	34	35	36	37	38	39	40
0,5000	0,0000	0,0000	0,0000	0,0000	0,0000	0,0000	0,0000	0,0000	0,0000	0,0000
0,5500	0,1267	0,1267	0,1266	0,1266	0,1266	0,1266	0,1265	0,1265	0,1265	0,1265
0,6000	0,2555	0,2555	0,2554	0,2553	0,2553	0,2552	0,2552	0,2551	0,2551	0,2550
0,6500	0,3889	0,3888	0,3887	0,3886	0,3885	0,3884	0,3883	0,3883	0,3882	0,3881
0,7000	0,5298	0,5297	0,5295	0,5294	0,5292	0,5291	0,5290	0,5288	0,5287	0,5286
0,7500	0,6825	0,6822	0,6820	0,6818	0,6816	0,6814	0,6812	0,6810	0,6808	0,6807
0,8000	0,8534	0,8530	0,8527	0,8523	0,8520	0,8517	0,8514	0,8512	0,8509	0,8507
0,8500	1,0541	1,0535	1,0530	1,0525	1,0520	1,0516	1,0512	1,0508	1,0504	1,0501
0,9000	1,3095	1,3086	1,3077	1,3070	1,3062	1,3055	1,3049	1,3042	1,3036	1,3031
0,9500	1,6955	1,6939	1,6924	1,6909	1,6896	1,6883	1,6871	1,6860	1,6849	1,6839
0,9750	2,0395	2,0369	2,0345	2,0322	2,0301	2,0281	2,0262	2,0244	2,0227	2,0211
0,9900	2,4528	2,4487	2,4448	2,4412	2,4377	2,4345	2,4315	2,4286	2,4258	2,4233
0,9950	2,7440	2,7385	2,7333	2,7284	2,7238	2,7195	2,7154	2,7116	2,7079	2,7045
0,9990	3,3749	3,3653	3,3563	3,3479	3,3401	3,3326	3,3256	3,3190	3,3128	3,3069
0,9995	3,6335	3,6218	3,6109	3,6007	3,5912	3,5822	3,5737	3,5657	3,5581	3,5510
0,9999	4,2155	4,1983	4,1822	4,1672	4,1532	4,1399	4,1275	4,1158	4,1047	4,0942

G	f									
	41	42	43	44	45	46	47	48	49	50
0,5000	0,0000	0,0000	0,0000	0,0000	0,0000	0,0000	0,0000	0,0000	0,0000	0,0000
0,5500	0,1264	0,1264	0,1264	0,1264	0,1264	0,1264	0,1263	0,1263	0,1263	0,1263
0,6000	0,2550	0,2550	0,2549	0,2549	0,2549	0,2548	0,2548	0,2548	0,2547	0,2547
0,6500	0,3880	0,3880	0,3879	0,3879	0,3878	0,3877	0,3877	0,3876	0,3876	0,3875
0,7000	0,5285	0,5284	0,5283	0,5282	0,5281	0,5281	0,5280	0,5279	0,5278	0,5278
0,7500	0,6805	0,6804	0,6802	0,6801	0,6800	0,6799	0,6798	0,6796	0,6795	0,6794
0,8000	0,8505	0,8503	0,8501	0,8499	0,8497	0,8495	0,8493	0,8492	0,8490	0,8489
0,8500	1,0497	1,0494	1,0491	1,0488	1,0485	1,0483	1,0480	1,0478	1,0475	1,0473
0,9000	1,3025	1,3020	1,3016	1,3011	1,3007	1,3002	1,2998	1,2994	1,2991	1,2987
0,9500	1,6829	1,6820	1,6811	1,6802	1,6794	1,6787	1,6779	1,6772	1,6766	1,6759
0,9750	2,0195	2,0181	2,0167	2,0154	2,0141	2,0129	2,0117	2,0106	2,0096	2,0086
0,9900	2,4208	2,4185	2,4163	2,4141	2,4121	2,4102	2,4084	2,4066	2,4049	2,4033
0,9950	2,7012	2,6981	2,6951	2,6923	2,6896	2,6870	2,6846	2,6822	2,6800	2,6778
0,9990	3,3013	3,2960	3,2909	3,2861	3,2815	3,2771	3,2729	3,2689	3,2651	3,2614
0,9995	3,5442	3,5378	3,5316	3,5258	3,5203	3,5150	3,5099	3,5051	3,5004	3,4960
0,9999	4,0843	4,0749	4,0659	4,0574	4,0493	4,0416	4,0343	4,0272	4,0205	4,0141

G	f									
	51	52	53	54	55	56	57	58	59	60
0,5000	0,0000	0,0000	0,0000	0,0000	0,0000	0,0000	0,0000	0,0000	0,0000	0,0000
0,5500	0,1263	0,1263	0,1263	0,1263	0,1262	0,1262	0,1262	0,1262	0,1262	0,1262
0,6000	0,2547	0,2547	0,2546	0,2546	0,2546	0,2546	0,2545	0,2545	0,2545	0,2545
0,6500	0,3875	0,3875	0,3874	0,3874	0,3873	0,3873	0,3873	0,3872	0,3872	0,3872
0,7000	0,5277	0,5276	0,5276	0,5275	0,5275	0,5274	0,5274	0,5273	0,5273	0,5272
0,7500	0,6793	0,6792	0,6792	0,6791	0,6790	0,6789	0,6788	0,6787	0,6787	0,6786
0,8000	0,8487	0,8486	0,8485	0,8483	0,8482	0,8481	0,8480	0,8479	0,8478	0,8477
0,8500	1,0471	1,0469	1,0467	1,0465	1,0463	1,0461	1,0460	1,0458	1,0456	1,0455
0,9000	1,2984	1,2981	1,2977	1,2974	1,2971	1,2969	1,2966	1,2963	1,2961	1,2958
0,9500	1,6753	1,6747	1,6741	1,6736	1,6730	1,6725	1,6720	1,6716	1,6711	1,6707
0,9750	2,0076	2,0067	2,0058	2,0049	2,0040	2,0032	2,0025	2,0017	2,0010	2,0003
0,9900	2,4017	2,4002	2,3988	2,3974	2,3961	2,3948	2,3936	2,3924	2,3912	2,3901
0,9950	2,6757	2,6737	2,6718	2,6700	2,6682	2,6665	2,6649	2,6633	2,6618	2,6603
0,9990	3,2579	3,2545	3,2513	3,2482	3,2452	3,2423	3,2395	3,2368	3,2342	3,2317
0,9995	3,4918	3,4877	3,4838	3,4800	3,4764	3,4729	3,4696	3,4663	3,4632	3,4602
0,9999	4,0079	4,0020	3,9963	3,9908	3,9856	3,9805	3,9757	3,9710	3,9665	3,9621

G	f									
	61	62	63	64	65	66	67	68	69	70
0,5000	0,0000	0,0000	0,0000	0,0000	0,0000	0,0000	0,0000	0,0000	0,0000	0,0000
0,5500	0,1262	0,1262	0,1262	0,1262	0,1262	0,1262	0,1261	0,1261	0,1261	0,1261
0,6000	0,2545	0,2544	0,2544	0,2544	0,2544	0,2544	0,2544	0,2543	0,2543	0,2543
0,6500	0,3871	0,3871	0,3871	0,3871	0,3870	0,3870	0,3870	0,3870	0,3869	0,3869
0,7000	0,5272	0,5271	0,5271	0,5270	0,5270	0,5269	0,5269	0,5269	0,5268	0,5268
0,7500	0,6785	0,6785	0,6784	0,6783	0,6783	0,6782	0,6782	0,6781	0,6781	0,6780
0,8000	0,8476	0,8475	0,8474	0,8473	0,8472	0,8471	0,8470	0,8469	0,8469	0,8468
0,8500	1,0453	1,0452	1,0450	1,0449	1,0448	1,0446	1,0445	1,0444	1,0443	1,0442
0,9000	1,2956	1,2954	1,2951	1,2949	1,2947	1,2945	1,2943	1,2941	1,2939	1,2938
0,9500	1,6702	1,6698	1,6694	1,6690	1,6686	1,6683	1,6679	1,6676	1,6672	1,6669
0,9750	1,9996	1,9990	1,9983	1,9977	1,9971	1,9966	1,9960	1,9955	1,9950	1,9944
0,9900	2,3891	2,3880	2,3870	2,3860	2,3851	2,3842	2,3833	2,3825	2,3816	2,3808
0,9950	2,6589	2,6575	2,6562	2,6549	2,6536	2,6524	2,6512	2,6501	2,6490	2,6479
0,9990	3,2293	3,2270	3,2247	3,2225	3,2204	3,2184	3,2164	3,2145	3,2126	3,2108
0,9995	3,4573	3,4545	3,4518	3,4491	3,4466	3,4441	3,4418	3,4394	3,4372	3,4350
0,9999	3,9579	3,9538	3,9499	3,9461	3,9424	3,9389	3,9354	3,9321	3,9288	3,9257

G	f									
	71	72	73	74	75	76	77	78	79	80
0,5000	0,0000	0,0000	0,0000	0,0000	0,0000	0,0000	0,0000	0,0000	0,0000	0,0000
0,5500	0,1261	0,1261	0,1261	0,1261	0,1261	0,1261	0,1261	0,1261	0,1261	0,1261
0,6000	0,2543	0,2543	0,2543	0,2543	0,2543	0,2542	0,2542	0,2542	0,2542	0,2542
0,6500	0,3869	0,3869	0,3868	0,3868	0,3868	0,3868	0,3868	0,3867	0,3867	0,3867
0,7000	0,5268	0,5267	0,5267	0,5267	0,5266	0,5266	0,5266	0,5266	0,5265	0,5265
0,7500	0,6780	0,6779	0,6779	0,6778	0,6778	0,6777	0,6777	0,6777	0,6776	0,6776
0,8000	0,8467	0,8466	0,8466	0,8465	0,8464	0,8464	0,8463	0,8463	0,8462	0,8461
0,8500	1,0441	1,0440	1,0439	1,0438	1,0437	1,0436	1,0435	1,0434	1,0433	1,0432
0,9000	1,2936	1,2934	1,2933	1,2931	1,2929	1,2928	1,2926	1,2925	1,2924	1,2922
0,9500	1,6666	1,6663	1,6660	1,6657	1,6654	1,6652	1,6649	1,6646	1,6644	1,6641
0,9750	1,9939	1,9935	1,9930	1,9925	1,9921	1,9917	1,9913	1,9909	1,9905	1,9901
0,9900	2,3800	2,3793	2,3785	2,3778	2,3771	2,3764	2,3758	2,3751	2,3745	2,3739
0,9950	2,6469	2,6459	2,6449	2,6439	2,6430	2,6421	2,6412	2,6403	2,6395	2,6387
0,9990	3,2090	3,2073	3,2057	3,2041	3,2025	3,2010	3,1995	3,1980	3,1966	3,1953
0,9995	3,4329	3,4309	3,4289	3,4269	3,4250	3,4232	3,4214	3,4197	3,4180	3,4163
0,9999	3,9226	3,9197	3,9168	3,9140	3,9113	3,9086	3,9061	3,9036	3,9011	3,8988

G	f									
	81	82	83	84	85	86	87	88	89	90
0,5000	0,0000	0,0000	0,0000	0,0000	0,0000	0,0000	0,0000	0,0000	0,0000	0,0000
0,5500	0,1261	0,1261	0,1261	0,1260	0,1260	0,1260	0,1260	0,1260	0,1260	0,1260
0,6000	0,2542	0,2542	0,2542	0,2542	0,2541	0,2541	0,2541	0,2541	0,2541	0,2541
0,6500	0,3867	0,3867	0,3867	0,3866	0,3866	0,3866	0,3866	0,3866	0,3866	0,3866
0,7000	0,5265	0,5265	0,5264	0,5264	0,5264	0,5264	0,5263	0,5263	0,5263	0,5263
0,7500	0,6775	0,6775	0,6775	0,6774	0,6774	0,6774	0,6773	0,6773	0,6773	0,6772
0,8000	0,8461	0,8460	0,8460	0,8459	0,8459	0,8458	0,8458	0,8457	0,8457	0,8456
0,8500	1,0431	1,0430	1,0430	1,0429	1,0428	1,0427	1,0427	1,0426	1,0425	1,0424
0,9000	1,2921	1,2920	1,2918	1,2917	1,2916	1,2915	1,2914	1,2913	1,2911	1,2910
0,9500	1,6639	1,6637	1,6634	1,6632	1,6630	1,6628	1,6626	1,6624	1,6622	1,6620
0,9750	1,9897	1,9893	1,9890	1,9886	1,9883	1,9879	1,9876	1,9873	1,9870	1,9867
0,9900	2,3733	2,3727	2,3721	2,3716	2,3710	2,3705	2,3700	2,3695	2,3690	2,3685
0,9950	2,6379	2,6371	2,6364	2,6356	2,6349	2,6342	2,6335	2,6329	2,6322	2,6316
0,9990	3,1939	3,1926	3,1914	3,1901	3,1889	3,1877	3,1866	3,1854	3,1843	3,1833
0,9995	3,4147	3,4132	3,4116	3,4102	3,4087	3,4073	3,4059	3,4046	3,4032	3,4019
0,9999	3,8965	3,8942	3,8920	3,8899	3,8878	3,8857	3,8837	3,8818	3,8799	3,8780

G	f									
	91	92	93	94	95	96	97	98	99	100
0,5000	0,0000	0,0000	0,0000	0,0000	0,0000	0,0000	0,0000	0,0000	0,0000	0,0000
0,5500	0,1260	0,1260	0,1260	0,1260	0,1260	0,1260	0,1260	0,1260	0,1260	0,1260
0,6000	0,2541	0,2541	0,2541	0,2541	0,2541	0,2541	0,2540	0,2540	0,2540	0,2540
0,6500	0,3865	0,3865	0,3865	0,3865	0,3865	0,3865	0,3865	0,3865	0,3864	0,3864
0,7000	0,5262	0,5262	0,5262	0,5262	0,5262	0,5262	0,5261	0,5261	0,5261	0,5261
0,7500	0,6772	0,6772	0,6771	0,6771	0,6771	0,6771	0,6770	0,6770	0,6770	0,6770
0,8000	0,8456	0,8456	0,8455	0,8455	0,8454	0,8454	0,8453	0,8453	0,8453	0,8452
0,8500	1,0424	1,0423	1,0422	1,0422	1,0421	1,0421	1,0420	1,0420	1,0419	1,0418
0,9000	1,2909	1,2908	1,2907	1,2906	1,2905	1,2904	1,2903	1,2903	1,2902	1,2901
0,9500	1,6618	1,6616	1,6614	1,6612	1,6611	1,6609	1,6607	1,6606	1,6604	1,6602
0,9750	1,9864	1,9861	1,9858	1,9855	1,9853	1,9850	1,9847	1,9845	1,9842	1,9840
0,9900	2,3680	2,3676	2,3671	2,3667	2,3662	2,3658	2,3654	2,3650	2,3646	2,3642
0,9950	2,6309	2,6303	2,6297	2,6292	2,6286	2,6280	2,6275	2,6269	2,6264	2,6259
0,9990	3,1822	3,1812	3,1802	3,1792	3,1783	3,1773	3,1764	3,1755	3,1746	3,1737
0,9995	3,4007	3,3994	3,3982	3,3971	3,3959	3,3948	3,3937	3,3926	3,3915	3,3905
0,9999	3,8762	3,8745	3,8727	3,8710	3,8694	3,8678	3,8662	3,8646	3,8631	3,8616

In der Literatur werden folgende Näherungen zur Berechnung der Quantile der t-Verteilung vorgeschlagen ((1) und (2) in (Bosch, 1992), (3) in (DGQ, 1992)):

(1) Formel von Peitzer und Pratt:

$$t_{f;G} \approx \sqrt{f\, e^{c u_G^2} - f} \quad \text{mit } c = \frac{f - \dfrac{5}{6}}{\left(f - \dfrac{2}{3} + \dfrac{1}{10f}\right)^2}$$

(2) Näherung: $t_{f;G} \approx \dfrac{c_9 u_G^9 + c_7 u_G^7 + c_5 u_G^5 + c_3 u_G^3 + c_1 u_G}{92160\, f^4}$

$$c_9 = 79; \quad c_7 = 720\,f + 776; \quad c_5 = 4800\,f^2 + 4560\,f + 1482;$$

$$c_3 = 23040\,f^3 + 15360\,f^2 + 4080\,f - 1920;$$

$$c_1 = 92160\,f^4 + 23040\,f^3 + 2880\,f^2 - 3600\,f - 945.$$

(3) Näherung für $f > 100$: $t_{f;G} \approx u_G \left[1 + \dfrac{1 + u_G^2}{4} \dfrac{1}{f} \right].$

Dabei sind u_G die Quantile der Standard-Normalverteilung.

Tabelle B7. Quantile der F-Verteilung

$$F_{f_1, f_2} = \frac{f_2 \cdot \chi^2_{f_1}}{f_1 \cdot \chi^2_{f_2}}$$

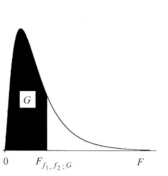

$$g_{f_1, f_2}(F) = \frac{\Gamma\left(\frac{f_1 + f_2}{2}\right)}{\Gamma\left(\frac{f_1}{2}\right)\Gamma\left(\frac{f_2}{2}\right)} \cdot \frac{\left(\frac{f_1}{f_2}\right)^{\frac{f_1}{2}} F^{\frac{f_1}{2}-1}}{\left(1 + \frac{f_1}{f_2}F\right)^{\frac{f_1 + f_2}{2}}}$$

$$G_{f_1, f_2}(F) = \int_0^F g_{f_1, f_2}(y)\, dy$$

In der Tabelle sind nur rechtsseitige Quantile (0,9 bis 0,9995) angegeben, linksseitige Quantile erhält man mit der Beziehung

$$F_{f_1, f_2; G} = \frac{1}{F_{f_2, f_1; 1-G}}.$$

Spezielle Quantile der F-Verteilung:

$$F_{1, f_2; G} = (t_{f_2; \frac{1+G}{2}})^2, \quad F_{f_1, \infty; G} = \frac{1}{f_1} \cdot \chi^2_{f_1; G},$$

$$F_{1, \infty; G} = (u_{\frac{1+G}{2}})^2, \quad F_{\infty, \infty; G} = 1.$$

Näherungsformel für $0,5 < G < 1$ (Hartung, Eppelt, Klösener, 1993):

$$F_{f_1, f_2; G} = e^{a u_G - b}$$

mit

$$a = \sqrt{2d + cd^2}, \quad b = 2\left(\frac{1}{f_1 - 1} - \frac{1}{f_2 - 1}\right)\left(c + \frac{5}{6} - \frac{d}{6}\right),$$

$$c = \frac{(u_G)^2 - 3}{6}, \quad d = \frac{1}{f_1 - 1} + \frac{1}{f_2 - 1}.$$

Für $f_2 \geq 3$ gilt die Approximation nach Paulson (Bosch, 1992):

$$u_G = \frac{\left(1 - \frac{2}{9 f_2}\right)\left(F_{f_1, f_2; G}\right)^{\frac{1}{3}} - \left(1 - \frac{2}{9 f_1}\right)}{\sqrt{\frac{2}{9 f_2}\left(F_{f_1, f_2; G}\right)^{\frac{2}{3}} + \frac{2}{9 f_1}}},$$

wobei u_G ein Quantil der Standard-Normalverteilung ist.

Wenn ein Quantil der F-Verteilung mit den Freiheitsgraden f_1 und f_2 nicht vertafelt ist, so kann es näherungsweise mit der Interpolation nach Laubscher berechnet werden (Hartung, Eppelt, Klösener, 1993). Dazu sucht man sich Freiheitsgrade f_3, f_4, f_5 und f_6 mit

$$f_3 \leq f_1 < f_5 \quad \text{und} \quad f_4 \leq f_2 < f_6,$$

für die die Quantile

$$F_{f_3, f_4; G}, \; F_{f_3, f_6; G}, \; F_{f_5, f_4; G} \; \text{und} \; F_{f_5, f_6; G}$$

in der Tabelle angegeben sind, und findet:

$$F_{f_1, f_2; G} \approx (1 - c_1)(1 - c_2) F_{f_3, f_4; G} + (1 - c_1) c_2 \, F_{f_3, f_6; G}$$
$$+ c_1 (1 - c_2) F_{f_5, f_4; G} + c_1 c_2 \, F_{f_5, f_6; G}.$$

Die Konstanten c_1 und c_2 lauten:

$$c_1 = \frac{f_5 (f_1 - f_3)}{f_1 (f_5 - f_3)} \quad \text{und} \quad c_2 = \frac{f_6 (f_2 - f_4)}{f_2 (f_6 - f_4)}.$$

Die Interpolationsformel vereinfacht sich entsprechend, wenn $f_3 = f_1$ oder $f_4 = f_2$ gewählt werden kann, denn es gilt:

$$f_3 = f_1 \; \Rightarrow \; c_1 = 0 \quad \text{und} \quad f_4 = f_2 \; \Rightarrow \; c_2 = 0.$$

f_2	G	f_1									
		1	2	3	4	5	6	7	8	9	10
1	0,9000	39,863	49,500	53,593	55,833	57,240	58,204	58,906	59,439	59,858	60,195
	0,9500	161,448	199,500	215,707	224,583	230,162	233,986	236,768	238,883	240,543	241,882
	0,9750	647,789	799,500	864,163	899,583	921,848	937,111	948,217	956,656	963,285	968,627
	0,9900	4052,181	4999,500	5403,352	5624,583	5763,650	5858,986	5928,356	5981,070	6022,473	6055,847
	0,9950	16210,7	19999,5	21614,7	22499,6	23055,8	23437,1	23714,6	23925,4	24091,0	24224,5
	0,9990	405284	499999	540379	562500	576405	585937	592873	598144	602284	605621
	0,9995	1621138	1999999	2161518	2249999	2305619	2343749	2371494	2392578	2409137	2422485
2	0,9000	8,526	9,000	9,162	9,243	9,293	9,326	9,349	9,367	9,381	9,392
	0,9500	18,513	19,000	19,164	19,247	19,296	19,330	19,353	19,371	19,385	19,396
	0,9750	38,506	39,000	39,165	39,248	39,298	39,331	39,355	39,373	39,387	39,398
	0,9900	98,503	99,000	99,166	99,249	99,299	99,333	99,356	99,374	99,388	99,399
	0,9950	198,501	199,000	199,166	199,250	199,300	199,333	199,357	199,375	199,388	199,400
	0,9990	998,500	999,000	999,167	999,250	999,300	999,333	999,357	999,375	999,389	999,400
	0,9995	1998,500	1999,000	1999,167	1999,250	1999,300	1999,333	1999,357	1999,375	1999,389	1999,400
3	0,9000	5,538	5,462	5,391	5,343	5,309	5,285	5,266	5,252	5,240	5,230
	0,9500	10,128	9,552	9,277	9,117	9,013	8,941	8,887	8,845	8,812	8,786
	0,9750	17,443	16,044	15,439	15,101	14,885	14,735	14,624	14,540	14,473	14,419
	0,9900	34,116	30,817	29,457	28,710	28,237	27,911	27,672	27,489	27,345	27,229
	0,9950	55,552	49,799	47,467	46,195	45,392	44,838	44,434	44,126	43,882	43,686
	0,9990	167,029	148,500	141,108	137,100	134,580	132,847	131,583	130,619	129,860	129,247
	0,9995	266,549	236,610	224,701	218,251	214,197	211,412	209,379	207,830	206,611	205,625
4	0,9000	4,545	4,325	4,191	4,107	4,051	4,010	3,979	3,955	3,936	3,920
	0,9500	7,709	6,944	6,591	6,388	6,256	6,163	6,094	6,041	5,999	5,964
	0,9750	12,218	10,649	9,979	9,605	9,364	9,197	9,074	8,980	8,905	8,844
	0,9900	21,198	18,000	16,694	15,977	15,522	15,207	14,976	14,799	14,659	14,546
	0,9950	31,333	26,284	24,259	23,155	22,456	21,975	21,622	21,352	21,139	20,967
	0,9990	74,137	61,246	56,177	53,436	51,712	50,525	49,658	48,996	48,475	48,053
	0,9995	106,219	87,443	80,093	76,124	73,631	71,916	70,663	69,708	68,955	68,346

f_2	G	f_1									
		1	2	3	4	5	6	7	8	9	10
5	0,9000	4,060	3,780	3,619	3,520	3,453	3,405	3,368	3,339	3,316	3,297
	0,9500	6,608	5,786	5,409	5,192	5,050	4,950	4,876	4,818	4,772	4,735
	0,9750	10,007	8,434	7,764	7,388	7,146	6,978	6,853	6,757	6,681	6,619
	0,9900	16,258	13,274	12,060	11,392	10,967	10,672	10,456	10,289	10,158	10,051
	0,9950	22,785	18,314	16,530	15,556	14,940	14,513	14,200	13,961	13,772	13,618
	0,9990	47,181	37,122	33,202	31,085	29,752	28,834	28,163	27,649	27,244	26,917
	0,9995	63,611	49,782	44,422	41,534	39,719	38,470	37,557	36,859	36,309	35,864
6	0,9000	3,776	3,463	3,289	3,181	3,108	3,055	3,014	2,983	2,958	2,937
	0,9500	5,987	5,143	4,757	4,534	4,387	4,284	4,207	4,147	4,099	4,060
	0,9750	8,813	7,260	6,599	6,227	5,988	5,820	5,695	5,600	5,523	5,461
	0,9900	13,745	10,925	9,780	9,148	8,746	8,466	8,260	8,102	7,976	7,874
	0,9950	18,635	14,544	12,917	12,028	11,464	11,073	10,786	10,566	10,391	10,250
	0,9990	35,507	27,000	23,703	21,924	20,803	20,030	19,463	19,030	18,688	18,411
	0,9995	46,082	34,798	30,453	28,115	26,645	25,633	24,892	24,325	23,878	23,516
7	0,9000	3,589	3,257	3,074	2,961	2,883	2,827	2,785	2,752	2,725	2,703
	0,9500	5,591	4,737	4,347	4,120	3,972	3,866	3,787	3,726	3,677	3,637
	0,9750	8,073	6,542	5,890	5,523	5,285	5,119	4,995	4,899	4,823	4,761
	0,9900	12,246	9,547	8,451	7,847	7,460	7,191	6,993	6,840	6,719	6,620
	0,9950	16,236	12,404	10,882	10,050	9,522	9,155	8,885	8,678	8,514	8,380
	0,9990	29,245	21,689	18,772	17,198	16,206	15,521	15,019	14,634	14,330	14,083
	0,9995	36,988	27,206	23,457	21,441	20,173	19,298	18,658	18,168	17,781	17,467
8	0,9000	3,458	3,113	2,924	2,806	2,726	2,668	2,624	2,589	2,561	2,538
	0,9500	5,318	4,459	4,066	3,838	3,688	3,581	3,500	3,438	3,388	3,347
	0,9750	7,571	6,059	5,416	5,053	4,817	4,652	4,529	4,433	4,357	4,295
	0,9900	11,259	8,649	7,591	7,006	6,632	6,371	6,178	6,029	5,911	5,814
	0,9950	14,688	11,042	9,596	8,805	8,302	7,952	7,694	7,496	7,339	7,211
	0,9990	25,415	18,494	15,829	14,392	13,485	12,858	12,398	12,046	11,767	11,540
	0,9995	31,555	22,750	19,387	17,578	16,440	15,655	15,080	14,639	14,291	14,008

f_2	G	f_1									
		11	12	13	14	15	16	17	18	19	20
1	0,9000	60,473	60,705	60,903	61,073	61,220	61,350	61,464	61,566	61,658	61,740
	0,9500	242,983	243,906	244,690	245,364	245,950	246,464	246,918	247,323	247,686	248,013
	0,9750	973,025	976,708	979,837	982,528	984,867	986,919	988,733	990,349	991,797	993,103
	0,9900	6083,317	6106,321	6125,865	6142,674	6157,285	6170,101	6181,435	6191,529	6200,576	6208,730
	0,9950	24334,4	24426,4	24504,5	24571,8	24630,2	24681,5	24726,8	24767,2	24803,4	24836,0
	0,9990	608368	610668	612622	614303	615764	617045	618178	619188	620092	620908
	0,9995	2433472	2442672	2450489	2457212	2463056	2468182	2472715	2476752	2480370	2483632
2	0,9000	9,401	9,408	9,415	9,420	9,425	9,429	9,433	9,436	9,439	9,441
	0,9500	19,405	19,413	19,419	19,424	19,429	19,433	19,437	19,440	19,443	19,446
	0,9750	39,407	39,415	39,421	39,427	39,431	39,435	39,439	39,442	39,445	39,448
	0,9900	99,408	99,416	99,422	99,428	99,433	99,437	99,440	99,444	99,447	99,449
	0,9950	199,409	199,416	199,423	199,428	199,433	199,437	199,441	199,444	199,447	199,450
	0,9990	999,409	999,417	999,423	999,428	999,433	999,437	999,441	999,444	999,447	999,450
	0,9995	1999,409	1999,417	1999,423	1999,429	1999,433	1999,437	1999,441	1999,444	1999,447	1999,450
3	0,9000	5,222	5,216	5,210	5,205	5,200	5,196	5,193	5,190	5,187	5,184
	0,9500	8,763	8,745	8,729	8,715	8,703	8,692	8,683	8,675	8,667	8,660
	0,9750	14,374	14,337	14,304	14,277	14,253	14,232	14,213	14,196	14,181	14,167
	0,9900	27,133	27,052	26,983	26,924	26,872	26,827	26,787	26,751	26,719	26,690
	0,9950	43,524	43,387	43,271	43,172	43,085	43,008	42,941	42,880	42,826	42,778
	0,9990	128,741	128,316	127,955	127,644	127,374	127,136	126,925	126,738	126,570	126,418
	0,9995	204,813	204,131	203,551	203,052	202,617	202,235	201,897	201,596	201,326	201,082
4	0,9000	3,907	3,896	3,886	3,878	3,870	3,864	3,858	3,853	3,849	3,844
	0,9500	5,936	5,912	5,891	5,873	5,858	5,844	5,832	5,821	5,811	5,803
	0,9750	8,794	8,751	8,715	8,684	8,657	8,633	8,611	8,592	8,575	8,560
	0,9900	14,452	14,374	14,307	14,249	14,198	14,154	14,115	14,080	14,048	14,020
	0,9950	20,824	20,705	20,603	20,515	20,438	20,371	20,311	20,258	20,210	20,167
	0,9990	47,704	47,412	47,163	46,948	46,761	46,597	46,451	46,322	46,205	46,100
	0,9995	67,843	67,421	67,062	66,752	66,483	66,246	66,036	65,849	65,681	65,530

f_2	G	f_1 11	12	13	14	15	16	17	18	19	20
5	0,9000	3,282	3,268	3,257	3,247	3,238	3,230	3,223	3,217	3,212	3,207
	0,9500	4,704	4,678	4,655	4,636	4,619	4,604	4,590	4,579	4,568	4,558
	0,9750	6,568	6,525	6,488	6,456	6,428	6,403	6,381	6,362	6,344	6,329
	0,9900	9,963	9,888	9,825	9,770	9,722	9,680	9,643	9,610	9,580	9,553
	0,9950	13,491	13,384	13,293	13,215	13,146	13,086	13,033	12,985	12,942	12,903
	0,9990	26,646	26,418	26,224	26,057	25,911	25,783	25,669	25,568	25,477	25,395
	0,9995	35,496	35,187	34,924	34,697	34,499	34,325	34,171	34,033	33,910	33,799
6	0,9000	2,920	2,905	2,892	2,881	2,871	2,863	2,855	2,848	2,842	2,836
	0,9500	4,027	4,000	3,976	3,956	3,938	3,922	3,908	3,896	3,884	3,874
	0,9750	5,410	5,366	5,329	5,297	5,269	5,244	5,222	5,202	5,184	5,168
	0,9900	7,790	7,718	7,657	7,605	7,559	7,519	7,483	7,451	7,422	7,396
	0,9950	10,133	10,034	9,950	9,877	9,814	9,758	9,709	9,664	9,625	9,589
	0,9990	18,182	17,989	17,824	17,682	17,559	17,450	17,353	17,267	17,190	17,120
	0,9995	23,216	22,964	22,750	22,564	22,403	22,261	22,135	22,023	21,922	21,831
7	0,9000	2,684	2,668	2,654	2,643	2,632	2,623	2,615	2,607	2,601	2,595
	0,9500	3,603	3,575	3,550	3,529	3,511	3,494	3,480	3,467	3,455	3,445
	0,9750	4,709	4,669	4,628	4,596	4,568	4,543	4,521	4,501	4,483	4,467
	0,9900	6,538	6,469	6,410	6,359	6,314	6,275	6,240	6,209	6,181	6,155
	0,9950	8,270	8,176	8,097	8,028	7,968	7,915	7,868	7,826	7,788	7,754
	0,9990	13,879	13,707	13,561	13,434	13,324	13,226	13,140	13,063	12,994	12,932
	0,9995	17,207	16,989	16,802	16,642	16,501	16,378	16,268	16,170	16,083	16,003
8	0,9000	2,519	2,502	2,488	2,475	2,464	2,455	2,446	2,438	2,431	2,425
	0,9500	3,313	3,284	3,259	3,237	3,218	3,202	3,187	3,173	3,161	3,150
	0,9750	4,243	4,200	4,162	4,130	4,101	4,076	4,054	4,034	4,016	3,999
	0,9900	5,734	5,667	5,609	5,559	5,515	5,477	5,442	5,412	5,384	5,359
	0,9950	7,104	7,015	6,938	6,872	6,814	6,763	6,718	6,678	6,641	6,608
	0,9990	11,352	11,194	11,060	10,943	10,841	10,752	10,672	10,601	10,537	10,480
	0,9995	13,774	13,577	13,408	13,263	13,136	13,025	12,926	12,837	12,758	12,686

f_2	G	f_1 22	24	26	28	30	32	34	36	38	40
1	0,9000	61,883	62,002	62,103	62,190	62,265	62,331	62,389	62,441	62,487	62,529
	0,9500	248,579	249,052	249,453	249,797	250,095	250,357	250,588	250,793	250,977	251,143
	0,9750	995,362	997,249	998,849	1000,222	1001,414	1002,459	1003,381	1004,201	1004,936	1005,598
	0,9900	6222,843	6234,631	6244,624	6253,203	6260,649	6267,171	6272,932	6278,058	6282,648	6286,782
	0,9950	24892,4	24939,6	24979,5	25013,8	25043,6	25069,7	25092,8	25113,3	25131,6	25148,2
	0,9990	622319	623497	624497	625354	626099	626751	627327	627840	628299	628712
	0,9995	2489276	2493991	2497988	2501419	2504397	2507006	2509310	2511360	2513196	2514849
2	0,9000	9,446	9,450	9,453	9,456	9,458	9,460	9,462	9,463	9,465	9,466
	0,9500	19,450	19,454	19,457	19,460	19,462	19,464	19,466	19,468	19,469	19,471
	0,9750	39,452	39,456	39,459	39,462	39,465	39,467	39,468	39,470	39,472	39,473
	0,9900	99,454	99,458	99,461	99,463	99,466	99,468	99,470	99,471	99,473	99,474
	0,9950	199,454	199,458	199,461	199,464	199,466	199,468	199,470	199,472	199,473	199,475
	0,9990	999,454	999,458	999,461	999,464	999,467	999,469	999,471	999,472	999,474	999,475
	0,9995	1999,455	1999,458	1999,462	1999,464	1999,467	1999,469	1999,471	1999,472	1999,474	1999,475
3	0,9000	5,180	5,176	5,173	5,170	5,168	5,166	5,164	5,163	5,161	5,160
	0,9500	8,648	8,639	8,630	8,623	8,617	8,611	8,606	8,602	8,598	8,594
	0,9750	14,144	14,124	14,107	14,093	14,081	14,070	14,060	14,051	14,043	14,037
	0,9900	26,640	26,598	26,562	26,531	26,505	26,481	26,461	26,442	26,426	26,411
	0,9950	42,693	42,622	42,562	42,511	42,466	42,427	42,392	42,361	42,333	42,308
	0,9990	126,155	125,935	125,748	125,588	125,449	125,327	125,219	125,123	125,037	124,959
	0,9995	200,660	200,307	200,007	199,750	199,526	199,330	199,157	199,003	198,864	198,740
4	0,9000	3,837	3,831	3,826	3,821	3,817	3,814	3,811	3,808	3,806	3,804
	0,9500	5,787	5,774	5,763	5,754	5,746	5,739	5,732	5,727	5,722	5,717
	0,9750	8,533	8,511	8,492	8,476	8,461	8,449	8,438	8,428	8,419	8,411
	0,9900	13,970	13,929	13,894	13,864	13,838	13,815	13,794	13,776	13,760	13,745
	0,9950	20,093	20,030	19,977	19,931	19,892	19,857	19,826	19,798	19,774	19,752
	0,9990	45,918	45,766	45,636	45,525	45,429	45,344	45,269	45,202	45,142	45,089
	0,9995	65,267	65,048	64,861	64,701	64,561	64,439	64,331	64,235	64,149	64,071

f_2	G	f_1									
		22	24	26	28	30	32	34	36	38	40
5	0,9000	3,198	3,191	3,184	3,179	3,174	3,170	3,166	3,163	3,160	3,157
	0,9500	4,541	4,527	4,515	4,505	4,496	4,488	4,481	4,474	4,469	4,464
	0,9750	6,301	6,278	6,258	6,242	6,227	6,214	6,203	6,192	6,183	6,175
	0,9900	9,506	9,466	9,433	9,404	9,379	9,357	9,338	9,321	9,305	9,291
	0,9950	12,836	12,780	12,732	12,691	12,656	12,624	12,597	12,572	12,550	12,530
	0,9990	25,252	25,133	25,032	24,945	24,869	24,802	24,744	24,691	24,644	24,602
	0,9995	33,606	33,444	33,307	33,188	33,086	32,996	32,916	32,845	32,782	32,724
6	0,9000	2,827	2,818	2,811	2,805	2,800	2,795	2,791	2,787	2,784	2,781
	0,9500	3,856	3,841	3,829	3,818	3,808	3,800	3,792	3,786	3,780	3,774
	0,9750	5,141	5,117	5,097	5,080	5,065	5,052	5,041	5,030	5,021	5,012
	0,9900	7,351	7,313	7,280	7,253	7,229	7,207	7,189	7,172	7,157	7,143
	0,9950	9,526	9,474	9,430	9,392	9,358	9,329	9,303	9,280	9,259	9,241
	0,9990	16,999	16,897	16,811	16,737	16,672	16,616	16,565	16,521	16,481	16,445
	0,9995	21,673	21,540	21,428	21,331	21,247	21,173	21,108	21,049	20,997	20,950
7	0,9000	2,584	2,575	2,568	2,561	2,555	2,550	2,546	2,542	2,538	2,535
	0,9500	3,426	3,410	3,397	3,386	3,376	3,367	3,359	3,352	3,346	3,340
	0,9750	4,439	4,415	4,395	4,378	4,362	4,349	4,337	4,327	4,317	4,309
	0,9900	6,111	6,074	6,043	6,016	5,992	5,971	5,953	5,936	5,922	5,908
	0,9950	7,695	7,645	7,603	7,566	7,534	7,507	7,482	7,460	7,440	7,422
	0,9990	12,823	12,732	12,655	12,588	12,530	12,480	12,435	12,394	12,358	12,326
	0,9995	15,866	15,750	15,652	15,568	15,494	15,430	15,373	15,322	15,276	15,235
8	0,9000	2,414	2,404	2,396	2,389	2,383	2,378	2,373	2,369	2,365	2,361
	0,9500	3,131	3,115	3,102	3,090	3,079	3,070	3,062	3,055	3,049	3,043
	0,9750	3,971	3,947	3,927	3,909	3,894	3,881	3,869	3,858	3,848	3,840
	0,9900	5,316	5,279	5,248	5,221	5,198	5,178	5,159	5,143	5,129	5,116
	0,9950	6,551	6,503	6,462	6,427	6,396	6,369	6,345	6,324	6,305	6,288
	0,9990	10,379	10,295	10,224	10,162	10,109	10,062	10,020	9,983	9,949	9,919
	0,9995	12,561	12,457	12,368	12,291	12,224	12,166	12,114	12,068	12,026	11,989

f_2	G	f_1 = 50	60	70	80	100	200	300	500	1000	∞
1	0,9000	62,688	62,794	62,870	62,927	63,007	63,168	63,221	63,264	63,296	63,328
	0,9500	251,774	252,196	252,497	252,724	253,041	253,677	253,889	254,059	254,187	254,314
	0,9750	1008,117	1009,800	1011,004	1011,908	1013,175	1015,713	1016,561	1017,240	1017,749	1018,258
	0,9900	6302,517	6313,030	6320,550	6326,197	6334,110	6349,967	6355,262	6359,501	6362,682	6365,864
	0,9950	25211,1	25253,1	25283,2	25305,8	25337,5	25400,9	25422,1	25439,0	25451,7	25464,5
	0,9990	630285	631337	632089	632653	633444	635030	635559	635983	636301	636619
	0,9995	2521143	2525347	2528355	2530613	2533778	2540121	2542238	2543934	2545206	2546479
2	0,9000	9,471	9,475	9,477	9,479	9,481	9,486	9,488	9,489	9,490	9,491
	0,9500	19,476	19,479	19,481	19,483	19,486	19,491	19,492	19,494	19,495	19,496
	0,9750	39,478	39,481	39,484	39,485	39,488	39,493	39,495	39,496	39,497	39,498
	0,9900	99,479	99,483	99,485	99,487	99,489	99,494	99,496	99,497	99,498	99,499
	0,9950	199,480	199,483	199,485	199,487	199,490	199,495	199,496	199,498	199,499	199,500
	0,9990	999,480	999,483	999,486	999,487	999,490	999,495	999,497	999,498	999,499	999,500
	0,9995	1999,480	1999,483	1999,486	1999,487	1999,490	1999,495	1999,497	1999,498	1999,499	1999,500
3	0,9000	5,155	5,151	5,149	5,147	5,144	5,139	5,137	5,136	5,135	5,134
	0,9500	8,581	8,572	8,566	8,561	8,554	8,540	8,536	8,532	8,529	8,526
	0,9750	14,010	13,992	13,979	13,970	13,956	13,929	13,920	13,913	13,908	13,902
	0,9900	26,354	26,316	26,289	26,269	26,240	26,183	26,164	26,148	26,137	26,125
	0,9950	42,213	42,149	42,104	42,070	42,022	41,925	41,893	41,867	41,848	41,828
	0,9990	124,664	124,466	124,324	124,218	124,069	123,770	123,670	123,589	123,529	123,469
	0,9995	198,266	197,948	197,721	197,550	197,311	196,831	196,670	196,542	196,445	196,348
4	0,9000	3,795	3,790	3,786	3,782	3,778	3,769	3,767	3,764	3,762	3,761
	0,9500	5,699	5,688	5,679	5,673	5,664	5,646	5,640	5,635	5,632	5,628
	0,9750	8,381	8,360	8,346	8,335	8,319	8,289	8,278	8,270	8,264	8,257
	0,9900	13,690	13,652	13,625	13,605	13,577	13,520	13,501	13,486	13,475	13,463
	0,9950	19,667	19,611	19,570	19,540	19,497	19,411	19,382	19,359	19,342	19,325
	0,9990	44,883	44,746	44,647	44,573	44,469	44,261	44,191	44,135	44,093	44,051
	0,9995	63,775	63,577	63,435	63,329	63,179	62,878	62,778	62,697	62,637	62,576

f_2	G	f_1 50	60	70	80	100	200	300	500	1000	∞
5	0,9000	3,147	3,140	3,135	3,132	3,126	3,116	3,112	3,109	3,107	3,105
	0,9500	4,444	4,431	4,422	4,415	4,405	4,385	4,378	4,373	4,369	4,365
	0,9750	6,144	6,123	6,107	6,096	6,080	6,048	6,037	6,028	6,022	6,015
	0,9900	9,238	9,202	9,176	9,157	9,130	9,075	9,057	9,042	9,031	9,020
	0,9950	12,454	12,402	12,366	12,338	12,300	12,222	12,196	12,175	12,159	12,144
	0,9990	24,441	24,333	24,255	24,197	24,115	23,951	23,896	23,852	23,819	23,785
	0,9995	32,506	32,359	32,254	32,175	32,065	31,842	31,767	31,708	31,663	31,618
6	0,9000	2,770	2,762	2,756	2,752	2,746	2,734	2,730	2,727	2,725	2,722
	0,9500	3,754	3,740	3,730	3,722	3,712	3,690	3,683	3,678	3,673	3,669
	0,9750	4,980	4,959	4,943	4,932	4,915	4,882	4,871	4,862	4,856	4,849
	0,9900	7,091	7,057	7,032	7,013	6,987	6,934	6,916	6,902	6,891	6,880
	0,9950	9,170	9,122	9,088	9,062	9,026	8,953	8,928	8,909	8,894	8,879
	0,9990	16,307	16,214	16,148	16,098	16,028	15,887	15,840	15,802	15,774	15,745
	0,9995	20,771	20,650	20,564	20,499	20,408	20,224	20,163	20,114	20,077	20,040
7	0,9000	2,523	2,514	2,508	2,504	2,497	2,484	2,480	2,476	2,473	2,471
	0,9500	3,319	3,304	3,294	3,286	3,275	3,252	3,245	3,239	3,234	3,230
	0,9750	4,276	4,254	4,239	4,227	4,210	4,176	4,165	4,156	4,149	4,142
	0,9900	5,858	5,824	5,799	5,781	5,755	5,702	5,685	5,671	5,660	5,650
	0,9950	7,354	7,309	7,276	7,251	7,217	7,147	7,123	7,104	7,090	7,076
	0,9990	12,202	12,119	12,059	12,014	11,951	11,824	11,782	11,747	11,722	11,696
	0,9995	15,078	14,972	14,897	14,840	14,760	14,599	14,545	14,502	14,469	14,437
8	0,9000	2,348	2,339	2,333	2,328	2,321	2,307	2,302	2,298	2,295	2,293
	0,9500	3,020	3,005	2,994	2,986	2,975	2,951	2,943	2,937	2,932	2,928
	0,9750	3,807	3,784	3,768	3,756	3,739	3,705	3,693	3,684	3,677	3,670
	0,9900	5,065	5,032	5,007	4,989	4,963	4,911	4,894	4,880	4,869	4,859
	0,9950	6,222	6,177	6,145	6,121	6,088	6,019	5,997	5,978	5,964	5,951
	0,9990	9,804	9,727	9,672	9,630	9,571	9,453	9,413	9,382	9,358	9,334
	0,9995	11,846	11,750	11,681	11,629	11,557	11,410	11,361	11,321	11,291	11,262

f_2	G	f_1 1	2	3	4	5	6	7	8	9	10
9	0,9000	3,360	3,006	2,813	2,693	2,611	2,551	2,505	2,469	2,440	2,416
	0,9500	5,117	4,256	3,863	3,633	3,482	3,374	3,293	3,230	3,179	3,137
	0,9750	7,209	5,715	5,078	4,718	4,484	4,320	4,197	4,102	4,026	3,964
	0,9900	10,561	8,022	6,992	6,422	6,057	5,802	5,613	5,467	5,351	5,257
	0,9950	13,614	10,107	8,717	7,956	7,471	7,134	6,885	6,693	6,541	6,417
	0,9990	22,857	16,387	13,902	12,560	11,714	11,128	10,698	10,368	10,107	9,894
	0,9995	27,991	19,865	16,770	15,106	14,058	13,335	12,804	12,398	12,076	11,815
10	0,9000	3,285	2,924	2,728	2,605	2,522	2,461	2,414	2,377	2,347	2,323
	0,9500	4,965	4,103	3,708	3,478	3,326	3,217	3,135	3,072	3,020	2,978
	0,9750	6,937	5,456	4,826	4,468	4,236	4,072	3,950	3,855	3,779	3,717
	0,9900	10,044	7,559	6,552	5,994	5,636	5,386	5,200	5,057	4,942	4,849
	0,9950	12,826	9,427	8,081	7,343	6,872	6,545	6,302	6,116	5,968	5,847
	0,9990	21,040	14,905	12,553	11,283	10,481	9,926	9,517	9,204	8,956	8,754
	0,9995	25,492	17,865	14,966	13,407	12,425	11,747	11,249	10,867	10,565	10,319
11	0,9000	3,225	2,860	2,660	2,536	2,451	2,389	2,342	2,304	2,274	2,248
	0,9500	4,844	3,982	3,587	3,357	3,204	3,095	3,012	2,948	2,896	2,854
	0,9750	6,724	5,256	4,630	4,275	4,044	3,881	3,759	3,664	3,588	3,526
	0,9900	9,646	7,206	6,217	5,668	5,316	5,069	4,886	4,744	4,632	4,539
	0,9950	12,226	8,912	7,600	6,881	6,422	6,102	5,865	5,682	5,537	5,418
	0,9990	19,687	13,812	11,561	10,346	9,578	9,047	8,655	8,355	8,116	7,922
	0,9995	23,652	16,405	13,654	12,176	11,244	10,600	10,127	9,764	9,476	9,242
12	0,9000	3,177	2,807	2,606	2,480	2,394	2,331	2,283	2,245	2,214	2,188
	0,9500	4,747	3,885	3,490	3,259	3,106	2,996	2,913	2,849	2,796	2,753
	0,9750	6,554	5,096	4,474	4,121	3,891	3,728	3,607	3,512	3,436	3,374
	0,9900	9,330	6,927	5,953	5,412	5,064	4,821	4,640	4,499	4,388	4,296
	0,9950	11,754	8,510	7,226	6,521	6,071	5,757	5,525	5,345	5,202	5,085
	0,9990	18,643	12,974	10,804	9,633	8,892	8,379	8,001	7,710	7,480	7,292
	0,9995	22,245	15,297	12,663	11,247	10,355	9,738	9,284	8,936	8,659	8,435

f_2	G	f_1 1	2	3	4	5	6	7	8	9	10
13	0,9000	3,136	2,763	2,560	2,434	2,347	2,283	2,234	2,195	2,164	2,138
	0,9500	4,667	3,806	3,411	3,179	3,025	2,915	2,832	2,767	2,714	2,671
	0,9750	6,414	4,965	4,347	3,996	3,767	3,604	3,483	3,388	3,312	3,250
	0,9900	9,074	6,701	5,739	5,205	4,862	4,620	4,441	4,302	4,191	4,100
	0,9950	11,374	8,186	6,926	6,233	5,791	5,482	5,253	5,076	4,935	4,820
	0,9990	17,815	12,313	10,209	9,073	8,354	7,856	7,489	7,206	6,982	6,799
	0,9995	21,137	14,430	11,890	10,524	9,664	9,068	8,630	8,293	8,026	7,809
14	0,9000	3,102	2,726	2,522	2,395	2,307	2,243	2,193	2,154	2,122	2,095
	0,9500	4,600	3,739	3,344	3,112	2,958	2,848	2,764	2,699	2,646	2,602
	0,9750	6,298	4,857	4,242	3,892	3,663	3,501	3,380	3,285	3,209	3,147
	0,9900	8,862	6,515	5,564	5,035	4,695	4,456	4,278	4,140	4,030	3,939
	0,9950	11,060	7,922	6,680	5,998	5,562	5,257	5,031	4,857	4,717	4,603
	0,9990	17,143	11,779	9,729	8,622	7,922	7,436	7,077	6,802	6,583	6,404
	0,9995	20,242	13,734	11,271	9,947	9,112	8,534	8,108	7,781	7,522	7,310
15	0,9000	3,073	2,695	2,490	2,361	2,273	2,208	2,158	2,119	2,086	2,059
	0,9500	4,543	3,682	3,287	3,056	2,901	2,790	2,707	2,641	2,588	2,544
	0,9750	6,200	4,765	4,153	3,804	3,576	3,415	3,293	3,199	3,123	3,060
	0,9900	8,683	6,359	5,417	4,893	4,556	4,318	4,142	4,004	3,895	3,805
	0,9950	10,798	7,701	6,476	5,803	5,372	5,071	4,847	4,674	4,536	4,424
	0,9990	16,587	11,339	9,335	8,253	7,567	7,092	6,741	6,471	6,256	6,081
	0,9995	19,506	13,163	10,765	9,476	8,662	8,099	7,684	7,365	7,112	6,905
16	0,9000	3,048	2,668	2,462	2,333	2,244	2,178	2,128	2,088	2,055	2,028
	0,9500	4,494	3,634	3,239	3,007	2,852	2,741	2,657	2,591	2,538	2,494
	0,9750	6,115	4,687	4,077	3,729	3,502	3,341	3,219	3,125	3,049	2,986
	0,9900	8,531	6,226	5,292	4,773	4,437	4,202	4,026	3,890	3,780	3,691
	0,9950	10,575	7,514	6,303	5,638	5,212	4,913	4,692	4,521	4,384	4,272
	0,9990	16,120	10,971	9,006	7,944	7,272	6,805	6,460	6,195	5,984	5,812
	0,9995	18,891	12,688	10,344	9,084	8,289	7,738	7,332	7,020	6,772	6,570

f_2	G	f_1 11	12	13	14	15	16	17	18	19	20
9	0,9000	2,396	2,379	2,364	2,351	2,340	2,330	2,320	2,312	2,305	2,298
	0,9500	3,102	3,073	3,048	3,025	3,006	2,989	2,974	2,960	2,948	2,936
	0,9750	3,912	3,868	3,831	3,798	3,769	3,744	3,722	3,701	3,683	3,667
	0,9900	5,178	5,111	5,055	5,005	4,962	4,924	4,890	4,860	4,833	4,808
	0,9950	6,314	6,227	6,153	6,089	6,032	5,983	5,939	5,899	5,864	5,832
	0,9990	9,718	9,570	9,443	9,334	9,238	9,154	9,079	9,012	8,952	8,898
	0,9995	11,598	11,416	11,260	11,126	11,008	10,905	10,813	10,731	10,657	10,590
10	0,9000	2,302	2,284	2,269	2,255	2,244	2,233	2,224	2,215	2,208	2,201
	0,9500	2,943	2,913	2,887	2,865	2,845	2,828	2,812	2,798	2,785	2,774
	0,9750	3,665	3,621	3,583	3,550	3,522	3,496	3,474	3,453	3,435	3,419
	0,9900	4,772	4,706	4,650	4,601	4,558	4,520	4,487	4,457	4,430	4,405
	0,9950	5,746	5,661	5,589	5,526	5,471	5,422	5,379	5,340	5,306	5,274
	0,9990	8,586	8,445	8,324	8,220	8,129	8,048	7,977	7,913	7,856	7,804
	0,9995	10,115	9,944	9,797	9,670	9,559	9,462	9,375	9,298	9,228	9,165
11	0,9000	2,227	2,209	2,193	2,179	2,167	2,156	2,147	2,138	2,130	2,123
	0,9500	2,818	2,788	2,761	2,739	2,719	2,701	2,685	2,671	2,658	2,646
	0,9750	3,474	3,430	3,392	3,359	3,330	3,304	3,282	3,261	3,243	3,226
	0,9900	4,462	4,397	4,342	4,293	4,251	4,213	4,180	4,150	4,123	4,099
	0,9950	5,320	5,236	5,165	5,103	5,049	5,001	4,959	4,921	4,886	4,855
	0,9990	7,761	7,626	7,509	7,409	7,321	7,244	7,175	7,113	7,058	7,008
	0,9995	9,048	8,885	8,745	8,624	8,518	8,425	8,342	8,268	8,202	8,142
12	0,9000	2,166	2,147	2,131	2,117	2,105	2,094	2,084	2,075	2,067	2,060
	0,9500	2,717	2,687	2,660	2,637	2,617	2,599	2,583	2,568	2,555	2,544
	0,9750	3,321	3,277	3,239	3,206	3,177	3,152	3,129	3,108	3,090	3,073
	0,9900	4,220	4,155	4,100	4,052	4,010	3,972	3,939	3,910	3,883	3,858
	0,9950	4,988	4,906	4,836	4,775	4,721	4,674	4,632	4,595	4,561	4,530
	0,9990	7,136	7,005	6,892	6,794	6,709	6,634	6,567	6,507	6,454	6,405
	0,9995	8,248	8,091	7,956	7,840	7,738	7,648	7,569	7,497	7,433	7,375

f_2	G	f_1									
		11	12	13	14	15	26	27	18	19	20
13	0,9000	2,116	2,097	2,080	2,066	2,053	2,042	2,032	2,023	2,014	2,007
	0,9500	2,635	2,604	2,577	2,554	2,533	2,515	2,499	2,484	2,471	2,459
	0,9750	3,198	3,153	3,115	3,082	3,053	3,027	3,004	2,983	2,965	2,948
	0,9900	4,025	3,960	3,905	3,857	3,815	3,778	3,745	3,716	3,689	3,665
	0,9950	4,724	4,643	4,573	4,513	4,460	4,413	4,372	4,334	4,301	4,270
	0,9990	6,647	6,519	6,409	6,314	6,231	6,158	6,093	6,034	5,982	5,934
	0,9995	7,628	7,476	7,346	7,233	7,134	7,047	6,970	6,900	6,838	6,782
14	0,9000	2,073	2,054	2,037	2,022	2,010	1,998	1,988	1,979	1,970	1,962
	0,9500	2,566	2,534	2,507	2,484	2,463	2,445	2,428	2,413	2,400	2,388
	0,9750	3,095	3,050	3,012	2,979	2,949	2,923	2,900	2,879	2,861	2,844
	0,9900	3,864	3,800	3,745	3,698	3,656	3,619	3,586	3,556	3,529	3,505
	0,9950	4,508	4,428	4,359	4,299	4,247	4,200	4,159	4,122	4,089	4,059
	0,9990	6,256	6,130	6,023	5,930	5,848	5,776	5,712	5,655	5,604	5,557
	0,9995	7,135	6,987	6,860	6,750	6,654	6,569	6,494	6,426	6,365	6,310
15	0,9000	2,037	2,017	2,000	1,985	1,972	1,961	1,950	1,941	1,932	1,924
	0,9500	2,507	2,475	2,448	2,424	2,403	2,385	2,368	2,353	2,340	2,328
	0,9750	3,008	2,963	2,925	2,891	2,862	2,836	2,813	2,792	2,773	2,756
	0,9900	3,730	3,666	3,612	3,564	3,522	3,485	3,452	3,423	3,396	3,372
	0,9950	4,329	4,250	4,181	4,122	4,070	4,024	3,983	3,946	3,913	3,883
	0,9990	5,935	5,812	5,707	5,615	5,535	5,464	5,401	5,345	5,294	5,248
	0,9995	6,734	6,589	6,465	6,358	6,264	6,181	6,107	6,041	5,981	5,927
16	0,9000	2,005	1,985	1,968	1,953	1,940	1,928	1,917	1,908	1,899	1,891
	0,9500	2,456	2,425	2,397	2,373	2,352	2,333	2,317	2,302	2,288	2,276
	0,9750	2,934	2,889	2,851	2,817	2,788	2,761	2,738	2,717	2,698	2,681
	0,9900	3,616	3,553	3,498	3,451	3,409	3,372	3,339	3,310	3,283	3,259
	0,9950	4,179	4,099	4,031	3,972	3,920	3,875	3,834	3,797	3,764	3,734
	0,9990	5,668	5,547	5,443	5,353	5,274	5,205	5,143	5,087	5,037	4,992
	0,9995	6,402	6,260	6,139	6,033	5,941	5,859	5,787	5,722	5,664	5,611

f_2	G	f_1 22	24	26	28	30	32	34	36	38	40
9	0,9000	2,287	2,277	2,268	2,261	2,255	2,249	2,244	2,240	2,236	2,232
	0,9500	2,917	2,900	2,886	2,874	2,864	2,854	2,846	2,839	2,832	2,826
	0,9750	3,638	3,614	3,594	3,576	3,560	3,547	3,535	3,524	3,514	3,505
	0,9900	4,765	4,729	4,698	4,672	4,649	4,628	4,610	4,594	4,580	4,567
	0,9950	5,776	5,729	5,689	5,655	5,625	5,598	5,575	5,554	5,535	5,519
	0,9990	8,803	8,724	8,656	8,598	8,548	8,503	8,464	8,429	8,397	8,369
	0,9995	10,474	10,377	10,294	10,223	10,161	10,107	10,058	10,015	9,977	9,942
10	0,9000	2,189	2,178	2,170	2,162	2,155	2,150	2,144	2,140	2,135	2,132
	0,9500	2,754	2,737	2,723	2,710	2,700	2,690	2,681	2,674	2,667	2,661
	0,9750	3,390	3,365	3,345	3,327	3,311	3,297	3,285	3,274	3,264	3,255
	0,9900	4,363	4,327	4,296	4,270	4,247	4,227	4,209	4,193	4,178	4,165
	0,9950	5,219	5,173	5,134	5,100	5,071	5,045	5,022	5,001	4,983	4,966
	0,9990	7,713	7,638	7,573	7,517	7,469	7,426	7,388	7,355	7,324	7,297
	0,9995	9,056	8,964	8,885	8,818	8,759	8,708	8,662	8,621	8,585	8,551
11	0,9000	2,111	2,100	2,091	2,083	2,076	2,070	2,065	2,060	2,056	2,052
	0,9500	2,626	2,609	2,594	2,582	2,570	2,561	2,552	2,544	2,537	2,531
	0,9750	3,197	3,173	3,152	3,133	3,118	3,104	3,091	3,080	3,070	3,061
	0,9900	4,057	4,021	3,990	3,964	3,941	3,921	3,903	3,887	3,873	3,860
	0,9950	4,801	4,756	4,717	4,684	4,654	4,629	4,606	4,586	4,567	4,551
	0,9990	6,920	6,847	6,785	6,731	6,684	6,643	6,606	6,574	6,544	6,518
	0,9995	8,037	7,949	7,874	7,809	7,753	7,704	7,660	7,621	7,585	7,554
12	0,9000	2,047	2,036	2,027	2,019	2,011	2,005	2,000	1,995	1,990	1,986
	0,9500	2,523	2,505	2,491	2,478	2,466	2,456	2,447	2,439	2,432	2,426
	0,9750	3,043	3,019	2,998	2,979	2,963	2,949	2,937	2,926	2,915	2,906
	0,9900	3,816	3,780	3,750	3,724	3,701	3,681	3,663	3,647	3,632	3,619
	0,9950	4,476	4,431	4,393	4,360	4,331	4,305	4,283	4,263	4,245	4,228
	0,9990	6,320	6,249	6,188	6,136	6,090	6,050	6,014	5,982	5,954	5,928
	0,9995	7,274	7,189	7,117	7,054	7,000	6,952	6,910	6,872	6,838	6,807

f_2	G	f_1 22	24	26	28	30	32	34	36	38	40
13	0,9000	1,994	1,983	1,973	1,965	1,958	1,951	1,945	1,940	1,936	1,931
	0,9500	2,438	2,420	2,405	2,392	2,380	2,370	2,361	2,353	2,346	2,339
	0,9750	2,918	2,893	2,872	2,853	2,837	2,823	2,810	2,799	2,789	2,780
	0,9900	3,622	3,587	3,556	3,530	3,507	3,487	3,469	3,453	3,438	3,425
	0,9950	4,217	4,173	4,134	4,101	4,073	4,047	4,025	4,005	3,987	3,970
	0,9990	5,851	5,781	5,722	5,671	5,626	5,586	5,552	5,520	5,492	5,467
	0,9995	6,684	6,601	6,531	6,470	6,417	6,371	6,329	6,292	6,259	6,229
14	0,9000	1,949	1,938	1,928	1,919	1,912	1,905	1,899	1,894	1,889	1,885
	0,9500	2,367	2,349	2,333	2,320	2,308	2,298	2,289	2,280	2,273	2,266
	0,9750	2,814	2,789	2,767	2,749	2,732	2,718	2,705	2,694	2,684	2,674
	0,9900	3,463	3,427	3,397	3,371	3,348	3,327	3,309	3,293	3,279	3,266
	0,9950	4,006	3,961	3,923	3,891	3,862	3,837	3,814	3,794	3,776	3,760
	0,9990	5,475	5,407	5,349	5,298	5,254	5,215	5,181	5,150	5,123	5,098
	0,9995	6,214	6,134	6,065	6,006	5,954	5,909	5,868	5,832	5,800	5,770
15	0,9000	1,911	1,899	1,889	1,880	1,873	1,866	1,860	1,855	1,850	1,845
	0,9500	2,306	2,288	2,272	2,259	2,247	2,236	2,227	2,219	2,211	2,204
	0,9750	2,726	2,701	2,679	2,660	2,644	2,629	2,616	2,605	2,594	2,585
	0,9900	3,330	3,294	3,264	3,237	3,214	3,194	3,176	3,160	3,145	3,132
	0,9950	3,830	3,786	3,748	3,715	3,687	3,662	3,639	3,619	3,601	3,585
	0,9990	5,168	5,101	5,043	4,994	4,950	4,912	4,878	4,848	4,821	4,796
	0,9995	5,833	5,754	5,687	5,629	5,578	5,533	5,494	5,458	5,426	5,398
16	0,9000	1,877	1,866	1,855	1,847	1,839	1,832	1,826	1,820	1,815	1,811
	0,9500	2,254	2,235	2,220	2,206	2,194	2,183	2,174	2,165	2,158	2,151
	0,9750	2,651	2,625	2,603	2,584	2,568	2,553	2,540	2,529	2,518	2,509
	0,9900	3,216	3,181	3,150	3,124	3,101	3,080	3,062	3,046	3,031	3,018
	0,9950	3,682	3,638	3,600	3,567	3,539	3,514	3,491	3,471	3,453	3,437
	0,9990	4,913	4,846	4,789	4,740	4,697	4,659	4,626	4,596	4,569	4,545
	0,9995	5,518	5,441	5,374	5,317	5,267	5,223	5,184	5,149	5,117	5,089

f_2	G	f_1									
		50	60	70	80	100	200	300	500	1000	∞
9	0,9000	2,218	2,208	2,202	2,196	2,189	2,174	2,169	2,165	2,162	2,159
	0,9500	2,803	2,787	2,776	2,768	2,756	2,731	2,723	2,717	2,712	2,707
	0,9750	3,472	3,449	3,433	3,421	3,403	3,368	3,357	3,347	3,340	3,333
	0,9900	4,517	4,483	4,459	4,441	4,415	4,363	4,346	4,332	4,321	4,311
	0,9950	5,454	5,410	5,379	5,356	5,322	5,255	5,233	5,215	5,201	5,188
	0,9990	8,260	8,187	8,134	8,094	8,039	7,926	7,889	7,858	7,836	7,813
	0,9995	9,809	9,719	9,655	9,606	9,538	9,401	9,355	9,318	9,290	9,262
10	0,9000	2,117	2,107	2,100	2,095	2,087	2,071	2,066	2,062	2,059	2,055
	0,9500	2,637	2,621	2,610	2,601	2,588	2,563	2,555	2,548	2,543	2,538
	0,9750	3,221	3,198	3,182	3,169	3,152	3,116	3,104	3,094	3,087	3,080
	0,9900	4,115	4,082	4,058	4,039	4,014	3,962	3,944	3,930	3,920	3,909
	0,9950	4,902	4,859	4,828	4,805	4,772	4,706	4,683	4,666	4,652	4,639
	0,9990	7,193	7,122	7,072	7,034	6,980	6,872	6,836	6,806	6,785	6,763
	0,9995	8,425	8,340	8,279	8,233	8,168	8,038	7,994	7,958	7,932	7,905
11	0,9000	2,036	2,026	2,019	2,013	2,005	1,989	1,983	1,979	1,975	1,972
	0,9500	2,507	2,490	2,478	2,469	2,457	2,431	2,422	2,415	2,410	2,404
	0,9750	3,027	3,004	2,987	2,974	2,956	2,920	2,908	2,898	2,890	2,883
	0,9900	3,810	3,776	3,752	3,734	3,708	3,656	3,638	3,624	3,613	3,602
	0,9950	4,488	4,445	4,414	4,391	4,359	4,293	4,270	4,252	4,239	4,226
	0,9990	6,417	6,348	6,299	6,262	6,210	6,105	6,070	6,041	6,020	5,998
	0,9995	7,432	7,351	7,292	7,248	7,185	7,060	7,017	6,983	6,958	6,932
12	0,9000	1,970	1,960	1,952	1,946	1,938	1,921	1,915	1,911	1,907	1,904
	0,9500	2,401	2,384	2,372	2,363	2,350	2,323	2,314	2,307	2,302	2,296
	0,9750	2,871	2,848	2,831	2,818	2,800	2,763	2,750	2,740	2,733	2,725
	0,9900	3,569	3,535	3,511	3,493	3,467	3,414	3,397	3,382	3,372	3,361
	0,9950	4,165	4,123	4,092	4,069	4,037	3,971	3,949	3,931	3,917	3,904
	0,9990	5,829	5,762	5,714	5,678	5,627	5,524	5,489	5,462	5,441	5,420
	0,9995	6,690	6,610	6,553	6,510	6,450	6,328	6,287	6,253	6,229	6,204

f_2	G	f_1									
		50	60	70	80	100	200	300	500	1000	∞
13	0,9000	1,915	1,904	1,896	1,890	1,882	1,864	1,858	1,853	1,850	1,846
	0,9500	2,314	2,297	2,284	2,275	2,261	2,234	2,225	2,218	2,212	2,206
	0,9750	2,744	2,720	2,703	2,690	2,671	2,634	2,621	2,611	2,603	2,595
	0,9900	3,375	3,341	3,317	3,298	3,272	3,219	3,202	3,187	3,176	3,165
	0,9950	3,908	3,866	3,835	3,812	3,780	3,714	3,691	3,674	3,660	3,647
	0,9990	5,370	5,305	5,257	5,222	5,172	5,070	5,036	5,009	4,988	4,967
	0,9995	6,115	6,038	5,982	5,940	5,881	5,761	5,721	5,689	5,664	5,640
14	0,9000	1,869	1,857	1,849	1,843	1,834	1,816	1,810	1,805	1,801	1,797
	0,9500	2,241	2,223	2,210	2,201	2,187	2,159	2,150	2,142	2,136	2,131
	0,9750	2,638	2,614	2,597	2,583	2,565	2,526	2,513	2,503	2,495	2,487
	0,9900	3,215	3,181	3,157	3,138	3,112	3,059	3,040	3,026	3,015	3,004
	0,9950	3,698	3,655	3,625	3,602	3,569	3,503	3,481	3,463	3,449	3,436
	0,9990	5,002	4,938	4,891	4,856	4,807	4,706	4,673	4,645	4,625	4,604
	0,9995	5,658	5,582	5,528	5,487	5,429	5,311	5,271	5,240	5,216	5,191
15	0,9000	1,828	1,817	1,808	1,802	1,793	1,774	1,768	1,763	1,759	1,755
	0,9500	2,178	2,160	2,147	2,137	2,123	2,095	2,085	2,078	2,072	2,066
	0,9750	2,549	2,524	2,506	2,493	2,474	2,435	2,422	2,411	2,403	2,395
	0,9900	3,081	3,047	3,022	3,004	2,977	2,923	2,905	2,891	2,880	2,868
	0,9950	3,523	3,480	3,450	3,427	3,394	3,328	3,306	3,287	3,274	3,260
	0,9990	4,702	4,638	4,592	4,557	4,508	4,408	4,375	4,348	4,327	4,307
	0,9995	5,287	5,213	5,159	5,118	5,061	4,945	4,906	4,875	4,851	4,827
16	0,9000	1,793	1,782	1,773	1,766	1,757	1,738	1,731	1,726	1,722	1,718
	0,9500	2,124	2,106	2,093	2,083	2,068	2,039	2,030	2,022	2,016	2,010
	0,9750	2,472	2,447	2,429	2,415	2,396	2,357	2,343	2,333	2,324	2,316
	0,9900	2,967	2,933	2,908	2,889	2,863	2,808	2,790	2,775	2,764	2,753
	0,9950	3,375	3,332	3,302	3,279	3,246	3,180	3,157	3,139	3,125	3,112
	0,9990	4,451	4,388	4,342	4,308	4,259	4,160	4,127	4,100	4,080	4,059
	0,9995	4,980	4,907	4,854	4,814	4,757	4,642	4,603	4,572	4,549	4,525

f_2	G	f_1 1	2	3	4	5	6	7	8	9	10
17	0,9000	3,026	2,645	2,437	2,308	2,218	2,152	2,102	2,061	2,028	2,001
	0,9500	4,451	3,592	3,197	2,965	2,810	2,699	2,614	2,548	2,494	2,450
	0,9750	6,042	4,619	4,011	3,665	3,438	3,277	3,156	3,061	2,985	2,922
	0,9900	8,400	6,112	5,185	4,669	4,336	4,102	3,927	3,791	3,682	3,593
	0,9950	10,384	7,354	6,156	5,497	5,075	4,779	4,559	4,389	4,254	4,142
	0,9990	15,722	10,658	8,727	7,683	7,022	6,563	6,223	5,962	5,754	5,584
	0,9995	18,368	12,286	9,989	8,755	7,975	7,435	7,037	6,730	6,487	6,288
18	0,9000	3,007	2,624	2,416	2,286	2,196	2,130	2,079	2,038	2,005	1,977
	0,9500	4,414	3,555	3,160	2,928	2,773	2,661	2,577	2,510	2,456	2,412
	0,9750	5,978	4,560	3,954	3,608	3,382	3,221	3,100	3,005	2,929	2,866
	0,9900	8,285	6,013	5,092	4,579	4,248	4,015	3,841	3,705	3,597	3,508
	0,9950	10,218	7,215	6,028	5,375	4,956	4,663	4,445	4,276	4,141	4,030
	0,9990	15,379	10,390	8,487	7,459	6,808	6,355	6,021	5,763	5,558	5,390
	0,9995	17,920	11,942	9,686	8,473	7,707	7,176	6,785	6,483	6,244	6,048
19	0,9000	2,990	2,606	2,397	2,266	2,176	2,109	2,058	2,017	1,984	1,956
	0,9500	4,381	3,522	3,127	2,895	2,740	2,628	2,544	2,477	2,423	2,378
	0,9750	5,922	4,508	3,903	3,559	3,333	3,172	3,051	2,956	2,880	2,817
	0,9900	8,185	5,926	5,010	4,500	4,171	3,939	3,765	3,631	3,523	3,434
	0,9950	10,073	7,093	5,916	5,268	4,853	4,561	4,345	4,177	4,043	3,933
	0,9990	15,081	10,157	8,280	7,265	6,622	6,175	5,845	5,590	5,388	5,222
	0,9995	17,530	11,645	9,424	8,230	7,476	6,953	6,567	6,271	6,034	5,842
20	0,9000	2,975	2,589	2,380	2,249	2,158	2,091	2,040	1,999	1,965	1,937
	0,9500	4,351	3,493	3,098	2,866	2,711	2,599	2,514	2,447	2,393	2,348
	0,9750	5,871	4,461	3,859	3,515	3,289	3,128	3,007	2,913	2,837	2,774
	0,9900	8,096	5,849	4,938	4,431	4,103	3,871	3,699	3,564	3,457	3,368
	0,9950	9,944	6,986	5,818	5,174	4,762	4,472	4,257	4,090	3,956	3,847
	0,9990	14,819	9,953	8,098	7,096	6,461	6,019	5,692	5,440	5,239	5,075
	0,9995	17,190	11,385	9,196	8,018	7,275	6,759	6,378	6,085	5,852	5,662

f_2	G	f_1									
		1	2	3	4	5	6	7	8	9	10
22	0,9000	2,949	2,561	2,351	2,219	2,128	2,061	2,008	1,967	1,933	1,904
	0,9500	4,301	3,443	3,049	2,817	2,661	2,549	2,464	2,397	2,342	2,297
	0,9750	5,786	4,383	3,783	3,440	3,215	3,055	2,934	2,839	2,763	2,700
	0,9900	7,945	5,719	4,817	4,313	3,988	3,758	3,587	3,453	3,346	3,258
	0,9950	9,727	6,806	5,652	5,017	4,609	4,322	4,109	3,944	3,812	3,703
	0,9990	14,380	9,612	7,796	6,814	6,191	5,758	5,438	5,190	4,993	4,832
	0,9995	16,621	10,953	8,816	7,668	6,942	6,438	6,066	5,779	5,551	5,365
24	0,9000	2,927	2,538	2,327	2,195	2,103	2,035	1,983	1,941	1,906	1,877
	0,9500	4,260	3,403	3,009	2,776	2,621	2,508	2,423	2,355	2,300	2,255
	0,9750	5,717	4,319	3,721	3,379	3,155	2,995	2,874	2,779	2,703	2,640
	0,9900	7,823	5,614	4,718	4,218	3,895	3,667	3,496	3,363	3,256	3,168
	0,9950	9,551	6,661	5,519	4,890	4,486	4,202	3,991	3,826	3,695	3,587
	0,9990	14,028	9,339	7,554	6,589	5,977	5,550	5,235	4,991	4,797	4,638
	0,9995	16,166	10,608	8,515	7,389	6,677	6,183	5,818	5,537	5,312	5,129
26	0,9000	2,909	2,519	2,307	2,174	2,082	2,014	1,961	1,919	1,884	1,855
	0,9500	4,225	3,369	2,975	2,743	2,587	2,474	2,388	2,321	2,265	2,220
	0,9750	5,659	4,265	3,670	3,329	3,105	2,945	2,824	2,729	2,653	2,590
	0,9900	7,721	5,526	4,637	4,140	3,818	3,591	3,421	3,288	3,182	3,094
	0,9950	9,406	6,541	5,409	4,785	4,384	4,103	3,893	3,730	3,599	3,492
	0,9990	13,739	9,116	7,357	6,406	5,802	5,381	5,070	4,829	4,637	4,480
	0,9995	15,794	10,328	8,269	7,162	6,462	5,976	5,617	5,340	5,119	4,938
28	0,9000	2,894	2,503	2,291	2,157	2,064	1,996	1,943	1,900	1,865	1,836
	0,9500	4,196	3,340	2,947	2,714	2,558	2,445	2,359	2,291	2,236	2,190
	0,9750	5,610	4,221	3,626	3,286	3,063	2,903	2,782	2,687	2,611	2,547
	0,9900	7,636	5,453	4,568	4,074	3,754	3,528	3,358	3,226	3,120	3,032
	0,9950	9,284	6,440	5,317	4,698	4,300	4,020	3,811	3,649	3,519	3,412
	0,9990	13,498	8,931	7,193	6,253	5,657	5,241	4,933	4,695	4,505	4,349
	0,9995	15,485	10,094	8,066	6,975	6,285	5,805	5,451	5,177	4,959	4,781

f_2	G	f_1 11	12	13	14	15	16	17	18	19	20
17	0,9000	1,978	1,958	1,940	1,925	1,912	1,900	1,889	1,879	1,870	1,862
	0,9500	2,413	2,381	2,353	2,329	2,308	2,289	2,272	2,257	2,243	2,230
	0,9750	2,870	2,825	2,786	2,753	2,723	2,697	2,673	2,652	2,633	2,616
	0,9900	3,519	3,455	3,401	3,353	3,312	3,275	3,242	3,212	3,186	3,162
	0,9950	4,050	3,971	3,903	3,844	3,793	3,747	3,707	3,670	3,637	3,607
	0,9990	5,443	5,324	5,221	5,132	5,054	4,986	4,924	4,869	4,820	4,775
	0,9995	6,123	5,984	5,864	5,760	5,670	5,589	5,518	5,454	5,397	5,344
18	0,9000	1,954	1,933	1,916	1,900	1,887	1,875	1,864	1,854	1,845	1,837
	0,9500	2,374	2,342	2,314	2,290	2,269	2,250	2,233	2,217	2,203	2,191
	0,9750	2,814	2,769	2,730	2,696	2,667	2,640	2,617	2,596	2,576	2,559
	0,9900	3,434	3,371	3,316	3,269	3,227	3,190	3,158	3,128	3,101	3,077
	0,9950	3,938	3,860	3,793	3,734	3,683	3,637	3,597	3,560	3,527	3,498
	0,9990	5,250	5,132	5,031	4,943	4,866	4,798	4,738	4,683	4,634	4,590
	0,9995	5,886	5,748	5,631	5,528	5,439	5,360	5,289	5,226	5,169	5,118
19	0,9000	1,932	1,912	1,894	1,878	1,865	1,852	1,841	1,831	1,822	1,814
	0,9500	2,340	2,308	2,280	2,256	2,234	2,215	2,198	2,182	2,168	2,156
	0,9750	2,765	2,720	2,681	2,647	2,617	2,591	2,567	2,546	2,526	2,509
	0,9900	3,360	3,297	3,242	3,195	3,153	3,117	3,084	3,054	3,027	3,003
	0,9950	3,841	3,763	3,696	3,638	3,587	3,541	3,501	3,465	3,432	3,402
	0,9990	5,084	4,967	4,867	4,780	4,704	4,636	4,576	4,522	4,474	4,430
	0,9995	5,681	5,546	5,429	5,328	5,240	5,162	5,092	5,030	4,974	4,923
20	0,9000	1,913	1,892	1,875	1,859	1,845	1,833	1,821	1,811	1,802	1,794
	0,9500	2,310	2,278	2,250	2,225	2,203	2,184	2,167	2,151	2,137	2,124
	0,9750	2,721	2,676	2,637	2,603	2,573	2,547	2,523	2,501	2,482	2,464
	0,9900	3,294	3,231	3,177	3,130	3,088	3,051	3,018	2,989	2,962	2,938
	0,9950	3,756	3,678	3,611	3,553	3,502	3,457	3,416	3,380	3,347	3,318
	0,9990	4,939	4,823	4,724	4,637	4,562	4,495	4,435	4,382	4,334	4,290
	0,9995	5,503	5,369	5,254	5,155	5,067	4,990	4,921	4,859	4,804	4,753

f_2	G	f_1									
		11	12	13	14	15	16	17	18	19	20
22	0,9000	1,880	1,859	1,841	1,825	1,811	1,798	1,787	1,777	1,768	1,759
	0,9500	2,259	2,226	2,198	2,173	2,151	2,131	2,114	2,098	2,084	2,071
	0,9750	2,647	2,602	2,563	2,528	2,498	2,472	2,448	2,426	2,407	2,389
	0,9900	3,184	3,121	3,067	3,019	2,978	2,941	2,908	2,879	2,852	2,827
	0,9950	3,612	3,535	3,469	3,411	3,360	3,315	3,275	3,239	3,206	3,176
	0,9990	4,697	4,583	4,486	4,401	4,326	4,260	4,201	4,149	4,101	4,058
	0,9995	5,209	5,078	4,965	4,868	4,782	4,706	4,638	4,578	4,523	4,473
24	0,9000	1,853	1,832	1,814	1,797	1,783	1,770	1,759	1,748	1,739	1,730
	0,9500	2,216	2,183	2,155	2,130	2,108	2,088	2,070	2,054	2,040	2,027
	0,9750	2,586	2,541	2,502	2,468	2,437	2,411	2,386	2,365	2,345	2,327
	0,9900	3,094	3,032	2,977	2,930	2,889	2,852	2,819	2,789	2,762	2,738
	0,9950	3,497	3,420	3,354	3,296	3,246	3,201	3,161	3,125	3,092	3,062
	0,9990	4,505	4,393	4,296	4,212	4,139	4,074	4,015	3,963	3,916	3,873
	0,9995	4,977	4,848	4,737	4,640	4,556	4,481	4,414	4,354	4,300	4,251
26	0,9000	1,830	1,809	1,790	1,774	1,760	1,747	1,735	1,724	1,715	1,706
	0,9500	2,181	2,148	2,119	2,094	2,072	2,052	2,034	2,018	2,003	1,990
	0,9750	2,536	2,491	2,452	2,417	2,387	2,360	2,335	2,314	2,294	2,276
	0,9900	3,021	2,958	2,904	2,857	2,815	2,778	2,745	2,715	2,688	2,664
	0,9950	3,402	3,325	3,259	3,202	3,151	3,107	3,067	3,031	2,998	2,969
	0,9990	4,349	4,238	4,142	4,059	3,986	3,921	3,864	3,812	3,765	3,723
	0,9995	4,788	4,661	4,551	4,456	4,372	4,299	4,233	4,173	4,120	4,072
28	0,9000	1,811	1,790	1,771	1,754	1,740	1,726	1,715	1,704	1,694	1,685
	0,9500	2,151	2,118	2,089	2,064	2,041	2,021	2,003	1,987	1,972	1,959
	0,9750	2,494	2,448	2,409	2,374	2,344	2,317	2,292	2,270	2,251	2,232
	0,9900	2,959	2,896	2,842	2,795	2,753	2,716	2,683	2,653	2,626	2,602
	0,9950	3,322	3,246	3,180	3,123	3,073	3,028	2,988	2,952	2,919	2,890
	0,9990	4,219	4,109	4,014	3,932	3,859	3,795	3,738	3,687	3,640	3,598
	0,9995	4,632	4,506	4,398	4,304	4,221	4,148	4,083	4,024	3,971	3,923

f_2	G	f_1 22	24	26	28	30	32	34	36	38	40
17	0,9000	1,848	1,836	1,826	1,817	1,809	1,802	1,796	1,790	1,785	1,781
	0,9500	2,208	2,190	2,174	2,160	2,148	2,137	2,127	2,119	2,111	2,104
	0,9750	2,585	2,560	2,538	2,519	2,502	2,487	2,474	2,462	2,452	2,442
	0,9900	3,119	3,084	3,053	3,026	3,003	2,983	2,965	2,948	2,934	2,920
	0,9950	3,555	3,511	3,473	3,441	3,412	3,387	3,365	3,345	3,327	3,311
	0,9990	4,697	4,631	4,575	4,526	4,484	4,446	4,413	4,383	4,356	4,332
	0,9995	5,253	5,177	5,111	5,055	5,006	4,962	4,924	4,889	4,858	4,830
18	0,9000	1,823	1,810	1,800	1,791	1,783	1,776	1,769	1,764	1,758	1,754
	0,9500	2,168	2,150	2,134	2,119	2,107	2,096	2,087	2,078	2,070	2,063
	0,9750	2,529	2,503	2,481	2,461	2,445	2,430	2,416	2,405	2,394	2,384
	0,9900	3,035	2,999	2,968	2,942	2,919	2,898	2,880	2,863	2,849	2,835
	0,9950	3,446	3,402	3,364	3,332	3,303	3,278	3,256	3,236	3,218	3,201
	0,9990	4,512	4,447	4,391	4,343	4,301	4,264	4,231	4,201	4,175	4,151
	0,9995	5,028	4,952	4,888	4,832	4,783	4,740	4,702	4,668	4,637	4,609
19	0,9000	1,800	1,787	1,777	1,767	1,759	1,752	1,746	1,740	1,735	1,730
	0,9500	2,133	2,114	2,098	2,084	2,071	2,060	2,050	2,042	2,034	2,026
	0,9750	2,478	2,452	2,430	2,411	2,394	2,379	2,365	2,353	2,343	2,333
	0,9900	2,961	2,925	2,894	2,868	2,844	2,824	2,805	2,789	2,774	2,761
	0,9950	3,350	3,306	3,269	3,236	3,208	3,182	3,160	3,140	3,122	3,106
	0,9990	4,353	4,288	4,233	4,185	4,143	4,106	4,073	4,044	4,017	3,994
	0,9995	4,834	4,759	4,695	4,640	4,592	4,549	4,511	4,477	4,447	4,419
20	0,9000	1,779	1,767	1,756	1,746	1,738	1,731	1,724	1,718	1,713	1,708
	0,9500	2,102	2,082	2,066	2,052	2,039	2,028	2,018	2,009	2,001	1,994
	0,9750	2,434	2,408	2,385	2,366	2,349	2,334	2,320	2,308	2,297	2,287
	0,9900	2,895	2,859	2,829	2,802	2,778	2,758	2,739	2,723	2,708	2,695
	0,9950	3,266	3,222	3,184	3,152	3,123	3,098	3,076	3,056	3,038	3,022
	0,9990	4,214	4,149	4,094	4,047	4,005	3,968	3,936	3,906	3,880	3,856
	0,9995	4,665	4,591	4,528	4,473	4,425	4,383	4,345	4,312	4,281	4,254

f_2	G	f_1									
		22	24	26	28	30	32	34	36	38	40
22	0,9000	1,744	1,731	1,720	1,711	1,702	1,695	1,688	1,682	1,676	1,671
	0,9500	2,048	2,028	2,012	1,997	1,984	1,973	1,963	1,954	1,945	1,938
	0,9750	2,358	2,332	2,309	2,289	2,272	2,257	2,243	2,231	2,220	2,210
	0,9900	2,785	2,749	2,718	2,691	2,667	2,647	2,628	2,612	2,597	2,583
	0,9950	3,125	3,081	3,043	3,011	2,982	2,957	2,934	2,914	2,896	2,880
	0,9990	3,983	3,919	3,864	3,817	3,776	3,740	3,707	3,678	3,652	3,629
	0,9995	4,387	4,314	4,251	4,197	4,150	4,108	4,071	4,038	4,008	3,981
24	0,9000	1,715	1,702	1,691	1,681	1,672	1,664	1,658	1,651	1,646	1,641
	0,9500	2,003	1,984	1,967	1,952	1,939	1,927	1,917	1,908	1,900	1,892
	0,9750	2,296	2,269	2,246	2,226	2,209	2,194	2,180	2,167	2,156	2,146
	0,9900	2,695	2,659	2,628	2,601	2,577	2,556	2,538	2,521	2,506	2,492
	0,9950	3,011	2,967	2,929	2,897	2,868	2,843	2,820	2,800	2,782	2,765
	0,9990	3,799	3,735	3,681	3,634	3,593	3,557	3,525	3,496	3,470	3,447
	0,9995	4,166	4,094	4,032	3,978	3,932	3,890	3,854	3,821	3,791	3,764
26	0,9000	1,690	1,677	1,666	1,656	1,647	1,639	1,632	1,626	1,620	1,615
	0,9500	1,966	1,946	1,929	1,914	1,901	1,889	1,879	1,869	1,861	1,853
	0,9750	2,244	2,217	2,194	2,174	2,157	2,141	2,127	2,114	2,103	2,093
	0,9900	2,621	2,585	2,554	2,526	2,503	2,482	2,463	2,446	2,431	2,417
	0,9950	2,917	2,873	2,835	2,802	2,774	2,748	2,726	2,706	2,687	2,671
	0,9990	3,649	3,586	3,532	3,486	3,445	3,409	3,377	3,348	3,322	3,299
	0,9995	3,987	3,915	3,854	3,801	3,755	3,714	3,677	3,645	3,615	3,589
28	0,9000	1,669	1,656	1,644	1,634	1,625	1,617	1,610	1,604	1,598	1,593
	0,9500	1,935	1,915	1,897	1,882	1,869	1,857	1,846	1,837	1,828	1,820
	0,9750	2,201	2,174	2,150	2,130	2,112	2,096	2,082	2,070	2,058	2,048
	0,9900	2,559	2,522	2,491	2,464	2,440	2,419	2,400	2,383	2,367	2,354
	0,9950	2,838	2,794	2,756	2,724	2,695	2,669	2,647	2,627	2,608	2,592
	0,9990	3,524	3,462	3,408	3,362	3,321	3,285	3,253	3,225	3,199	3,176
	0,9995	3,839	3,768	3,707	3,655	3,608	3,568	3,531	3,499	3,470	3,443

f_2	G	f_1 50	60	70	80	100	200	300	500	1000	∞
17	0,9000	1,763	1,751	1,742	1,735	1,726	1,706	1,699	1,694	1,690	1,686
	0,9500	2,077	2,058	2,045	2,035	2,020	1,991	1,981	1,973	1,967	1,960
	0,9750	2,405	2,380	2,362	2,348	2,329	2,289	2,275	2,264	2,256	2,247
	0,9900	2,869	2,835	2,810	2,791	2,764	2,709	2,691	2,676	2,664	2,653
	0,9950	3,248	3,206	3,175	3,152	3,119	3,052	3,030	3,012	2,998	2,984
	0,9990	4,239	4,177	4,131	4,097	4,049	3,950	3,917	3,890	3,870	3,850
	0,9995	4,722	4,650	4,597	4,557	4,501	4,387	4,349	4,318	4,295	4,271
18	0,9000	1,736	1,723	1,714	1,707	1,698	1,678	1,671	1,665	1,661	1,657
	0,9500	2,035	2,017	2,003	1,993	1,978	1,948	1,938	1,929	1,923	1,917
	0,9750	2,347	2,321	2,303	2,289	2,269	2,229	2,215	2,204	2,195	2,187
	0,9900	2,784	2,749	2,724	2,705	2,678	2,623	2,604	2,589	2,577	2,566
	0,9950	3,139	3,096	3,065	3,042	3,009	2,942	2,919	2,901	2,887	2,873
	0,9990	4,058	3,996	3,951	3,917	3,868	3,770	3,737	3,710	3,690	3,670
	0,9995	4,503	4,431	4,379	4,339	4,283	4,170	4,132	4,101	4,078	4,055
19	0,9000	1,711	1,699	1,690	1,683	1,673	1,652	1,645	1,639	1,635	1,631
	0,9500	1,999	1,980	1,966	1,955	1,940	1,910	1,899	1,891	1,884	1,878
	0,9750	2,295	2,270	2,251	2,237	2,217	2,176	2,162	2,150	2,142	2,133
	0,9900	2,709	2,674	2,649	2,630	2,602	2,547	2,528	2,512	2,501	2,489
	0,9950	3,043	3,000	2,970	2,946	2,913	2,846	2,823	2,804	2,790	2,776
	0,9990	3,902	3,840	3,795	3,761	3,713	3,615	3,581	3,555	3,534	3,514
	0,9995	4,314	4,242	4,190	4,151	4,096	3,983	3,945	3,914	3,891	3,868
20	0,9000	1,690	1,677	1,667	1,660	1,650	1,629	1,622	1,616	1,612	1,607
	0,9500	1,966	1,946	1,932	1,922	1,907	1,875	1,865	1,856	1,850	1,843
	0,9750	2,249	2,223	2,205	2,190	2,170	2,128	2,114	2,103	2,094	2,085
	0,9900	2,643	2,608	2,582	2,563	2,535	2,479	2,460	2,445	2,433	2,421
	0,9950	2,959	2,916	2,885	2,861	2,828	2,760	2,737	2,719	2,705	2,690
	0,9990	3,765	3,703	3,658	3,624	3,576	3,478	3,445	3,418	3,398	3,378
	0,9995	4,149	4,078	4,026	3,987	3,932	3,820	3,782	3,751	3,728	3,705

f_2	G	f_1 50	60	70	80	100	200	300	500	1000	∞
22	0,9000	1,652	1,639	1,629	1,622	1,611	1,590	1,582	1,576	1,571	1,567
	0,9500	1,909	1,889	1,875	1,864	1,849	1,817	1,806	1,797	1,790	1,783
	0,9750	2,171	2,145	2,125	2,111	2,090	2,047	2,033	2,021	2,012	2,003
	0,9900	2,531	2,495	2,469	2,450	2,422	2,365	2,345	2,329	2,317	2,305
	0,9950	2,817	2,774	2,742	2,719	2,685	2,617	2,593	2,574	2,560	2,546
	0,9990	3,538	3,476	3,431	3,397	3,349	3,251	3,218	3,191	3,171	3,151
	0,9995	3,877	3,806	3,755	3,717	3,662	3,550	3,512	3,482	3,458	3,435
24	0,9000	1,621	1,607	1,597	1,590	1,579	1,556	1,549	1,542	1,538	1,533
	0,9500	1,863	1,842	1,828	1,816	1,800	1,768	1,756	1,747	1,740	1,733
	0,9750	2,107	2,080	2,060	2,045	2,024	1,981	1,966	1,954	1,945	1,935
	0,9900	2,440	2,403	2,377	2,357	2,329	2,271	2,251	2,235	2,223	2,211
	0,9950	2,702	2,658	2,627	2,603	2,569	2,500	2,476	2,457	2,442	2,428
	0,9990	3,356	3,295	3,250	3,216	3,168	3,070	3,037	3,010	2,989	2,969
	0,9995	3,661	3,591	3,540	3,502	3,447	3,335	3,297	3,267	3,244	3,220
26	0,9000	1,594	1,581	1,570	1,562	1,551	1,528	1,520	1,514	1,509	1,504
	0,9500	1,823	1,803	1,788	1,776	1,760	1,726	1,714	1,705	1,698	1,691
	0,9750	2,053	2,026	2,006	1,991	1,969	1,925	1,909	1,897	1,888	1,878
	0,9900	2,364	2,327	2,301	2,281	2,252	2,193	2,173	2,156	2,144	2,131
	0,9950	2,607	2,563	2,532	2,508	2,473	2,403	2,379	2,359	2,345	2,330
	0,9990	3,208	3,147	3,102	3,068	3,020	2,921	2,888	2,861	2,840	2,819
	0,9995	3,486	3,416	3,365	3,327	3,272	3,161	3,123	3,092	3,069	3,045
28	0,9000	1,572	1,558	1,547	1,539	1,528	1,504	1,495	1,489	1,484	1,478
	0,9500	1,790	1,769	1,754	1,742	1,725	1,691	1,679	1,669	1,662	1,654
	0,9750	2,007	1,980	1,959	1,944	1,922	1,877	1,861	1,848	1,839	1,829
	0,9900	2,300	2,263	2,236	2,216	2,187	2,127	2,106	2,090	2,077	2,064
	0,9950	2,527	2,483	2,451	2,427	2,392	2,321	2,297	2,277	2,262	2,247
	0,9990	3,085	3,024	2,979	2,945	2,897	2,798	2,764	2,736	2,716	2,695
	0,9995	3,341	3,271	3,221	3,182	3,128	3,016	2,978	2,947	2,923	2,900

f_2	G	f_1 1	2	3	4	5	6	7	8	9	10
30	0,9000	2,881	2,489	2,276	2,142	2,049	1,980	1,927	1,884	1,849	1,819
	0,9500	4,171	3,316	2,922	2,690	2,534	2,421	2,334	2,266	2,211	2,165
	0,9750	5,568	4,182	3,589	3,250	3,026	2,867	2,746	2,651	2,575	2,511
	0,9900	7,562	5,390	4,510	4,018	3,699	3,473	3,305	3,173	3,067	2,979
	0,9950	9,180	6,355	5,239	4,623	4,228	3,949	3,742	3,580	3,450	3,344
	0,9990	13,293	8,773	7,054	6,125	5,534	5,122	4,817	4,581	4,393	4,239
	0,9995	15,223	9,898	7,894	6,817	6,135	5,661	5,311	5,040	4,825	4,648
32	0,9000	2,869	2,477	2,263	2,129	2,036	1,967	1,913	1,870	1,835	1,805
	0,9500	4,149	3,295	2,901	2,668	2,512	2,399	2,313	2,244	2,189	2,142
	0,9750	5,531	4,149	3,557	3,218	2,995	2,836	2,715	2,620	2,543	2,480
	0,9900	7,499	5,336	4,459	3,969	3,652	3,427	3,258	3,127	3,021	2,934
	0,9950	9,090	6,281	5,171	4,559	4,166	3,889	3,682	3,521	3,392	3,286
	0,9990	13,117	8,639	6,936	6,014	5,429	5,021	4,719	4,485	4,298	4,145
	0,9995	14,999	9,730	7,748	6,682	6,008	5,539	5,192	4,924	4,710	4,535
34	0,9000	2,859	2,466	2,252	2,118	2,024	1,955	1,901	1,858	1,822	1,793
	0,9500	4,130	3,276	2,883	2,650	2,494	2,380	2,294	2,225	2,170	2,123
	0,9750	5,499	4,120	3,529	3,191	2,968	2,808	2,688	2,593	2,516	2,453
	0,9900	7,444	5,289	4,416	3,927	3,611	3,386	3,218	3,087	2,981	2,894
	0,9950	9,012	6,217	5,113	4,504	4,112	3,836	3,630	3,470	3,341	3,235
	0,9990	12,965	8,522	6,833	5,919	5,339	4,934	4,633	4,401	4,215	4,063
	0,9995	14,804	9,584	7,622	6,566	5,898	5,433	5,089	4,823	4,612	4,438
36	0,9000	2,850	2,456	2,243	2,108	2,014	1,945	1,891	1,847	1,811	1,781
	0,9500	4,113	3,259	2,866	2,634	2,477	2,364	2,277	2,209	2,153	2,106
	0,9750	5,471	4,094	3,505	3,167	2,944	2,785	2,664	2,569	2,492	2,429
	0,9900	7,396	5,248	4,377	3,890	3,574	3,351	3,183	3,052	2,946	2,859
	0,9950	8,943	6,161	5,062	4,455	4,065	3,790	3,585	3,425	3,296	3,191
	0,9990	12,832	8,420	6,744	5,836	5,260	4,857	4,559	4,328	4,144	3,992
	0,9995	14,635	9,458	7,512	6,465	5,802	5,341	5,000	4,736	4,526	4,354

f_2	G	f_1									
		1	2	3	4	5	6	7	8	9	10
38	0,9000	2,842	2,448	2,234	2,099	2,005	1,935	1,881	1,838	1,802	1,772
	0,9500	4,098	3,245	2,852	2,619	2,463	2,349	2,262	2,194	2,138	2,091
	0,9750	5,446	4,071	3,483	3,145	2,923	2,763	2,643	2,548	2,471	2,407
	0,9900	7,353	5,211	4,343	3,858	3,542	3,319	3,152	3,021	2,915	2,828
	0,9950	8,882	6,111	5,016	4,412	4,023	3,749	3,545	3,385	3,257	3,152
	0,9990	12,714	8,331	6,665	5,763	5,190	4,790	4,494	4,264	4,080	3,930
	0,9995	14,485	9,346	7,415	6,375	5,718	5,260	4,921	4,659	4,450	4,279
40	0,9000	2,835	2,440	2,226	2,091	1,997	1,927	1,873	1,829	1,793	1,763
	0,9500	4,085	3,232	2,839	2,606	2,449	2,336	2,249	2,180	2,124	2,077
	0,9750	5,424	4,051	3,463	3,126	2,904	2,744	2,624	2,529	2,452	2,388
	0,9900	7,314	5,179	4,313	3,828	3,514	3,291	3,124	2,993	2,888	2,801
	0,9950	8,828	6,066	4,976	4,374	3,986	3,713	3,509	3,350	3,222	3,117
	0,9990	12,609	8,251	6,595	5,698	5,128	4,731	4,436	4,207	4,024	3,874
	0,9995	14,352	9,247	7,329	6,297	5,643	5,188	4,852	4,591	4,384	4,213
50	0,9000	2,809	2,412	2,197	2,061	1,966	1,895	1,841	1,796	1,760	1,729
	0,9500	4,034	3,183	2,790	2,557	2,400	2,286	2,199	2,130	2,073	2,026
	0,9750	5,340	3,975	3,390	3,054	2,833	2,674	2,553	2,458	2,381	2,317
	0,9900	7,171	5,057	4,199	3,720	3,408	3,186	3,020	2,890	2,785	2,698
	0,9950	8,626	5,902	4,826	4,232	3,849	3,579	3,376	3,219	3,092	2,988
	0,9990	12,222	7,956	6,336	5,459	4,901	4,512	4,222	3,998	3,818	3,671
	0,9995	13,862	8,883	7,013	6,007	5,370	4,926	4,597	4,343	4,139	3,973
60	0,9000	2,791	2,393	2,177	2,041	1,946	1,875	1,819	1,775	1,738	1,707
	0,9500	4,001	3,150	2,758	2,525	2,368	2,254	2,167	2,097	2,040	1,993
	0,9750	5,286	3,925	3,343	3,008	2,786	2,627	2,507	2,412	2,334	2,270
	0,9900	7,077	4,977	4,126	3,649	3,339	3,119	2,953	2,823	2,718	2,632
	0,9950	8,495	5,795	4,729	4,140	3,760	3,492	3,291	3,134	3,008	2,904
	0,9990	11,973	7,768	6,171	5,307	4,757	4,372	4,086	3,865	3,687	3,541
	0,9995	13,548	8,651	6,812	5,823	5,196	4,759	4,436	4,185	3,985	3,820

f_2	G	f_1									
		11	12	13	14	15	16	17	18	19	20
30	0,9000	1,794	1,773	1,754	1,737	1,722	1,709	1,697	1,686	1,676	1,667
	0,9500	2,126	2,092	2,063	2,037	2,015	1,995	1,977	1,960	1,945	1,932
	0,9750	2,458	2,412	2,372	2,338	2,307	2,280	2,255	2,233	2,213	2,195
	0,9900	2,906	2,843	2,789	2,742	2,700	2,663	2,630	2,600	2,573	2,549
	0,9950	3,255	3,179	3,113	3,056	3,006	2,961	2,921	2,885	2,853	2,823
	0,9990	4,110	4,001	3,907	3,825	3,753	3,689	3,632	3,581	3,535	3,493
	0,9995	4,501	4,376	4,269	4,176	4,094	4,021	3,957	3,898	3,846	3,798
32	0,9000	1,780	1,758	1,739	1,722	1,707	1,694	1,682	1,671	1,661	1,652
	0,9500	2,103	2,070	2,040	2,015	1,992	1,972	1,953	1,937	1,922	1,908
	0,9750	2,426	2,381	2,341	2,306	2,275	2,248	2,223	2,201	2,181	2,163
	0,9900	2,860	2,798	2,744	2,696	2,655	2,618	2,584	2,555	2,528	2,503
	0,9950	3,197	3,121	3,056	2,998	2,948	2,904	2,864	2,828	2,795	2,766
	0,9990	4,017	3,908	3,815	3,733	3,662	3,598	3,542	3,491	3,445	3,403
	0,9995	4,390	4,266	4,159	4,067	3,985	3,913	3,849	3,791	3,739	3,692
34	0,9000	1,767	1,745	1,726	1,709	1,694	1,680	1,668	1,657	1,647	1,638
	0,9500	2,084	2,050	2,021	1,995	1,972	1,952	1,933	1,917	1,902	1,888
	0,9750	2,399	2,353	2,313	2,278	2,248	2,220	2,195	2,173	2,153	2,135
	0,9900	2,821	2,758	2,704	2,657	2,615	2,578	2,545	2,515	2,488	2,463
	0,9950	3,146	3,071	3,005	2,948	2,898	2,854	2,814	2,778	2,745	2,716
	0,9990	3,936	3,828	3,735	3,654	3,583	3,520	3,463	3,413	3,367	3,325
	0,9995	4,293	4,171	4,065	3,973	3,892	3,821	3,757	3,699	3,647	3,600
36	0,9000	1,756	1,734	1,715	1,697	1,682	1,669	1,656	1,645	1,635	1,626
	0,9500	2,067	2,033	2,003	1,977	1,954	1,934	1,915	1,899	1,883	1,870
	0,9750	2,375	2,329	2,289	2,254	2,223	2,196	2,171	2,148	2,128	2,110
	0,9900	2,786	2,723	2,669	2,622	2,580	2,543	2,510	2,480	2,453	2,428
	0,9950	3,102	3,027	2,961	2,905	2,854	2,810	2,770	2,734	2,701	2,672
	0,9990	3,866	3,758	3,666	3,585	3,514	3,451	3,395	3,345	3,299	3,258
	0,9995	4,210	4,088	3,983	3,891	3,811	3,740	3,676	3,619	3,567	3,520

f_2	G	f_1 11	12	13	14	15	16	17	18	19	20
38	0,9000	1,746	1,724	1,704	1,687	1,672	1,658	1,646	1,635	1,624	1,615
	0,9500	2,051	2,017	1,988	1,962	1,939	1,918	1,899	1,883	1,867	1,853
	0,9750	2,353	2,307	2,267	2,232	2,201	2,174	2,149	2,126	2,106	2,088
	0,9900	2,755	2,692	2,638	2,591	2,549	2,512	2,479	2,449	2,421	2,397
	0,9950	3,063	2,988	2,923	2,866	2,816	2,771	2,731	2,695	2,663	2,633
	0,9990	3,804	3,697	3,605	3,524	3,454	3,391	3,335	3,285	3,239	3,198
	0,9995	4,136	4,015	3,910	3,820	3,740	3,669	3,606	3,549	3,497	3,450
40	0,9000	1,737	1,715	1,695	1,678	1,662	1,649	1,636	1,625	1,615	1,605
	0,9500	2,038	2,003	1,974	1,948	1,924	1,904	1,885	1,868	1,853	1,839
	0,9750	2,334	2,288	2,248	2,213	2,182	2,154	2,129	2,107	2,086	2,068
	0,9900	2,727	2,665	2,611	2,563	2,522	2,484	2,451	2,421	2,394	2,369
	0,9950	3,028	2,953	2,888	2,831	2,781	2,737	2,697	2,661	2,628	2,598
	0,9990	3,749	3,642	3,551	3,471	3,400	3,338	3,282	3,232	3,186	3,145
	0,9995	4,071	3,951	3,847	3,756	3,677	3,606	3,543	3,486	3,435	3,388
50	0,9000	1,703	1,680	1,660	1,643	1,627	1,613	1,600	1,588	1,578	1,568
	0,9500	1,986	1,952	1,921	1,895	1,871	1,850	1,831	1,814	1,798	1,784
	0,9750	2,263	2,216	2,176	2,140	2,109	2,081	2,056	2,033	2,012	1,993
	0,9900	2,625	2,563	2,508	2,461	2,419	2,382	2,348	2,318	2,290	2,265
	0,9950	2,900	2,825	2,760	2,703	2,653	2,609	2,569	2,533	2,500	2,470
	0,9990	3,548	3,443	3,352	3,273	3,204	3,142	3,086	3,037	2,992	2,951
	0,9995	3,833	3,715	3,613	3,524	3,446	3,376	3,314	3,258	3,207	3,161
60	0,9000	1,680	1,657	1,637	1,619	1,603	1,589	1,576	1,564	1,553	1,543
	0,9500	1,952	1,917	1,887	1,860	1,836	1,815	1,796	1,778	1,763	1,748
	0,9750	2,216	2,169	2,129	2,093	2,061	2,033	2,008	1,985	1,964	1,944
	0,9900	2,559	2,496	2,442	2,394	2,352	2,315	2,281	2,251	2,223	2,198
	0,9950	2,817	2,742	2,677	2,621	2,570	2,526	2,486	2,450	2,417	2,387
	0,9990	3,419	3,315	3,226	3,147	3,078	3,017	2,962	2,912	2,867	2,827
	0,9995	3,683	3,566	3,465	3,377	3,299	3,230	3,169	3,113	3,063	3,017

f_2	G	f_1 22	24	26	28	30	32	34	36	38	40
30	0,9000	1,651	1,638	1,626	1,616	1,606	1,598	1,591	1,585	1,579	1,573
	0,9500	1,908	1,887	1,870	1,854	1,841	1,829	1,818	1,808	1,800	1,792
	0,9750	2,163	2,136	2,112	2,092	2,074	2,058	2,044	2,031	2,019	2,009
	0,9900	2,506	2,469	2,437	2,410	2,386	2,365	2,346	2,329	2,313	2,299
	0,9950	2,771	2,727	2,689	2,657	2,628	2,602	2,580	2,559	2,541	2,524
	0,9990	3,419	3,357	3,304	3,258	3,217	3,181	3,149	3,121	3,095	3,072
	0,9995	3,715	3,644	3,584	3,531	3,486	3,445	3,409	3,376	3,347	3,321
32	0,9000	1,636	1,622	1,610	1,599	1,590	1,582	1,575	1,568	1,562	1,556
	0,9500	1,884	1,864	1,846	1,830	1,817	1,804	1,794	1,784	1,775	1,767
	0,9750	2,131	2,103	2,080	2,059	2,041	2,025	2,010	1,997	1,986	1,975
	0,9900	2,460	2,423	2,391	2,364	2,340	2,318	2,299	2,282	2,266	2,252
	0,9950	2,714	2,670	2,632	2,599	2,570	2,544	2,522	2,501	2,483	2,466
	0,9990	3,330	3,268	3,215	3,169	3,128	3,092	3,060	3,032	3,006	2,983
	0,9995	3,609	3,539	3,479	3,426	3,381	3,340	3,304	3,272	3,243	3,217
34	0,9000	1,622	1,608	1,596	1,585	1,576	1,567	1,560	1,553	1,547	1,541
	0,9500	1,863	1,843	1,825	1,809	1,795	1,783	1,772	1,762	1,753	1,745
	0,9750	2,102	2,075	2,051	2,030	2,012	1,996	1,981	1,968	1,956	1,946
	0,9900	2,420	2,383	2,351	2,323	2,299	2,277	2,258	2,241	2,225	2,211
	0,9950	2,664	2,620	2,582	2,549	2,520	2,494	2,471	2,451	2,432	2,415
	0,9990	3,252	3,191	3,138	3,091	3,051	3,015	2,983	2,955	2,929	2,906
	0,9995	3,518	3,448	3,388	3,336	3,290	3,250	3,214	3,182	3,153	3,127
36	0,9000	1,609	1,595	1,583	1,572	1,563	1,554	1,547	1,540	1,534	1,528
	0,9500	1,845	1,824	1,806	1,790	1,776	1,764	1,753	1,743	1,734	1,726
	0,9750	2,077	2,049	2,025	2,005	1,986	1,970	1,955	1,942	1,930	1,919
	0,9900	2,384	2,347	2,315	2,288	2,263	2,242	2,222	2,205	2,189	2,175
	0,9950	2,620	2,576	2,538	2,505	2,475	2,450	2,427	2,406	2,387	2,371
	0,9990	3,185	3,123	3,070	3,024	2,984	2,948	2,916	2,888	2,862	2,839
	0,9995	3,438	3,369	3,309	3,257	3,212	3,172	3,136	3,104	3,075	3,048

f_2	G	f_1 22	24	26	28	30	32	34	36	38	40
38	0,9000	1,598	1,584	1,572	1,561	1,551	1,543	1,535	1,528	1,522	1,516
	0,9500	1,829	1,808	1,790	1,774	1,760	1,747	1,736	1,726	1,717	1,708
	0,9750	2,055	2,027	2,003	1,982	1,963	1,947	1,932	1,919	1,907	1,896
	0,9900	2,353	2,316	2,284	2,256	2,232	2,210	2,191	2,173	2,157	2,143
	0,9950	2,581	2,537	2,499	2,465	2,436	2,411	2,387	2,367	2,348	2,331
	0,9990	3,125	3,064	3,011	2,965	2,925	2,889	2,857	2,829	2,803	2,779
	0,9995	3,369	3,299	3,240	3,188	3,143	3,102	3,067	3,035	3,006	2,979
40	0,9000	1,588	1,574	1,562	1,551	1,541	1,532	1,525	1,518	1,511	1,506
	0,9500	1,814	1,793	1,775	1,759	1,744	1,732	1,721	1,710	1,701	1,693
	0,9750	2,035	2,007	1,983	1,962	1,943	1,926	1,912	1,898	1,886	1,875
	0,9900	2,325	2,288	2,256	2,228	2,203	2,182	2,162	2,145	2,129	2,114
	0,9950	2,546	2,502	2,464	2,431	2,401	2,376	2,352	2,332	2,313	2,296
	0,9990	3,073	3,011	2,958	2,912	2,872	2,836	2,805	2,776	2,750	2,727
	0,9995	3,307	3,238	3,178	3,127	3,081	3,041	3,006	2,973	2,945	2,918
50	0,9000	1,551	1,536	1,523	1,512	1,502	1,493	1,485	1,477	1,471	1,465
	0,9500	1,759	1,737	1,718	1,702	1,687	1,674	1,662	1,652	1,642	1,634
	0,9750	1,960	1,931	1,907	1,885	1,866	1,849	1,834	1,820	1,808	1,796
	0,9900	2,221	2,183	2,151	2,123	2,098	2,075	2,055	2,038	2,021	2,007
	0,9950	2,418	2,373	2,335	2,301	2,272	2,245	2,222	2,201	2,182	2,164
	0,9990	2,879	2,817	2,765	2,719	2,679	2,643	2,611	2,582	2,556	2,533
	0,9995	3,081	3,012	2,953	2,902	2,857	2,817	2,781	2,749	2,720	2,694
60	0,9000	1,526	1,511	1,498	1,486	1,476	1,466	1,458	1,450	1,444	1,437
	0,9500	1,722	1,700	1,681	1,664	1,649	1,636	1,624	1,613	1,603	1,594
	0,9750	1,911	1,882	1,857	1,835	1,815	1,798	1,782	1,768	1,756	1,744
	0,9900	2,153	2,115	2,083	2,054	2,028	2,006	1,986	1,968	1,951	1,936
	0,9950	2,335	2,290	2,251	2,217	2,187	2,161	2,137	2,116	2,096	2,079
	0,9990	2,755	2,694	2,641	2,595	2,555	2,519	2,487	2,458	2,432	2,409
	0,9995	2,937	2,869	2,810	2,759	2,714	2,674	2,639	2,607	2,578	2,551

f_2	G	f_1 50	60	70	80	100	200	300	500	1000	∞
30	0,9000	1,552	1,538	1,527	1,519	1,507	1,482	1,474	1,467	1,462	1,456
	0,9500	1,761	1,740	1,724	1,712	1,695	1,660	1,647	1,638	1,630	1,622
	0,9750	1,968	1,940	1,920	1,904	1,882	1,835	1,819	1,806	1,797	1,787
	0,9900	2,245	2,208	2,181	2,160	2,131	2,070	2,049	2,032	2,019	2,006
	0,9950	2,459	2,415	2,383	2,358	2,323	2,251	2,227	2,207	2,191	2,176
	0,9990	2,981	2,920	2,875	2,841	2,792	2,693	2,659	2,631	2,610	2,589
	0,9995	3,219	3,149	3,099	3,060	3,006	2,893	2,855	2,824	2,800	2,777
32	0,9000	1,535	1,520	1,509	1,501	1,489	1,464	1,455	1,448	1,442	1,437
	0,9500	1,736	1,714	1,698	1,686	1,669	1,633	1,620	1,610	1,602	1,594
	0,9750	1,934	1,906	1,885	1,869	1,846	1,799	1,783	1,770	1,760	1,750
	0,9900	2,198	2,160	2,133	2,112	2,082	2,021	1,999	1,982	1,969	1,956
	0,9950	2,401	2,356	2,324	2,299	2,264	2,191	2,166	2,146	2,130	2,114
	0,9990	2,892	2,831	2,786	2,751	2,703	2,603	2,568	2,540	2,519	2,498
	0,9995	3,115	3,045	2,994	2,956	2,901	2,789	2,750	2,719	2,695	2,671
34	0,9000	1,520	1,505	1,493	1,485	1,473	1,447	1,438	1,431	1,425	1,419
	0,9500	1,713	1,691	1,675	1,663	1,645	1,609	1,596	1,585	1,577	1,569
	0,9750	1,904	1,875	1,854	1,838	1,815	1,767	1,751	1,737	1,727	1,717
	0,9900	2,156	2,118	2,091	2,070	2,040	1,977	1,956	1,938	1,925	1,911
	0,9950	2,350	2,305	2,272	2,247	2,212	2,138	2,113	2,092	2,076	2,060
	0,9990	2,815	2,753	2,708	2,674	2,625	2,524	2,490	2,462	2,440	2,419
	0,9995	3,025	2,955	2,905	2,866	2,811	2,698	2,659	2,628	2,604	2,580
36	0,9000	1,506	1,491	1,479	1,471	1,458	1,432	1,423	1,415	1,410	1,404
	0,9500	1,694	1,671	1,655	1,643	1,625	1,587	1,574	1,564	1,555	1,547
	0,9750	1,877	1,848	1,827	1,811	1,787	1,739	1,722	1,708	1,698	1,687
	0,9900	2,120	2,082	2,054	2,032	2,002	1,939	1,917	1,899	1,886	1,872
	0,9950	2,305	2,260	2,227	2,202	2,166	2,091	2,066	2,045	2,029	2,013
	0,9990	2,748	2,686	2,641	2,606	2,557	2,456	2,421	2,393	2,371	2,349
	0,9995	2,946	2,877	2,826	2,788	2,733	2,619	2,580	2,548	2,524	2,500

f_2	G	f_1									
		50	60	70	80	100	200	300	500	1000	∞
38	0,9000	1,494	1,478	1,467	1,458	1,445	1,419	1,409	1,402	1,396	1,390
	0,9500	1,676	1,653	1,637	1,624	1,606	1,568	1,555	1,544	1,536	1,527
	0,9750	1,854	1,824	1,803	1,786	1,763	1,714	1,696	1,682	1,672	1,661
	0,9900	2,087	2,049	2,021	1,999	1,968	1,904	1,882	1,864	1,850	1,837
	0,9950	2,265	2,220	2,186	2,161	2,125	2,050	2,024	2,003	1,986	1,970
	0,9990	2,689	2,627	2,581	2,547	2,497	2,395	2,360	2,331	2,310	2,288
	0,9995	2,878	2,808	2,757	2,718	2,663	2,549	2,510	2,478	2,454	2,429
40	0,9000	1,483	1,467	1,456	1,447	1,434	1,406	1,397	1,389	1,383	1,377
	0,9500	1,660	1,637	1,621	1,608	1,589	1,551	1,537	1,526	1,518	1,509
	0,9750	1,832	1,803	1,781	1,764	1,741	1,691	1,673	1,659	1,648	1,637
	0,9900	2,058	2,019	1,991	1,969	1,938	1,874	1,851	1,833	1,819	1,805
	0,9950	2,230	2,184	2,150	2,125	2,088	2,012	1,986	1,965	1,948	1,932
	0,9990	2,636	2,574	2,528	2,493	2,444	2,341	2,306	2,277	2,255	2,233
	0,9995	2,816	2,747	2,696	2,657	2,602	2,487	2,447	2,415	2,391	2,366
50	0,9000	1,441	1,424	1,412	1,402	1,388	1,359	1,349	1,340	1,333	1,327
	0,9500	1,600	1,576	1,558	1,544	1,525	1,484	1,469	1,457	1,448	1,438
	0,9750	1,752	1,721	1,698	1,681	1,656	1,603	1,584	1,569	1,557	1,545
	0,9900	1,949	1,909	1,880	1,857	1,825	1,757	1,733	1,713	1,698	1,683
	0,9950	2,097	2,050	2,015	1,989	1,951	1,872	1,844	1,821	1,804	1,786
	0,9990	2,441	2,378	2,332	2,297	2,246	2,140	2,103	2,073	2,050	2,026
	0,9995	2,592	2,522	2,470	2,431	2,374	2,257	2,216	2,183	2,157	2,131
60	0,9000	1,413	1,395	1,382	1,372	1,358	1,326	1,315	1,306	1,299	1,291
	0,9500	1,559	1,534	1,516	1,502	1,481	1,438	1,422	1,409	1,399	1,389
	0,9750	1,699	1,667	1,643	1,625	1,599	1,543	1,524	1,507	1,495	1,482
	0,9900	1,877	1,836	1,806	1,783	1,749	1,678	1,653	1,633	1,617	1,601
	0,9950	2,010	1,962	1,927	1,900	1,861	1,779	1,749	1,726	1,707	1,689
	0,9990	2,316	2,252	2,205	2,169	2,118	2,009	1,970	1,939	1,915	1,890
	0,9995	2,449	2,378	2,326	2,286	2,228	2,108	2,066	2,031	2,005	1,978

f_2	G	f_1 1	2	3	4	5	6	7	8	9	10
70	0,9000	2,779	2,380	2,164	2,027	1,931	1,860	1,804	1,760	1,723	1,691
	0,9500	3,978	3,128	2,736	2,503	2,346	2,231	2,143	2,074	2,017	1,969
	0,9750	5,247	3,890	3,309	2,975	2,754	2,595	2,474	2,379	2,302	2,237
	0,9900	7,011	4,922	4,074	3,600	3,291	3,071	2,906	2,777	2,672	2,585
	0,9950	8,403	5,720	4,661	4,076	3,698	3,431	3,232	3,076	2,950	2,846
	0,9990	11,799	7,637	6,057	5,201	4,656	4,275	3,992	3,773	3,596	3,452
	0,9995	13,329	8,489	6,673	5,696	5,076	4,644	4,324	4,076	3,878	3,715
80	0,9000	2,769	2,370	2,154	2,016	1,921	1,849	1,793	1,748	1,711	1,680
	0,9500	3,960	3,111	2,719	2,486	2,329	2,214	2,126	2,056	1,999	1,951
	0,9750	5,218	3,864	3,284	2,950	2,730	2,571	2,450	2,355	2,277	2,213
	0,9900	6,963	4,881	4,036	3,563	3,255	3,036	2,871	2,742	2,637	2,551
	0,9950	8,335	5,665	4,611	4,029	3,652	3,387	3,188	3,032	2,907	2,803
	0,9990	11,671	7,540	5,972	5,123	4,582	4,204	3,923	3,705	3,530	3,386
	0,9995	13,169	8,371	6,571	5,603	4,988	4,560	4,243	3,996	3,799	3,638
100	0,9000	2,756	2,356	2,139	2,002	1,906	1,834	1,778	1,732	1,695	1,663
	0,9500	3,936	3,087	2,696	2,463	2,305	2,191	2,103	2,032	1,975	1,927
	0,9750	5,179	3,828	3,250	2,917	2,696	2,537	2,417	2,321	2,244	2,179
	0,9900	6,895	4,824	3,984	3,513	3,206	2,988	2,823	2,694	2,590	2,503
	0,9950	8,241	5,589	4,542	3,963	3,589	3,325	3,127	2,972	2,847	2,744
	0,9990	11,495	7,408	5,857	5,017	4,482	4,107	3,829	3,612	3,439	3,296
	0,9995	12,948	8,209	6,432	5,475	4,868	4,445	4,131	3,888	3,693	3,533
200	0,9000	2,731	2,329	2,111	1,973	1,876	1,804	1,747	1,701	1,663	1,631
	0,9500	3,888	3,041	2,650	2,417	2,259	2,144	2,056	1,985	1,927	1,878
	0,9750	5,100	3,758	3,182	2,850	2,630	2,472	2,351	2,256	2,178	2,113
	0,9900	6,763	4,713	3,881	3,414	3,110	2,893	2,730	2,601	2,497	2,411
	0,9950	8,057	5,441	4,408	3,837	3,467	3,206	3,010	2,856	2,732	2,629
	0,9990	11,155	7,152	5,634	4,812	4,287	3,920	3,647	3,434	3,264	3,123
	0,9995	12,522	7,897	6,164	5,231	4,638	4,225	3,918	3,680	3,489	3,332

f_2	G	f_1 1	2	3	4	5	6	7	8	9	10
300	0,9000	2,722	2,320	2,102	1,964	1,867	1,794	1,737	1,691	1,652	1,620
	0,9500	3,873	3,026	2,635	2,402	2,244	2,129	2,040	1,969	1,911	1,862
	0,9750	5,075	3,735	3,160	2,829	2,609	2,451	2,330	2,234	2,156	2,091
	0,9900	6,720	4,677	3,848	3,382	3,079	2,862	2,699	2,571	2,467	2,380
	0,9950	7,997	5,393	4,365	3,796	3,428	3,167	2,972	2,818	2,694	2,592
	0,9990	11,044	7,069	5,562	4,746	4,225	3,860	3,588	3,377	3,207	3,067
	0,9995	12,385	7,797	6,078	5,152	4,565	4,154	3,850	3,613	3,423	3,267
500	0,9000	2,716	2,313	2,095	1,956	1,859	1,786	1,729	1,683	1,644	1,612
	0,9500	3,860	3,014	2,623	2,390	2,232	2,117	2,028	1,957	1,899	1,850
	0,9750	5,054	3,716	3,142	2,811	2,592	2,434	2,313	2,217	2,139	2,074
	0,9900	6,686	4,648	3,821	3,357	3,054	2,838	2,675	2,547	2,443	2,356
	0,9950	7,950	5,355	4,330	3,763	3,396	3,137	2,941	2,789	2,665	2,562
	0,9990	10,957	7,004	5,506	4,694	4,176	3,813	3,542	3,332	3,163	3,023
	0,9995	12,276	7,718	6,010	5,090	4,507	4,099	3,796	3,561	3,372	3,216
1000	0,9000	2,711	2,308	2,089	1,950	1,853	1,780	1,723	1,676	1,638	1,605
	0,9500	3,851	3,005	2,614	2,381	2,223	2,108	2,019	1,948	1,889	1,840
	0,9750	5,039	3,703	3,129	2,799	2,579	2,421	2,300	2,204	2,126	2,061
	0,9900	6,660	4,626	3,801	3,338	3,036	2,820	2,657	2,529	2,425	2,339
	0,9950	7,915	5,326	4,305	3,739	3,373	3,114	2,919	2,766	2,643	2,541
	0,9990	10,892	6,956	5,464	4,655	4,139	3,778	3,508	3,299	3,130	2,991
	0,9995	12,195	7,659	5,960	5,045	4,464	4,058	3,756	3,522	3,334	3,179
∞	0,9000	2,706	2,303	2,084	1,945	1,847	1,774	1,717	1,670	1,632	1,599
	0,9500	3,841	2,996	2,605	2,372	2,214	2,099	2,010	1,938	1,880	1,831
	0,9750	5,024	3,689	3,116	2,786	2,567	2,408	2,288	2,192	2,114	2,048
	0,9900	6,635	4,605	3,782	3,319	3,017	2,802	2,639	2,511	2,407	2,321
	0,9950	7,879	5,298	4,279	3,715	3,350	3,091	2,897	2,744	2,621	2,519
	0,9990	10,828	6,908	5,422	4,617	4,103	3,743	3,475	3,266	3,097	2,959
	0,9995	12,116	7,601	5,910	4,999	4,421	4,017	3,717	3,484	3,296	3,142

f_2	G	f_1									
		11	12	13	14	15	16	17	18	19	20
70	0,9000	1,665	1,641	1,621	1,603	1,587	1,572	1,559	1,547	1,536	1,526
	0,9500	1,928	1,893	1,863	1,836	1,812	1,790	1,771	1,753	1,737	1,722
	0,9750	2,183	2,156	2,095	2,059	2,028	1,999	1,974	1,950	1,929	1,910
	0,9900	2,512	2,450	2,395	2,348	2,306	2,268	2,234	2,204	2,176	2,150
	0,9950	2,759	2,684	2,619	2,563	2,513	2,468	2,428	2,392	2,359	2,329
	0,9990	3,330	3,227	3,138	3,060	2,991	2,930	2,875	2,826	2,781	2,741
	0,9995	3,578	3,462	3,362	3,275	3,198	3,130	3,069	3,013	2,963	2,918
80	0,9000	1,653	1,629	1,609	1,590	1,574	1,559	1,546	1,534	1,523	1,513
	0,9500	1,910	1,875	1,845	1,817	1,793	1,772	1,752	1,734	1,718	1,703
	0,9750	2,158	2,111	2,071	2,035	2,003	1,974	1,948	1,925	1,904	1,884
	0,9900	2,478	2,415	2,361	2,313	2,271	2,233	2,199	2,169	2,141	2,115
	0,9950	2,716	2,641	2,577	2,520	2,470	2,425	2,385	2,349	2,316	2,286
	0,9990	3,265	3,162	3,074	2,996	2,927	2,867	2,812	2,763	2,718	2,677
	0,9995	3,502	3,387	3,288	3,201	3,124	3,056	2,995	2,940	2,890	2,845
100	0,9000	1,636	1,612	1,592	1,573	1,557	1,542	1,528	1,516	1,505	1,494
	0,9500	1,886	1,850	1,819	1,792	1,768	1,746	1,726	1,708	1,692	1,676
	0,9750	2,124	2,077	2,036	2,000	1,968	1,939	1,913	1,890	1,868	1,849
	0,9900	2,430	2,363	2,313	2,265	2,223	2,185	2,151	2,120	2,092	2,067
	0,9950	2,657	2,583	2,518	2,461	2,411	2,367	2,326	2,290	2,257	2,227
	0,9990	3,176	3,074	2,986	2,908	2,840	2,780	2,725	2,676	2,632	2,591
	0,9995	3,398	3,284	3,185	3,099	3,023	2,956	2,895	2,840	2,791	2,746
200	0,9000	1,603	1,579	1,558	1,539	1,522	1,507	1,493	1,480	1,468	1,458
	0,9500	1,837	1,801	1,769	1,742	1,717	1,694	1,674	1,656	1,639	1,623
	0,9750	2,058	2,010	1,969	1,932	1,900	1,870	1,844	1,820	1,798	1,778
	0,9900	2,338	2,275	2,220	2,172	2,129	2,091	2,057	2,026	1,997	1,971
	0,9950	2,543	2,468	2,404	2,347	2,297	2,252	2,212	2,175	2,142	2,112
	0,9990	3,005	2,904	2,816	2,740	2,672	2,612	2,558	2,509	2,465	2,424
	0,9995	3,200	3,087	2,990	2,905	2,830	2,763	2,703	2,649	2,600	2,555

f_2	G	f_1 11	12	13	14	15	16	17	18	19	20
300	0,9000	1,592	1,568	1,546	1,527	1,510	1,495	1,481	1,468	1,456	1,445
	0,9500	1,821	1,785	1,753	1,725	1,700	1,677	1,657	1,638	1,621	1,606
	0,9750	2,036	1,988	1,947	1,910	1,877	1,848	1,821	1,797	1,775	1,755
	0,9900	2,307	2,244	2,190	2,142	2,099	2,061	2,026	1,995	1,966	1,940
	0,9950	2,505	2,431	2,367	2,310	2,260	2,215	2,174	2,138	2,104	2,074
	0,9990	2,950	2,849	2,762	2,686	2,618	2,558	2,504	2,456	2,411	2,371
	0,9995	3,136	3,024	2,928	2,843	2,768	2,702	2,642	2,588	2,539	2,494
500	0,9000	1,583	1,559	1,537	1,518	1,501	1,485	1,471	1,458	1,446	1,435
	0,9500	1,808	1,772	1,740	1,712	1,686	1,664	1,643	1,625	1,607	1,592
	0,9750	2,019	1,971	1,929	1,892	1,859	1,830	1,803	1,779	1,757	1,736
	0,9900	2,283	2,220	2,166	2,117	2,075	2,036	2,002	1,970	1,942	1,915
	0,9950	2,476	2,402	2,337	2,281	2,230	2,185	2,145	2,108	2,075	2,044
	0,9990	2,906	2,806	2,719	2,643	2,576	2,516	2,462	2,413	2,369	2,328
	0,9995	3,086	2,975	2,878	2,794	2,720	2,653	2,593	2,540	2,491	2,446
1000	0,9000	1,577	1,552	1,531	1,511	1,494	1,478	1,464	1,451	1,439	1,428
	0,9500	1,798	1,762	1,730	1,702	1,676	1,654	1,633	1,614	1,597	1,581
	0,9750	2,006	1,958	1,916	1,879	1,846	1,816	1,789	1,765	1,743	1,722
	0,9900	2,265	2,203	2,148	2,099	2,057	2,018	1,983	1,952	1,923	1,897
	0,9950	2,454	2,380	2,315	2,259	2,208	2,163	2,123	2,086	2,053	2,022
	0,9990	2,874	2,774	2,687	2,612	2,544	2,484	2,431	2,382	2,337	2,297
	0,9995	3,049	2,938	2,842	2,758	2,684	2,617	2,558	2,504	2,455	2,410
∞	0,9000	1,570	1,546	1,524	1,505	1,487	1,471	1,457	1,444	1,432	1,421
	0,9500	1,789	1,752	1,720	1,692	1,666	1,644	1,623	1,604	1,587	1,571
	0,9750	1,993	1,945	1,903	1,866	1,833	1,803	1,776	1,751	1,729	1,708
	0,9900	2,248	2,185	2,130	2,082	2,039	2,000	1,965	1,934	1,905	1,878
	0,9950	2,432	2,358	2,294	2,237	2,187	2,142	2,101	2,064	2,031	2,000
	0,9990	2,842	2,742	2,656	2,580	2,513	2,453	2,399	2,351	2,306	2,266
	0,9995	3,012	2,902	2,806	2,722	2,648	2,582	2,522	2,469	2,420	2,375

f_2	G	f_1 22	24	26	28	30	32	34	36	38	40
70	0,9000	1,508	1,493	1,479	1,467	1,457	1,447	1,439	1,431	1,424	1,418
	0,9500	1,696	1,674	1,654	1,637	1,622	1,608	1,596	1,585	1,575	1,566
	0,9750	1,876	1,847	1,821	1,799	1,779	1,762	1,746	1,732	1,719	1,707
	0,9900	2,106	2,067	2,034	2,005	1,980	1,957	1,937	1,918	1,901	1,886
	0,9950	2,276	2,231	2,192	2,158	2,128	2,102	2,078	2,056	2,036	2,019
	0,9990	2,669	2,608	2,555	2,509	2,469	2,433	2,401	2,372	2,346	2,322
	0,9995	2,838	2,770	2,711	2,660	2,615	2,575	2,540	2,508	2,479	2,452
80	0,9000	1,495	1,479	1,465	1,453	1,443	1,433	1,424	1,416	1,409	1,403
	0,9500	1,677	1,654	1,634	1,617	1,602	1,588	1,576	1,564	1,554	1,545
	0,9750	1,850	1,820	1,795	1,772	1,752	1,735	1,719	1,704	1,691	1,679
	0,9900	2,070	2,032	1,999	1,969	1,944	1,921	1,900	1,881	1,864	1,849
	0,9950	2,233	2,188	2,149	2,115	2,084	2,058	2,033	2,012	1,992	1,974
	0,9990	2,606	2,545	2,492	2,446	2,406	2,370	2,337	2,308	2,282	2,258
	0,9995	2,765	2,698	2,639	2,588	2,543	2,503	2,467	2,435	2,406	2,379
100	0,9000	1,476	1,460	1,446	1,434	1,423	1,413	1,404	1,396	1,388	1,382
	0,9500	1,650	1,627	1,607	1,589	1,573	1,559	1,547	1,535	1,525	1,515
	0,9750	1,814	1,784	1,758	1,735	1,715	1,697	1,680	1,666	1,652	1,640
	0,9900	2,021	1,983	1,949	1,919	1,893	1,870	1,849	1,830	1,813	1,797
	0,9950	2,174	2,128	2,089	2,054	2,024	1,997	1,972	1,950	1,930	1,912
	0,9990	2,519	2,458	2,406	2,360	2,319	2,283	2,250	2,221	2,195	2,170
	0,9995	2,666	2,598	2,540	2,489	2,444	2,404	2,368	2,336	2,306	2,280
200	0,9000	1,438	1,422	1,407	1,394	1,383	1,372	1,363	1,354	1,346	1,339
	0,9500	1,596	1,572	1,551	1,533	1,516	1,502	1,488	1,476	1,465	1,455
	0,9750	1,742	1,712	1,685	1,661	1,640	1,621	1,604	1,589	1,575	1,562
	0,9900	1,925	1,886	1,851	1,821	1,794	1,770	1,748	1,729	1,711	1,694
	0,9950	2,058	2,012	1,972	1,936	1,905	1,877	1,852	1,829	1,809	1,790
	0,9990	2,353	2,292	2,239	2,192	2,151	2,114	2,081	2,052	2,025	2,000
	0,9995	2,476	2,408	2,350	2,299	2,253	2,213	2,177	2,144	2,114	2,087

f_2	G	f_1									
		22	24	26	28	30	32	34	36	38	40
300	0,9000	1,426	1,409	1,394	1,381	1,369	1,358	1,349	1,340	1,332	1,325
	0,9500	1,578	1,554	1,533	1,514	1,497	1,482	1,469	1,457	1,445	1,435
	0,9750	1,719	1,688	1,661	1,637	1,616	1,596	1,579	1,563	1,549	1,536
	0,9900	1,894	1,854	1,819	1,789	1,761	1,737	1,715	1,695	1,677	1,660
	0,9950	2,020	1,973	1,933	1,898	1,866	1,838	1,813	1,790	1,769	1,749
	0,9990	2,299	2,238	2,185	2,138	2,097	2,060	2,027	1,997	1,969	1,944
	0,9995	2,415	2,347	2,289	2,237	2,192	2,151	2,115	2,082	2,052	2,025
500	0,9000	1,416	1,399	1,384	1,370	1,358	1,347	1,338	1,329	1,320	1,313
	0,9500	1,564	1,539	1,518	1,499	1,482	1,467	1,453	1,441	1,429	1,419
	0,9750	1,700	1,669	1,641	1,617	1,596	1,576	1,559	1,543	1,528	1,515
	0,9900	1,869	1,829	1,794	1,763	1,735	1,711	1,689	1,668	1,650	1,633
	0,9950	1,990	1,943	1,903	1,867	1,835	1,807	1,781	1,758	1,737	1,717
	0,9990	2,257	2,195	2,142	2,095	2,054	2,017	1,983	1,953	1,926	1,900
	0,9995	2,367	2,299	2,241	2,189	2,144	2,103	2,066	2,033	2,003	1,975
1000	0,9000	1,408	1,391	1,376	1,362	1,350	1,339	1,329	1,320	1,312	1,304
	0,9500	1,553	1,528	1,507	1,488	1,471	1,455	1,441	1,429	1,417	1,406
	0,9750	1,686	1,654	1,627	1,603	1,581	1,561	1,544	1,528	1,513	1,499
	0,9900	1,850	1,810	1,774	1,743	1,716	1,691	1,669	1,648	1,630	1,613
	0,9950	1,967	1,921	1,880	1,844	1,812	1,783	1,758	1,734	1,713	1,693
	0,9990	2,225	2,164	2,110	2,063	2,022	1,985	1,951	1,921	1,893	1,868
	0,9995	2,331	2,264	2,205	2,153	2,108	2,067	2,030	1,997	1,966	1,939
∞	0,9000	1,401	1,383	1,368	1,354	1,342	1,331	1,321	1,311	1,303	1,295
	0,9500	1,542	1,517	1,496	1,476	1,459	1,444	1,429	1,417	1,405	1,394
	0,9750	1,672	1,640	1,612	1,588	1,566	1,546	1,528	1,512	1,497	1,484
	0,9900	1,831	1,791	1,755	1,724	1,696	1,671	1,649	1,628	1,610	1,592
	0,9950	1,945	1,898	1,857	1,821	1,789	1,760	1,734	1,711	1,689	1,669
	0,9990	2,194	2,132	2,079	2,032	1,990	1,953	1,919	1,888	1,861	1,835
	0,9995	2,296	2,228	2,170	2,118	2,072	2,031	1,994	1,961	1,930	1,902

f_2	G	f_1									
		50	60	70	80	100	200	300	500	1000	∞
70	0,9000	1,392	1,374	1,361	1,350	1,335	1,302	1,291	1,281	1,273	1,265
	0,9500	1,530	1,505	1,486	1,471	1,450	1,404	1,388	1,374	1,364	1,353
	0,9750	1,660	1,628	1,604	1,585	1,558	1,500	1,480	1,463	1,449	1,436
	0,9900	1,826	1,785	1,754	1,730	1,695	1,622	1,596	1,574	1,558	1,540
	0,9950	1,949	1,900	1,864	1,837	1,797	1,712	1,681	1,657	1,637	1,618
	0,9990	2,229	2,164	2,117	2,080	2,027	1,916	1,876	1,844	1,819	1,793
	0,9995	2,349	2,277	2,225	2,184	2,126	2,003	1,960	1,924	1,896	1,868
80	0,9000	1,377	1,358	1,344	1,334	1,318	1,284	1,271	1,261	1,253	1,245
	0,9500	1,508	1,482	1,463	1,448	1,426	1,379	1,361	1,347	1,336	1,325
	0,9750	1,632	1,599	1,574	1,555	1,527	1,467	1,446	1,428	1,414	1,400
	0,9900	1,788	1,746	1,714	1,690	1,655	1,579	1,552	1,530	1,512	1,494
	0,9950	1,903	1,854	1,817	1,789	1,748	1,661	1,630	1,604	1,584	1,563
	0,9990	2,164	2,099	2,051	2,014	1,960	1,846	1,806	1,772	1,746	1,720
	0,9995	2,276	2,204	2,150	2,110	2,051	1,925	1,881	1,844	1,815	1,786
100	0,9000	1,355	1,336	1,321	1,310	1,293	1,257	1,244	1,232	1,223	1,214
	0,9500	1,477	1,450	1,430	1,415	1,392	1,342	1,323	1,308	1,296	1,283
	0,9750	1,592	1,558	1,532	1,512	1,483	1,420	1,397	1,378	1,363	1,347
	0,9900	1,735	1,692	1,659	1,634	1,598	1,518	1,490	1,466	1,447	1,427
	0,9950	1,840	1,790	1,752	1,723	1,681	1,590	1,557	1,529	1,508	1,485
	0,9990	2,076	2,009	1,960	1,922	1,867	1,749	1,707	1,671	1,644	1,615
	0,9995	2,175	2,102	2,048	2,006	1,946	1,816	1,770	1,731	1,701	1,670
200	0,9000	1,310	1,289	1,273	1,261	1,242	1,199	1,183	1,168	1,157	1,144
	0,9500	1,415	1,386	1,364	1,346	1,321	1,263	1,240	1,221	1,205	1,189
	0,9750	1,511	1,474	1,447	1,425	1,393	1,320	1,293	1,269	1,250	1,229
	0,9900	1,629	1,583	1,548	1,521	1,481	1,391	1,357	1,328	1,304	1,279
	0,9950	1,715	1,661	1,621	1,590	1,544	1,442	1,403	1,369	1,343	1,314
	0,9990	1,902	1,833	1,782	1,741	1,682	1,552	1,503	1,460	1,427	1,390
	0,9995	1,980	1,904	1,848	1,804	1,739	1,597	1,544	1,498	1,461	1,422

f_2	G	f_1 50	60	70	80	100	200	300	500	1000	∞
300	0,9000	1,295	1,273	1,256	1,243	1,224	1,178	1,160	1,144	1,130	1,115
	0,9500	1,393	1,363	1,341	1,323	1,296	1,234	1,210	1,188	1,170	1,150
	0,9750	1,484	1,446	1,417	1,395	1,361	1,285	1,255	1,228	1,206	1,182
	0,9900	1,594	1,547	1,511	1,483	1,441	1,346	1,309	1,276	1,250	1,220
	0,9950	1,673	1,619	1,578	1,545	1,498	1,389	1,347	1,311	1,280	1,247
	0,9990	1,846	1,775	1,723	1,681	1,620	1,483	1,431	1,384	1,346	1,305
	0,9995	1,916	1,840	1,782	1,737	1,671	1,522	1,464	1,414	1,373	1,328
500	0,9000	1,282	1,260	1,243	1,229	1,209	1,160	1,140	1,122	1,106	1,087
	0,9500	1,376	1,345	1,322	1,303	1,275	1,210	1,183	1,159	1,138	1,113
	0,9750	1,462	1,423	1,394	1,370	1,336	1,254	1,222	1,192	1,166	1,137
	0,9900	1,566	1,517	1,481	1,452	1,408	1,308	1,268	1,232	1,201	1,164
	0,9950	1,640	1,584	1,542	1,509	1,460	1,346	1,301	1,260	1,225	1,184
	0,9990	1,800	1,729	1,675	1,633	1,571	1,427	1,370	1,319	1,276	1,226
	0,9995	1,866	1,788	1,730	1,684	1,615	1,460	1,398	1,343	1,296	1,242
1000	0,9000	1,273	1,250	1,232	1,218	1,197	1,145	1,124	1,103	1,084	1,060
	0,9500	1,363	1,332	1,308	1,289	1,260	1,190	1,161	1,134	1,110	1,078
	0,9750	1,445	1,406	1,376	1,352	1,316	1,230	1,195	1,162	1,132	1,094
	0,9900	1,544	1,495	1,458	1,428	1,383	1,278	1,235	1,195	1,159	1,112
	0,9950	1,615	1,558	1,516	1,482	1,431	1,312	1,263	1,218	1,177	1,125
	0,9990	1,767	1,695	1,640	1,597	1,533	1,383	1,322	1,266	1,216	1,153
	0,9995	1,829	1,750	1,690	1,643	1,574	1,412	1,346	1,285	1,232	1,164
∞	0,9000	1,263	1,240	1,222	1,207	1,185	1,130	1,106	1,082	1,058	1,000
	0,9500	1,350	1,318	1,293	1,273	1,243	1,170	1,138	1,106	1,075	1,000
	0,9750	1,428	1,388	1,357	1,333	1,296	1,205	1,166	1,128	1,090	1,000
	0,9900	1,523	1,473	1,435	1,404	1,358	1,247	1,200	1,153	1,107	1,000
	0,9950	1,590	1,533	1,489	1,454	1,402	1,276	1,223	1,170	1,119	1,000
	0,9990	1,733	1,660	1,605	1,560	1,494	1,338	1,271	1,207	1,144	1,000
	0,9995	1,791	1,712	1,651	1,603	1,532	1,362	1,291	1,221	1,154	1,000

Tabelle B8. Quantile der w-Verteilung

$$g(w) = n\,(n-1)\int_{-\infty}^{\infty}\left[F(w+u)-F(u)\right]^{n-2} f(u+w)\,f(u)\,du\,,$$

$$g(w) = n\,(n-1)\int_{-\infty}^{\infty}\left[F(w+u)-F(u)\right]^{n-2} f(u+w)\,f(u)\,du\ \text{ mit }\ w = \frac{R}{\sigma}\,,$$

$$f(u) = \frac{1}{\sqrt{2\pi}}\,e^{-\frac{u^2}{2}}\ \text{ und }\ F(u) = \int_{-\infty}^{x} f(u)\,dy$$

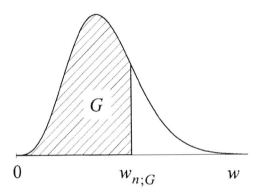

G	n									
	1	2	3	4	5	6	7	8	9	10
0,0005		0,000	0,043	0,158	0,308	0,464	0,613	0,751	0,878	0,995
0,0010		0,002	0,060	0,199	0,367	0,535	0,691	0,835	0,966	1,085
0,0050		0,009	0,135	0,343	0,555	0,749	0,922	1,075	1,212	1,335
0,0100		0,018	0,191	0,434	0,665	0,870	1,048	1,205	1,343	1,467
0,0250		0,044	0,303	0,595	0,850	1,066	1,251	1,410	1,550	1,674
0,0500		0,089	0,431	0,760	1,030	1,253	1,440	1,600	1,740	1,863
0,1000		0,178	0,618	0,979	1,261	1,488	1,676	1,835	1,973	2,094
0,2500		0,451	1,022	1,413	1,701	1,926	2,110	2,264	2,397	2,513
0,5000		0,954	1,588	1,978	2,257	2,472	2,645	2,791	2,915	3,024
0,7500		1,627	2,248	2,616	2,875	3,074	3,235	3,369	3,484	3,584
0,9000		2,326	2,902	3,240	3,478	3,661	3,808	3,931	4,037	4,129
0,9500		2,772	3,314	3,633	3,858	4,030	4,170	4,286	4,387	4,474
0,9750		3,170	3,682	3,984	4,197	4,361	4,494	4,605	4,700	4,784
0,9900		3,643	4,120	4,403	4,603	4,757	4,882	4,987	5,078	5,157
0,9950		3,970	4,424	4,694	4,886	5,033	5,154	5,255	5,341	5,418
0,9990		4,654	5,063	5,309	5,484	5,619	5,730	5,823	5,903	5,973
0,9995		4,923	5,316	5,553	5,722	5,853	5,960	6,050	6,128	6,196

G	n									
	11	12	13	14	15	16	17	18	19	20
0,0005	1,103	1,201	1,293	1,378	1,457	1,530	1,600	1,665	1,726	1,784
0,0010	1,193	1,293	1,385	1,470	1,549	1,623	1,692	1,757	1,818	1,876
0,0050	1,446	1,547	1,639	1,724	1,803	1,876	1,944	2,008	2,068	2,125
0,0100	1,578	1,679	1,771	1,856	1,934	2,007	2,074	2,137	2,197	2,253
0,0250	1,784	1,884	1,976	2,059	2,136	2,207	2,274	2,336	2,394	2,449
0,0500	1,973	2,071	2,161	2,243	2,319	2,389	2,454	2,515	2,572	2,626
0,1000	2,202	2,299	2,387	2,467	2,541	2,609	2,673	2,732	2,787	2,840
0,2500	2,616	2,708	2,792	2,868	2,939	3,003	3,064	3,120	3,172	3,222
0,5000	3,121	3,207	3,285	3,356	3,422	3,482	3,538	3,591	3,640	3,686
0,7500	3,673	3,752	3,825	3,890	3,951	4,007	4,058	4,107	4,152	4,195
0,9000	4,211	4,285	4,351	4,412	4,468	4,519	4,568	4,612	4,654	4,694
0,9500	4,552	4,622	4,685	4,743	4,796	4,845	4,891	4,934	4,974	5,012
0,9750	4,858	4,925	4,986	5,041	5,092	5,139	5,183	5,224	5,262	5,299
0,9900	5,227	5,290	5,348	5,400	5,448	5,493	5,535	5,574	5,611	5,645
0,9950	5,485	5,546	5,602	5,652	5,699	5,742	5,783	5,820	5,856	5,889
0,9990	6,036	6,092	6,144	6,191	6,234	6,274	6,312	6,347	6,380	6,411
0,9995	6,257	6,311	6,361	6,407	6,449	6,488	6,525	6,559	6,591	6,621

Tabelle B9. Häufigkeitssummen $G^{(i,\,n)}$ zum Eintragen geordneter Stichproben von normalverteilten Merkmalswerten ins Wahrscheinlichkeitsnetz ($n \leq 50$)

$$G^{(i,n)} = G(\overline{u}_{(i,n)}) \text{ mit}$$

$$\overline{u}_{(i,n)} = \frac{n!}{(i-1)!\,(n-i)!} \int\limits_{-\infty}^{\infty} du\; u\, g(u) \left[G(u)\right]^{i-1} \left[1-G(u)\right]^{n-i}, \text{wobei}$$

$$g(u) = \frac{1}{\sqrt{2\pi}}\, e^{-\frac{u^2}{2}} \quad \text{und} \quad G(u) = \int\limits_{-\infty}^{u} g(y)\,dy\,.$$

Näherungsformel für $n \geq 6$

$$G^{(i,n)} \approx \frac{i-3/8}{n+3/4} \quad \text{für} \quad i = 1, 2, \cdots, n$$

nach (Graf, Henning, Stange, Wilrich, 1987).

i	n									
	1	2	3	4	5	6	7	8	9	10
1		0,286	0,199	0,152	0,122	0,103	0,088	0,077	0,069	0,062
2		0,714	0,500	0,383	0,310	0,261	0,224	0,197	0,176	0,158
3			0,801	0,617	0,500	0,420	0,362	0,318	0,284	0,256
4				0,848	0,690	0,580	0,500	0,439	0,392	0,354
5					0,878	0,739	0,638	0,561	0,500	0,451
6						0,897	0,776	0,682	0,608	0,549
7							0,912	0,803	0,716	0,646
8								0,923	0,824	0,744
9									0,931	0,842
10										0,938

i	n									
	11	12	13	14	15	16	17	18	19	20
1	0,056	0,052	0,048	0,044	0,041	0,039	0,036	0,034	0,033	0,031
2	0,144	0,132	0,122	0,114	0,106	0,099	0,094	0,088	0,084	0,080
3	0,233	0,214	0,198	0,184	0,172	0,161	0,152	0,143	0,136	0,129
4	0,322	0,296	0,273	0,254	0,237	0,223	0,210	0,198	0,188	0,179
5	0,411	0,377	0,349	0,324	0,303	0,284	0,268	0,253	0,240	0,228
6	0,500	0,459	0,424	0,395	0,369	0,346	0,326	0,308	0,292	0,278
7	0,589	0,541	0,500	0,465	0,434	0,408	0,384	0,363	0,344	0,327
8	0,678	0,623	0,576	0,535	0,500	0,469	0,442	0,418	0,396	0,376
9	0,767	0,704	0,651	0,605	0,566	0,531	0,500	0,473	0,448	0,426
10	0,856	0,786	0,727	0,676	0,631	0,592	0,558	0,527	0,500	0,475

i	n									
	11	12	13	14	15	16	17	18	19	20
11	0,944	0,868	0,802	0,746	0,697	0,654	0,616	0,582	0,552	0,525
12		0,948	0,878	0,816	0,763	0,716	0,674	0,637	0,604	0,574
13			0,952	0,886	0,828	0,777	0,732	0,692	0,656	0,624
14				0,956	0,894	0,839	0,790	0,747	0,708	0,673
15					0,959	0,901	0,848	0,802	0,760	0,723
16						0,961	0,906	0,857	0,812	0,772
17							0,964	0,912	0,864	0,821
18								0,966	0,916	0,871
19									0,967	0,920
20										0,969

i	n									
	21	22	23	24	25	26	27	28	29	30
1	0,029	0,028	0,027	0,026	0,025	0,024	0,023	0,022	0,021	0,021
2	0,076	0,072	0,069	0,066	0,064	0,061	0,059	0,057	0,055	0,053
3	0,123	0,117	0,112	0,108	0,103	0,099	0,096	0,092	0,089	0,086
4	0,170	0,162	0,155	0,149	0,143	0,138	0,132	0,128	0,123	0,119
5	0,217	0,207	0,199	0,190	0,183	0,176	0,169	0,163	0,158	0,152
6	0,264	0,252	0,242	0,232	0,222	0,214	0,206	0,199	0,192	0,186
7	0,312	0,298	0,285	0,273	0,262	0,252	0,243	0,234	0,226	0,219
8	0,359	0,343	0,328	0,314	0,302	0,290	0,280	0,270	0,260	0,252
9	0,406	0,388	0,371	0,356	0,341	0,328	0,316	0,305	0,295	0,285
10	0,453	0,433	0,414	0,397	0,381	0,367	0,353	0,341	0,329	0,318
11	0,500	0,478	0,457	0,438	0,421	0,405	0,390	0,376	0,363	0,351
12	0,547	0,522	0,500	0,479	0,460	0,443	0,427	0,411	0,397	0,384
13	0,594	0,567	0,543	0,521	0,500	0,481	0,463	0,447	0,432	0,417
14	0,641	0,612	0,586	0,562	0,540	0,519	0,500	0,482	0,466	0,450
15	0,688	0,657	0,629	0,603	0,579	0,557	0,537	0,518	0,500	0,483
16	0,736	0,702	0,672	0,644	0,619	0,595	0,573	0,553	0,534	0,517
17	0,783	0,748	0,715	0,686	0,659	0,633	0,610	0,589	0,568	0,550
18	0,830	0,793	0,758	0,727	0,698	0,672	0,647	0,624	0,603	0,583
19	0,877	0,838	0,801	0,768	0,738	0,710	0,684	0,659	0,637	0,616
20	0,924	0,883	0,845	0,810	0,778	0,748	0,720	0,695	0,671	0,649
21	0,971	0,928	0,888	0,851	0,817	0,786	0,757	0,730	0,705	0,682
22		0,972	0,931	0,892	0,857	0,824	0,794	0,766	0,740	0,715
23			0,973	0,934	0,897	0,862	0,831	0,801	0,774	0,748
24				0,974	0,936	0,901	0,868	0,837	0,808	0,781
24					0,975	0,939	0,904	0,872	0,842	0,814
26						0,976	0,941	0,908	0,877	0,848
27							0,977	0,943	0,911	0,881
28								0,978	0,945	0,914
29									0,979	0,947
30										0,979

i	n									
	31	32	33	34	35	36	37	38	39	40
1	0,020	0,019	0,019	0,018	0,018	0,017	0,017	0,016	0,016	0,015
2	0,051	0,050	0,048	0,047	0,045	0,044	0,043	0,042	0,041	0,040
3	0,083	0,081	0,078	0,076	0,074	0,072	0,070	0,068	0,066	0,065
4	0,115	0,112	0,108	0,105	0,102	0,099	0,097	0,094	0,092	0,090
5	0,148	0,143	0,139	0,135	0,131	0,127	0,124	0,120	0,117	0,114
6	0,180	0,174	0,169	0,164	0,159	0,155	0,151	0,147	0,143	0,139
7	0,212	0,205	0,199	0,193	0,188	0,182	0,177	0,173	0,168	0,164
8	0,244	0,236	0,229	0,222	0,216	0,210	0,204	0,199	0,194	0,189
9	0,276	0,267	0,259	0,252	0,244	0,238	0,231	0,225	0,219	0,214
10	0,308	0,298	0,289	0,281	0,273	0,265	0,258	0,251	0,245	0,239
11	0,340	0,329	0,319	0,310	0,301	0,293	0,285	0,278	0,271	0,264
12	0,372	0,360	0,349	0,339	0,330	0,321	0,312	0,304	0,296	0,289
13	0,404	0,391	0,380	0,369	0,358	0,348	0,339	0,330	0,322	0,314
14	0,436	0,422	0,410	0,398	0,386	0,376	0,366	0,356	0,347	0,338
15	0,468	0,453	0,440	0,427	0,415	0,403	0,393	0,382	0,373	0,363
16	0,500	0,484	0,470	0,456	0,443	0,431	0,419	0,408	0,398	0,388
17	0,532	0,516	0,500	0,485	0,472	0,459	0,446	0,435	0,424	0,413
18	0,564	0,547	0,530	0,515	0,500	0,486	0,473	0,461	0,449	0,438
19	0,596	0,578	0,560	0,544	0,528	0,514	0,500	0,487	0,475	0,463
20	0,628	0,609	0,590	0,573	0,557	0,541	0,527	0,513	0,500	0,488
21	0,660	0,640	0,620	0,602	0,585	0,569	0,554	0,539	0,526	0,512
22	0,692	0,671	0,651	0,632	0,614	0,597	0,581	0,565	0,551	0,537
23	0,724	0,702	0,681	0,661	0,642	0,624	0,607	0,592	0,576	0,562
24	0,756	0,733	0,711	0,690	0,670	0,652	0,634	0,618	0,602	0,587
24	0,788	0,764	0,741	0,719	0,699	0,679	0,661	0,644	0,627	0,612
26	0,820	0,795	0,771	0,748	0,727	0,707	0,688	0,670	0,653	0,637
27	0,852	0,826	0,801	0,778	0,756	0,735	0,715	0,696	0,678	0,662
28	0,885	0,857	0,831	0,807	0,784	0,762	0,742	0,722	0,704	0,686
29	0,917	0,888	0,861	0,836	0,812	0,790	0,769	0,749	0,730	0,711
30	0,949	0,919	0,892	0,865	0,841	0,818	0,796	0,775	0,755	0,736
31	0,980	0,950	0,922	0,895	0,869	0,845	0,823	0,801	0,781	0,761
32		0,981	0,952	0,924	0,898	0,873	0,849	0,827	0,806	0,786
33			0,981	0,953	0,926	0,901	0,876	0,853	0,832	0,811
34				0,982	0,955	0,928	0,903	0,880	0,857	0,836
35					0,982	0,956	0,930	0,906	0,883	0,861
36						0,983	0,957	0,932	0,908	0,886
37							0,983	0,958	0,934	0,910
38								0,984	0,959	0,935
39									0,984	0,960
40										0,985

i	n									
	41	42	43	44	45	46	47	48	49	50
1	0,015	0,015	0,014	0,014	0,014	0,013	0,013	0,013	0,013	0,012
2	0,039	0,038	0,037	0,036	0,035	0,035	0,034	0,033	0,032	0,032
3	0,063	0,062	0,060	0,059	0,057	0,056	0,055	0,054	0,053	0,052
4	0,087	0,085	0,083	0,081	0,080	0,078	0,076	0,075	0,073	0,072
5	0,112	0,109	0,106	0,104	0,102	0,100	0,097	0,095	0,093	0,092
6	0,136	0,133	0,130	0,127	0,124	0,121	0,119	0,116	0,114	0,112
7	0,160	0,156	0,153	0,149	0,146	0,143	0,140	0,137	0,134	0,131
8	0,185	0,180	0,176	0,172	0,168	0,165	0,161	0,158	0,154	0,151
9	0,209	0,204	0,199	0,195	0,190	0,186	0,182	0,178	0,175	0,171
10	0,233	0,228	0,222	0,217	0,212	0,208	0,203	0,199	0,195	0,191
11	0,257	0,251	0,245	0,240	0,235	0,230	0,225	0,220	0,216	0,211
12	0,282	0,275	0,269	0,263	0,257	0,251	0,246	0,241	0,236	0,231
13	0,306	0,299	0,292	0,285	0,279	0,273	0,267	0,261	0,256	0,251
14	0,330	0,322	0,315	0,308	0,301	0,294	0,288	0,282	0,276	0,271
15	0,354	0,346	0,338	0,330	0,323	0,316	0,309	0,303	0,297	0,291
16	0,379	0,370	0,361	0,353	0,345	0,338	0,331	0,324	0,317	0,311
17	0,403	0,393	0,384	0,376	0,367	0,359	0,352	0,344	0,337	0,331
18	0,427	0,417	0,407	0,398	0,389	0,381	0,373	0,365	0,358	0,351
19	0,451	0,441	0,431	0,421	0,412	0,403	0,394	0,386	0,378	0,371
20	0,476	0,464	0,454	0,443	0,434	0,424	0,415	0,407	0,398	0,390
21	0,500	0,488	0,477	0,466	0,456	0,446	0,436	0,427	0,419	0,410
22	0,524	0,512	0,500	0,489	0,478	0,468	0,458	0,448	0,439	0,430
23	0,549	0,536	0,523	0,511	0,500	0,489	0,479	0,469	0,459	0,450
24	0,573	0,559	0,546	0,534	0,522	0,511	0,500	0,490	0,480	0,470
24	0,597	0,583	0,569	0,557	0,544	0,532	0,521	0,510	0,500	0,490
26	0,621	0,607	0,593	0,579	0,566	0,554	0,542	0,531	0,520	0,510
27	0,646	0,630	0,616	0,602	0,588	0,576	0,564	0,552	0,541	0,530
28	0,670	0,654	0,639	0,624	0,611	0,597	0,585	0,573	0,561	0,550
29	0,694	0,678	0,662	0,647	0,633	0,619	0,606	0,593	0,581	0,570
30	0,718	0,701	0,685	0,670	0,655	0,641	0,627	0,614	0,602	0,590
31	0,743	0,725	0,708	0,692	0,677	0,662	0,648	0,635	0,622	0,610
32	0,767	0,749	0,731	0,715	0,699	0,684	0,669	0,656	0,642	0,629
33	0,791	0,772	0,755	0,737	0,721	0,706	0,691	0,676	0,663	0,649
34	0,815	0,796	0,778	0,760	0,743	0,727	0,712	0,697	0,683	0,669
35	0,840	0,820	0,801	0,783	0,765	0,749	0,733	0,718	0,703	0,689
36	0,864	0,844	0,824	0,805	0,788	0,771	0,754	0,739	0,724	0,709
37	0,888	0,867	0,847	0,828	0,810	0,792	0,775	0,759	0,744	0,729
38	0,913	0,891	0,870	0,851	0,832	0,814	0,797	0,780	0,764	0,749
39	0,937	0,915	0,894	0,873	0,854	0,835	0,818	0,801	0,785	0,769
40	0,961	0,938	0,917	0,896	0,876	0,857	0,839	0,822	0,805	0,789
41	0,985	0,962	0,940	0,919	0,898	0,879	0,860	0,842	0,825	0,809
42		0,985	0,963	0,941	0,920	0,900	0,881	0,863	0,846	0,829
43			0,986	0,964	0,943	0,922	0,903	0,884	0,866	0,849
44				0,986	0,965	0,944	0,924	0,905	0,886	0,869
45					0,986	0,965	0,945	0,925	0,907	0,888
46						0,987	0,966	0,946	0,927	0,908
47							0,987	0,967	0,947	0,928
48								0,987	0,968	0,948
49									0,987	0,968
50										0,988

Tabelle B10. Häufigkeitssummen $G^{(i,n)}$ zum Eintragen geordneter Stichproben von Weibull-verteilten Merkmalswerten ins Lebensdauernetz ($n \leq 50$)

$$G^{(i,n)} = G(\overline{u}_{(i,n)}) \text{ mit}$$

$$\overline{u}_{(i,n)} = \frac{n!}{(i-1)!(n-i)!} \int_{-\infty}^{\infty} du \; u \, g(u) \left[G(u) \right]^{i-1} \left[1 - G(u) \right]^{n-i}, \text{ wobei}$$

$$g(u) = e^{u} e^{-e^{u}} \text{ und } G(u) = 1 - e^{-e^{u}}.$$

Näherungsformel nach Zipperer (Masing, 1988):

$$G^{(i,n)} \approx \frac{i-0{,}3}{n+0{,}4} \text{ für } i = 1, 2, \cdots, n.$$

i	n									
	1	2	3	4	5	6	7	8	9	10
1	0,430	0,245	0,171	0,131	0,106	0,089	0,077	0,068	0,060	0,055
2		0,675	0,468	0,358	0,290	0,244	0,210	0,185	0,165	0,149
3			0,776	0,593	0,480	0,403	0,347	0,305	0,272	0,245
4				0,830	0,671	0,563	0,485	0,426	0,380	0,343
5					0,864	0,725	0,624	0,548	0,488	0,440
6						0,886	0,763	0,670	0,597	0,538
7							0,903	0,793	0,706	0,637
8								0,915	0,815	0,735
9									0,925	0,834
10										0,932

i	n									
	11	12	13	14	15	16	17	18	19	20
1	0,050	0,046	0,042	0,039	0,037	0,034	0,032	0,031	0,029	0,028
2	0,136	0,124	0,115	0,107	0,100	0,094	0,088	0,084	0,079	0,075
3	0,224	0,205	0,190	0,177	0,165	0,155	0,146	0,138	0,131	0,124
4	0,312	0,287	0,265	0,246	0,230	0,216	0,204	0,192	0,182	0,173
5	0,401	0,368	0,341	0,317	0,296	0,278	0,261	0,247	0,234	0,223
6	0,490	0,450	0,416	0,387	0,361	0,339	0,319	0,302	0,286	0,272
7	0,580	0,532	0,492	0,457	0,427	0,401	0,377	0,357	0,338	0,321
8	0,669	0,614	0,568	0,528	0,493	0,462	0,436	0,412	0,390	0,371
9	0,759	0,696	0,643	0,598	0,559	0,524	0,494	0,467	0,442	0,420
10	0,849	0,779	0,719	0,669	0,625	0,586	0,552	0,521	0,494	0,470

i	n									
	11	12	13	14	15	16	17	18	19	20
11	0,938	0,861	0,796	0,739	0,691	0,648	0,610	0,576	0,546	0,519
12		0,944	0,872	0,810	0,757	0,710	0,668	0,632	0,599	0,569
13			0,948	0,881	0,823	0,772	0,727	0,687	0,651	0,618
14				0,952	0,889	0,834	0,785	0,742	0,703	0,668
15					0,955	0,896	0,844	0,797	0,755	0,718
16						0,958	0,902	0,852	0,808	0,767
17							0,961	0,908	0,860	0,817
18								0,963	0,913	0,867
19									0,965	0,917
20										0,967

i	n									
	21	22	23	24	25	26	27	28	29	30
1	0,026	0,025	0,024	0,023	0,022	0,021	0,021	0,020	0,019	0,019
2	0,072	0,069	0,066	0,063	0,060	0,058	0,056	0,054	0,052	0,050
3	0,118	0,113	0,108	0,104	0,100	0,096	0,092	0,089	0,086	0,083
4	0,165	0,158	0,151	0,145	0,139	0,134	0,129	0,124	0,120	0,116
5	0,212	0,203	0,194	0,186	0,179	0,172	0,165	0,160	0,154	0,149
6	0,259	0,248	0,237	0,227	0,218	0,210	0,202	0,195	0,188	0,182
7	0,306	0,293	0,280	0,268	0,258	0,248	0,239	0,230	0,222	0,215
8	0,353	0,338	0,323	0,310	0,297	0,286	0,276	0,266	0,257	0,248
9	0,401	0,382	0,366	0,351	0,337	0,324	0,312	0,301	0,291	0,281
10	0,448	0,428	0,409	0,392	0,377	0,362	0,349	0,337	0,325	0,314
11	0,495	0,473	0,452	0,433	0,416	0,400	0,386	0,372	0,359	0,347
12	0,542	0,518	0,495	0,475	0,456	0,439	0,422	0,407	0,394	0,380
13	0,589	0,563	0,538	0,516	0,496	0,477	0,459	0,443	0,428	0,414
14	0,636	0,608	0,582	0,557	0,535	0,515	0,496	0,478	0,462	0,447
15	0,684	0,653	0,625	0,599	0,575	0,553	0,533	0,514	0,496	0,480
16	0,731	0,698	0,668	0,640	0,615	0,591	0,570	0,549	0,530	0,513
17	0,778	0,743	0,711	0,682	0,655	0,630	0,606	0,585	0,565	0,546
18	0,826	0,789	0,754	0,723	0,694	0,668	0,643	0,620	0,599	0,579
19	0,873	0,834	0,798	0,765	0,734	0,706	0,680	0,656	0,633	0,612
20	0,921	0,879	0,841	0,806	0,774	0,744	0,717	0,691	0,668	0,646
21	0,968	0,925	0,884	0,848	0,814	0,783	0,754	0,727	0,702	0,679
22		0,970	0,928	0,889	0,854	0,821	0,791	0,763	0,736	0,712
23			0,971	0,931	0,894	0,859	0,828	0,798	0,771	0,745
24				0,972	0,934	0,898	0,865	0,834	0,805	0,778
24					0,973	0,936	0,902	0,869	0,840	0,812
26						0,974	0,939	0,905	0,874	0,845
27							0,975	0,941	0,908	0,878
28								0,976	0,943	0,912
29									0,977	0,945
30										0,978

i	n									
	31	32	33	34	35	36	37	38	39	40
1	0,018	0,017	0,017	0,016	0,016	0,015	0,015	0,015	0,014	0,014
2	0,049	0,047	0,046	0,045	0,043	0,042	0,041	0,040	0,039	0,038
3	0,081	0,078	0,076	0,073	0,071	0,069	0,068	0,066	0,064	0,063
4	0,112	0,109	0,106	0,103	0,100	0,097	0,094	0,092	0,089	0,087
5	0,144	0,140	0,136	0,132	0,128	0,124	0,121	0,118	0,115	0,112
6	0,176	0,171	0,166	0,161	0,156	0,152	0,148	0,144	0,140	0,137
7	0,208	0,202	0,196	0,190	0,185	0,180	0,175	0,170	0,166	0,162
8	0,240	0,233	0,226	0,219	0,213	0,207	0,202	0,196	0,191	0,186
9	0,272	0,264	0,256	0,248	0,241	0,235	0,228	0,222	0,217	0,211
10	0,304	0,295	0,286	0,278	0,270	0,262	0,255	0,249	0,242	0,236
11	0,336	0,326	0,316	0,307	0,298	0,290	0,282	0,275	0,268	0,261
12	0,368	0,357	0,346	0,336	0,326	0,317	0,309	0,301	0,293	0,286
13	0,400	0,388	0,376	0,365	0,355	0,345	0,336	0,327	0,319	0,311
14	0,432	0,419	0,406	0,394	0,383	0,373	0,363	0,353	0,344	0,336
15	0,464	0,450	0,436	0,424	0,412	0,400	0,390	0,379	0,370	0,360
16	0,496	0,481	0,467	0,453	0,440	0,428	0,416	0,405	0,395	0,385
17	0,529	0,512	0,497	0,482	0,468	0,456	0,443	0,432	0,421	0,410
18	0,561	0,543	0,527	0,511	0,497	0,483	0,470	0,458	0,446	0,435
19	0,593	0,574	0,557	0,541	0,525	0,511	0,497	0,484	0,472	0,460
20	0,625	0,605	0,587	0,570	0,554	0,538	0,524	0,510	0,497	0,485
21	0,657	0,636	0,617	0,599	0,582	0,566	0,551	0,536	0,523	0,510
22	0,689	0,668	0,647	0,628	0,611	0,594	0,578	0,563	0,548	0,535
23	0,721	0,699	0,678	0,658	0,639	0,621	0,605	0,589	0,574	0,559
24	0,753	0,730	0,708	0,687	0,667	0,649	0,632	0,615	0,599	0,584
24	0,785	0,761	0,738	0,716	0,696	0,677	0,658	0,641	0,625	0,609
26	0,818	0,792	0,768	0,746	0,724	0,704	0,685	0,667	0,650	0,634
27	0,850	0,823	0,798	0,775	0,753	0,732	0,712	0,694	0,676	0,659
28	0,882	0,855	0,829	0,804	0,781	0,760	0,739	0,720	0,701	0,684
29	0,914	0,886	0,859	0,834	0,810	0,787	0,766	0,746	0,727	0,709
30	0,947	0,917	0,889	0,863	0,838	0,815	0,793	0,772	0,753	0,734
31	0,979	0,948	0,920	0,893	0,867	0,843	0,820	0,799	0,778	0,759
32		0,979	0,950	0,922	0,896	0,871	0,847	0,825	0,804	0,784
33			0,980	0,951	0,924	0,899	0,874	0,851	0,829	0,809
34				0,981	0,953	0,926	0,901	0,878	0,855	0,834
35					0,981	0,954	0,928	0,904	0,881	0,859
36						0,982	0,955	0,930	0,906	0,884
37							0,982	0,957	0,932	0,909
38								0,983	0,958	0,934
39									0,983	0,959
40										0,984

i	n									
	41	42	43	44	45	46	47	48	49	50
1	0,014	0,013	0,013	0,013	0,012	0,012	0,012	0,012	0,011	0,011
2	0,037	0,036	0,035	0,034	0,034	0,033	0,032	0,032	0,031	0,030
3	0,061	0,060	0,058	0,057	0,056	0,054	0,053	0,052	0,051	0,050
4	0,085	0,083	0,081	0,079	0,078	0,076	0,074	0,073	0,071	0,070
5	0,109	0,107	0,104	0,102	0,100	0,097	0,095	0,093	0,092	0,090
6	0,134	0,130	0,127	0,124	0,122	0,119	0,117	0,114	0,112	0,110
7	0,158	0,154	0,150	0,147	0,144	0,141	0,138	0,135	0,132	0,129
8	0,182	0,178	0,174	0,170	0,166	0,162	0,159	0,156	0,152	0,149
9	0,206	0,201	0,197	0,192	0,188	0,184	0,180	0,176	0,173	0,169
10	0,230	0,225	0,220	0,215	0,210	0,206	0,201	0,197	0,193	0,189
11	0,255	0,249	0,243	0,237	0,232	0,227	0,222	0,218	0,213	0,209
12	0,279	0,272	0,266	0,260	0,254	0,249	0,244	0,238	0,234	0,229
13	0,303	0,296	0,289	0,283	0,276	0,270	0,265	0,259	0,254	0,249
14	0,327	0,320	0,312	0,305	0,298	0,292	0,286	0,280	0,274	0,269
15	0,352	0,343	0,335	0,328	0,321	0,314	0,307	0,301	0,295	0,289
16	0,376	0,367	0,359	0,350	0,343	0,335	0,328	0,321	0,315	0,309
17	0,400	0,391	0,382	0,373	0,365	0,357	0,349	0,342	0,335	0,329
18	0,425	0,414	0,405	0,396	0,387	0,379	0,371	0,363	0,355	0,348
19	0,449	0,438	0,428	0,418	0,409	0,400	0,392	0,384	0,376	0,368
20	0,473	0,462	0,451	0,441	0,431	0,422	0,413	0,404	0,396	0,388
21	0,497	0,486	0,474	0,464	0,453	0,443	0,434	0,425	0,416	0,408
22	0,522	0,509	0,497	0,486	0,475	0,465	0,455	0,446	0,437	0,428
23	0,546	0,533	0,521	0,509	0,498	0,487	0,476	0,467	0,457	0,448
24	0,570	0,557	0,544	0,531	0,520	0,508	0,498	0,487	0,477	0,468
24	0,594	0,580	0,567	0,554	0,542	0,530	0,519	0,508	0,498	0,488
26	0,619	0,604	0,590	0,577	0,564	0,552	0,540	0,529	0,518	0,508
27	0,643	0,628	0,613	0,599	0,586	0,573	0,561	0,550	0,538	0,528
28	0,667	0,652	0,636	0,622	0,608	0,595	0,582	0,570	0,559	0,548
29	0,692	0,675	0,660	0,645	0,630	0,617	0,604	0,591	0,579	0,568
30	0,716	0,699	0,683	0,667	0,653	0,638	0,625	0,612	0,599	0,587
31	0,740	0,723	0,706	0,690	0,675	0,660	0,646	0,633	0,620	0,607
32	0,765	0,747	0,729	0,713	0,697	0,682	0,667	0,653	0,640	0,627
33	0,789	0,770	0,752	0,735	0,719	0,703	0,689	0,674	0,660	0,647
34	0,813	0,794	0,776	0,758	0,741	0,725	0,710	0,695	0,681	0,667
35	0,838	0,818	0,799	0,781	0,763	0,747	0,731	0,716	0,701	0,687
36	0,862	0,842	0,822	0,803	0,786	0,769	0,752	0,737	0,722	0,707
37	0,887	0,865	0,845	0,826	0,808	0,790	0,773	0,757	0,742	0,727
38	0,911	0,889	0,869	0,849	0,830	0,812	0,795	0,778	0,762	0,747
39	0,935	0,913	0,892	0,872	0,852	0,834	0,816	0,799	0,783	0,767
40	0,960	0,937	0,915	0,894	0,874	0,855	0,837	0,820	0,803	0,787
41	0,984	0,961	0,938	0,917	0,897	0,877	0,858	0,841	0,823	0,807
42		0,984	0,962	0,940	0,919	0,899	0,880	0,861	0,844	0,827
43			0,985	0,963	0,941	0,921	0,901	0,882	0,864	0,847
44				0,985	0,963	0,942	0,922	0,903	0,885	0,867
45					0,985	0,964	0,944	0,924	0,905	0,887
46						0,986	0,965	0,945	0,926	0,907
47							0,986	0,966	0,946	0,927
48								0,986	0,966	0,947
49									0,987	0,967
50										0,987

Tabelle B11. Koeffizienten zur Schätzung der Standardabweichung

$$a_n = \bar{s} / \sigma$$

$$d_n = \bar{R} / \sigma$$

$$c_n = \sqrt{n}\, \sigma_{\bar{x}} / \sigma$$

n	a_n	c_n	d_n	n	a_n	c_n	d_n
1		1,0000		26	0,9901	1,2209	3,9643
2	0,7979	1,0000	1,1284	27	0,9904	1,2433	3,9965
3	0,8862	1,1602	1,6926	28	0,9908	1,2231	4,0274
4	0,9213	1,0922	2,0588	29	0,9911	1,2440	4,0570
5	0,9400	1,1976	2,3259	30	0,9914	1,2250	4,0855
6	0,9515	1,1351	2,5344	31	0,9917	1,2446	4,1129
7	0,9594	1,2137	2,7044	32	0,9920	1,2267	4,1393
8	0,9650	1,1599	2,8472	33	0,9922	1,2451	4,1648
9	0,9693	1,2227	2,9700	34	0,9925	1,2282	4,1894
10	0,9727	1,1761	3,0775	35	0,9927	1,2456	4,2132
11	0,9754	1,2283	3,1729	36	0,9929	1,2295	4,2362
12	0,9776	1,1875	3,2585	37	0,9931	1,2460	4,2586
13	0,9794	1,2322	3,3360	38	0,9933	1,2307	4,2802
14	0,9810	1,1960	3,4068	39	0,9934	1,2464	4,3012
15	0,9823	1,2351	3,4718	40	0,9936	1,2318	4,3216
16	0,9835	1,2025	3,5320	41	0,9938	1,2467	4,3414
17	0,9845	1,2373	3,5879	42	0,9939	1,2328	4,3606
18	0,9854	1,2077	3,6401	43	0,9941	1,2470	4,3794
19	0,9862	1,2390	3,6890	44	0,9942	1,2337	4,3976
20	0,9869	1,2119	3,7350	45	0,9943	1,2473	4,4154
21	0,9876	1,2403	3,7783	46	0,9945	1,2345	4,4328
22	0,9882	1,2154	3,8194	47	0,9946	1,2476	4,4497
23	0,9887	1,2415	3,8583	48	0,9947	1,2353	4,4662
24	0,9892	1,2184	3,8953	49	0,9948	1,2478	4,4824
25	0,9896	1,2424	3,9306	50	0,9949	1,2360	4,4981
				∞	1,0000	1,2533	∞

Tabelle B12. Abgrenzungsfaktoren von Urwert-, Mittelwert- und Mediankarten

	Urwert-Karte		Mittelwert-Karte		Median-Karte		
n	E_E	E_W	A_E	A_W	C_n	C_E	C_W
1	2,5758	1,9600	2,5758	1,9600	1,0000	2,5758	1,9600
2	2,8062	2,2365	1,8214	1,3859	1,0000	1,8214	1,3859
3	2,9342	2,3877	1,4872	1,1316	1,1602	1,7254	1,3128
4	3,0222	2,4909	1,2879	0,9800	1,0922	1,4066	1,0703
5	3,0890	2,5688	1,1520	0,8765	1,1976	1,3795	1,0497
6	3,1428	2,6310	1,0516	0,8002	1,1351	1,1937	0,9083
7	3,1876	2,6828	0,9736	0,7408	1,2137	1,1817	0,8991
8	3,2260	2,7270	0,9107	0,6930	1,1599	1,0563	0,8038
9	3,2595	2,7655	0,8586	0,6533	1,2227	1,0498	0,7988
10	3,2893	2,7996	0,8146	0,6198	1,1761	0,9580	0,7290
11	3,3160	2,8302	0,7766	0,5910	1,2283	0,9540	0,7259
12	3,3402	2,8578	0,7436	0,5658	1,1875	0,8830	0,6719
13	3,3624	2,8831	0,7144	0,5436	1,2322	0,8803	0,6698
14	3,3828	2,9063	0,6884	0,5238	1,1960	0,8233	0,6265
15	3,4017	2,9278	0,6651	0,5061	1,2351	0,8214	0,6250
16	3,4193	2,9478	0,6440	0,4900	1,2025	0,7744	0,5892
17	3,4357	2,9664	0,6247	0,4754	1,2373	0,7730	0,5881
18	3,4512	2,9840	0,6071	0,4620	1,2077	0,7332	0,5579
19	3,4657	3,0004	0,5909	0,4497	1,2390	0,7322	0,5571
20	3,4795	3,0160	0,5760	0,4383	1,2119	0,6980	0,5311
21	3,4925	3,0307	0,5621	0,4277	1,2403	0,6972	0,5305
22	3,5049	3,0447	0,5492	0,4179	1,2154	0,6675	0,5079
23	3,5167	3,0581	0,5371	0,4087	1,2415	0,6668	0,5074
24	3,5280	3,0708	0,5258	0,4001	1,2184	0,6406	0,4875
25	3,5388	3,0830	0,5152	0,3920	1,2424	0,6401	0,4870
26	3,5492	3,0946	0,5052	0,3844	1,2209	0,6168	0,4693
27	3,5591	3,1058	0,4957	0,3772	1,2433	0,6163	0,4690
28	3,5686	3,1165	0,4868	0,3704	1,2231	0,5954	0,4530
29	3,5778	3,1268	0,4783	0,3640	1,2440	0,5950	0,4527
30	3,5867	3,1368	0,4703	0,3578	1,2250	0,5761	0,4384
31	3,5952	3,1463	0,4626	0,3520	1,2446	0,5758	0,4381
32	3,6035	3,1556	0,4554	0,3465	1,2267	0,5586	0,4250
33	3,6114	3,1646	0,4484	0,3412	1,2451	0,5583	0,4248
34	3,6192	3,1732	0,4418	0,3361	1,2282	0,5426	0,4128
35	3,6267	3,1816	0,4354	0,3313	1,2456	0,5423	0,4127
36	3,6339	3,1898	0,4293	0,3267	1,2295	0,5278	0,4016
37	3,6410	3,1977	0,4235	0,3222	1,2460	0,5276	0,4015
38	3,6479	3,2054	0,4179	0,3180	1,2307	0,5143	0,3913
39	3,6545	3,2128	0,4125	0,3139	1,2464	0,5141	0,3912
40	3,6610	3,2201	0,4073	0,3099	1,2318	0,5017	0,3817
41	3,6673	3,2272	0,4023	0,3061	1,2467	0,5015	0,3816
42	3,6735	3,2340	0,3975	0,3024	1,2328	0,4900	0,3728
43	3,6795	3,2408	0,3928	0,2989	1,2470	0,4898	0,3727
44	3,6854	3,2473	0,3883	0,2955	1,2337	0,4791	0,3645
45	3,6911	3,2537	0,3840	0,2922	1,2473	0,4789	0,3644
46	3,6967	3,2599	0,3798	0,2890	1,2345	0,4689	0,3568
47	3,7021	3,2660	0,3757	0,2859	1,2476	0,4687	0,3567
48	3,7075	3,2720	0,3718	0,2829	1,2353	0,4593	0,3495
49	3,7127	3,2778	0,3680	0,2800	1,2478	0,4592	0,3494
50	3,7178	3,2835	0,3643	0,2772	1,2360	0,4502	0,3426

Tabelle B13. Abgrenzungsfaktoren von *s*- und *R*-Karten

n	s-Karte					R-Karte				
	a_n	B_{OEG}	B_{OWG}	B_{UWG}	B_{UEG}	d_n	D_{OEG}	D_{OWG}	D_{UWG}	D_{UEG}
1										
2	0,7979	2,8070	2,2414	0,0313	0,0063	1,1284	3,969	3,170	0,044	0,009
3	0,8862	2,3018	1,9206	0,1591	0,0708	1,6926	4,424	3,682	0,303	0,135
4	0,9213	2,0687	1,7653	0,2682	0,1546	2,0588	4,694	3,984	0,595	0,343
5	0,9400	1,9275	1,6691	0,3480	0,2275	2,3259	4,886	4,197	0,850	0,555
6	0,9515	1,8303	1,6020	0,4077	0,2870	2,5344	5,033	4,361	1,066	0,749
7	0,9594	1,7582	1,5518	0,4541	0,3356	2,7044	5,154	4,494	1,251	0,922
8	0,9650	1,7020	1,5125	0,4913	0,3759	2,8472	5,255	4,605	1,410	1,075
9	0,9693	1,6566	1,4805	0,5220	0,4099	2,9700	5,341	4,700	1,550	1,212
10	0,9727	1,6190	1,4538	0,5478	0,4391	3,0775	5,418	4,784	1,674	1,335
11	0,9754	1,5871	1,4312	0,5698	0,4643	3,1729	5,485	4,858	1,784	1,446
12	0,9776	1,5596	1,4116	0,5890	0,4865	3,2585	5,546	4,925	1,884	1,547
13	0,9794	1,5357	1,3945	0,6058	0,5061	3,3360	5,602	4,986	1,976	1,639
14	0,9810	1,5145	1,3794	0,6207	0,5237	3,4068	5,652	5,041	2,059	1,724
15	0,9823	1,4957	1,3659	0,6341	0,5395	3,4718	5,699	5,092	2,136	1,803
16	0,9835	1,4788	1,3537	0,6461	0,5538	3,5320	5,742	5,139	2,207	1,876
17	0,9845	1,4635	1,3427	0,6571	0,5669	3,5879	5,783	5,183	2,274	1,944
18	0,9854	1,4495	1,3326	0,6670	0,5789	3,6401	5,82	5,224	2,336	2,008
19	0,9862	1,4367	1,3234	0,6762	0,5900	3,6890	5,856	5,262	2,394	2,068
20	0,9869	1,4250	1,3149	0,6847	0,6002	3,7350	5,889	5,299	2,449	2,125
21	0,9876	1,4142	1,3071	0,6925	0,6097					
22	0,9882	1,4041	1,2998	0,6998	0,6185					
23	0,9887	1,3947	1,2930	0,7065	0,6268					
24	0,9892	1,3860	1,2866	0,7129	0,6345					
25	0,9896	1,3778	1,2807	0,7188	0,6418					
26	0,9901	1,3701	1,2751	0,7244	0,6487					
27	0,9904	1,3628	1,2698	0,7297	0,6552					
28	0,9908	1,3560	1,2648	0,7347	0,6613					
29	0,9911	1,3495	1,2601	0,7394	0,6671					
30	0,9914	1,3434	1,2556	0,7439	0,6726					
31	0,9917	1,3376	1,2514	0,7481	0,6779					
32	0,9920	1,3320	1,2473	0,7522	0,6829					
33	0,9922	1,3267	1,2435	0,7560	0,6877					
34	0,9925	1,3217	1,2398	0,7597	0,6923					
35	0,9927	1,3169	1,2363	0,7632	0,6967					
36	0,9929	1,3123	1,2329	0,7666	0,7009					
37	0,9931	1,3079	1,2297	0,7698	0,7049					
38	0,9933	1,3037	1,2266	0,7729	0,7087					
39	0,9934	1,2996	1,2236	0,7759	0,7125					
40	0,9936	1,2957	1,2208	0,7788	0,7160					
41	0,9938	1,2920	1,2180	0,7816	0,7195					
42	0,9939	1,2883	1,2154	0,9184	0,7228					
43	0,9941	1,2849	1,2128	0,9195	0,7260					
44	0,9942	1,2815	1,2103	0,9205	0,7291					
45	0,9943	1,2782	1,2079	0,9215	0,7321					
46	0,9945	1,2751	1,2056	0,9224	0,7350					
47	0,9946	1,2721	1,2034	0,9234	0,7378					
48	0,9947	1,2691	1,2012	0,9243	0,7405					
49	0,9948	1,2663	1,1992	0,9251	0,7432					
50	0,9949	1,2635	1,1971	0,9259	0,7457					

Tabelle B14. Kritische Grenzen $Q_{n;G}$ des R/s-Tests (Weber, 1992)

n	G									
	0,005	0,010	0,025	0,050	0,100	0,900	0,950	0,975	0,990	0,995
3	1,735	1,737	1,745	1,758	1,782	1,997	1,999	2,000	2,000	2,000
4	1,83	1,87	1,93	1,98	2,04	2,41	2,43	2,44	2,44	2,45
5	1,98	2,02	2,09	2,15	2,22	2,71	2,75	2,78	2,80	2,81
6	2,11	2,15	2,22	2,28	2,37	2,95	3,01	3,06	3,10	3,12
7	2,22	2,26	2,33	2,40	2,49	3,14	3,22	3,28	3,34	3,37
8	2,31	2,35	2,43	2,50	2,59	3,31	3,40	3,47	3,54	3,59
9	2,39	2,44	2,51	2,59	2,68	3,45	3,55	3,63	3,72	3,77
10	2,46	2,51	2,59	2,67	2,76	3,57	3,69	3,78	3,88	3,94
11	2,53	2,58	2,66	2,74	2,84	3,68	3,80	3,90	4,01	4,08
12	2,59	2,64	2,72	2,80	2,90	3,78	3,91	4,02	4,13	4,21
13	2,64	2,70	2,78	2,86	2,96	3,87	4,00	4,12	4,24	4,33
14	2,70	2,75	2,83	2,92	3,02	3,95	4,09	4,21	4,34	4,43
15	2,74	2,80	2,88	2,97	3,07	4,02	4,17	4,29	4,44	4,53
16	2,79	2,84	2,93	3,01	3,12	4,09	4,24	4,37	4,52	4,62
17	2,83	2,88	2,97	3,06	3,17	4,15	4,31	4,44	4,60	4,70
18	2,87	2,92	3,01	3,10	3,21	4,21	4,37	4,51	4,67	4,78
19	2,90	2,96	3,05	3,14	3,25	4,27	4,43	4,57	4,74	4,85
20	2,94	2,99	3,09	3,18	3,29	4,32	4,49	4,63	4,80	4,91
25	3,09	3,15	3,24	3,34	3,45	4,53	4,71	4,87	5,06	5,19
30	3,21	3,27	3,37	3,47	3,59	4,70	4,89	5,06	5,26	5,40
35	3,32	3,38	3,48	3,58	3,70	4,84	5,04	5,21	5,42	5,57
40	3,41	3,47	3,57	3,67	3,79	4,96	5,16	5,34	5,56	5,71
45	3,49	3,55	3,66	3,75	3,88	5,06	5,26	5,45	5,67	5,83
50	3,56	3,62	3,73	3,83	3,95	5,14	5,35	5,54	5,77	5,93
60	3,68	3,75	3,86	3,96	4,08	5,29	5,51	5,70	5,94	6,10
70	3,79	3,85	3,96	4,06	4,19	5,41	5,63	5,83	6,07	6,24
80	3,88	3,94	4,05	4,16	4,28	5,51	5,73	5,93	6,18	6,35
90	3,96	4,02	4,13	4,24	4,36	5,60	5,82	6,03	6,27	6,45
100	4,03	4,10	4,21	4,31	4,44	5,68	5,90	6,11	6,36	6,53
150	4,32	4,38	4,48	4,59	4,72	5,96	6,18	6,39	6,64	6,82
200	4,53	4,59	4,68	4,78	4,90	6,15	6,39	6,60	6,84	7,01
500	5,06	5,13	5,25	5,37	5,49	6,72	6,94	7,15	7,42	7,60

Tabelle B15. Schwellenwerte des Grubbs-Tests für $\alpha = 0{,}01$

Tabelliert sind die Schwellenwerte in der Näherung

$$T_{krit} = T_{Grubbs} \approx \sqrt{\frac{n-1}{n}}\; \tau_{n-2;1-\alpha/n},$$

mit den Quantilen $\tau_{f;G} = t_{f;G} \sqrt{\dfrac{f+1}{f+t_{f;G}^{2}}}$ der Thompson-Verteilung und den

Quantilen $t_{f;G}$ der t-Verteilung.

n	T_{krit}	n	T_{krit}	n	T_{krit}	n	T_{krit}
		26	3,029	51	3,345	76	3,502
		27	3,049	52	3,353	77	3,507
3	1,155	28	3,068	53	3,361	78	3,511
4	1,493	29	3,086	54	3,369	79	3,516
5	1,749	30	3,103	55	3,376	80	3,521
6	1,944	31	3,119	56	3,383	81	3,525
7	2,097	32	3,135	57	3,391	82	3,530
8	2,221	33	3,150	58	3,398	83	3,534
9	2,323	34	3,164	59	3,404	84	3,539
10	2,410	35	3,178	60	3,411	85	3,543
11	2,484	36	3,191	61	3,418	86	3,547
12	2,549	37	3,204	62	3,424	87	3,551
13	2,607	38	3,216	63	3,430	88	3,555
14	2,658	39	3,228	64	3,436	89	3,559
15	2,705	40	3,239	65	3,443	90	3,563
16	2,747	41	3,251	66	3,448	91	3,567
17	2,785	42	3,261	67	3,454	92	3,571
18	2,821	43	3,272	68	3,460	93	3,575
19	2,853	44	3,282	69	3,465	94	3,579
20	2,884	45	3,292	70	3,471	95	3,582
21	2,912	46	3,301	71	3,476	96	3,586
22	2,939	47	3,310	72	3,482	97	3,590
23	2,963	48	3,319	73	3,487	98	3,593
24	2,987	49	3,328	74	3,492	99	3,597
25	3,009	50	3,337	75	3,497	100	3,600

Tabelle B16. Kennbuchstabe für den Stichprobenumfang nach DIN ISO 2859 Teil 1 (DIN 40 080)

Losumfang			Besondere Prüfniveaus				Allgemeine Prüfniveaus		
			S-1	S-2	S-3	S-4	I	II	III
2	bis	8	A	A	A	A	A	A	B
9	bis	15	A	A	A	A	A	B	C
16	bis	25	A	A	B	B	B	C	D
26	bis	50	A	B	B	C	C	D	E
51	bis	90	B	B	C	C	C	E	F
91	bis	150	B	B	C	D	D	F	G
151	bis	280	B	C	D	E	E	G	H
281	bis	500	B	C	D	E	F	H	J
501	bis	1200	C	C	E	F	G	J	K
1201	bis	3200	C	D	E	G	H	K	L
3201	bis	10000	C	D	F	G	J	L	M
10001	bis	35000	C	D	F	H	K	M	N
35001	bis	150000	D	E	G	J	L	N	P
150001	bis	500000	D	E	G	J	M	P	Q
500001	und	darüber	D	E	H	K	N	Q	R

Tabelle B17. Stichprobenumfang nach DIN ISO 2859 Teil 1

Kennbuchstabe	Stichprobenumfang			
	Einfache Prüfung		Doppelte Prüfung	
	normal	reduziert	normal	reduziert
A	2	2		
B	3	2	2	
C	5	2	3	
D	8	3	5	2
E	13	5	8	3
F	20	8	13	5
G	32	13	20	8
H	50	20	32	13
J	80	32	50	20
K	125	50	80	32
L	200	80	125	50
M	315	125	200	80
N	500	200	315	125
P	800	315	500	200
Q	1250	500	800	315
R	2000	800	1250	500

Tabelle B18. Einfach-Stichprobenanweisungen für normale Prüfung nach DIN ISO 2859 Teil 1

AQL-Werte von 0,010 bis 2,5

Kennbuchstabe	Stichprobenumfang	\ Annehmbare Qualitätsgrenzlagen (AQL)																								
		0,010		0,015		0,025		0,040		0,065		0,10		0,15		0,25		0,40		0,65		1,0		1,5		2,5	
		c	d	c	d	c	d	c	d	c	d	c	d	c	d	c	d	c	d	c	d	c	d	c	d	c	d
A	2	↓																								↓	
B	3																									↓	
C	5																					↓				0	1
D	8																							0	1	↑	
E	13																					0	1	↑		↓	
F	20																			0	1	↑		↓		1	2
G	32																	0	1	↑		↓		1	2	2	3
H	50															0	1	↑		↓		1	2	2	3	3	4
J	80													0	1	↑		↓		1	2	2	3	3	4	5	6
K	125											0	1	↑		↓		1	2	2	3	3	4	5	6	7	8
L	200									0	1	↑		↓		1	2	2	3	3	4	5	6	7	8	10	11
M	315							0	1	↑		↓		1	2	2	3	3	4	5	6	7	8	10	11	14	15
N	500					0	1	↑		↓		1	2	2	3	3	4	5	6	7	8	10	11	14	15	21	22
P	800			0	1	↑		↓		1	2	2	3	3	4	5	6	7	8	10	11	14	15	21	22	↑	
Q	1250	0	1	↑		↓		1	2	2	3	3	4	5	6	7	8	10	11	14	15	21	22	↑			
R	2000	↑		↑		1	2	2	3	3	4	5	6	7	8	10	11	14	15	21	22	↑					

↓ Verwende die erste Stichprobenanweisung unter dem Pfeil. Wenn der Stichprobenumfang größer oder gleich dem Losumfang ist, prüfe 100%.

↑ Verwende die erste Stichprobenanweisung über dem Pfeil.

c Annahmezahl
d Rückweisezahl

AQL-Werte von 4,0 bis 1000

Kennbuchstabe	Stichprobenumfang	4,0		6,5		10		15		25		40		65		100		150		250		400		650		1000	
		c	d	c	d	c	d	c	d	c	d	c	d	c	d	c	d	c	d	c	d	c	d	c	d	c	d
A	2	↓		0	1	↓		↓		1	2	2	3	3	4	5	6	7	8	10	11	14	15	21	22	30	31
B	3	0	1	↑		↓		1	2	2	3	3	4	5	6	7	8	10	11	14	15	21	22	30	31	44	45
C	5	↑		↓		1	2	2	3	3	4	5	6	7	8	10	11	14	15	21	22	30	31	44	45	↑	
D	8	↓		1	2	2	3	3	4	5	6	7	8	10	11	14	15	21	22	30	31	44	45	↑			
E	13	1	2	2	3	3	4	5	6	7	8	10	11	14	15	21	22	30	31	44	45	↑					
F	20	2	3	3	4	5	6	7	8	10	11	14	15	21	22	↑											
G	32	3	4	5	6	7	8	10	11	14	15	21	22	↑													
H	50	5	6	7	8	10	11	14	15	21	22	↑															
J	80	7	8	10	11	14	15	21	22	↑																	
K	125	10	11	14	15	21	22	↑																			
L	200	14	15	21	22	↑																					
M	315	21	22	↑																							
N	500	↑																									
P	800	↑																									
Q	1250	↑																									
R	2000	↑																									

Annehmbare Qualitätsgrenzlagen (AQL)

↓ Verwende die erste Stichprobenanweisung unter dem Pfeil. Wenn der Stichprobenumfang größer oder gleich dem Losumfang ist, prüfe 100%.

↑ Verwende die erste Stichprobenanweisung über dem Pfeil.

c Annahmezahl
d Rückweisezahl

Tabelle B19. Einfach-Stichprobenanweisungen für verschärfte Prüfung nach DIN ISO 2859 Teil 1

AQL-Werte von 0,010 bis 2,5

Kenn-buch-stabe	Stich-proben-umfang	0,010		0,015		0,025		0,040		0,065		0,10		0,15		0,25		0,40		0,65		1,0		1,5		2,5	
		c	d	c	d	c	d	c	d	c	d	c	d	c	d	c	d	c	d	c	d	c	d	c	d	c	d
A	2	↓		↓		↓		↓		↓		↓		↓		↓		↓		↓		↓		↓		↓	
B	3	↓		↓		↓		↓		↓		↓		↓		↓		↓		↓		↓		↓		↓	
C	5	↓		↓		↓		↓		↓		↓		↓		↓		↓		↓		↓		↓		↓	
D	8	↓		↓		↓		↓		↓		↓		↓		↓		↓		↓		↓		↓		0	1
E	13	↓		↓		↓		↓		↓		↓		↓		↓		↓		↓		↓		0	1	↓	
F	20	↓		↓		↓		↓		↓		↓		↓		↓		↓		↓		0	1	↓		↓	
G	32	↓		↓		↓		↓		↓		↓		↓		↓		↓		0	1	↓		↓		1	2
H	50	↓		↓		↓		↓		↓		↓		↓		↓		0	1	↓		↓		1	2	2	3
J	80	↓		↓		↓		↓		↓		↓		↓		0	1	↓		↓		1	2	2	3	3	4
K	125	↓		↓		↓		↓		↓		↓		0	1	↓		↓		1	2	2	3	3	4	5	6
L	200	↓		↓		↓		↓		↓		0	1	↓		↓		1	2	2	3	3	4	5	6	8	9
M	315	↓		↓		↓		↓		0	1	↓		↓		1	2	2	3	3	4	5	6	8	9	12	13
N	500	↓		↓		↓		0	1	↓		↓		1	2	2	3	3	4	5	6	8	9	12	13	18	19
P	800	↓		↓		0	1	↓		↓		1	2	2	3	3	4	5	6	8	9	12	13	18	19	↑	
Q	1250	↓		0	1	↓		↓		1	2	2	3	3	4	5	6	8	9	12	13	18	19	↑		↑	
R	2000	0	1	↓		↓		1	2	2	3	3	4	5	6	8	9	12	13	18	19	↑		↑		↑	
S	3150	↓		↓		1	2	2	3	3	4	5	6	8	9	12	13	18	19	↑		↑		↑		↑	

↓   Verwende die erste Stichprobenanweisung unter dem Pfeil. Wenn der Stichprobenumfang größer oder gleich dem Losumfang ist, prüfe 100%.

↑   Verwende die erste Stichprobenanweisung über dem Pfeil.

c   Annahmezahl
d   Rückweisezahl

AQL-Werte von 4,0 bis 1000

Kenn-buchstabe	Stichprobenumfang	4,0		6,5		10		15		25		40		65		100		150		250		400		650		1000	
		c	d	c	d	c	d	c	d	c	d	c	d	c	d	c	d	c	d	c	d	c	d	c	d	c	d
A	2	↓		↓		↓		↓		↓		1	2	2	3	3	4	5	6	8	9	12	13	18	19	27	28
B	3	↓		0	1	↓		↓		1	2	2	3	3	4	5	6	8	9	12	13	18	19	27	28	41	42
C	5	0	1	↓		↓		1	2	2	3	3	4	5	6	8	9	12	13	18	19	27	28	41	42	↑	
D	8	↓		↓		1	2	2	3	3	4	5	6	8	9	12	13	18	19	27	28	41	42	↑		↑	
E	13	↓		1	2	2	3	3	4	5	6	8	9	12	13	18	19	27	28	41	42	↑		↑		↑	
F	20	1	2	2	3	3	4	5	6	8	9	12	13	18	19	↑		↑		↑		↑		↑		↑	
G	32	2	3	3	4	5	6	8	9	12	13	18	19	↑		↑		↑		↑		↑		↑		↑	
H	50	3	4	5	6	8	9	12	13	18	19	↑		↑		↑		↑		↑		↑		↑		↑	
J	80	5	6	8	9	12	13	18	19	↑		↑		↑		↑		↑		↑		↑		↑		↑	
K	125	8	9	12	13	18	19	↑		↑		↑		↑		↑		↑		↑		↑		↑		↑	
L	200	12	13	18	19	↑		↑		↑		↑		↑		↑		↑		↑		↑		↑		↑	
M	315	18	19	↑		↑		↑		↑		↑		↑		↑		↑		↑		↑		↑		↑	
N	500	↑		↑		↑		↑		↑		↑		↑		↑		↑		↑		↑		↑		↑	
P	800	↑		↑		↑		↑		↑		↑		↑		↑		↑		↑		↑		↑		↑	
Q	1250	↑		↑		↑		↑		↑		↑		↑		↑		↑		↑		↑		↑		↑	
R	2000	↑		↑		↑		↑		↑		↑		↑		↑		↑		↑		↑		↑		↑	

Überschrift: **Annehmbare Qualitätsgrenzlagen (AQL)**

↓ Verwende die erste Stichprobenanweisung unter dem Pfeil. Wenn der Stichprobenumfang größer oder gleich dem Losumfang ist, prüfe 100%.

↑ Verwende die erste Stichprobenanweisung über dem Pfeil.

c Annahmezahl
d Rückweisezahl

Tabelle B20. Einfach-Stichprobenanweisungen für reduzierte Prüfung nach DIN ISO 2859 Teil 1

AQL-Werte von 0,010 bis 2,5

Annehmbare Qualitätsgrenzlagen (AQL)

In den AQL-Spalten gilt jeweils: erste Zahl = c (Annahmezahl), zweite Zahl = d (Rückweisezahl). Pfeile ↓ / ↑ verweisen auf eine andere Stichprobenanweisung (siehe Legende).

Kenn-buchstabe	Stichproben-umfang	0,010	0,015	0,025	0,040	0,065	0,10	0,15	0,25	0,40	0,65	1,0	1,5	2,5
A	2	↓											↓	
B	2													
C	2												↓	0 1
D	3											↓	0 1	↑
E	5										↓	0 1	↑	↓
F	8									↓	0 1	↑	↓	0 2
G	13								↓	0 1	↑	↓	0 2	1 3
H	20							↓	0 1	↑	↓	0 2	1 3	1 4
J	32						↓	0 1	↑	↓	0 2	1 3	1 4	2 5
K	50					↓	0 1	↑	↓	0 2	1 3	1 4	2 5	3 6
L	80				↓	0 1	↑	↓	0 2	1 3	1 4	2 5	3 6	5 8
M	125			↓	0 1	↑	↓	0 2	1 3	1 4	2 5	3 6	5 8	7 10
N	200		↓	0 1	↑	↓	0 2	1 3	1 4	2 5	3 6	5 8	7 10	10 13
P	315	↓	0 1	↑	↓	0 2	1 3	1 4	2 5	3 6	5 8	7 10	10 13	↑
Q	500	0 1	↑	↓	0 2	1 3	1 4	2 5	3 6	5 8	7 10	10 13	↑	
R	800	↑			0 2	1 3	1 4	2 5	3 6	5 8	7 10	10 13	↑	

↓ Verwende die erste Stichprobenanweisung unter dem Pfeil. Wenn der Stichprobenumfang größer oder gleich dem Losumfang ist, prüfe 100%.

↑ Verwende die erste Stichprobenanweisung über dem Pfeil.

c Annahmezahl

d Rückweisezahl

AQL-Werte von 4,0 bis 1000

Kenn-buch-stabe	Stich-proben-umfang	Annehmbare Qualitätsgrenzlagen (AQL)																								
		4,0		6,5		10		15		25		40		65		100		150		250		400		650		1000	
		c	d	c	d	c	d	c	d	c	d	c	d	c	d	c	d	c	d	c	d	c	d	c	d	c	d
A	2	↓		0	1	↓		↓		1	2	2	3	3	4	5	6	7	8	10	11	14	15	21	22	30	31
B	2	0	1	↑		↓		0	2	1	3	2	4	3	5	5	6	7	8	10	11	14	15	21	22	30	31
C	2	↑		↓		0	2	1	3	1	4	2	5	3	6	5	8	7	10	10	13	14	17	21	24	↑	
D	3	↓		0	2	1	3	1	4	2	5	3	6	5	8	7	10	10	13	14	17	21	24	↑			
E	5	0	2	1	3	1	4	2	5	3	6	5	8	7	10	10	13	14	17	21	24	↑					
F	8	1	3	1	4	2	5	3	6	5	8	7	10	10	13	↑											
G	13	1	4	2	5	3	6	5	8	7	10	10	13	↑													
H	20	2	5	3	6	5	8	7	10	10	13	↑															
J	32	3	6	5	8	7	10	10	13	↑																	
K	50	5	8	7	10	10	13	↑																			
L	80	7	10	10	13	↑																					
M	125	10	13	↑																							
N	200	↑																									
P	315																										
Q	500																										
R	800																										

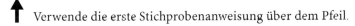

↓   Verwende die erste Stichprobenanweisung unter dem Pfeil. Wenn der Stichprobenumfang größer oder gleich dem Losumfang ist, prüfe 100%.

↑   Verwende die erste Stichprobenanweisung über dem Pfeil.

c   Annahmezahl
d   Rückweisezahl

Anhang C: Lösungen

Lösungen der Aufgaben zu Kapitel 1

Aufgabe 1.1

P (sechsmal Zahl) $\quad = P$ (Zahl bei Münze Nr.1 und ... und Zahl bei Münze Nr.6)

$\qquad = P$ (Zahl bei Münze Nr.1) $\cdot$ ... $\cdot$ (Zahl bei Münze Nr.6)

$\qquad = 0{,}5 \cdot 0{,}5 \cdot 0{,}5 \cdot 0{,}5 \cdot 0{,}5 \cdot 0{,}5$

$\qquad = 0{,}015625$

$\qquad = 1{,}5625 \ \%.$

P (dreimal Kopf und dreimal Zahl)

$\qquad = P$ (Kopf bei den Münzen Nr.1, Nr.2, Nr.3 und
Zahl bei den Münzen Nr.4, Nr.5, Nr.6 oder
Kopf bei den Münzen Nr.1, Nr.2, Nr.4 und
Zahl bei den Münzen Nr.3, Nr.5, Nr.6 oder ...)

$\qquad = P$ (Kopf bei den Münzen Nr.1, Nr.2, Nr.3 und
Zahl bei den Münzen Nr.4, Nr.5, Nr.6) $\cdot$ 5 $\cdot$ 4

$\qquad = 0{,}5 \cdot 0{,}5 \cdot 0{,}5 \cdot 0{,}5 \cdot 0{,}5 \cdot 0{,}5 \cdot 20$

$\qquad = 0{,}3125$

$\qquad = 31{,}25 \ \%.$

Aufgabe 1.2

P (Pasch mit zwei Würfeln)

$\qquad = P$ (1 beim roten Würfel und 1 beim blauen Würfel oder
2 beim roten Würfel und 2 beim blauen Würfel oder ...
oder 6 beim roten Würfel und 6 beim blauen Würfel)

$\qquad = P$ (1 beim roten Würfel und 1 beim blauen Würfel) $\cdot$ 6

$\qquad = \dfrac{1}{6} \cdot \dfrac{1}{6} \cdot 6$

$\qquad \approx 16{,}667\%.$

P (6 beim roten Würfel und gerade Zahl beim blauen Würfel)

$\qquad = P$ (6 beim roten Würfel) $\cdot$ P (gerade Zahl beim blauen Würfel)

$$= \frac{1}{6} \cdot \frac{3}{6}$$

$$\approx 8,333\%.$$

P (6 bei einem und gerade Zahl bei dem anderen Würfel)

$\qquad = P$ (6 beim roten Würfel und gerade Zahl beim blauen Würfel oder 6 beim blauen Würfel und gerade Zahl beim roten Würfel)

$\qquad = P$ (6 beim roten Würfel und gerade Zahl beim blauen Würfel)
$\qquad + P$ (6 beim blauen Würfel und gerade Zahl beim roten Würfel)
$\qquad - P$ (6 beim roten Würfel und gerade Zahl beim blauen Würfel und 6 beim blauen Würfel und gerade Zahl beim roten Würfel)

$$= \frac{1}{12} \cdot \frac{1}{12} - \frac{1}{36}$$

$$\approx 13,889\%.$$

P (Augensumme 7 mit drei Würfeln)

$\qquad = P$ (Zahlenkombination 1-1-5)
$\qquad + P$ (Zahlenkombination 1-2-4)
$\qquad + P$ (Zahlenkombination 1-3-3)
$\qquad + P$ (Zahlenkombination 2-2-3)

$$= \frac{3}{216} + \frac{3}{216} + \frac{3}{216} + \frac{3}{216}$$

$$\approx 6,9445\%.$$

P (Straße mit drei Würfeln)

$\qquad = P$ (Zahlenkombination 1-2-3)
$\qquad + P$ (Zahlenkombination 2-3-4)
$\qquad + P$ (Zahlenkombination 3-4-5)
$\qquad + P$ (Zahlenkombination 4-5-6)

$$= \frac{6}{216} + \frac{6}{216} + \frac{6}{216} + \frac{6}{216}$$

$$\approx 11,111\%.$$

Aufgabe 1.3

P (Dieselbe Augensumme bei dem roten wie dem blauen Würfelpaar)

$\qquad = P$ (Summe 2 beim roten Paar) $\cdot$
$\qquad P$ (Summe 2 beim blauen Paar)

+ P (Summe 3 beim roten Paar) ·
P (Summe 3 beim blauen Paar)

+ ...

+ P (Summe 12 beim roten Paar) ·
P (Summe 12 beim blauen Paar)

$$= \frac{1^2 + 2^2 + 3^2 + 4^2 + 5^2 + 6^2 + 5^2 + 4^2 + 3^2 + 2^2 + 1^2}{1296}$$

$$\approx 11,265\%.$$

P (Augensumme 6 bei einem und 8 beim anderen Paar)

$$= \frac{5}{36} \cdot \frac{5}{36} \cdot 2$$

$$\approx 3,858\%.$$

P (höchstens einmal Augenzahl 6 und mindestens die Augensumme 21 mit 4 Würfeln)

$$= P \text{ (genau einmal Augenzahl 6 und genau die Augensumme 21)}$$

$$= \frac{1}{1296} \cdot 4$$

$$\approx 0,309\%.$$

Aufgabe 1.4

P (drei Lose in der Reihenfolge Niete-Trostpreis-Hauptgewinn)

$$= \frac{30}{43} \cdot \frac{10}{42} \cdot \frac{3}{41}$$

$$\approx 1,215\%.$$

Aufgabe 1.5

P (nach 2 Blindentnahmen eine blaue Kugel)

$$= P \text{ (nach zwei roten Kugeln eine blaue Kugel)}$$

$$+ P \text{ (nach einer roten und einer blauen Kugel eine blaue Kugel)}$$

$$+ P \text{ (nach zwei blauen Kugeln eine blaue Kugel)}$$

$$= \frac{16}{20} \cdot \frac{15}{19} \cdot \frac{4}{18} + 2 \cdot \frac{16}{20} \cdot \frac{4}{19} \cdot \frac{3}{18} + \frac{4}{20} \cdot \frac{3}{19} \cdot \frac{2}{18}$$

$$= \frac{4}{20}$$

$$= 20\%.$$

Aufgabe 1.6

P (keine Stanzfehler und keine Druckfehler und keine Klebmängel)
$$= 0,94 \cdot 0,96 \cdot 0,95$$
$$= 85,728\%.$$

P (Stanzfehler und keine Druckfehler und keine Klebmängel)
$$= 0,06 \cdot 0,96 \cdot 0,95$$
$$= 5,427\%.$$

Aufgabe 1.7

P (keine der 116 unabhängigen Fehlerarten am Teil)
$$= 0,999^{37} \cdot 0,995^{43} \cdot 0,99^{15} \cdot 0,98^{11} \cdot 0,95^{10}$$
$$\approx 32,031\%.$$

Aufgabe 1.8

$$R_{ges} = 1 - F_{ges} = 1 - (1 - R_1 \cdot R_2)^3 \approx 98,618\%.$$

Aufgabe 1.9

$$R_{ges} = (1 - F_1 \cdot F_1) \cdot (1 - F_2 \cdot F_3 \cdot F_3) \cdot (1 - F_4 \cdot F_4) \approx 94,595\%,$$
$$F_{ges} = 1 - R_{ges} \approx 5,405\%.$$

Lösungen der Aufgaben zu Kapitel 2

Aufgabe 2.1
Exakt: Hypergeometrische Verteilung, Einzelwahrscheinlichkeit.

$$P = g(x = 1; n = 4, N = 80, d = 1)$$

$$= \frac{1}{20}$$

$$= 5\%.$$

Näherung: Binomialverteilung, Einzelwahrscheinlichkeit.

$$P = g(x = 1; n = 4, p = 0,0125)$$

$$= 4p(1-p)^3$$

$$\approx 4,815\%.$$

Aufgabe 2.2
Hypergeometrische Verteilung, Summenwahrscheinlichkeit.

$$P = G(x = 1; n = 3, N = 12, d = 3)$$

$$= \frac{48}{55}$$

$$\approx 87,273\%.$$

Aufgabe 2.3
Binomialverteilung, Einzelwahrscheinlichkeit.

P (genau 1 der 3 Strahlsysteme einer Röhre ist fehlerhaft)

$$= g(x = 1; n = 3, p = 0,01)$$

$$= 3p(1-p)^2$$

$$\approx 2,940\%.$$

P (keines der 3 Strahlsysteme einer Röhre ist fehlerhaft)

$$= g(x = 0; n = 3, p = 0,01)$$

$$= (1-p)^3$$

$$\approx 97,030\%.$$

Aufgabe 2.4
Binomialverteilung, $n = 100$, $p = 0,01$.

$$P = 1 - \sum_{x=0}^{n} g^2(x) \approx 1 - \sum_{x=0}^{5} g^2(x)$$

$$\approx 1 - 0,36603^2 - 0,36973^2 - 0,18486^2 - 0,06100^2 - 0,01494^2 - 0,00290^2$$

$$\approx 69,120\%.$$

Aufgabe 2.5

Binomialverteilung, $n = 10, p = 0,70$.

$$p = G(x = n-1) = 1 - g(x = n) = 1 - p^n$$
$$\approx 97,175\%.$$

Aufgabe 2.6

Der gesamte Fehleranteil beträgt

$$p_{ges} = \frac{\sum \text{Stückzahl} \times \text{Fehleranteil}}{\sum \text{Stückzahl}} = \frac{200 + 20 + 60}{4000 + 1000 + 2000}$$
$$= 4\%.$$

Aufgabe 2.7

Binomialverteilung, $n = 50$, $p = 0,04$.

Mit folgenden Wahrscheinlichkeiten befinden sich an fehlerhaften Einheiten in der Stichprobe:

- Keine: $P = g(0)$ $\approx 12,989\%$,
- Höchstens 3: $P = G(3)$ $\approx 86,087\%$,
- Mindestens 5: $P = 1 - G(4)$ $\approx 4,897\%$,
- Weniger als 3: $P = G(2)$ $\approx 67,761\%$,
- Mehr als 3: $P = 1 - G(3)$ $\approx 13,913\%$.

Aufgabe 2.8

Poisson-Verteilung, durchschnittlich 1 Ausfall in 3 Schichten.

$$P = 1 - G(x = 0; \mu = \tfrac{1}{3}) = 1 - e^{-\frac{1}{3}}$$
$$\approx 28,347\%.$$

Aufgabe 2.9

Poisson-Verteilung, durchschnittlich 0,5 Fehler pro Fliese. Die Wahrscheinlichkeit, daß eine Fliese fehlerfrei ist, beträgt:

$$P = g(x = 0; \ \mu = \frac{1}{2}) = e^{-\frac{1}{2}}$$
$$\approx 60,653.$$

Um im Mittel 150 fehlerfreie Fliesen zu erhalten, benötigen Sie folgende Gesamtanzahl:

$$n = \frac{150}{P} \approx 247.$$

Aufgabe 2.10
Poisson-Verteilung, durchschnittlich 10 Fehler pro Quadratmeter Glasfläche. Das entspricht $\mu = 7,2$ Fehler pro Fensterscheibe. Mit folgenden Wahrscheinlichkeiten finden Sie Scheiben der drei Kategorien:
- I. Wahl: $P = G(7)$ $\approx$ 56,894%,
- II. Wahl: $P = G(12) - G(7)$ $\approx$ 39,840%,
- Ausschuß: $P = 1 - G(12)$ $\approx$ 3,266%.

Aufgabe 2.11
Normal-Verteilung, $\mu = 250$ pF, $\sigma = 2$ pF. Die Wahrscheinlichkeit, daß bei einer symmetrischen Verteilung ein Einzelwert unterhalb des Mittelwertes der Verteilung liegt, beträgt 50 %. Daher ist die Wahrscheinlichkeit, daß sämtliche vier Kapazitätswerte unterhalb von $\mu = 250$ pF liegen, gegeben durch:

$$P = \frac{1}{16}$$
$$= 6,25\%.$$

Aufgabe 2.12
Normal-Verteilung, $\mu = 5,00$ cm, $\sigma = 0,05$ cm, Stichprobenumfang $n = 7$. Wir modifizieren die den Grenzen des gesuchten Intervalls entsprechenden Bedingungen, so daß die Verteilungsfunktion G der Standard-Normalverteilung benutzt werden kann:

$$-k \leq \frac{x - \mu}{\sigma} \leq k.$$

Alle $n = 7$ Meßwerte liegen mit folgender Wahrscheinlichkeit in diesem Intervall:

$$P = (G(k) - G(-k))^n = (2G(k) - 1)^n.$$

Daher ist der Faktor k gegeben als Quantil der Standard-Normalverteilung:

$$k = u_G \quad \text{mit} \quad G = \frac{1 + P^{\frac{1}{n}}}{2} \approx 99,928\%, \quad \text{also} \quad k \approx 3,1876.$$

Aufgabe 2.13
Normal-Verteilung, μ und σ unbekannt. Wir formulieren die Bestimmungsgleichungen unter Verwendung der Quantile der Standard-Normalverteilung:

$$u_{0,99865} = \frac{0,15\,\text{mm}}{\sigma} \quad \text{und} \quad u_{0,97725} = \frac{10,2\,\text{mm} - \mu}{\sigma}.$$

Gefragt ist nur nach dem aktuellen Prozeßmittelwert μ, den wir nun erhalten als:

$$\mu = 10{,}2\,\text{mm} - 0{,}15\,\text{mm} \cdot \frac{u_{0{,}97725}}{u_{0{,}99865}} \approx 10{,}2\,\text{mm} - 0{,}15\,\text{mm} \cdot \frac{2}{3} = 10{,}1\,\text{mm}.$$

Aufgabe 2.14

Normal-Verteilung. μ und σ unbekannt. Wir verwenden in den Bestimmungsgleichungen wieder die Quantile der Standard-Normalverteilung:

$$u_{0{,}995} = \frac{OGW - \mu}{\sigma} \quad und \quad u_{0{,}999} = \frac{\mu - UGW}{\sigma}.$$

Gefragt ist nach dem Verhältnis von Toleranzbreite zu 6σ :

$$\frac{OGW - UGW}{6\sigma} = \frac{u_{0{,}995} + u_{0{,}999}}{6} \approx \frac{2{,}5758 + 3{,}0902}{6} \approx 0{,}9443.$$

Aufgabe 2.15

Normal-Verteilung, $\mu = -32\,\text{mm}^3$, $\sigma = 10\,\text{mm}^3$. Weiterhin sind die Toleranzgrenzen gegeben als $OGW = 0\,\text{mm}^3$ und $UGW = -50\,\text{mm}^3$. Zu bestimmen ist der gesamte Anteil an Überschreitungen sowohl der unteren als auch der oberen Toleranzgrenze. Dazu berechnen wir zunächst:

$$u_{OGW} = \frac{OGW - \mu}{\sigma} = 3{,}2 \quad und \quad u_{UGW} = \frac{UGW - \mu}{\sigma} = -1{,}8.$$

Anschließend ist der Anteil fehlerhafter Füllmengen zu berechnen:

$$\begin{aligned} p &= 1 - G(u_{OGW}) + G(u_{UGW}) = 1 - G(3{,}2) + G(-1{,}8) \\ &\approx 1 - 0{,}99931 + 0{,}03593 \\ &\approx 3{,}66\,\%. \end{aligned}$$

Aufgabe 2.16

Normal-Verteilung. Mittelwert und Varianz der gesamten Füllmenge sind für mehrere Füllausstöße

$$\mu_n = n\mu_1 \quad und \quad \sigma_n^2 = n\sigma_1^2,$$

wenn die Mindestfüllmenge $UGW_n = n$ kg beträgt. Der jeweilige ungenügend gefüllte Anteil ist dann:

$$p_n = G\left(\frac{UGW_n - \mu_n}{\sigma_n}\right) = G\left(\frac{UGW_1 - \mu_1}{\sigma_1} \cdot \sqrt{n}\right).$$

Diese Relationen sind gleichwertig mit:

$$u_{1-p_n} = \frac{\mu_1 - UGW_1}{\sigma_1} \cdot \sqrt{n} = u_{1-p_1} \cdot \sqrt{n}.$$

Der mittlere Fehleranteil liegt also unterhalb von 0,01%, wenn die Anzahl n der Füllausstöße die folgende Ungleichung erfüllt:

$$\sqrt{n} \geq \frac{u_{0,9999}}{u_{0,96}} \approx \frac{3,719}{1,751} \approx 2,124.$$

Dies ist ab $n = 5$ und somit einem Packungsgewicht von 5 kg der Fall.

Aufgabe 2.17
Exponentialverteilung, $T = 20000 \text{h}$. Der Ausfall

$$F(t) = 1 - e^{-t/T}$$

beträgt 5% nach einer Zeit von

$$t = -T \ln(0,95) = -T \ln(1 - F) \approx 1026 \text{h}.$$

Aufgabe 2.18
Exponentialverteilung, $T = 25000 \text{h}$. Nach $t = 500 \text{ h}$ ist mit einem Ausfall von

$$F(t = 500 \text{h}) = 1 - e^{-500/25000} \approx 1,980 \, \%$$

zu rechnen.

Aufgabe 2.19
Exponentialverteilung, T unbekannt. Einem Ausfall $F = 0,10$ nach $t = 240 \text{ h}$ entspricht eine charakteristische Lebensdauer von

$$T = \frac{-t}{\ln(1 - F)} = \frac{-240 \text{h}}{\ln(0,90)} \approx 2277,9 \text{h}.$$

Aufgabe 2.20
Weibull-Verteilung, T unbekannt, $b = 2$. Bei diesem Wert für die Ausfallsteilheit entspricht einer mittleren Lebensdauer von $\bar{t} = 100000 \text{km}$ die charakteristische Lebensdauer von

$$T = \bar{t} / \Gamma(1,5) = \bar{t} \cdot 2 / \sqrt{\pi} \approx 112838 \text{km}.$$

Die Ausfallrate ist

$$\lambda(t) = 2\frac{t}{T^2} .$$

Daraus ergibt sich dann:

$$t = \lambda\, T^2 / 2 \approx 127324\,\text{km}.$$

Lösungen der Aufgaben zu Kapitel 3

Aufgabe 3.1

Binomialverteilung, $n = 50$, $p = 0,08$. Gefragt ist nach dem zweiseitigen Zufalls-streubereich, der zum Beispiel mittels eines programmierbaren Taschenrech-ners, der Tabelle B1 oder unter Verwendung eines Larson-Nomogramms (No-mogramm D1) bestimmt werden kann:

$$1 \leq x \leq 8 \qquad (\text{Vertrauensniveau: } 1 - \alpha = 95\%).$$

In diesen Grenzen ist die Anzahl fehlerhafter Einheiten in den Stichproben mit der gegebenen Irrtumswahrscheinlichkeit zu erwarten.

Aufgabe 3.2

Binomialverteilung, $n = 400$, $p = 0,05$. Gesucht ist der einseitig nach oben be-grenzte Zufallsstreubereich, der sich mit den bereits erwähnten Hilfsmitteln oder auch anhand der Näherung der Binomial- durch eine Normalverteilung er-halten läßt:

$$x \leq 31 \qquad (\text{Vertrauensniveau: } 1 - \alpha = 99\%).$$

Auf dem vorgegebenen Vertrauensniveau ist in den Stichproben also höchstens mit 31 fehlerhaften Einheiten zu rechnen.

Aufgabe 3.3

Binomialverteilung, $n = 10$, $p = 0,50$. Der zweiseitige Zufallsstreubereich muß bei diesem durchschnittlichen Fehleranteil symmetrisch um $p \cdot n = 5$ liegen. Bei der Verwendung eines Larson-Nomogramms (Nomogramm D1) muß demnach nur die untere Streugrenze bestimmt werden. Durch Spiegelung an diesem Sym-metriepunkt ergibt sich dann die obere Grenze des Zufallsstreubereiches:

$$2 \leq x \leq 8 \qquad (\text{Vertrauensniveau: } 1 - \alpha = 90\%).$$

Aufgabe 3.4

Poisson-Verteilung, $\mu = 5,5$. Zu einer graphischen Bestimmung der beiden zweiseitigen Zufallstreubereiche muß statt eines Larson-Nomogramms (Nomo-gramm D1) für die Anzahl fehlerhafter Einheiten ein Thorndike-Nomogramm (Nomogramm D2) für die Anzahl von Fehlern pro Stichprobe, also hier eines Tuchballens, benutzt werden. Tabellenwerte liegen für diesen Wert der durch-schnittlichen Fehlerzahl im allgemeinen nicht vor (s. Tabelle B2), während eine numerische Bestimmung leicht programmiert werden kann:

$$1 \leq x \leq 11 \quad \left(1 - \alpha = 95\%\right), \qquad 1 \leq x \leq 12 \quad \left(1 - \alpha = 99\%\right).$$

Aufgabe 3.5

Poisson-Verteilung, $\mu = 8$. Dieser Wert für die durchschnittliche Anzahl von Fehlentscheidungen bezieht sich auf die Einsatzzeit von 16 Stunden, also auf die Stichprobe. Der in der ersten Frage gesuchte einseitig nach unten begrenzte Zufallsstreubereich lautet dann:

$$5 \leq x \qquad \text{(Vertrauensniveau: } 1 - \alpha = 90\%\text{)}.$$

Poisson-Verteilung, $\mu = 0,5$. In der zweiten Frage ist der Bezugszeitraum nur eine Stunde, daher muß die zur Beantwortung der Frage benötigte Summenhäufigkeit durch diesen Wert parametrisiert werden und

$$P = G\left(x = 1; \mu = 0,5\right) = \left(1 + 0,5\right)e^{-0,5} \approx 0,98\%$$

ist dann die Wahrscheinlichkeit höchstens einer Fehlentscheidung während einer Stunde.

Aufgabe 3.6

Normal-Verteilung, $\mu = 998\,\mathrm{g}$, $\sigma = 5\,\mathrm{g}$, Stichprobenumfang $n = 10$. Die Grenzen der zweiseitigen Zufallsstreubereiche für Stichproben-Mittelwert und -Varianz können berechnet werden aus

$$\overline{x}_{ob/un} = \mu \pm u_{1-\alpha/2}\sigma_{\overline{x}} \quad \text{mit} \quad \sigma_{\overline{x}} = \sigma / \sqrt{n},$$

$$s_{ob}^2 = \sigma^2 \frac{\chi_{n-1;\,1-\alpha/2}^2}{n-1} \quad \text{und} \quad s_{un}^2 = \sigma^2 \frac{\chi_{n-1;\,1-\alpha/2}^2}{n-1}.$$

Die Quantile der Standard-Normalverteilung sowie die Chi-Quadrat-Quantile können in den Tabellen B4 und B5 nachgeschlagen werden. Sie stehen weiterhin als Bibliotheksfunktionen auf einigen technisch-wissenschaftlichen Taschenrechnern zur Verfügung. Damit lauten die gesuchten Zufallsstreubereiche:

$$993,93\,\mathrm{g} \leq \overline{x} \leq 1002,07\,\mathrm{g} \qquad \text{(Vertrauensniveau: } 1 - \alpha = 99\%\text{)},$$

$$2,20\,\mathrm{g} \leq s \leq 8,09\,\mathrm{g} \qquad \text{(Vertrauensniveau: } 1 - \alpha = 99\%\text{)}.$$

Aufgabe 3.7

Normal-Verteilung, $\mu = 12,0\,\mathrm{g}$, $\sigma = 0,1\,\mathrm{g}$, Stichprobenumfang $n = 12$. Um die Bereichsgrenzen für sämtliche Einzelwerte zu bestimmen, müssen in den Berechnungsformeln zur Aufgabe 2.12 nur die Vorgaben angepaßt werden. Bezüglich Mittelwert und Standardabweichung genügt ein Verweis auf die letzte Aufgabe. Wir erwarten jeweils mit $1 - \alpha = 95\%$

- sämtliche Einzelwerte zwischen 11,714 g und 12,286 g,
- den Mittelwert $\overline{x}$ zwischen 11,943 g und 12,057 g,
- die Standardabweichung s zwischen 0,059 g und 0,141 g.

Lösungen der Aufgaben zu Kapitel 4

Aufgabe 4.1

Binomialverteilung, $n = 200$, $x = 0$. Gesucht ist der einseitig nach oben begrenzte Vertrauensbereich für den mittleren Anteil p fehlerhafter Einheiten im Lieferlos. Neben einer rechnerischen Bestimmung unter Verwendung der F-Quantile und der graphischen Ermittlung in einem Larson-Nomogramm (Nomogramm D1) steht speziell für $x = 0$ ein einfaches analytisches Verfahren zur Verfügung:

$$p_{ob} = 1 - \sqrt[n]{\alpha} = 1 - \alpha^{1/n} = 1 - 0,05^{0,005} \approx 0,014876.$$

Also lautet die Schätzung:

$$p \le 1,4876\% \qquad \text{(Vertrauensniveau } 1 - \alpha = 95\%).$$

Aufgabe 4.2

Binomialverteilung, $n = 1000$, $x = 48$. Angesichts dieser hohen Zahl an fehlerhaften Einheiten in der entsprechend umfangreichen Stichprobe können wir den zweiseitigen Vertrauensbereich $(1 - \alpha = 99\%)$ in der Näherung der Binomialverteilung durch eine Normalverteilung bestimmen:

$$p_{ob/un} = \hat{p} \pm u_{1-\alpha/2} \sqrt{\frac{\hat{p}(1-\hat{p})}{n}} \approx 0,0480 \pm 0,0174.$$

Daher schätzen wir:

$$3,06\% \le p \le 6,54\% \qquad \text{(Vertrauensniveau: } 1 - \alpha = 99\%).$$

Aufgabe 4.3

Binomialverteilung, $n = 200$, $x = 2$. Die verlangte Abschätzung läßt sich leicht in einem Larson-Nomogramm (Nomogramm D1) durchführen. Wir erhalten aus dem exakten Ausdruck für die Grenze des einseitig nach oben begrenzten Vertrauensbereiches

$$p_{ob} = \frac{(x+1)F_{2(x+1),\,2(n-x);\,1-\alpha}}{n-x+(x+1)F_{2(x+1),\,2(n-x);\,1-\alpha}} = \frac{3F}{198+3F}, \quad F = F_{6,\,396;\,0,99} \approx 2.8477,$$

mit dem 99%-Quantil der F-Verteilung für diese Abschätzung

$$p \le 4,136\% \qquad \text{(Vertrauensniveau: } 1 - \alpha = 99\%).$$

Aufgabe 4.4

Binomialverteilung, $n = 10$, $x = 1$. Wieder halten wir hier das Ergebnis des exakten rechnerischen Verfahrens fest. Die Grenzen des zweiseitigen Vertrauensbereiches zum Vertrauensniveau $1 - \alpha = 95\%$ lauten:

$$p_{un} = \frac{x}{x + (n - x + 1) F_{2(n-x+1), 2x; 1-\alpha/2}} \approx \frac{1}{1 + 10 \cdot 39,448} \approx 0,00253,$$

$$p_{ob} = \frac{(x+1) F_{2(x+1), 2(n-x); 1-\alpha/2}}{n - x + (x+1) F_{2(x+1), 2(n-x); 1-\alpha/2}} \approx \frac{2 \cdot 3,608}{9 + 2 \cdot 3,608} \approx 0,4450.$$

Angesichts des geringen Stichprobenumfangs können wir also nur sehr vage abschätzen:

$$p \leq 1,4876\% \qquad (\text{Vertrauensniveau: } 1 - \alpha = 95\%).$$

Aufgabe 4.5

Poisson-Verteilung, $n = 10$, $x = 32$. Gefragt ist nach dem einseitig nach unten begrenzten Vertrauensbereich für die durchschnittliche Anzahl von unerlaubten Privat-Telephonaten pro Tag. Diese Durchschnittsanzahl beträgt bei einem Vertrauensniveau $1 - \alpha = 99\%$ mindestens:

$$\mu_{E,un} = p_{un} = \frac{1}{2n} \chi^2_{2x; \alpha} = \frac{1}{20} \chi^2_{64; 0,01} \approx \frac{40,6486}{20} \approx 2,03.$$

Damit lautet die gesuchte Abschätzung für die Telephonate pro Tag

$$\mu_E \geq 2,03 \qquad (\text{Vertrauensniveau: } 1 - \alpha = 99\%).$$

Aufgabe 4.6

Poisson-Verteilung, $n = 1000$, $x = 15$. Die Art der Fragestellung ist gegenüber der letzten Aufgabe unverändert geblieben, nur daß es sich in dieser Aufgabe um Fehler pro Gipsplatte statt um Telephonate pro Tag handelt:

$$\mu_{E,un} = p_{un} = \frac{1}{2n} \chi^2_{2x; \alpha} = \frac{1}{2000} \chi^2_{30; 0,01} \approx \frac{14,9535}{2000} \approx 0,0075.$$

Also schätzen wir für die Fehler pro Platte

$$\mu_E \geq 0,0075 \qquad (\text{Vertrauensniveau: } 1 - \alpha = 99\%).$$

Aufgabe 4.7

Bei der Lösung dieser Aufgabe steht neben den konkret zu ermittelnden Zahlenwerten der Aspekt im Vordergrund, daß zusätzlich verwertete Informationen (oder oft auch nur Annahmen) die Breite von Schätzbereichen wesentlich reduzieren können. Im ersten Teil der Frage liegt aus der Stichprobenprüfung nur die

Information vor, unter $n = 200$ Einheiten $x = 1$ fehlerhafte gefunden zu haben (Binomialverteilung). Im zweiten Teil der Frage erhalten wir die Zusatzinformation, daß die $n = 200$ Einheiten insgesamt $x' = 20$ Fehler aufwiesen. Eine fehlerhafte Einheit ist in beiden Teilfragen ein Gehäuse mit mehr als einem Fehler. Diese Information ist jedoch nur bei der Beantwortung der zweiten Teilfrage relevant.

I. Binomialverteilung, $n = 200$, $x = 1$. Der exakte Ausdruck für die Grenze des einseitig nach oben begrenzten Vertrauensbereiches lautet wiederum:

$$p_{ob} = \frac{(x+1)F_{2(x+1),2(n-x);1-\alpha}}{n-x+(x+1)F_{2(x+1),2(n-x);1-\alpha}} = \frac{2F}{198+2F} \, , \quad F = F_{4,398;\,0,90} \approx 1,959 \, ,$$

mit dem 90%-Quantil der F-Verteilung. Der mittlere Anteil p fehlerhafter Einheiten läßt sich unter diesen Voraussetzungen abschätzen als:

$$p \leq 1,93\% \qquad \left(\text{Vertrauensniveau: } 1-\alpha = 90\%\right).$$

II. Poisson-Verteilung, $n = 200$, $x' = 20$. Auf der Grundlage dieser Informationen kann zunächst der mittlere Anteil von Fehlern pro Einheit bei demselben Vertrauensniveau nach oben abgegrenzt werden:

$$\mu_E \leq \mu_{E,ob} = \frac{1}{2n}\,\chi^2_{2(x+1);1-\alpha} = \frac{1}{400}\,\chi^2_{42;\,0,90} \approx \frac{54,0902}{400} \approx 0,135.$$

Diese obere Schranke können wir in die Summenhäufigkeit der Poisson-Verteilung für die Anzahl von Fehlern pro Gehäuse einsetzen. Die Wahrscheinlichkeit, daß ein einzelnes Gehäuse mehr als einen Fehler aufweist, ist bei diesem Vertrauensniveau von 90% beschränkt durch:

$$1 - G\left(1;\mu_E\right) \leq 1 - G\left(1;\mu_{E,ob}\right) \approx 0,0083.$$

Diese Wahrscheinlichkeit aber ist identisch mit dem mittleren Anteil fehlerhafter Einheiten

$$p = 1 - G\left(1;\mu_E\right),$$

der sich daher mit den genannten Zusatzinformationen auf der Grundlage einer Poisson-Verteilung abschätzen läßt als:

$$p \leq 0,83\% \qquad \left(\text{Vertrauensniveau: } 1-\alpha = 90\%\right).$$

Aufgabe 4.8

Normalverteilung, $n = 15$, $\tilde{x} = 20{,}02$ mm. Die Standardabweichung ist bekannt mit $\sigma = 0{,}02$ mm. Gesucht sind die Grenzen des zweiseitigen 90%-Vertrauensbereiches für den Mittelwert μ der Grundgesamtheit:

$$\mu_{ob/un} = \tilde{x} \pm u_{1-\alpha/2} \sigma_{\tilde{x}} \text{ mit } \sigma_{\tilde{x}} = \sigma c_n / \sqrt{n} \text{ und } c_n \approx 1{,}2351 \text{ (Tabelle B11)}.$$

Wir setzen die einzelnen Zahlenwerte ein und erhalten

$$20{,}0036 \text{ mm} \leq \mu \leq 20{,}0364 \text{ mm} \quad \left(\text{Vertrauensniveau: } 1-\alpha = 99\%\right).$$

Aufgabe 4.9

Normalverteilung, $n = 6$. Mittelwert μ und Standardabweichung σ sind unbekannt und sollen mit einer Irrtumswahrscheinlichkeit von $\alpha = 5\%$ abgeschätzt werden. Die Meßreihe besitzt die folgenden Kennwerte:

$$\bar{x} = 30{,}50 \text{ } \mu\text{m} , \quad s = 3{,}39 \text{ } \mu\text{m}.$$

Daraus erhalten wir mit den Quantilen der t-Verteilung (Tabelle B6) sowie der Chi-Quadrat-Verteilung (Tabelle B5) folgende Werte für die gesuchten Bereichsgrenzen:

$$\mu_{ob/un} = \bar{x} \pm t_{n-1;1-\alpha/2} \, s / \sqrt{n} \approx \bar{x} \pm 2{,}5706 \, s / \sqrt{n} \approx 30{,}50 \pm 3{,}56 \text{ } \mu\text{m},$$

$$\sigma_{ob}^2 = s^2 \frac{n-1}{\chi_{n-1;\alpha/2}^2} = s^2 \frac{5}{\chi_{5;0,025}^2} \approx s^2 \frac{5}{0{,}8312} \approx \left(8{,}32 \mu\text{m}\right)^2,$$

$$\sigma_{un}^2 = s^2 \frac{n-1}{\chi_{n-1;1-\alpha/2}^2} = s^2 \frac{5}{\chi_{5;0,975}^2} \approx s^2 \frac{5}{12{,}8325} \approx \left(2{,}12 \mu\text{m}\right)^2.$$

Somit ergeben sich als Vertrauensbereiche:

$$26{,}94 \mu\text{m} \leq \mu \leq 34{,}06 \mu\text{m} \quad \left(\text{Vertrauensniveau: } 1-\alpha = 95\%\right),$$

$$2{,}12 \mu\text{m} \leq \sigma \leq 8{,}32 \mu\text{m} \quad \left(\text{Vertrauensniveau: } 1-\alpha = 95\%\right).$$

Aufgabe 4.10

Normalverteilung, $n = 10$, $\bar{x} = 0{,}7980$ g / cm^3, $s = 0{,}0188$ g / cm^3. Daraus ist der zweiseitige 99%-Vertrauensbereich für den Mittelwert μ der Grundgesamtheit zu bestimmen. Wir erhalten unter Verwendung der t-Quantile (Tabelle B6):

$$\mu_{ob/un} = \bar{x} \pm t_{n-1;1-\alpha/2} \, s / \sqrt{n} \approx \bar{x} \pm 3{,}2498 \, s / \sqrt{n}$$

$$\approx 0{,}798 \pm 0{,}0913 \text{ g / cm}^3.$$

Daher lautet die gesuchte Bereichsschätzung:

$$0,77868\,\text{g}/\text{cm}^3 \;\leq\; \mu \;\leq\; 0,81732\,\text{g}/\text{cm}^3 \qquad \bigl(\text{Vertrauensniveau}: 1-\alpha=99\%\bigr).$$

Aufgabe 4.11

Normalverteilung, $n=20$, $\bar{x}=49,980\,\text{N}/\text{mm}^2$, $s=0,049\,\text{N}/\text{mm}^2$. Vorderhand könnten wir die Grenzen des gesuchten zweiseitigen 95%-Vertrauensbereiches für den aktuellen Prozeßmittelwert μ wie in Aufgabe 4.10 bei unbekannter Standardabweichung σ bestimmen:

$$\begin{aligned} \mu_{ob/un} &= \bar{x} \pm t_{n-1;1-\alpha/2}\; s/\sqrt{n} \;\approx\; \bar{x} \pm 2,0930\; s/\sqrt{n} \\[4pt] &\approx\; 49,980 \pm 0,023\ \text{N}/\text{mm}^2. \end{aligned}$$

Der geringe Unterschied zwischen $s=0,049\,\text{N}/\text{mm}^2$ und dem längerfristig konstanten Wert $\sigma=0,050\,\text{N}/\text{mm}^2$ legt uns jedoch nahe, von bekannter Standardabweichung σ auszugehen. Dann können wir den zu bestimmenden Vertrauensbereich etwas einengen zu:

$$\begin{aligned} \mu_{ob/un} &= \bar{x} \pm u_{1-\alpha/2}\; \sigma/\sqrt{n} \;\approx\; \bar{x} \pm 1,9600\; \sigma/\sqrt{n} \\[4pt] &\approx\; 49,980 \pm 0,022\ \text{N}/\text{mm}^2. \end{aligned}$$

Es ist Gegenstand des folgenden Kapitels, den besagten Unterschied zwischen empirischer und vorgegebener Standardabweichung durch einen Chi-Quadrat-Test in der Tat als zufällige Abweichung einzuordnen. Bei bekannter Standardabweichung σ schätzen wir ab:

$$49,958\,\text{N}/\text{mm}^2 \;\leq\; \mu \;\leq\; 50,002\,\text{N}/\text{mm}^2 \qquad \bigl(\text{Vertrauensniveau}: 1-\alpha=95\%\bigr).$$

Aufgabe 4.12

Exponentialverteilung, $\bigl[n_{pr}-O-i\bigr]=\bigl[256-O-1\bigr]$, $t_{pr}=t_1=351\,\text{h}$. Wir schätzen zuerst:

$$\hat{T} = \frac{\bigl(n_{pr}-i\bigr)t_{pr}}{i} + \frac{1}{i}\sum_{j=1}^{i} t_j = 255\cdot t_{pr} + t_1 = 256\cdot 351\ \text{h} = 89856\,\text{h}.$$

Anschließend können wir die konstante Ausfallrate nach oben beschränken durch:

$$\begin{aligned} \lambda \leq \lambda_{ob} &= \frac{1}{2\hat{T}}\,\chi^2_{2;0,99} \approx \frac{9,2103}{2\hat{T}} \\[4pt] &\approx 5,125\cdot 10^{-5}\,\text{h}^{-1} \qquad \bigl(\text{Vertrauensniveau}: 1-\alpha=99\%\bigr). \end{aligned}$$

Aufgabe 4.13

Normalverteilung, $n = 60$. Im ersten Teil der Aufgabe sollen für die unbekannten Parameter μ und σ Punkt- und Bereichsschätzungen (Irrtumswahrscheinlichkeit: $\alpha = 5\%$) ermittelt werden. Wir haben rechnerisch Mittelwert und Standardabweichung der Meßreihe bestimmt. Diese beiden Kennwerte der Stichprobe dienen als Punktschätzungen für die entsprechenden Parameter der Grundgesamtheit:

$$\hat{\mu} = \bar{x} = 611,75 \text{ N},$$
$$\hat{\sigma} = s = 46,55 \text{ N}.$$

Zur geeigneten graphischen Ermittlung dieser Schätzwerte in einem Wahrscheinlichkeitsnetz empfehlen wir die folgende Klassierung der Meßergebnisse in acht Klassen:

$510 \text{ N} < x \leq 535 \text{ N}:$ 3   Meßwerte

$535 \text{ N} < x \leq 560 \text{ N}:$ 6   Meßwerte

$560 \text{ N} < x \leq 585 \text{ N}:$ 9   Meßwerte

$585 \text{ N} < x \leq 610 \text{ N}:$ 11   Meßwerte

$610 \text{ N} < x \leq 635 \text{ N}:$ 11   Meßwerte

$635 \text{ N} < x \leq 660 \text{ N}:$ 10   Meßwerte

$660 \text{ N} < x \leq 685 \text{ N}:$ 7   Meßwerte

$685 \text{ N} < x \leq 710 \text{ N}:$ 3   Meßwerte

Wir überlassen es in dieser wie auch den letzten beiden Aufgaben zu diesem Kapitel Ihrer Beurteilung, inwieweit sich graphisch und rechnerisch bestimmte Kennwerte voneinander unterscheiden. Auf die Angabe von graphischen Musterlösungen verzichten wir vollständig.

Die Grenzen der gesuchten zweiseitigen 95%-Vertrauensbereiche für Mittelwert und Standardabweichung ergeben sich zu:

$$\mu_{ob/un} = \bar{x} \pm t_{n-1;1-\alpha/2} \; s/\sqrt{n} \; \approx \; \bar{x} \pm 2,0010 \; s/\sqrt{n} \; \approx \; 611,75 \pm 12,02 \text{ N},$$

$$\sigma_{ob}^2 = s^2 \frac{n-1}{\chi_{n-1;1-\alpha/2}^2} = s^2 \frac{59}{\chi_{59;0,025}^2} \approx s^2 \frac{59}{39,6619} \approx \left(56,77 \text{ N}\right)^2,$$

$$\sigma_{un}^2 = s^2 \frac{n-1}{\chi_{n-1;1-\alpha/2}^2} = s^2 \frac{59}{\chi_{59;0,975}^2} \approx s^2 \frac{59}{82,1174} \approx \left(39,46 \text{ N}\right)^2.$$

Somit lauten die jeweiligen Vertrauensbereiche:

$599,73 \text{ N} \leq \mu \leq 623,77 \text{ N}$ $\left(\text{Vertrauensniveau: } 1-\alpha = 95\%\right),$

$39,46 \text{ N} \leq \sigma \leq 56,77 \text{ N}$ $\left(\text{Vertrauensniveau: } 1-\alpha = 95\%\right).$

Im zweiten Teil der Aufgabe ist nach einem Schätzwert sowie dem zweiseitigen Vertrauensbereich $\left(1-\alpha = 95\%\right)$ für den mittleren Anteil p an Toleranzüberschreitungen gefragt, der unterhalb des Mindestwertes von 500 N liegt. Der Schätzwert ist:

$$\hat{p} = G\left(500\,\text{N}\,;\hat{\mu},\hat{\sigma}^2\right) \approx 0,818\%.$$

Die Grenzen des Vertrauensbereiches können wir in guter Näherung rechnerisch unter Verwendung der u-Quantile bestimmen:

$$u_{1-p_{ob/un}} \approx u_{1-\hat{p}} \pm u_{0,975}\sqrt{\frac{1}{n} + \frac{u_{1-\hat{p}}^2}{2n-2}} \approx 2,4007 \pm 0,5017.$$

Damit erhalten wir als Ergebnis der Bereichsschätzung für den mittleren Fehleranteil:

$$0,185\% \leq p \leq 2,878\% \qquad \left(\text{Vertrauensniveau: } 1-\alpha = 95\%\right).$$

Aufgabe 4.14

Normalverteilung, $n = 20$. Wir beschränken uns hier auf eine rechnerische Auswertung hinsichtlich der verlangten Schätzwerte für Mittelwert, Standardabweichung und Überschreitungsanteil an der angegebenen oberen Toleranzgrenze von 3 ‰:

$$\hat{\mu} = \overline{x} = 2,8805\text{‰},$$

$$\hat{\sigma} = s \approx 0,0682\text{‰},$$

$$\hat{p} = 1 - G\left(3\text{‰}\,;\hat{\mu},\hat{\sigma}^2\right) \approx 3,98\%.$$

Die Grenzen der zweiseitigen 95%-Vertrauensbereiche für Mittelwert und Standardabweichung lassen sich wie bekannt berechnen als

$$\mu_{ob/un} = \overline{x} \pm t_{n-1;1-\alpha/2}\,s/\sqrt{n} \approx \overline{x} \pm 2,0930\,s/\sqrt{n} \approx 2,8805 \pm 0,0319\text{‰},$$

$$\sigma_{ob}^2 = s^2\frac{n-1}{\chi_{n-1;1-\alpha/2}^2} = s^2\frac{19}{\chi_{19;0,025}^2} \approx s^2\frac{19}{8,9065} \approx \left(0,0996\,\text{‰}\right)^2,$$

$$\sigma_{un}^2 = s^2\frac{n-1}{\chi_{n-1;1-\alpha/2}^2} = s^2\frac{19}{\chi_{19;0,975}^2} \approx s^2\frac{19}{32,8523} \approx \left(0,0518\,\text{‰}\right)^2.$$

Die rechnerische Ermittlung des Vertrauensbereiches für den Überschreitungsanteil mit der bekannten Näherungsformel ist für diesen geringen Stichprobenumfang mit größeren Unsicherheiten als in der letzten Aufgabe behaftet.

Wir rechnen

$$u_{1-p_{ob/un}} \approx u_{1-\hat{p}} \pm u_{0,975} \sqrt{\frac{1}{n} + \frac{u_{1-\hat{p}}^2}{2n-2}} \approx 1,7530 \pm 0,7090.$$

Die drei gesuchten Vertrauensbereiche sind dann

$$2,8486\,‰ \le \mu \le 2,9124\,‰ \qquad \left(\text{Vertrauensniveau: } 1-\alpha = 95\%\right),$$

$$0,0518\,‰ \le \sigma \le 0,0996\,‰ \qquad \left(\text{Vertrauensniveau: } 1-\alpha = 95\%\right),$$

$$0,69\,‰ \le p \le 14,83\,‰ \qquad \left(\text{Vertrauensniveau: } 1-\alpha = 95\%\right).$$

Aufgabe 4.15

Zweiparametrige Weibull-Verteilung, $n = 10$. Die Form der graphischen Auswertung wurde ausführlich im Kapitel 4 besprochen. In Tabelle B10 finden sich die Werte für die Verteilungsfunktion (Häufigkeitssumme), die gegenüber den bereits geordneten einzelnen Meßpunkten im Lebensdauernetz aufzutragen sind. Wir bestimmen hier die Schätzwerte für die charakteristische Lebensdauer T und die Ausfallsteilheit b rechnerisch:

$$\frac{1}{n}\sum_{i=1}^{n}\ln t_i \approx 4,3232, \qquad s_{\ln t} \approx 0,3458,$$

$$\hat{b} = \frac{\pi}{\sqrt{6}\,s_{\ln t}} \approx 3,71,$$

$$\ln \hat{T} \approx \frac{1}{n}\sum_{i=1}^{n}\ln t_i + \frac{0,5772}{\hat{b}} \approx 4,4788,$$

$$\hat{T} \approx 88,13 \quad \text{Belastungszyklen}.$$

Die Ergebnisse einer hier nur näherungsweise möglichen rechnerischen Ermittlung der zweiseitigen 95%-Vertrauensbereiche für diese beiden Parameter der Weibull-Verteilung sind angesichts des geringen Stichprobenumfangs $n = 10$ quantitativ nicht zu empfehlen. Wir müssen jedoch auf eine explizite Verbesserung einer solchen Bereichsschätzung im Rahmen dieser Unterlagen verzichten. In dieser starken Näherung erhalten wir die gesuchten Vertrauensbereiche als:

$$1,30 \le b \le 6,12 \qquad \left(\text{Vertrauensniveau: } 1-\alpha = 95\%\right),$$

$$72,2 \text{ Zyklen} \le T \le 104,0 \text{ Zyklen} \quad \left(\text{Vertrauensniveau: } 1-\alpha = 95\%\right).$$

Lösungen der Aufgaben zu Kapitel 5

Aufgabe 5.1

I. Binomialverteilung, Vergleich einer Grundgesamtheit mit einer Vorgabe, p mit $p_0 = 0,015$:

| Nullhypothese | H_0: | $p \le p_0$, |
| Alternativhypothese | H_1: | $p > p_0$. |

Der notwendige Stichprobenumfang n ist durch die Vorgaben $\alpha = 0,01$ (Fehler 1. Art) sowie $\beta = 0,10$ für einen mittleren Fehleranteil $p = 0,025$ (Fehler 2. Art) festgelegt:

$$n \approx \frac{3,25}{\left(\arcsin\sqrt{p} - \arcsin\sqrt{p_0}\right)^2} \approx 2508.$$

Daher kann eine Prüfung von $n = 2500$ als angemessen gelten, obwohl dadurch die Risikovorgaben nicht ganz erfüllt werden. Nun ist das Stichprobenergebnis,

$$x = 51$$

fehlerhafte Etiketten gefunden zu haben, mit dem entsprechenden einseitig nach oben begrenzten Zufallsstreubereich (Vertrauensniveau: $1 - \alpha = 0,99$) zu vergleichen. Diese obere Schranke finden wir in der Näherung der Binomialverteilung durch eine Normalverteilung, mit

$$\mu_0 = np_0 = 37,5 \qquad \text{als Mittelwert und}$$
$$\sigma_0^2 = np_0\left(1 - p_0\right) = 36,9375 \qquad \text{als Varianz,}$$

durch Aufrunden von

$$x_{ob} \approx \mu_0 + u_{1-\alpha}\sigma_0 \approx 51,64, \text{ also } x_{ob} = 52.$$

Der so ermittelte Wert stimmt trotz näherungsweiser Berechnung mit der exakten oberen Grenze des gesuchten Zufallsstreubereiches überein. Da das Stichprobenergebnis das relevante

| Prüfkriterium | $x \le x_{ob}$ | erfüllt, |

ist die Nullhypothese bei dem vorgegebenen Signifikanzniveau nicht zu verwerfen. Mit anderen Worten, aufgrund der 51 gefundenen fehlerhaften Einheiten kann nicht geschlossen werden, daß das zugesagte Limit für den Fehleranteil überschritten wurde. Allerdings wäre für ein geringeres Vertrauensniveau von 95% die Nullhypothese bei einem kritischen Schwellenwert von 48 statt 52 fehlerhaften Einheiten durch das Stichprobenergebnis falsifiziert worden. Bei entsprechender Vereinbarung, ein solches Resultat als indifferent zu bezeichnen, wäre also eine Wiederholungsprüfung durchzuführen.

II. Binomialverteilung, Vergleich zweier Grundgesamtheiten, p_1 mit p_2:

Nullhypothese H_0: $p_1 = p_2$,

Alternativhypothese H_1: $p_1 \neq p_2$.

Wir indizieren die Druckerei, deren Probelieferung soeben mit einer Vorgabe zu vergleichen war, mit 1 und die andere mit 2. Zum Vergleich stehen also die Informationen,

$x_1 = 51$ fehlerhafte Einheiten in der 1. Stichprobe vom Umfang $n_1 = 2500$,

$x_2 = 29$ fehlerhafte Einheiten in der 2. Stichprobe vom Umfang $n_2 = 2500$

gefunden zu haben. Der Schätzwert für einen eventuell gemeinsamen mittleren Fehleranteil beträgt

$$\bar{p} = \frac{x_1 + x_2}{n_1 + n_2} = 0,016.$$

Damit nimmt die Prüfgröße den folgenden Wert an:

$$u_{prüf} = \frac{x_1 n_2 - x_2 n_1}{\sqrt{\bar{p}(1-\bar{p})n_1 n_2 (n_1 + n_2)}} \approx 2,4796.$$

Das Prüfkriterium lautet abhängig vom Signifikanzniveau α:

$$\left| u_{prüf} \right| \leq u_{1-\alpha/2}.$$

Wir haben zur Beurteilung eine Tabelle angelegt:

Signifikanzniveau α	Schwellenwert $u_{1-\alpha/2}$	Prüfkriterium erfüllt?	Nullhypothese falsifiziert?
0,050	1,9600	nein	ja
0,010	2,5758	ja	nein
0,001	3,2905	ja	nein

Das erhaltene Resultat ist gemäß des konventionellen Beurteilungsschemas als indifferent zu bezeichnen. Wir können die Nullhypothese somit nicht verwerfen, also nicht schließen, daß sich die Fertigungslagen der beiden Lieferanten signifikant voneinander unterscheiden.

Aufgabe 5.2

Binomialverteilung, Vergleich von drei Grundgesamtheiten:

H_0: $p_1 = p_2 = p_3$.

Wir indizieren die Herstellungsorte Mailand, Lodz und Singapur fortlaufend als 1, 2 und 3. Es waren also fehlerhaft:

$$x_1 = 9 \quad \text{von} \quad n_1 = 100,$$
$$x_2 = 8 \quad \text{von} \quad n_2 = 100 \quad \text{und}$$
$$x_3 = 4 \quad \text{von} \quad n_3 = 100 \quad \text{untersuchten Einheiten.}$$

Der Schätzwert für den möglicherweise gemeinsamen durchschnittlichen Fehleranteil ist

$$\bar{p} = \frac{x_1 + x_2 + x_3}{n_1 + n_2 + n_3} = 0{,}07.$$

Die Prüfgröße des Mehrfeldertests lautet

$$\chi^2_{prüf} = \sum_{j=1}^{3} \frac{\left(x_j - n_j \bar{p}\right)^2}{n_j \bar{p}\left(1 - \bar{p}\right)} = \frac{\left(9-7\right)^2 + \left(8-7\right)^2 + \left(4-7\right)^2}{7 \cdot 0{,}93} \approx 2{,}1505.$$

Der Test ist einseitig mit dem Prüfkriterium

$$\chi^2_{prüf} \leq \chi^2_{2;1-\alpha}$$

durchzuführen. Wie in der ersten Aufgabe zu diesem Kapitel wenden wir in Ermangelung eines vorgegebenen Signifikanzniveaus das besprochene Bewertungsschema an:

Signifikanzniveau α	Schwellenwert $\chi^2_{2;1-\alpha}$	Prüfkriterium erfüllt?	Nullhypothese falsifiziert?
0,050	5,9915	ja	nein
0,010	9,2103	ja	nein
0,001	13,8155	ja	nein

Die Nullhypothese kann nicht verworfen werden, die Schwankungen hinsichtlich der Anzahl fehlerhafter Einheiten sind als zufällig einzustufen.

Aufgabe 5.3

Binomialverteilung, Vergleich zweier Grundgesamtheiten, p_1 mit p_2:

Nullhypothese $\quad H_0: \quad p_1 = p_2,$

Alternativhypothese $\quad H_1: \quad p_1 \neq p_2.$

Die Berechnungsformel für den benötigten Umfang beider Stichproben lautet

$$n \approx \frac{1}{2}\left(\frac{u_{1-\alpha/2}+u_{1-\beta}}{\arcsin\sqrt{p_1}-\arcsin\sqrt{p_2}}\right)^2 \approx \frac{7,44}{\left(\arcsin\sqrt{p_1}-\arcsin\sqrt{p_2}\right)^2},$$

wenn wir die Vorgabewerte $\alpha=0,01$ und $\beta=0,10$ der Irrtumswahrscheinlichkeiten für Fehler 1. bzw. 2. Art einsetzen. Darin sind die mittleren Fehleranteile so zu bestimmen, daß sich unter den Bedingungen

$$|p_1-p_2| \geq 0,03,$$

$$p_1 \leq 0,10 \quad \text{und} \quad p_2 = 0,10$$

aus dieser Formel der maximale Wert für den Stichprobenumfang ergibt. Dies ist der Fall, wenn einer der beiden Fehleranteile 0,10 und der andere 0,07 beträgt, also:

$$p_1 = 0,10 \quad \text{und} \quad p_2 = 0,07$$

oder

$$p_2 = 0,10 \quad \text{und} \quad p_1 = 0,07.$$

Dann ergibt sich als Lösung:

$$n \approx 2553.$$

Für alle anderen Fehleranteile, deren Zahlenwerte die drei genannten Bedingungen erfüllen, ist bei gleichem Signifikanzniveau des Tests das Risiko in der Tat geringer, einen Fehler 2. Art zu begehen.

Aufgabe 5.4
Poisson-Verteilung, Vergleich zweier Grundgesamtheiten, μ_1 mit μ_2. Wir vereinbaren wieder

$$p = \mu_E = \frac{\mu}{n}$$

als Abkürzung für die mittlere Anzahl von Fehlern pro Einheit. Es liegt nahe, als Einheit die Dauer des Probelaufes, also eine Stunde zu wählen. Wir indizieren dann gemäß

$$\frac{x_1}{n_1} \geq \frac{x_2}{n_2}, \quad \text{und mit} \quad n_1 = n_2 = 1 \quad \text{gemäß} \quad x_1 \geq x_2$$

das zuständige Prüfpersonal mit 1 und das elektronische Bildverarbeitungssystem mit 2. Da es um die Entscheidung geht, ob das elektronische System besser arbeitet als das Prüfpersonal, also im Durchschnitt zu einer wirklich geringeren Anzahl von Fehlentscheidungen führt als die menschliche Sichtprüfung, muß dieser Fall der Alternativhypothese entsprechen:

Nullhypothese H_0: $p_1 \le p_2$,

Alternativhypothese H_1: $p_1 > p_2$.

Die Prüfgröße lautet:

$$F_{prüf} = \frac{n_2}{n_1} \frac{x_1}{x_2 + 1} = \frac{x_1}{x_2 + 1} = \frac{10}{3 + 1} = 2,5.$$

Sie ist im Prüfkriterium zu vergleichen mit einem Quantil der F-Verteilung:

$$F_{prüf} \le F_{f_1, f_2; 1-\alpha} \quad \text{mit} \quad f_1 = 2x_2 + 1 = 8 \quad \text{und} \quad f_2 = 2x_1 = 20.$$

Wir haben die benötigten Zahlenwerte in einer Tabelle zusammengefaßt.

Signifikanzniveau α	Schwellenwert $F_{8,20; 1-\alpha}$	Prüfkriterium erfüllt?	Nullhypothese falsifiziert?
0,050	2,447	nein	ja
0,010	3,564	ja	nein
0,001	5,440	ja	nein

Wir erhalten ein indifferentes Resultat, d.h. die Nullhypothese kann nicht verworfen werden. Die elektronische ist im Vergleich zur menschlichen Sortierung während des Probelaufes nicht signifikant besser verlaufen. Allerdings sollte der Probelauf vor einer definitiven Entscheidung wiederholt werden, um den Stichprobenumfang zumindest zu verdoppeln.

Aufgabe 5.5
Poisson-Verteilung, Vergleich zweier Grundgesamtheiten, μ_1 mit μ_2. Wir bleiben bei

$$p = \mu_E = \frac{\mu}{n}$$

als Notation. Dann ist also der für einen Test

Nullhypothese H_0: $p_1 = p_2$,

Alternativhypothese H_1: $p_1 \ne p_2$

notwendige Umfang n der einzelnen Stichproben zu bestimmen:

$$n \approx \frac{1}{2}\left(\frac{u_{1-\alpha/2} + u_{1-\beta}}{\sqrt{p_1} - \sqrt{p_2}}\right)^2 \approx \frac{7,44}{\left(\sqrt{p_1} - \sqrt{p_2}\right)^2} \qquad \text{für} \quad \alpha = 0,01 \quad \text{und} \quad \beta = 0,10,$$

worin jetzt den Vorgaben entsprechend die Wertepaare

$$p_1 = 0,1, \quad p_2 = 0,2$$

oder

$$p_2 = 0,1, \quad p_1 = 0,2$$

einzusetzen sind. Wir erhalten dann als Ergebnis:

$$n \approx 434.$$

Als Vorschlag käme also in Betracht, aus beiden Lieferlosen jeweils $n = 450$ Quadratmeter Stoff auf eventuelle Webfehler hin zu untersuchen. Ein derart gro-ßer Prüfumfang korrespondiert mit den eng gewählten Vorgaben und ist in sol-chen Fällen bei zählenden Prüfungen nicht zu vermeiden.

Aufgabe 5.6

I. Poisson-Verteilung, Vergleich von vier Grundgesamtheiten:

$$H_0 : \quad p_1 = p_2 = p_3 = p_4.$$

Wir indizieren hier die Lötautomaten A, B, C und D der Einfachheit halber eben-falls fortlaufend als 1, 2, 3 und 4. Es wurden also bei jeweils

$$n_1 = n_2 = n_3 = n_4 = 200$$

bearbeiteten Platinen

$$x_1 = 5,$$
$$x_2 = 4,$$
$$x_3 = 17 \quad \text{und}$$
$$x_4 = 6 \quad \text{Lötfehler gefunden.}$$

Der Schätzwert für die gegebenenfalls gemeinsame mittlere Fehleranzahl pro Platine beträgt:

$$\bar{p} = \frac{x_1 + x_2 + x_3 + x_4}{n_1 + n_2 + n_3 + n_4} = 0,04.$$

Im Grenzfall seltener Ereignisse ist die Prüfgröße des Mehrfeldertests zu bestimmen aus:

$$\chi^2_{prüf} = \sum_{j=1}^{4} \frac{\left(x_j - n_j \bar{p}\right)^2}{n_j \bar{p}} = \frac{\left(5-8\right)^2 + \left(4-8\right)^2 + \left(17-8\right)^2 + \left(6-8\right)^2}{8}$$

$$= 13{,}75.$$

Wir tabellieren das Prüfkriterium $\chi^2_{prüf} \leq \chi^2_{3;1-\alpha}$ in Abhängigkeit vom Signifikanzniveau α :

Signifikanzniveau α	Schwellenwert $\chi^2_{3;\,1-\alpha}$	Prüfkriterium erfüllt?	Nullhypothese falsifiziert?
0,050	7,8147	nein	ja
0,010	11,3449	nein	ja
0,001	16,2662	ja	nein

Die Nullhypothese ist zu verwerfen, es gibt unter den Stichprobenresultaten mindestens eines, das signifikant von den anderen abweicht.

II. Poisson-Verteilung, Vergleich zweier Grundgesamtheiten, μ_1 mit μ_2. Die Fehlerzahlen der Automaten A, B, und D bestehen unter Ausschluß des Lötautomaten C problemlos einen entsprechenden Mehrfeldertest. Daher können wir die Stichprobenergebnisse für diese drei Automaten als zufällig schwankend einstufen und zu einem Gesamtresultat zusammenfassen.

Wir indizieren in diesem zweiten Teil der Lösung den Lötautomaten C mit 1 und die Zusammenfassung der Automaten A, B und D mit 2. Dann bestehen unsere Informationen darin,

$x_1 = 17$ Fehler in der 1. Stichprobe vom Umfang $n_1 = 200$ und

$x_2 = 15$ Fehler in der 2. Stichprobe vom Umfang $n_2 = 600$

gefunden zu haben. Wir können also den zweiseitigen 99%-Vertrauensbereich für den Quotienten der mittleren Fehlerzahlen berechnen:

$$\frac{p_1}{p_2} \geq \frac{x_1}{x_2+1} \frac{n_2}{n_1} \frac{1}{F_{2x_2+2,2x_2;1-\alpha/2}} = \frac{51}{16} \frac{1}{F_{32,34;0,995}} \approx \frac{51}{16} \frac{1}{2,494} \approx 1{,}278,$$

$$\frac{p_1}{p_2} \leq \frac{x_1+1}{x_2} \frac{n_2}{n_1} F_{2x_1+2,2x_2;1-\alpha/2} = \frac{54}{15} \frac{1}{F_{36,30;0,995}} \approx \frac{54}{15} 2{,}559 \approx 9{,}212.$$

Daher schätzen wir

$$1{,}278 \leq \frac{p_1}{p_2} \leq 9{,}212 \qquad \left(\text{Vertrauensniveau: } 1-\alpha = 99\%\right).$$

Dieser Vertrauensbereich enthält wie erwartet nicht den Fall gleicher mittlerer Fehlerzahlen, also den Wert 1 für ihren Quotienten. Die Fertigungsqualität des Automaten C ist signifikant fehlerträchtiger als die der anderen drei Lötautomaten.

Aufgabe 5.7

I. Normalverteilung, Vergleich einer Grundgesamtheit mit einer Vorgabe, σ mit σ_0:

Nullhypothese $\qquad H_0: \quad \sigma = \sigma_0,$

Alternativhypothese $\quad H_1: \quad \sigma \neq \sigma_0.$

Die Prüfgröße des Chi-Quadrat-Tests beträgt hier:

$$\chi_{prüf}^2 = (n-1)\frac{s^2}{\sigma_0^2} = (10-1)\frac{14,2^2}{10,0^2} = 18,1476.$$

Für das Prüfkriterium

$$\chi_{n-1;\alpha/2}^2 \leq \chi_{prüf}^2 \leq \chi_{n-1;1-\alpha/2}^2$$

ist ein Signifikanzniveau von $\alpha = 0,01$ vorgegeben. Tabelle B5 entnehmen wir

$$\chi_{9;0,005}^2 \approx 1,7349 < \chi_{prüf}^2,$$

$$\chi_{9;0,995}^2 \approx 23,5894 > \chi_{prüf}^2.$$

Das Prüfkriterium ist somit erfüllt, die Nullhypothese ist nicht zu verwerfen. Eine signifikante Abweichung der aktuellen Prozeßstreuung von ihrem Vorgabewert kann nicht festgestellt werden.

II. Normalverteilung, Vergleich einer Grundgesamtheit mit einer Vorgabe, μ mit μ_0:

Nullhypothese $\qquad H_0: \quad \mu = \mu_0,$

Alternativhypothese $\quad H_1: \quad \mu \neq \mu_0.$

Da nach dem ersten Teil der Antwort die Standardabweichung mit $\sigma = \sigma_0$ als bekannt vorauszusetzen ist, lautet die Prüfgröße in diesem zweiten Teil:

$$u_{prüf} = \frac{\bar{x} - \mu_0}{\sigma_0}\sqrt{n} = \frac{809,1-800}{10}\sqrt{10} \approx 2,8777.$$

Der kritische Schwellenwert für den Betrag der Prüfgröße ist bei dem gewählten Signifikanzniveau von wiederum $\alpha = 0,01$ gegeben als:

$$u_{krit} = u_{1-\alpha/2} = u_{0,995} \approx 2,5758.$$

Das Prüfkriterium ist somit nicht erfüllt:

$$\left| u_{prüf} \right| \not\leq u_{krit}.$$

Die Nullhypothese ist zugunsten der alternativen Hypothese zu verwerfen, es muß von einer signifikanten Abweichung des aktuellen Prozeßmittelwertes μ vom Sollwert μ_0 ausgegangen werden.

Wir schließen mit der Angabe des entsprechenden zweiseitigen 99%-Vertrauensbereiches:

$$\mu_{ob/un} = \bar{x} \pm u_{1-\alpha/2} \; \sigma_0 / \sqrt{n} \approx 809{,}1 \pm 8{,}1 \text{g},$$

also

$$801{,}0\,\text{g} \leq \mu \leq 817{,}2\,\text{g} \qquad \left(\text{Vertrauensniveau: } 1-\alpha = 99\% \right).$$

Aufgabe 5.8

I. Normalverteilung, Vergleich zweier Grundgesamtheiten, σ_1 mit σ_2:

Nullhypothese	H_0:	$\sigma_1 = \sigma_2$,
Alternativhypothese	H_1:	$\sigma_1 \neq \sigma_2$.

Die Prüfgröße des F-Tests zum Vergleich zweier Standardabweichungen ist:

$$F_{prüf} = \frac{s_1^2}{s_2^2} = \frac{0{,}44^2}{0{,}47^2} \approx 0{,}8764.$$

Das Prüfkriterium lautet hier:

$$F_{f_1, f_2 ; \alpha/2} \leq F_{prüf} \leq F_{f_1, f_2 ; 1-\alpha/2} \quad \text{mit} \quad f_1 = f_2 = n-1 = 19.$$

Das Signifikanzniveau ist vorgegeben als $\alpha = 0{,}01$. Eines der benötigten Quantile der F-Verteilung können wir Tabelle B7 entnehmen:

$$F_{19,19;0,995} \approx 3{,}432 > F_{prüf}.$$

Das andere Quantil können wir dann berechnen:

$$F_{19,19;0,005} = \frac{1}{F_{19,19;0,995}} \approx 0{,}291 < F_{prüf}.$$

Somit ist das Prüfkriterium erfüllt, die beobachteten empirischen Standardabweichungen unterscheiden sich nur zufällig. Die Nullhypothese ist nicht zu verwerfen.

II. Normalverteilung, Vergleich zweier Grundgesamtheiten, μ_1 mit μ_2 :

Nullhypothese $\qquad H_0: \quad \mu_1 = \mu_2$,

Alternativhypothese $\quad H_1: \quad \mu_1 \neq \mu_2$.

Nach dem ersten Teil unserer Antwort können wir von $\sigma_1 = \sigma_2$ ausgehen. Der Zahlenwert der gemeinsamen Standardabweichung ist uns allerdings nicht bekannt. Daher werden wir einen t-Test anwenden, dessen Prüfgröße sich mit der Gesamtzahl der Freiheitsgrade

$$f = f_1 + f_2 = 38$$

und der Varianz

$$s_d^2 = \sum_{j=1}^{2} \frac{s_j^2 f_j}{f} \cdot \left(\frac{1}{n_1} + \frac{1}{n_2} \right) = \frac{1}{20} \left(s_1^2 + s_2^2 \right) \approx \left(0{,}14396\,\text{mm} \right)^2$$

ergibt

$$t_{prüf} = \frac{\bar{x}_1 - \bar{x}_2}{s_d} \approx \frac{53{,}27 - 53{,}55}{0{,}14396} \approx -1{,}9450.$$

Das Prüfkriterium dieses t-Tests lautet

$$\left| t_{prüf} \right| \leq t_{f;1-\alpha/2} = t_{38;0,995} \approx 2{,}7116$$

und ist somit bei dem gewählten Signifikanzniveau erfüllt. Auch die Nullhypothese gleicher Mittelwerte kann nicht verworfen werden.

Als Fazit halten wir fest, daß die beiden Lieferlose gemischt verarbeitet werden können. Im Rahmen der Testvorgaben waren keine signifikanten Unterschiede zu ermitteln.

Aufgabe 5.9

Normalverteilung, Vergleich zweier Grundgesamtheiten, μ_1 mit μ_2 :

Nullhypothese $\qquad H_0: \quad \mu_1 = \mu_2$,

Alternativhypothese $\quad H_1: \quad \mu_1 \neq \mu_2$.

Wir berechnen zunächst die Kennwerte der beiden Meßreihen, wobei wir in dieser Lösung auf den Zusatz in % der Normleistung verzichten:

Arbeitsplatz	$\bar{x}$	s	n
$A \equiv 1$	105,0	4,0825	10
$B \equiv 1$	115,7	4,7854	10

Wir werden ohne weiteren Test von $\sigma_1 = \sigma_2$ ausgehen. Erstens würde ein F-Test diese Annahme angesichts der fast identischen Werte für die empirische Standardabweichung bestätigen. Zweitens halten wir diese Annahme für sinnvoll. Bei einfachen Routinetätigkeiten sollten die Leistungsschwankungen unserer Mitarbeitern um einen eventuell beleuchtungsabhängigen Mittelwert im wesentlichen mit hier nicht relevanten Ursachen zusammenhängen. Darauf deutet auch die Tatsache hin, daß beide Meßreihen ursprünglich jeweils einen Ausreißer enthielten. Drittens würde ein modifizierter t-Test auf der Grundlage dieser Daten zu exakt denselben Werten für die Prüfgröße und den kritischen Schwellenwert führen.

Wir wenden daher wie im zweiten Teil der letzten Aufgabe einen t-Test an. Die Gesamtzahl der Freiheitsgrade ist

$$f = f_1 + f_2 = 18,$$

die benötigte Varianz beträgt

$$s_d^2 = \sum_{j=1}^{2} \frac{s_j^2 f_j}{f} \cdot \left(\frac{1}{n_1} + \frac{1}{n_2} \right) = \frac{1}{10} \left(s_1^2 + s_2^2 \right) \approx \left(1{,}9891 \right)^2.$$

Die Prüfgröße lautet dann:

$$t_{prüf} = \frac{\bar{x}_1 - \bar{x}_2}{s_d} \approx \frac{105{,}0 - 115{,}7}{1{,}9891} \approx -5{,}379.$$

Das Prüfkriterium des t-Tests besteht in

$$\left| t_{prüf} \right| \leq t_{f;1-\alpha/2} = t_{18;1-\alpha/2}.$$

Die Schwellenwerte haben wir Tabelle B6 entnommen und hier aufgelistet:

Signifikanzniveau α	Schwellenwert $t_{18;1-\alpha/2}$	Prüfkriterium erfüllt?	Nullhypothese falsifiziert?
0,050	2,1009	nein	ja
0,010	2,8784	nein	ja
0,001	3,9217	nein	ja

Wir haben ein hochsignifikantes Resultat erhalten, die Nullhypothese muß verworfen werden. Wie groß der Einfluß der Beleuchtungsstärke auf die mittlere Leistung ist, werden wir nun durch den zweiseitigen 99%-Vertrauensbereich abschätzen zu

$$\Delta\mu_{ob/un} = \bar{x}_2 - \bar{x}_1 \pm t_{18;0{,}995} \, s_d \approx 10{,}7 \pm 5{,}7 \,,$$

d.h. in Prozent der Normleistung

$$5,0 \ \leq \ \Delta\mu \ \leq 16,4 \qquad\qquad \left(\text{Vertrauensniveau: } 1-\alpha = 99\%\right).$$

Aufgabe 5.10

Normalverteilung, Vergleich zweier Grundgesamtheiten, μ_1 mit μ_2:

| Nullhypothese | H_0: | $\mu_1 = \mu_2$, |
| Alternativhypothese | H_1: | $\mu_1 \neq \mu_2$. |

Die Kennwerte der beiden Datenreihen lauten:

Proband	$\bar{x}$	s	n
$A \equiv 1$	119,6	9,5551	5
$B \equiv 1$	133,8	6,3797	5

Wir werden hier von $\sigma_1 \neq \sigma_2$ ausgehen. Zwar könnten wir durch einen F-Test die eventuelle Gleichheit der Standardabweichungen mit diesen empirischen Werten bei einem üblichen Signifikanzniveau nicht falsifizieren, doch die Annahme ungleicher Standardabweichungen ist der Tatsache angepaßt, daß die individuellen zufälligen Schwankungen auch in der persönlichen Tagesform der Probanden begründet sein können. Bei zwei Maschinen, die mit unterschiedlichen Werkzeugen bestückt sind, würden wir ebenfalls nicht von derselben Prozeßstreuung ausgehen. Trotzdem erwarten wir, daß sich die jeweiligen aktuellen Prozeßmittelwerte bei geeigneter Justierung nicht signifikant voneinander unterscheiden sondern sich angesichts der fast identischen Werte für die empirische Standardabweichung bestätigen.

Wir unterwerfen also die Stichprobenresultate einem modifizierten t-Test. Die dafür zu ermittelnde Varianz besitzt im Fall von zwei identischen Stichprobenumfängen denselben Zahlenwert wie beim echten t-Test:

$$s_d^2 \ = \ \sum_{j=1}^{2} \frac{s_j^2}{n_j} \ = \ \frac{1}{5}\left(s_1^2 + s_2^2\right) \ \approx \ \left(5,1381\right)^2.$$

Der modifizierte t-Test ist mit einer effektiven Gesamtzahl von Freiheitsgraden durchzuführen:

$$\frac{1}{f} \ = \ \frac{c^2}{f_1} + \frac{\left(1-c\right)^2}{f_2} \quad \text{mit} \quad c = \frac{s_1^2}{n_1 s_d^2} \ \approx \ 0,69167, \text{ also} \quad f \approx 6,975 \approx 7.$$

Dieser Wert ist um 1 niedriger als beim entsprechenden t-Test. Die Prüfgröße beträgt:

$$t_{prüf} = \frac{\overline{x}_1 - \overline{x}_2}{s_d} \approx \frac{119,6 - 133,8}{5,1381} \approx -2,7637.$$

Das Prüfkriterium lautet für das vorgegebene Signifikanzniveau $\alpha = 0,01$:

$$\left| t_{prüf} \right| \leq t_{f;1-\alpha/2} = t_{7;0,995} \approx -3,4995.$$

Dieses Kriterium ist erfüllt. Daher wird der in der Aufgabenstellung gefragte Vertrauensbereich für die IQ-Differenz zwischen den beiden Probanden den Wert Null einschließen:

$$\Delta\mu_{ob/un} = \overline{x}_2 - \overline{x}_1 \pm t_{7;0,995}\, s_d \approx 14,2 \pm 18,0$$

und somit

$$-3,8 \leq \Delta\mu \leq 32,2 \qquad \left(\text{Vertrauensniveau: } 1-\alpha = 99\%\right).$$

Aufgabe 5.11

Normalverteilung, Ausreißertest nach Grubbs. Wir halten die benötigten Zahlenwerte in einer Tabelle fest (Einheit °C):

Evtl. Ausreißer	$\overline{x}$	s	n
359	397,0833	14,6316	12

Dabei wurde der Ausreißerkandidat in den beiden Kennwerten mit berücksichtigt. Die Prüfgröße lautet:

$$T_{prüf} = \text{Max} \left| \frac{x_j - \overline{x}}{s} \right| \approx \frac{38,0833}{14,6316} \approx 2,6028.$$

Der kritische Schwellenwert beträgt beim Grubbs-Test ($\alpha = 0,01$):

$$T_{krit} \approx 2,549.$$

Das Prüfkriterium

$$T_{prüf} \not\leq T_{krit}$$

ist nicht erfüllt und der Kandidat ist als signifikanter Ausreißer einzustufen.

Aufgabe 5.12

Chi-Quadrat-Anpassungstest auf Normalverteilung. Eine graphische Auswertung der klassierten Daten im Wahrscheinlichkeitsnetz (Auswertenetz D8) führt zunächst, allerdings mit erheblichen Unsicherheiten belastet, etwa zu den folgenden Schätzwerten:

$$\hat{\mu} \approx 6{,}73\,\text{g}/\text{l}\,, \qquad \hat{\sigma} \approx 0{,}52\,\text{g}/\text{l}\,.$$

Dabei streuen die empirischen Häufigkeiten als deutliches Fragezeichen um die Fitgerade. Dies ist eventuell ein Hinweis auf eine zweihöckrige Verteilung.

Im Wahrscheinlichkeitsnetz (Auswertenetz D8) lassen sich dann auch näherungsweise die bei vorliegender Normalverteilung mit diesen geschätzten Parameterwerten im Mittel zu erwartenden Werte für die Häufigkeitssumme ablesen. Daraus können wiederum die erwarteten Werte für die relative und die absolute Klassenhäufigkeit der Einzelwerte (Multiplikation mit $n = 200$) berechnet werden, ohne weiter auf Tabellen oder Rechner zurückgreifen zu müssen. Wir haben dazu die untere Grenze der ersten Klasse und die obere Grenze der letzten Klasse entfallen lassen:

Klasse	Grenze		Einzelwerte	
Nr.	unten in g/l	oben in g/l	beobachtet n_j	erwartet v_j
1		6,25	4	16
2	6,25	6,35	13	9
3	6,35	6,45	22	11
4	6,45	6,55	24	14
5	6,55	6,65	19	16
6	6,65	6,75	10	18
7	6,75	6,85	9	19
8	6,85	6,95	8	19
9	6,95	7,05	12	18
10	7,05	7,15	18	15
11	7,15	7,25	23	13
12	7,25	7,35	19	9
13	7,35	7,45	14	8
14	7,45		5	15

Wir haben die erwarteten $k = 14$ Klassenhäufigkeiten auf ganze Zahlen gerundet. Ihre Summe beträgt durch die Erweiterung der beiden äußersten Randklassen ebenfalls $n = 200$. Die geschätzten Erwartungswerte erfüllen bereits die

Voraussetzungen für die Anwendbarkeit des Chi-Quadrat-Anpassungstests, ohne daß noch irgendwelche Klassen zusammengefaßt werden müssen. Die Prüfgröße dieses Tests lautet:

$$\chi^2_{pr\ddot{u}f} = \sum_{j=1}^{14} \frac{\left(n_j - \nu_j\right)^2}{\nu_j} \approx 77{,}240.$$

Der kritische Schwellenwert beträgt für ein Signifikanzniveau $\alpha = 0{,}05$:

$$\chi^2_{krit} = \chi^2_{k-3;1-\alpha} = \chi^2_{11;0,95} \approx 19{,}6751.$$

Wir können also auf Abweichungen von der Normalverteilung schließen, denn das Prüfkriterium des Chi-Quadrat-Tests ist nicht erfüllt:

$$\chi^2_{pr\ddot{u}f} \not\leq \chi^2_{krit}.$$

Aufgabe 5.13

Test eines Vorlaufs auf Störungsfreiheit, Bartlett-Test und einfache Varianzanalyse. Daneben unterwerfen wir die $k = 25$ einzelnen Stichproben, trotz ihres geringen Umfangs $n = 5$, jeweils einem Ausreißertest nach Grubbs und einem R/s-Test auf Normalverteilung. Für diese beiden Tests empfehlen wir, in der Regel etwas umfangreichere Stichproben vorauszusetzen. Wir erhalten zunächst:

Stichprobe Nr.	$\bar{x}$ in μm	s in μm	$T_{pr\ddot{u}f}$	R/s
1	138,6	5,771	1,317	2,599
2	138,0	8,000	1,500	2,500
3	135,4	7,092	1,466	2,679
4	140,2	5,263	1,482	2,660
5	137,8	5,404	1,332	2,591
6	138,8	4,970	1,368	2,616
7	138,6	7,797	1,488	2,565
8	135,6	8,019	1,447	2,619
9	139,8	6,058	1,519	2,641
10	136,8	5,263	1,482	2,660
11	139,2	5,891	1,222	2,377
12	140,6	4,037	1,139	2,229
13	139,2	5,541	1,588	2,527
14	140,0	2,828	1,414	2,121

Stichprobe Nr.	$\bar{x}$ in μm	s in μm	$T_{prüf}$	R/s
15	138,4	5,683	1,478	2,639
16	135,8	7,727	1,268	2,330
17	142,0	3,937	1,524	2,540
18	134,0	4,301	1,395	2,790
19	133,6	4,037	1,387	2,725
20	140,0	5,612	1,604	2,673
21	136,0	7,382	1,219	2,438
22	141,4	4,159	1,346	2,404
23	134,8	4,324	1,434	2,775
24	133,0	4,301	1,395	2,557
25	140,2	4,764	1,511	2,729

I. Für ein Signifikanzniveau $\alpha = 0,01$ ergeben sich weder beim Grubbs-Ausreißertest mit dem kritischen Schwellenwert

$$T_{krit} \approx 1,749 \quad (n=5)$$

noch beim R/s-Test auf Normalverteilung mit den Schwellenwerten

$$Q_{n;\alpha/2} = Q_{5;0,005} \approx 1,98 \quad \text{und} \quad Q_{n;1-\alpha/2} = Q_{5;0,995} \approx 2,81$$

irgendwelche signifikanten Auffälligkeiten:

$$T_{prüf,j} < T_{krit} \quad \text{und}$$

$$Q_{n;\alpha/2} < R_j/s_j < Q_{n;1-\alpha/2} \quad \text{für alle } k=25 \text{ einzelnen Stichproben.}$$

II. Normalverteilung, Bartlett-Test auf Homogenität der Varianzen:

$$H_0 : \sigma_1^2 = \sigma_2^2 = \dots = \sigma_{25}^2.$$

Der Wert $n=5$ der einzelnen Stichprobenumfänge ist als Voraussetzung für Anwendbarkeit des Bartlett-Tests gerade hinreichend. Zur Berechnung der Prüfgröße des Tests benötigen wir zunächst die über die Stichproben gemittelte empirische Varianz, also mit der Summe der einzelnen Freiheitsgrade

$$f_{ges} = \sum_{j=1}^{25} f_1 = 100$$

den Zahlenwert:

$$s_I^2 = \frac{1}{f_{ges}} \sum_{j=1}^{25} f_j s_j^2 = \frac{1}{25} \sum_{j=1}^{25} s_j^2 = 32{,}556\,\mu m^2.$$

Weiterhin ermitteln wir die Hilfsgröße

$$c = 1 + \frac{1}{3(k-1)}\left(\sum_{j=1}^{k}\frac{1}{f_j} - \frac{1}{f_{ges}}\right) = \frac{163}{150}$$

und erhalten schließlich für die Prüfgröße:

$$\chi_{prüf}^2 = \frac{1}{c}\sum_{j=1}^{25} f_j\,\ln\frac{s_I^2}{s_j^2} \approx 12{,}039.$$

Dieser Wert erfüllt das Prüfkriterium des Tests $(\alpha = 0{,}01)$:

$$\chi_{prüf}^2 \le \chi_{k-1;1-\alpha}^2 = \chi_{24;0{,}99}^2 \approx 42{,}980.$$

Die Nullhypothese gleicher Varianzen ist nicht zu verwerfen.

III. Normalverteilung, Test auf Homogenität der Mittelwerte, einfache Varianz-analyse:

$$H_0 : \mu_1 = \mu_2 = ... = \mu_{25}.$$

Der gesamte Prüfumfang beläuft sich auf

$$N = \sum_{j=1}^{25} n_j = 125,$$

der empirische Gesamtmittelwert beträgt

$$\overline{\overline{x}} = \frac{1}{N}\sum_{j=1}^{25} n_j \overline{x}_j = 137{,}912\,\mu m.$$

Wir berechnen die Streuung zwischen den Stichproben

$$s_z^2 = \frac{1}{k-1}\sum_{j=1}^{k} n_j\left(\overline{x}_j - \overline{\overline{x}}\right)^2 = n s_{\overline{x}}^2 \approx 31{,}851\mu m^2 \quad (k-1 = 24 \text{ Freiheitsgrade})$$

und erhalten für die Prüfgröße der einfachen Varianzanalyse

$$F_{prüf} = \frac{s_z^2}{s_I^2} \approx 0{,}978 < F_{k-1, f_{ges}; 1-\alpha} = F_{24,100;0,99} \approx 1{,}983.$$

Das Prüfkriterium auch dieses Tests ist somit bei dem gewählten Signifikanzniveau erfüllt. Die Nullhypothese gleicher Mittelwerte ist ebenfalls nicht zu verwerfen.

IV. Normalverteilung, Schätzung von Mittelwert und Standardabweichung. Wir schätzen den Prozeßmittelwert durch den Gesamtmittelwert aller Vorlaufdaten für die Schichtdicke:

$$\hat{\mu} = \bar{\bar{x}} = 137{,}912\ \mu m.$$

Die Prozeßstreuung schätzen wir folgendermaßen:

$$\hat{\sigma}^2 = \frac{f_{ges}\, s_I^2 + (k-1) s_z^2}{f_{ges} + k - 1} = \frac{100\, s_I^2 + 24\, s_z^2}{124} \approx 32{,}420 \mu m^2.$$

Dieser Schätzung entspricht nun die größtmögliche Anzahl von 124 Freiheitsgraden. Der Schätzwert für die Standardabweichung beträgt dann:

$$\hat{\sigma} = 5{,}694 \mu m.$$

Trotz der verbleibenden Unsicherheit dieser beiden Schätzungen – Sie können zusätzlich noch den jeweiligen zweiseitigen 99%-Vertrauensbereich bestimmen – schließen wir diese Auswertung der Vorlaufdaten ab mit dem konkreten Entwurf einer zweispurigen Shewhart-Regelkarte für den Mittelwert und die Standardabweichung von Stichproben des Umfangs $n = 5$.

V. Normalverteilung, Warn- und Eingriffsgrenzen einer $\bar{x}/s$-Qualitätsregelkarte $(n=5)$. Die Grenzen der zweiseitigen 95%- bzw. 99%-Zufallsstreubereiche sind bekanntermaßen jeweils die Warngrenzen OWG, UWG bzw. die Eingriffsgrenzen OEG, UEG von Regelkarten hier für den Stichprobenmittelwert $\bar{x}$ (ohne Grenzwertvorgaben) respektive die Stichprobenstandardabweichung s. Deren Berechnung erfolgt auf der Grundlage unserer im dritten Teil ermittelten Schätzwerte für die Parameter der Normalverteilung. Die Ergebnisse haben wir in der folgenden Tabelle festgehalten:

Grenzen der Zufallsstreubereiche in μm für
Stichproben vom Umfang $n = 5$

	$\overline{x}$	s
OEG	144,47	10,97
OWG	142,90	9,50
M	137,91	5,35
UWG	132,92	1,98
UEG	131,35	1,30

Der Vorlauf hat alle durchgeführten statistischen Tests bestanden und ist somit in dieser Hinsicht störungsfrei verlaufen. Darüber hinaus liegen die Kennwerte sämtlicher Stichproben innerhalb der Eingriffsgrenzen ihrer nun erstellten Qualitätsregelkarte.

Lösungen der Aufgaben zu Kapitel 6

Aufgabe 6.1

I. Binomialverteilung, freie Vereinbarung einer Einfach-Stichprobenanweisung.

Lieferantenrisiko: $\alpha = 10\%$ mit $p_{1-\alpha}^{*} = 1\%$.

Abnehmerrisiko: $\beta = 10\%$ mit $p_{\beta}^{*} = 7{,}5\%$.

Die Forderungen

$$P_a(p_{1-\alpha}^{*}) \geq 1-\alpha \quad \text{und} \quad P_a(p_{\beta}^{*}) \geq \beta$$

bedeuten also für die bestimmende Stichprobenanweisung $(n-c)$ konkret:

$$P_a(p) = G(c;n,p) \geq 90\% \qquad \text{für} \qquad p = 1\%,$$
$$P_a(p) = G(c;n,p) \leq 10\% \qquad \text{für} \qquad p = 7{,}5\%.$$

Darin ist G die Verteilungsfunktion der Binomialverteilung. Diese Bedingungen lassen sich graphisch mit einem Larson-Nomogramm (Nomogramm D1) zwar schnell, allerdings etwas ungenau auswerten. Eine solche Auswertung liefert für die Annahmezahl und den benötigten Stichprobenumfang:

$$c = 1 \quad \text{und} \quad n \approx 50.$$

Rechnerisch haben wir zu dieser Annahmezahl und einigen ausgewählten Stichprobenumfängen die Annahmewahrscheinlichkeit für die beiden entscheidenden Vorgabewerte des Fehleranteils ermittelt und in der folgenden Tabelle zusammengefaßt.

n	$G(1;n,p_{0,90}^{*})$	$G(1;n,p_{0,10}^{*})$
48	0,9166	0,1160
49	0,9136	0,1090
50	0,9106	0,1025
51	0,9075	0,0963
52	0,9044	0,0905
53	0,9013	0,0850
54	0,8982	0,0799

Bei dieser Annahmezahl $c = 1$ sind nur für die Stichprobenumfänge 51, 52 und 53 die Forderungen von Abnehmer und Lieferant erfüllt. Damit lautet die gesuchte Stichprobenanweisung mit dem minimalen Prüfaufwand:

$$(n-c) = (51-1).$$

II. Die Anfrage des Fertigungsleiters beantworten wir bei einem Vertrauensniveau von 99% durch die Angabe des entsprechenden einseitig nach oben begrenzten Zufallsstreubereiches. Dessen Grenze ergibt sich für einen durchschnittlichen Fehleranteil von

$$p = 7{,}5\%$$

im Lieferlos bei 100 aus diesem Los gezogenen Einheiten zu

$$x_{ob} = 14.$$

Für diese Qualitätsgrenzlage muß der Fertigungsleiter also mit höchstens

$$x \leq 14 \qquad \text{(Vertrauensniveau: 99\%)}$$

fehlerhaften Diamanten in einer Bohrkrone rechnen.

Aufgabe 6.2

I. Binomialverteilung, freie Vereinbarung einer Einfach-Stichprobenanweisung. Der größte Wert für den Anteil fehlerhafter Membranen, der in der Liste des Herstellers auftritt, beträgt $p = 1{,}3\%$. Daher muß sich der Entwurf einer Stichprobenanweisung $(n-c)$ an den folgenden Vorgaben orientieren:

Lieferantenrisiko: $\alpha = 5\%$ mit $p_{1-\alpha}^* = 1{,}3\%$.

Abnehmerrisiko: $\beta = 5\%$ mit $p_{\beta}^* = 8\%$.

Die graphische Auswertung der entsprechenden Forderungen

$$P_a(p) = G(c;n,p) \geq 95\% \qquad \text{für} \qquad p = 1{,}3\%,$$
$$P_a(p) = G(c;n,p) \leq 5\% \qquad \text{für} \qquad p = 8{,}0\%$$

in einem Larson Nomogramm (Nomogramm D1) liefert:

$$c = 3 \quad \text{und} \quad n \approx 95.$$

Eine rechnerische Überprüfung der Forderungen für diese Annahmezahl und einige Werte für den Stichprobenumfang bestätigt in der Tat das graphisch erhaltene Ergebnis:

$$(n-c) = (95-3).$$

II. Den maximalen Wert für den Durchschlupf

$$D = \left(1 - \frac{n}{N}\right) \cdot p \cdot P_a(p),$$

der bei dieser Stichprobenprüfung für einen gegebenen Losumfang auftreten kann, wollen wir hier nur ungefähr bestimmen. Dazu haben wir die folgende Liste für die Annahmewahrscheinlichkeit und ihr Produkt mit dem jeweiligen Fehleranteil angelegt:

p	$P_a(p)$	$p \cdot P_a(p)$
0,01	0,9845	0,0098
0,02	0,8766	0,0175
0,03	0,6813	0,0204
0,04	0,4700	0,0188
0,05	0,2950	0,0147
0,06	0,1715	0,0103
0,07	0,0943	0,0066
0,08	0,0488	0,0039

Der Liste entnehmen wir, daß das Produkt $p \cdot P_a(p)$ höchstens den ungefähren Wert

$$p_{AOQL} \cdot P_a(p_{AOQL}) \approx 0,03 \cdot P_a(0,03) \approx 2,04\%$$

annimmt. Bei einem Losumfang von $N = 1000$ Einheiten erhalten wir daraus für den maximalen Durchschlupf

$$AOQL = D_{Max} = \left(1 - \frac{n}{N}\right) \cdot p_{AOQL} \cdot P_a(p_{AOQL}) \approx 1,85\%.$$

Im Rahmen der in dieser Lösung verwendeten Werte für p ist das ermittelte Ergebnis annähernd exakt.

Aufgabe 6.3

I. Poisson-Verteilung, freie Vereinbarung einer Einfach-Stichprobenanweisung. Die Bestimmungsgleichungen für $p_{0,90}$ und $p_{0,10}$ lauten bei gegebenen Werten für den Stichprobenumfang n und die Annahmezahl c der Stichprobenanweisung, ausgedrückt durch die Verteilungsfunktion der Poisson-Verteilung:

$$G(c; n \cdot p_{0,90}) = 0,90 \quad \text{und} \quad G(c; n \cdot p_{0,10}) = 0,10.$$

Die zweite Gleichung läßt sich auf die folgende Art exakt lösen. Würde das kritische Stichprobenergebnis von genau $x = c$ gefundenen Fehlern vorliegen, dann wäre $p_{0,10}$ gerade die obere Grenze p_{ob} des einseitig nach oben begrenzten 90%-Vertrauensbereiches für die mittlere Fehlerzahl pro Einheit, $p = \mu_E$, die wir bekanntermaßen rechnerisch ermitteln können:

$$p_{0,10} = \frac{1}{2n} \chi^2_{2c+2;0,90}.$$

Ebenso können wir, ausgehend von der ersten Bestimmungsgleichung, $p_{0,90}$ ausdrücken durch den Stichprobenumfang und die Annahmezahl:

$$p_{0,90} = \frac{1}{2n} \chi^2_{2c;0,10}.$$

Das Verhältnis der beiden Qualitätsgrenzlagen ist unabhängig vom Umfang n der Prüfung

$$\frac{p_{0,90}}{p_{0,10}} = \frac{\chi^2_{2c;0,10}}{\chi^2_{2c+2;0,90}}$$

und kann somit unter Verwendung der Chi-Quadrat-Quantile allgemein in Abhängigkeit von c tabelliert werden:

c	$\dfrac{p_{0,90}}{p_{0,10}}$
0	0,046
1	0,137
2	0,207
3	0,261
4	0,304
5	0,340

Nun ist eine geeignete Stichprobenanweisung $(n-c)$ entsprechend den folgenden Vorgaben zu entwerfen:

$$p^*_{0,90} = 0,015 \leq p_{0,90} \quad \text{und} \quad p^*_{0,10} = 0,060 \geq p_{0,10}.$$

Speziell ist daher

$$\frac{p_{0,90}}{p_{0,10}} \geq \frac{0,015}{0,060} = 0,25$$

zu erfüllen. Als Annahmezahl werden wir also mit Blick auf unsere Tabelle

$$c = 3$$

auswählen. Anschließend bestimmen wir den notwendigen Umfang der Prüfung aus

$$p^*_{0,10} \geq p_{0,10} = \frac{1}{2n} \chi^2_{2c+2;0,90},$$

also

$$n \geq \frac{\chi^2_{2c+2;0,90}}{2 \cdot p^*_{0,10}} = \frac{\chi^2_{8;0,90}}{0,12} = \frac{13,3616}{0,12} \approx 111,35.$$

Die Stichprobenprüfung ist, falls alle Vorgaben erfüllt sind, mit minimalem Aufwand durchzuführen. Die gesuchte Anweisung lautet daher:

$$(n-c) = (112-3).$$

II. Poisson-Verteilung, Einfach-Stichprobenanweisung nach DIN ISO 2859 Teil 1. Dieselben Vorgaben berücksichtigt die normierte Prüfanweisung

$$(n-c) = (200-7).$$

Der im Vergleich zur freien Vereinbarung erheblich höhere Stichprobenumfang ist augenfällig. Hier wäre als Annahmezahl auch $c = 5$ möglich. Jedoch ist in einem solchen Fall, den Vorgaben durch zwei verschiedene Anweisungen mit gleichem Prüfaufwand entsprechen zu können, die höhere Annahmezahl auszuwählen, da der Schutz des Abnehmers bereits hinreichend gewährleistet ist.

III. Poisson-Verteilung, maximaler Durchschlupf bei sehr umfangreichen Lieferlosen:

$$AOQL = D_{Max} \approx 2,2\% \quad \text{für} \quad (n-c) = (200-7),$$
$$AOQL = D_{Max} \approx 1,7\% \quad \text{für} \quad (n-c) = (112-3).$$

Aufgabe 6.4

I. Binomialverteilung, Einfach-Stichprobenanweisung. In der Operationscharakteristik der Anweisung

$$(n-c) = (50-1)$$

sind Lieferanten- und Abnehmerpunkt gegeben als:

$$p_{0,90} \approx 1,07\% \quad \text{und} \quad p_{0,10} \approx 7,56\%.$$

II. OC-äquivalente Stichprobenanweisung für eine messende Prüfung bei unbekannter Standardabweichung. Wir berechnen den Annahmefaktor k der etwa gleichwertigen $(\bar{x},s)$-Stichprobenanweisung $(n_s - k)$ zu

$$k = \frac{u_{1-\alpha}u_{1-p_\beta} - u_\beta u_{1-p_\alpha}}{u_{1-\alpha} - u_\beta} = \frac{u_{0,90}u_{0,9244} - u_{0,10}u_{0,9893}}{u_{0,90} - u_{0,10}} \approx 1,868$$

unter Verwendung der Zahlenwerte

$$u_{0,90} = -u_{0,10} \approx 1,2816, \quad u_{0,9244} \approx 1,4353 \quad \text{und} \quad u_{0,9893} \approx 2,3009.$$

Den notwendigen Stichprobenumfang erhalten wir aus

$$n_s^* = n_\sigma^* \left(1 + \frac{k^2}{2}\right) \qquad \text{mit} \qquad n_\sigma^* = \left(\frac{u_{1-\alpha} - u_\beta}{u_{1-p_{1-\alpha}} - u_{1-p_\beta}}\right)^2$$

durch Aufrunden zu

$$n_s = 25.$$

III. OC-äquivalente Stichprobenanweisung für eine sequentielle zählende Prüfung. Wir bestimmen die Entscheidungsgrenzen der sequentiellen Abnahmeprüfung,

$$c(n) = -c_0 + a \cdot n \quad \text{und} \quad d(n) = d_0 + a \cdot n,$$

indem wir zunächst die Hilfsgröße berechnen:

$$A = \ln\left(\frac{p_\beta (1 - p_{1-\alpha})}{p_{1-\alpha} (1 - p_\beta)}\right) = \ln\frac{0,0756 \cdot 0,9893}{0,0107 \cdot 0,9244} \approx 2,023.$$

Anschließend erhalten wir für die Ordinatenschnittpunkte der beiden parallelen Grenzlinien

$$c_0 = \frac{1}{A} \ln\left(\frac{1-\alpha}{\beta}\right) \approx \frac{\ln 9}{2,023} \approx 1,086,$$

$$d_0 = \frac{1}{A} \ln\left(\frac{1-\beta}{\alpha}\right) \approx \frac{\ln 9}{2,023} \approx 1,086.$$

Die Steigung besitzt den Wert

$$a = \frac{1}{A} \ln\left(\frac{1-p_{1-\alpha}}{1-p_\beta}\right) \approx \frac{1}{2,023} \ln\frac{0,9893}{0,9244} \approx 0,03354.$$

Damit ergeben sich entsprechend der Tabelle 6.1 folgende Zahlenwerte für den mittleren Stichprobenumfang in Abhängigkeit vom durchschnittlichen Fehleranteil.

p in %	$\bar{n}(p)$
0,000	32,4
1,070	38,0
3,354	36,4
7,560	20,7

IV. Zusammenfassender Vergleich des Prüfumfangs der drei OC-äquivalenten Stichprobenanweisungen. Durch den Übergang zur messenden Prüfung wird der Umfang der Stichproben von $n = 50$ auf $n_s = 25$ halbiert. Bei einer sequentiellen attributiven Prüfung ist insbesondere im Bereich einer akzeptablen Qualitätslage nur mit einer Reduzierung des zu erwartenden Stichprobenumfangs auf etwa 75% des ursprünglichen Wertes zu rechnen. Daher geben wir der unproblematischen Umstellung auf die messende Prüfung den Vorzug.

Aufgabe 6.5

I. Binomialverteilung, Einfach-Stichprobenanweisung nach ISO 2859 Teil 1.

$N = 1000$, Prüfniveau II: Kennbuchstabe J.

Normale Prüfung: Stichprobenumfang $n = 80$.

Damit erhalten wir unter Berücksichtigung der Vorgaben

$$p_{0,90}^* = 0,006 \leq p_{0,90} \quad \text{und} \quad p_{0,10}^* = 0,050 \geq p_{0,10}$$

die gesuchte Einfach-Stichprobenanweisung

$$(n - c) = (80 - 1).$$

Ihr entspricht in der Norm die annehmbare Qualitätsgrenzlage AQL 0,65. Bei dieser Prüfung ist mit einem maximalen Durchschlupf von

$$AOQL = D_{Max} \approx \left(1 - \frac{n}{N}\right) \cdot 0,010 \approx 0,92\%$$

zu rechnen.

II. Entsprechende Doppel-Stichprobenanweisung nach ISO 2859 Teil 1.

AQL 0,65 / Kennbuchstabe J, normale Prüfung: $(50 - 0/2 - 1/2)$.

Der mittlere Prüfaufwand beträgt bei dieser Anweisung

$$\bar{n} = 50 \cdot (1 + G(1; 50, p) - G(0; 50, p)),$$

also für einem Fehleranteil $p = 1\%$:

$$\overline{n} \approx 50 \cdot \left(1 + 0{,}9106 - 0{,}6050\right) \approx 65{,}3.$$

Maximal wird dieser mittlere Prüfaufwand für $p = 2\%$. Dann ergibt sich

$$\overline{n} \approx 68{,}6.$$

III. Entsprechende $\left(\overline{x}, s\right)$-Stichprobenanweisung für eine messende Prüfung nach ISO 3951:

$$\left(n_s - k\right) = \left(35 - 2{,}03\right) \text{ gemäß } AQL\ 0{,}65\ /\ \text{Kennbuchstabe J, normale Prüfung.}$$

Aufgabe 6.6

I. Binomialverteilung, Einfach-Stichprobenanweisung nach ISO 2859 Teil 1. Die Vorgaben

$$p_{0,90}^{*} = 0{,}010 \leq p_{0,90} \quad \text{und} \quad AOQL = D_{Max} \leq 0{,}011$$

werden erfüllt durch die normierte Einfach-Stichprobenanweisung

$$\left(n - c\right) = \left(315 - 5\right).$$

Diese Anweisung entspricht bei normaler Prüfung

$$AQL\ 0{,}65\ /\ \text{Kennbuchstabe M, also Prüfniveau III für } N = 10000.$$

II. Entsprechende Doppel-Stichprobenanweisung nach ISO 2859 Teil 1:

1. $AQL\ 0{,}65\ /\ \text{Kennbuchstabe M, normale Prüfung:}$ $\left(200 - 2\ /\ 5 - 6\ /\ 7\right)$,

2. $AQL\ 0{,}65\ /\ \text{Kennbuchstabe M, verschärfte Prüfung:}$ $\left(200 - 1\ /\ 4 - 4\ /\ 5\right)$,

3. $AQL\ 0{,}65\ /\ \text{Kennbuchstabe M, reduzierte Prüfung:}$ $\left(80 - 0\ /\ 4 - 3\ /\ 6\right)$.

Für einen Fehleranteil von $p = 1\%$ beläuft sich der mittlere Prüfaufwand bei diesen Anweisungen auf jeweils:

1. $\overline{n} = 200 \cdot \left(1 + G\left(4; 200, p\right) - G\left(2; 200, p\right)\right) \approx 200 \cdot \left(1 + 0{,}9483 - 0{,}6767\right) \approx 254{,}3$,

2. $\overline{n} = 200 \cdot \left(1 + G\left(3; 200, p\right) - G\left(1; 200, p\right)\right) \approx 200 \cdot \left(1 + 0{,}8580 - 0{,}4046\right) \approx 290{,}7$,

3. $\overline{n} = 80 \cdot \left(1 + G\left(3; 80, p\right) - G\left(0; 80, p\right)\right) \approx 80 \cdot \left(1 + 0{,}9913 - 0{,}4475\right) \approx 123{,}5.$

Wir berechnen ausführlich für alle drei Fälle den jeweiligen Wert der Annahmewahrscheinlichkeit, gemäß der Aufgabenstellung wieder für $p = 1\%$:

1. Normale Prüfung: $\left(200 - 2\ /\ 5 - 6\ /\ 7\right)$ für $p = 1\%$

$$P_a(p) = G(2;200,p)$$

$$+ \; g(3;300,p) \cdot G(3;200,p)$$

$$+ \; g(4;200,p) \cdot G(2;200,p)$$

$$\approx 0,6767$$

$$+ \; 0,1814 \cdot 0,8580$$

$$+ \; 0,0902 \cdot 0,6767$$

$$\approx 0,8934.$$

2. Verschärfte Prüfung: $(200-1/4-4/5)$ für $p=1\%$

$$P_a(p) = G(1;200,p)$$

$$+ \; g(2;200,p) \cdot G(2;200,p)$$

$$+ \; g(3;200,p) \cdot G(1;200,p)$$

$$\approx 0,4046$$

$$+ \; 0,2720 \cdot 0,6767$$

$$+ \; 0,1814 \cdot 0,4046$$

$$\approx 0,6621.$$

3. Reduzierte Prüfung: $(80-0/4-3/6)$ für $p=1\%$

$$P_a(p) = G(1;80,p)$$

$$+ \; g(1;80,p) \cdot G(4;80,p)$$

$$+ \; g(2;80,p) \cdot G(3;80,p)$$

$$+ \; g(3;80,p) \cdot G(2;80,p)$$

$$\approx 0,4475$$

$$+ \; 0,3616 \cdot 0,9987$$

$$+ \; 0,1443 \cdot 0,9913$$

$$+ \; 0,0379 \cdot 0,9534$$

$$\approx 0,9878.$$

Aufgabe 6.7

Binomialverteilung, Doppel-Stichprobenanweisung nach ISO 2859 Teil 1.

Prüfniveau I und Losgröße $N = 5000$:   Kennbuchstabe J.

AQL 0,65 / Kennbuchstabe J, reduzierte Prüfung: $(20-0/2-0/2)$.

Die Wahrscheinlichkeit, sowohl in der ersten als auch in der zweiten Stichprobe eine fehlerhafte Einheit zu finden, beträgt für $p = 1\%$:

$$P(p) \;=\; g(1;20,\,p) \cdot g(1;20,\,p) \;\approx\; 0{,}1652^2 \;\approx\; 2{,}7\%.$$

Aufgrund des Prüfergebnisses ist dieses Lieferlos zurückzuweisen, das nächste Los ist normal zu prüfen:

AQL 0,65 / Kennbuchstabe J, normale Prüfung: $\left(50 - 0\,/\,2 - 1\,/\,2\right).$

Sollten sich im nächsten Lieferlos ebenfalls $p = 1\%$ fehlerhafte Einheiten befinden, dann ist die Annahmewahrscheinlichkeit gegeben durch:

$$\begin{aligned}
P_a(p) = \; & G(0;\,50,\,p) \\
& + g(1;\,50,\,p) \cdot G(0;\,50,\,p) \\
\approx \; & 0{,}6050 \\
& + 0{,}3056 \cdot 0{,}06050 \\
\approx \; & 79\%.
\end{aligned}$$

Aufgabe 6.8

Binomialverteilung, Einfach-Stichprobenanweisung nach ISO 2859 Teil 1. Für die vorgegebene Annahmezahl $c = 0$ liegt bei normierten Anweisungen der mittlere Durchschlupf ab einem Stichprobenumfang $n = 50$ sicher unterhalb von 1%. Als adäquat sind also angesichts der Sicherheitsrelevanz und der Tatsache, daß es sich um eine zerstörende Prüfung handelt, die folgenden Einfach-Stichprobenanweisungen zu bezeichnen:

$$\left(n - c\right) \;=\; \left(50 - 0\right) \qquad \text{für normale Prüfung,}$$
$$\left(n - c\right) \;=\; \left(80 - 0\right) \qquad \text{für verschärfte Prüfung.}$$

Diesen beiden Anweisungen entspricht eindeutig AQL 0,25 und eine maximale Losgröße von $N = 500$.

Aufgabe 6.9

I. Poisson-Verteilung, Einfach-Stichprobenanweisung nach ISO 2859 Teil 1.

Prüfniveau II und Losgröße $N = 500$:   Kennbuchstabe H.

Der Kombination AQL 6,5 / Kennbuchstabe H entspricht bei normaler Prüfung die Anweisung

$$\left(n - c\right) \;=\; \left(50 - 7\right).$$

Falls durchschnittlich $\mu_E = 0{,}1$ pro Einheit vorliegen, also im Mittel in Stichproben dieses Umfangs mit $\mu = 5$ Fehlern zu rechnen ist, beträgt die Annahmewahrscheinlichkeit:

$$P_a\left(\mu_E\right) = G\left(c;\mu\right) = G\left(c;n\mu_E\right) = G\left(7;5\right) \approx 86,66\%.$$

II. OC-äquivalente Doppel-Stichprobenanweisung nach ISO 2859 Teil 1:

$$\left(n - c_1 / d_1 - c_{1+2} / d_{1+2}\right) = \left(32 - 3 / 7 - 8 / 9\right).$$

Für eine mittlere Anzahl von $\mu_E = 0,2$ Fehler pro Einheit ergibt sich bei dieser Prüfanweisung mit $\mu = 6,4$ die Annahmewahrscheinlichkeit:

$$
\begin{aligned}
P_a\left(\mu_E\right) = &\; G\left(3;\mu\right) \\
&+ g\left(4;\mu\right) \cdot G\left(4;\mu\right) \\
&+ g\left(5;\mu\right) \cdot G\left(3;\mu\right) \\
&+ g\left(6;\mu\right) \cdot G\left(2;\mu\right) \\
\approx &\; 0,1189 \\
&+ 0,1162 \cdot 0,2351 \\
&+ 0,1487 \cdot 0,1189 \\
&+ 0,1586 \cdot 0,0463 \\
\approx &\; 17\%.
\end{aligned}
$$

Aufgabe 6.10

Poisson-Verteilung, Einfach-Stichprobenanweisung nach ISO 2859 Teil 1:

$$\left(n - c\right) = \left(20 - 5\right) \qquad \text{für normale Prüfung.}$$

Die Rückweisewahrscheinlichkeit beträgt dann für $\mu_E = 0,15$ Fehlern pro Einheit:

$$1 - P_a\left(\mu_E\right) = 1 - G\left(c;n\mu_E\right) = 1 - G\left(5;3\right) \approx 8,4\%.$$

Dieser Wert gilt für die fünf ersten Lieferungen. Ab der sechsten Lieferung ist nach den Regeln der Norm, falls zwei von fünf aufeinanderfolgenden normalen Prüfungen zur Rückweisung eines Loses und somit zum Übergang auf verschärfte Prüfung geführt haben, die höhere Rückweisewahrscheinlichkeit der entsprechenden schärferen Anweisung zu berücksichtigen. Dies ist Gegenstand der Zusatzfrage, die wir in diesem Rahmen allerdings nicht explizit beantworten.

Aufgabe 6.11

Normalverteilung, Stichprobenanweisung nach ISO 3951. Unabhängig davon, ob die $\left(\overline{x}, \sigma\right)$-Prüfanweisung

$$\left(n_\sigma - k\right) = \left(8 - 2,13\right)$$

für eine normale, verschärfte oder reduzierte Prüfung angewendet wird, entspricht ihr im Rahmen der Norm bei unbekannter Standardabweichung die $(\bar{x},s)$-Stichprobenanweisung

$$(n_s - k) = (25 - 2{,}14).$$

Eine freie Vereinbarung mit unverändertem Annahmefaktor $k = 2{,}13$ und

$$n_s^* = 8 \cdot (1 + k^2 / 2) \approx 26{,}1$$

aufzurunden zum Umfang einer praktisch OC-gleichen Prüfanweisung, unterscheidet sich nur so geringfügig von der normierten Anweisung, daß wir auf einen entsprechenden Vorschlag verzichten wollen.

Aufgabe 6.12
Normalverteilung, $(\bar{x},s)$-Stichprobenanweisung nach ISO 3951:

$$(n_s - k) = (10 - 1{,}72) \qquad \text{für reduzierte Prüfung.}$$

Das aktuelle Stichprobenergebnis ist zu zwei Prüfgrößen zu verarbeiten:

$$\bar{x} \pm k \cdot s = 97{,}44 \pm 1{,}72 \cdot 1{,}51 \, \text{mA} = 97{,}44 \pm 2{,}5972 \, \text{mA}.$$

An der unteren Toleranzgrenze von 95 mA ist das Prüfkriterium offensichtlich nicht erfüllt:

$$\bar{x} - k \cdot s = 94{,}8428 \, \text{mA} < 95 \, \text{mA}.$$

Daher ist das folgende Lieferlos einer normalen Prüfung zu unterwerfen. Bei gleichbleibendem Lieferumfang lautet die entsprechende Stichprobenanweisung mit *AQL* 0,65 und dem Kennbuchstaben I:

$$(n_s - k) = (10 - 1{,}72) \quad \text{für reduzierte Prüfung.}$$

Um einen Überblick über die Operationscharakteristik dieser nächsten Prüfung zu erhalten, bestimmen wir Lieferanten-, Indifferenz- und Konsumentenpunkt, die sich mit dem Nomogramm D4 (Wilrich-Nomogramm) leicht graphisch ermitteln lassen. Wir verzichten hier auf die Darstellung rechnerischer Methoden und weisen hinsichtlich der gestellten Frage nach der oberen Schranke für den mittleren Fehleranteil darauf hin, daß die Antwort gerade durch den Lieferantenpunkt gegeben ist:

$p_{0,90} \approx 0{,}75\%$ Lieferantenpunkt   mit $p \cdot P_a(p) \approx 0{,}68\%$,

$p_{0,50} \approx 2{,}4\%$ Indifferenzpunkt   mit $p \cdot P_a(p) \approx 1{,}2\%$,

$p_{0,10} \approx 6{,}4\%$ Konsumentenpunkt mit $p \cdot P_a(p) \approx 0{,}64\%$.

Die gesuchte Einfach-Stichprobenanweisung aus der ISO 2859 Teil 1 mit wirklich nur annähernd gleicher OC lautet:

$$\left(n-c\right) \ = \ \left(80-1\right).$$

Aufgabe 6.13

I. Normalverteilung, $\left(\bar{x},s\right)$-Stichprobenanweisung nach ISO 3951, Losumfang $N = 500$:

$$\left(n_s-k\right) \ = \ \left(25-1{,}98\right) \qquad \text{für verschärfte Prüfung,}$$

entsprechend *AQL* 1,0 / Kennbuchstabe I und dem Ergebnis der letzten fünf normalen Prüfungen. Das aktuelle Stichprobenergebnis liefert zwei Prüfgrößen:

$$\bar{x} \pm k \cdot s \ = \ 203{,}11 \pm 1{,}98 \cdot 0{,}98 \ \text{W} \ = \ 203{,}11 \pm 1{,}9404 \ \text{W}.$$

An der oberen Toleranzgrenze von 205 W ist das Prüfkriterium offensichtlich nicht erfüllt:

$$\bar{x} + k \cdot s \ = \ 205{,}0504 \ \text{W} \ > \ 205 \ \text{W}.$$

Dieses Los ist also ebenfalls zurückzuweisen.

II. Normalverteilung, $\left(\bar{x},s\right)$-Stichprobenanweisung nach ISO 3951, Losumfang $N = 80$:

$$\left(n_s-k\right) \ = \ \left(7-1{,}75\right) \qquad \text{für verschärfte Prüfung,}$$

entsprechend *AQL* 1,0 und dem Kennbuchstaben E, da auch das nächste Lieferlos unabhängig vom soeben erhaltenen Prüfergebnis verschärft zu prüfen ist. Für den hypothetischen Fall, daß dann die Stichprobe dieselben Kennwerte besitzen sollte, wären die beiden Prüfgrößen zu berechnen als:

$$\bar{x} \pm k \cdot s \ = \ 203{,}11 \pm 1{,}75 \cdot 0{,}98 \ \text{W} \ = \ 203{,}11 \pm 1{,}715 \ \text{W}.$$

Beide Werte liegen innerhalb der Toleranz,

$$\bar{x} + k \cdot s \ = \ 204{,}825 \ \text{W} \ < \ 205 \ \text{W},$$
$$\bar{x} - k \cdot s \ = \ 201{,}395 \ \text{W} \ > \ 195 \ \text{W},$$

die Nachlieferung wäre somit anzunehmen.

Aufgabe 6.14

Normalverteilung, $(\bar{x}, \sigma)$-Stichprobenanweisung nach ISO 3951. In der Regel ist ein umständliches Verfahren nötig, um vorgegebene Werte für Lieferanten- und Abnehmerrisiko zusammen mit den entsprechenden Qualitätslagen zu einer geeigneten normierten Stichprobenanweisung zu verarbeiten. Nach der Eintragung in ein Wilrich-Nomogramm (Nomogramm D3) muß anschließend noch die Norm nach adäquaten Anweisungen mühsam durchforstet werden. Das Ergebnis unterscheidet sich oft recht deutlich von einer bei identischen Vorgaben zu entwerfenden freien Vereinbarung, deren Operationscharakteristik diese Vorgaben fast exakt als Lieferanten- und Konsumentenpunkt enthält.

In unserem Fall hält die Norm unter *AQL* 0,65 / Kennbuchstabe K die Stichprobenanweisung

1. $\left(n_\sigma - k\right) = \left(16 - 2{,}07\right)$ für normale Prüfung

bereit. Sie entspricht nahezu dem Resultat einer freien Vereinbarung mit dem identischen Annahmefaktor

$$k = \frac{u_{1-\alpha} u_{1-p_\beta} - u_\beta u_{1-p_{1-\alpha}}}{u_{1-\alpha} - u_\beta} = \frac{u_{0,95} u_{0,95} - u_{0,05} \cdot 2{,}5}{u_{0,95} - u_{0,05}} \approx 2{,}07$$

unter Verwendung von

$$u_{0,95} = -u_{0,05} \approx 1{,}64485$$

und der unteren Schranke für den notwendigen Stichprobenumfang

$$n_\sigma^* = \left(\frac{u_{1-\alpha} - u_\beta}{u_{1-p_{1-\alpha}} - u_{1-p_\beta}}\right)^2 \approx 14{,}8.$$

Dieses Ergebnis läßt sich graphisch sehr leicht bestätigen. Entsprechend *AQL* 0,65 und dem Kennbuchstaben K ergibt sich weiterhin:

2. $\left(n_\sigma - k\right) = \left(14 - 2{,}21\right)$ für verschärfte Prüfung ,

3. $\left(n_\sigma - k\right) = \left(7 - 1{,}80\right)$ für reduzierte Prüfung .

Da nur eine Toleranzgrenze *UGW* = 4300 N zu berücksichtigen ist, kann für alle drei Prüfanweisungen der jeweiligen indifferenten Qualitätslage $p_{0,50}$ eindeutig ein Zahlenwert für den entsprechenden Fertigungsmittelwert zugeordnet werden $\left(\sigma = 40\,\text{N}\right)$:

1. Normale Prüfung: $\mu_{0,50} = UGW + k \cdot \sigma = 4382{,}8$ N,

2. Verschärfte Prüfung: $\mu_{0,50} = UGW + k \cdot \sigma = 4388{,}4$ N,

3. Reduzierte Prüfung: $\mu_{0,50} = UGW + k \cdot \sigma = 4372{,}0$ N.

Die Annahmewahrscheinlichkeit ist abhängig vom aktuellen Fertigungsmittelwert μ,

$$P_a(\mu) = G\left(\frac{\mu - \mu_{0,50}}{\sigma}\sqrt{n_\sigma}\right),$$

sowie von der konkreten Prüfanweisung. So erhalten wir für $\mu = 4390\,\text{N}$:

1. Normale Prüfung: $P_a(\mu) = G(0,72) \approx 76\%$,

2. Verschärfte Prüfung: $P_a(\mu) \approx G(0,15) \approx 56\%$.

Auf die Beantwortung der Zusatzfrage nach der effektiven Annahmewahrscheinlichkeit der Kombination beider Prüfungen werden wir hier nicht eingehen. Wir erhalten mit etwa 61% einen Wert, der nur wenig oberhalb des Ergebnisses für die alleinige verschärfte Prüfung liegt.

Aufgabe 6.15

I. Binomialverteilung, frei vereinbarte Doppelstichprobenanweisung:

Reduzierte Prüfung: $(100 - 1/4 - 3/7)$.

Für einen Fehleranteil von $p = 4\%$ beträgt der mittlere Prüfaufwand bei dieser Anweisung:

$$\bar{n} = 100 \cdot \left(1 + G(3;100,p) - G(1;100,p)\right) \approx 100 \cdot \left(1 + 0,4295 - 0,0872\right) \approx 134,2.$$

Die Annahmewahrscheinlichkeit ist in diesem Fall:

$$\begin{aligned}
P_a(p) &= G(1;100,p) \\
&\quad + g(2;100,p) \cdot G(4;100,p) \\
&\quad + g(3;100,p) \cdot G(3;100,p) \\
&\approx 0,0872 \\
&\quad + 0,1450 \cdot 0,6289 \\
&\quad + 0,1973 \cdot 0,4295 \\
&\approx 0,263.
\end{aligned}$$

Für diesen Fehleranteil errechnet sich also eine Rückweisewahrscheinlichkeit von

$$1 - P_a(p) \approx 73,7\%.$$

II. Normalverteilung, angepaßte $(\bar{x},s)$-Stichprobenanweisung nach ISO 3951. Rechnerisch wie graphisch ergibt sich mit Blick auf die Norm:

$$(n_s - k) = (25 - 1,98) \qquad \text{für reduzierte Prüfung}.$$

Die Prüfanweisung entspricht dann *AQL* 0,40 und dem Kennbuchstaben L. Das bedeutet:

$$\left(n_s - k\right) = \left(75 - 2{,}27\right) \qquad \text{für normale Prüfung}.$$

Ein Los mit einem Fehleranteil von $p = 4\%$ wird bei normaler Prüfung mit einer Wahrscheinlichkeit von etwa 99% zurückgewiesen.

Aufgabe 6.16

Exponentialverteilung, Abnahmeprüfung auf Zuverlässigkeit, freie Vereinbarung. In der Prüfanweisung

$$\left(n - c - t_{Prüf}\right) = \left(100 - 0 - t_{Prüf}\right)$$

fehlt noch die konkrete Prüfzeit, die wir an die rückzuweisende Qualitätsgrenzlage anpassen:

$$T_{RQL} \approx 6500\,\text{h}, \text{Annahmewahrscheinlichkeit } P_a \leq 10\%.$$

Wir nähern im Grenzfall kleiner Prüfzeit durch die Poisson-Verteilung an, also

$$\mu_{RQL} \approx n \cdot t_{Prüf} / T_{RQL}.$$

Mit der Annahmewahrscheinlichkeit

$$P_a \approx G\left(c; \mu_{RQL}\right) = e^{-\mu_{RQL}} \leq 0{,}10$$

ergibt sich

$$\mu_{RQL} \geq -\ln 0{,}10 \approx 2{,}3026$$

und die notwendige Prüfzeit zu

$$t_{Prüf} \geq \frac{\mu_{RQL}}{n} T_{RQL} \approx \frac{2{,}3026}{100} 6500\,\text{h} \approx 149{,}7\,\text{h}.$$

Wir runden auf und erhalten $t_{Prüf} = 150\,\text{h}$.

Für eine mittlere Lebensdauer von $T = 10000\,\text{h}$ beträgt die Rückweisewahrscheinlichkeit:

$$1 - P_a \approx 1 - G\left(c; \mu\right) = 1 - G\left(0; 1{,}5\right) = 1 - e^{-1{,}5} \approx 77{,}7\%.$$

Aufgabe 6.17

Exponentialverteilung, Abnahmeprüfung auf Zuverlässigkeit, Vereinbarung nach ISO 2859:

$$N = 3000, \text{Prüfniveau II:} \qquad\qquad \text{Kennbuchstabe K.}$$

$$AQL\, 1,0\,/\,\text{Kennbuchstabe K, normale Prüfung:} \qquad (n-c) = (125-3).$$

Die Prüfzeit erhalten wir mit der Vorgaben

$$T_{AQL} = 20000\,\text{h} \qquad \text{und} \qquad AQL = 1\%$$

aus der Beziehung

$$t_{Prüf} = T_{AQL}\sqrt[b]{-\ln(1-AQL)} = 20000\text{h}\cdot(-\ln 0,99) \approx 201\text{h}.$$

Wir wählen also die folgende Prüfanweisung:

$$(n-c-t_{Prüf}) = (125-3-200\text{h}).$$

Dann ergibt sich die Annahmewahrscheinlichkeit für eine mittlere Lebensdauer von $T = 15000$h aus

$$P_a \approx G(c;\mu)$$

mit

$$\mu = \frac{\text{Anzahl der Bauelemente-Stunden}}{\text{Mittlere Lebensdauer in h}} = \frac{nt_{Prüf}}{T} = \frac{25000}{15000} = \frac{5}{3}$$

zu

$$P_a \approx 91\%.$$

Zu dem Fall, daß nur 25 Prüfplätze zur Verfügung stehen, halten wir fest, daß neben der mittleren Lebensdauer nur die Anzahl der Bauelemente-Stunden die Annahmewahrscheinlichkeit bestimmt. Daher könnten alternativ auch 25 Bauelemente 1000 Stunden getestet werden, was allerdings ohne Zeitraffer-Effekte wohl kaum zu realisieren sein dürfte. Die Empfehlung der Norm, den Stichprobenumfang in Abhängigkeit vom Umfang des Lieferloses und dem Prüfniveau festzulegen, bliebe dann unberücksichtigt.

Lösungen der Aufgaben zu Kapitel 7

Aufgabe 7.1
Binomialverteilung, $n = 200$, $p = 1{,}3\%$, Shewhart-Regelkarte:

$$
\begin{aligned}
OEG &= x_{ob;0,99} + 0{,}5 &= 7{,}5 \\
OWG &= x_{ob;0,95} + 0{,}5 &= 6{,}5 \\
M &= n \cdot p &= 2{,}6 \\
UWG &= x_{un;0,95} - 0{,}5 & \text{entfällt} \\
UEG &= x_{un;0,99} - 0{,}5 & \text{entfällt}
\end{aligned}
$$

Die Eingriffswahrscheinlichkeit beträgt bei Verdopplung, Verdreifachung, Vervierfachung des Fehleranteils jeweils:

1. $p \rightarrow 2{,}6\% : 1 - P_a \approx 15\%$,

2. $p \rightarrow 3{,}9\% : 1 - P_a \approx 52\%$,

3. $p \rightarrow 5{,}2\% : 1 - P_a \approx 82\%$.

Um diese Veränderungen mit einer Wahrscheinlichkeit von mindestens 70% zu entdecken, muß die Anzahl k aufeinander folgender Stichproben jeweils einen bestimmten Schwellenwert überschreiten:

$$
k \geq \frac{\ln 0{,}30}{\ln P_a}
$$

1. $p \rightarrow 2{,}6\% : \; k \geq 8$
2. $p \rightarrow 3{,}9\% : \; k \geq 2$
3. $p \rightarrow 5{,}2\% : \; k \geq 1$

Aufgabe 7.2
I. Poisson-Verteilung, $\mu = 12{,}0$, Shewhart-Regelkarte:

$$
\begin{aligned}
OEG &= x_{ob;0,99} + 0{,}5 &= 22{,}5 \\
OWG &= x_{ob;0,95} + 0{,}5 &= 19{,}5 \\
M &= \mu &= 12{,}0 \\
UWG &= x_{un;0,95} - 0{,}5 &= 5{,}5 \\
UEG &= x_{un;0,99} - 0{,}5 &= 3{,}5
\end{aligned}
$$

Einer Eingriffswahrscheinlichkeit von 50% bzw. 90% entsprechen etwa die folgenden schlechteren Qualitätslagen:

1. $1 - P_a = 50\% \; : \; \mu \rightarrow 22{,}7$ Fehler pro Quadratmeter,

2. $1 - P_a = 90\%$: $\mu \rightarrow 29{,}3$ Fehler pro Quadratmeter.

II. Poisson-Verteilung, $\mu = 3{,}0$, Shewhart-Regelkarte:

$OEG = x_{ob;0,99} + 0{,}5 = 8{,}5$ ————————————

$OWG = x_{ob;0,95} + 0{,}5 = 7{,}5$ – – – – – –

$M = \mu = 3{,}0$ – · – · – · – · –

$UWG = x_{un;0,95} - 0{,}5 = $ entfällt – – – – – –

$UEG = x_{un;0,99} - 0{,}5 = $ entfällt ————————————

Nun entsprechen einer Eingriffswahrscheinlichkeit von 50% bzw. 90%:

1. $1 - P_a = 50\%$: $\mu \rightarrow 8{,}7$ Fehler pro einem Viertelquadratmeter,

2. $1 - P_a = 90\%$: $\mu \rightarrow 13{,}0$ Fehler pro einem Viertelquadratmeter.

Wenn wir einen Quadratmeter als eine Einheit bezeichnen, dann bedeutet das ungefähr:

1. $1 - P_a = 50\%$: $\mu_E \rightarrow 35$ Fehler pro Quadratmeter,

2. $1 - P_a = 90\%$: $\mu_E \rightarrow 52$ Fehler pro Quadratmeter.

Aufgabe 7.3

I. Normalverteilung, $\mu = 375\,\text{ml}$, $\sigma = 375\,\text{ml}$, Shewhart-Regelkarte für Urwerte. Unter Verwendung der Tabelle B12 erhalten wir für den Stichprobenumfang $n = 25$:

$OEG = \mu + E_E\sigma \approx 376{,}77\,\text{ml}$ ————————————

$OWG = \mu + E_W\sigma \approx 376{,}54\,\text{ml}$ – – – – – –

$M = \mu = 375{,}00\,\text{ml}$ – · – · – · – · –

$UWG = \mu - E_W\sigma \approx 376{,}46\,\text{ml}$ – – – – – –

$UEG = \mu - E_E\sigma \approx 373{,}23\,\text{ml}$ ————————————

Falls die Eingriffswahrscheinlichkeit der Karte aktuell 80% beträgt, können u. a. separat die folgenden Abweichungen vorliegen:

1. $1 - P_a = 80\,\%$ für $\mu \rightarrow \mu + \Delta\mu$ mit $\Delta\mu \approx \pm 2{,}00\,\sigma = \pm 1{,}00\,\text{ml}$,

2. $1 - P_a = 80\,\%$ für $\sigma \rightarrow \sigma^*$ mit $\sigma^* \approx \pm 1{,}90\,\sigma = \pm 0{,}95\,\text{ml}$.

Diese Werte lassen sich sowohl berechnen als auch mittels der in Kapitel 7 für die Urwert-Karte angegebenen Operationscharakterisiken interpolierend abschätzen.

Die erste der genannten Abweichungen $\Delta\mu \approx \pm 2{,}00\,\sigma$ kann auch von Shewhart-Regelkarten für den Mittelwert bzw. den Median mit mindestens derselben Eingriffswahrscheinlichkeit entdeckt werden, sofern der jeweilige Stichprobenumfang geeignet gewählt wird:

1.1 Mittelwert–Karte: $n \geq 3$ $\left(\text{so aus OC}\right)$,

1.2 Median–Karte: $n \geq 4$ $\left(\text{Rechnung}\right)$.

Auf die zweite Abweichung $\sigma^{*} \approx 1{,}90\,\sigma$ reagieren die s- und R-Karte mit $1 - P_a \geq 80\%$, wenn:

2.1 s–Karte: $n \geq 14$ $\left(\text{so aus OC}\right)$,

2.2 R–Karte: $n \geq 20$ $\left(\text{so aus OC}\right)$.

Wir ersparen uns hier den Entwurf einer Unzahl von Regelkarten, wie sie die Aufgabenstellung vorsieht, und entscheiden uns auf der Grundlage dieser Zahlenwerte für den jeweils notwendigen Stichprobenumfang folgendermaßen. In Zukunft ist der Prozeß durch eine zweispurige $\bar{x}\,/\,s$-Karte zu überwachen. Dazu sollen regelmäßig Stichproben vom Umfang $n = 14$ gezogen und hinsichtlich Mittelwert und Standardabweichung ausgewertet werden.

II. Normalverteilung, $\mu = 275$ ml, $\sigma = 0{,}5$ml, Shewhart-Regelkarte für den Mittelwert und die Standardabweichung, $n = 14$. Wir berechnen unter Verwendung von Tabelle B12 für die erste Spur und Tabelle B13 für die zweite Spur die Warn- und Eingriffsgrenzen der $\bar{x}\,/\,s$-Karte:

1. $\bar{x}$-Spur, $n = 14$:

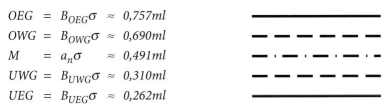

$$
\begin{aligned}
OEG &= \mu + A_E \sigma &\approx 375{,}344\,\text{ml} \\
OWG &= \mu + A_W \sigma &\approx 375{,}262\,\text{ml} \\
M &= \mu &= 375{,}000\,\text{ml} \\
UWG &= \mu - A_W \sigma &\approx 374{,}738\,\text{ml} \\
UEG &= \mu - A_E \sigma &\approx 374{,}656\,\text{ml}
\end{aligned}
$$

2. s-Spur, $n = 14$:

$$
\begin{aligned}
OEG &= B_{OEG}\,\sigma &\approx 0{,}757\,ml \\
OWG &= B_{OWG}\,\sigma &\approx 0{,}690\,ml \\
M &= a_n \sigma &\approx 0{,}491\,ml \\
UWG &= B_{UWG}\,\sigma &\approx 0{,}310\,ml \\
UEG &= B_{UEG}\,\sigma &\approx 0{,}262\,ml
\end{aligned}
$$

Die Kombination beider Spuren reagiert nun im Vergleich zur früheren Urwert-Karte folgendermaßen:

1. $\bar{x}$-Spur: $1 - P_a = 80\%$ für $\mu \to \mu + \Delta\mu$ mit $\Delta\mu \approx \pm 0,91\sigma$,

2. s-Spur: $1 - P_a = 80\%$ für $\sigma \to \sigma^*$ mit $\sigma^* \approx \pm 1,86\sigma$.

Diese Zahlenwerte sind berechnet, lassen sich aber in unserer Sammlung graphischer OC-Darstellungen wieder interpolierend verifizieren.

Aufgabe 7.4

Normalverteilung, $\mu = 50,0$mm, Schätzwert für σ aus Vorlaufergebnissen, $\bar{x}/s$-Regelkarte ohne vorgegebene Grenzwerte. Weder ein Bartlett-Test noch eine Varianzanalyse lassen auf irgendwelche Störungen des Vorlaufes schließen, wie wir in dieser Lösung allerdings nicht explizit zeigen werden. Wir schätzen die Varianz der Grundgesamtheit, die wir ohne weitere Informationen als normalverteilt voraussetzen, durch die mittlere Stichprobenvarianz:

$$\hat{\sigma}^2 = \frac{1}{25}\sum_{j=1}^{25} s_j^2 \approx (0,0305\text{mm})^2, \text{ also } \hat{\sigma} \approx 0,0305\text{mm}.$$

Mit diesem Schätzwert können wir die zweispurige Regelkarte entwerfen (Tabellen B12 und B13):

1. $\bar{x}$-Spur, $n = 10$:

$$OEG = \mu + A_E\sigma \approx 50,0248\text{mm}$$
$$OWG = \mu + A_W\sigma \approx 50,0189\text{mm}$$
$$M = \mu \approx 50,0000\text{mm}$$
$$UWG = \mu - A_W\sigma \approx 49,9811\text{mm}$$
$$UEG = \mu - A_E\sigma \approx 49,9752\text{mm}$$

2. s-Spur, $n = 10$:

$$OEG = B_{OEG}\sigma \approx 0,0494\text{mm}$$
$$OWG = B_{OWG}\sigma \approx 0,0443\text{mm}$$
$$M = a_n\sigma \approx 0,0297\text{mm}$$
$$UWG = B_{UWG}\sigma \approx 0,0167\text{mm}$$
$$UEG = B_{UEG}\sigma \approx 0,0134\text{mm}$$

Die Wahrscheinlichkeit, daß die Mittelwerte sämtlicher 25 Vorlaufstichproben zwischen den Eingriffsgrenzen ihrer Spur, also innerhalb ihres zweiseitigen

99%-Zufallsstreubereiches liegen (korrekte Schätzung der Varianz vorausgesetzt), beträgt

$$P = 0,99^{25} \approx 77,8\%.$$

Aufgabe 7.5

Normalverteilung, $\mu = 10,0\,\text{mm}$, $\sigma = 0,02\,\text{mm}$, $\bar{x}/R$-Regelkarte $(n = 5)$ ohne vorgegebene Grenzwerte. Wir verwenden wiederum Tabelle B12 für die erste und Tabelle B13 für die zweite Spur:

1. $\bar{x}$-Spur, $n = 5$:

OEG	$=$	$\mu + A_E \sigma$	$\approx 10,023\,\text{mm}$
OWG	$=$	$\mu + A_W \sigma$	$\approx 10,018\,\text{mm}$
M	$=$	μ	$\approx 10,000\,\text{mm}$
UWG	$=$	$\mu - A_W \sigma$	$\approx 9,982\,\text{mm}$
UEG	$=$	$\mu - A_E \sigma$	$\approx 9,977\,\text{mm}$

2. R-Spur, $n = 5$:

OEG	$=$	$D_{OEG} \sigma$	$\approx 0,098\,\text{mm}$
OWG	$=$	$D_{OWG} \sigma$	$\approx 0,084\,\text{mm}$
M	$=$	$d_n \sigma$	$\approx 0,047\,\text{mm}$
UWG	$=$	$D_{UWG} \sigma$	$\approx 0,017\,\text{mm}$
UEG	$=$	$D_{UEG} \sigma$	$\approx 0,011\,\text{mm}$

Die jeweiligen Eingriffsgrenzen haben somit folgende Abstände:

1. $\bar{x}$-Spur: $OEG - UEG = 0,046\,\text{mm}$,
2. R-Spur: $OEG - UEG = 0,087\,\text{mm}$.

Den jeweiligen Operationscharakteristiken entnehmen wir:

1. $\bar{x}$-Spur: $1 - P_a = 50\%$
   für $\mu \to \mu + \Delta\mu$, $\Delta\mu \approx \pm 1,3\sigma = \pm 0,026\,\text{mm}$,
2. R-Spur: $1 - P_a \approx 64\%$
   für $\sigma \to \sigma^*$, $\sigma^* \approx \pm 2,5\sigma = \pm 0,050\,\text{mm}$.

Aufgabe 7.6

Qualitätskennzahlen der Prozeßfähigkeit. Zur quantitativen Bestimmung von

$$C_p = \frac{T}{6\sigma} \quad \text{und} \quad C_{pk} = C_p\left(1 - |k|\right) \quad \text{mit} \quad k = 2\frac{\mu - T_m}{T}$$

benötigen wir Schätzwerte für die aktuelle Prozeßlage und -streuung:

$$\hat{\mu} = \bar{x} = 2411W \quad \text{und} \quad \hat{\sigma} = s = 37W.$$

Mit der Toleranzbreite

$$T = OGW - UGW = 200W$$

erhalten wir dann die Zahlenwerte:

$$C_p = \frac{200}{6 \cdot 37} \approx 0,90 \quad \text{und} \quad C_{pk} = \frac{89}{3 \cdot 37} \approx 0,80.$$

Die aktuelle Prozeßstreuung setzt sich aus zwei fast gleichwertigen Anteilen zusammen, von denen der erste Schwankungen bzgl. der Leistungscharakterisiken der Motoren darstellt:

$$\hat{\sigma}^2 = \left(37W\right)^2 \approx \left(25W\right)^2 + \left(27,276W\right)^2.$$

Auch wenn wir die Toleranzbreite nur mit dem letzten Beitrag vergleichen,

$$\frac{200W}{6 \cdot 27,276W} \approx 1,22,$$

ergibt sich kein Wert, der oberhalb von 1,33 liegt. Selbst wenn sämtliche eingesetzten Motoren eine völlig identische Leistungscharakteristik besitzen würden, könnte dieser Schwellenwert für die Prozeßfähigkeit also nicht überschritten werden.

Aufgabe 7.7

Normalverteilung, $\sigma = 0,035$ mm, $\bar{x} / R$ -Regelkarte $\left(n = 5\right)$ mit vorgegebenen Grenzwerten $50,0 \pm 0,2$ mm. Für die zweite Spur können wir auf Tabelle B13 zurückgreifen. Der Annahmefaktor der $\bar{x}$ -Spur ist sowohl graphisch mit Nomogramm D5, als auch rechnerisch leicht zu bestimmen. Aus

$$k_A = u_{1-p} + \frac{u_{1-P_a}(p)}{\sqrt{n}} \quad \text{mit} \quad p = p_\beta = 1\% \quad \text{und} \quad P_a\left(p\right) = \beta = 10\%,$$

den bekannten Zahlenwerten für die Quantile der Standard-Normalverteilung

$$u_{0,99} \approx 2,3263 \quad \text{und} \quad u_{0,90} \approx 1,2816,$$

ergibt sich

$$k_A \approx 2,899.$$

Wir erhalten somit für die relevanten Grenzen dieser Regelkarte:

1. $\bar{x}$-Spur, $n=5$:

$OEG = OGW - k_A\sigma \approx 50{,}099\,\text{mm}$

$UEG = UGW + k_A\sigma \approx 49{,}901\,\text{mm}$

2. R-Spur, $n=5$:

$OEG = D_{OEG}\sigma \approx 0{,}171\,\text{mm}$

$OWG = D_{OWG}\sigma \approx 0{,}147\,\text{mm}$

$M = d_n\sigma \approx 0{,}081\,\text{mm}$

$UWG = D_{UWG}\sigma \approx 0{,}030\,\text{mm}$

$UEG = D_{UEG}\sigma \approx 0{,}019\,\text{mm}$

Für eine Urwert-Karte hätten wir bei gleichen Vorgaben als Annahmefaktor

$$k_E = u_{1-p} - u_{\sqrt[n]{P_a(p)}} \quad \text{mit} \quad p = p_\beta = 1\% \quad \text{und} \quad P_a(p) = \beta = 10\%,$$

also $k_E \approx 1{,}992$ erhalten. Dieser Wert ist auch graphisch mit Nomogramm D7 näherungsweise zu ermitteln. Der Spielraum beträgt dann für

Mittelwert-Karte: $\quad S = T - 2\sigma(k_A + A_E) \approx 0{,}116\,\text{mm}$,

Urwert-Karte: $\quad S = T - 2\sigma(k_E + E_E) \approx 0{,}044\,\text{mm}$.

Ohne Rechnung geben wir an, daß für einen Minimalspielraum von 4σ, 5σ, bzw. 6σ der notwendige Stichprobenumfang n mindestens 8, 19 bzw. 99 betragen müßte.

Aufgabe 7.8

Normalverteilung, σ zu schätzen, $\tilde{x}/R$-Regelkarte $(n=3)$ mit vorgegebenen Grenzwerten $160 \pm 40\,\mu\text{m}$. Den Annahmefaktor der Median-Spur können wir wieder graphisch mit Hilfe von Nomogramm D6 bestimmen zu

$$k_C \approx 3{,}16,$$

in guter Übereinstimmung mit dem Ergebnis der Berechnungsformel:

$$k_C = u_{1-p} + \frac{u_{1-P_a(p)}}{\sqrt{n}} \cdot c_n \quad \text{mit} \quad p = p_\beta = 2\% \quad \text{und} \quad P_a(p) = \beta = 5\%,$$

$u_{0{,}98} \approx 2{,}05375$, $u_{0{,}98} \approx 1{,}64485$ und $c_3 \approx 1{,}1602$.

Die Faktoren zu Ermittlung der R-Karten-Grenzlinien erhalten wir aus Tabelle B13. Somit verbleibt noch die Schätzung der Standardabweichung aus dem Mittelwert $\bar{R}$ der zehn gegebenen Stichproben-Spannweiten. Unter Verwendung von Tabelle B11 ergibt sich:

$$\hat{\sigma} = \bar{R} \, / \, d_3 \approx 17\mu\text{m} \, / \, 1{,}6926 \approx 10{,}01\mu\text{m}.$$

Also lauten die beiden Spuren dieser Regelkarte:

1. $\tilde{x}$-Spur, $n = 3$:

$$OEG = OGW - k_C \sigma \approx 168{,}3 \; \mu\text{m}$$
$$UEG = UGW - k_C \sigma \approx 151{,}7 \; \mu\text{m}$$

2. R-Spur, $n = 3$:

$$OEG = D_{OEG}\sigma \approx 44{,}4 \; \mu\text{m}$$
$$OWG = D_{OWG}\sigma \approx 37{,}0 \; \mu\text{m}$$
$$M = d_n\sigma \approx 17{,}0 \; \mu\text{m}$$
$$UWG = D_{UWG}\sigma \approx 3{,}0 \; \mu\text{m}$$
$$UEG = D_{UEG}\sigma \approx 1{,}4 \; \mu\text{m}$$

Der Prozeß ist qualitätsfähig, aber angesichts der verwerteten Stichprobenergebnisse, offensichtlich nicht beherrscht. Die letzten beiden Fragen beantworten wir mit einem Hinweis auf die Möglichkeit, die Eingriffswahrscheinlichkeit der Median-Karte berechnen oder auch graphisch ermitteln zu können, sowie auf unsere Operationscharakteristiken zu R-Karten:

1. $\tilde{x}$-Spur: $1 - P_a = 89\%$ für $p = 1\%$,
2. R-Spur: $1 - P_a = 26\%$ für $\sigma \to \sigma^*$, $\sigma^* = 2\sigma$.

Aufgabe 7.9

Normalverteilung, $\sigma = 10\;\text{HB}$, vorgegebene Grenzwerte $330 \pm 20\;\text{HB}$. Qualitätsfähigkeit des Anlaßprozesses:

$$C_p = \frac{T}{6\sigma} = \frac{40\;\text{HB}}{6 \cdot 10\;\text{HB}} = \frac{2}{3}.$$

Zur Bestimmung des optimalen Sollwertes werden wir nur das Verhältnis der beiden relevanten Kostenfaktoren benötigen:

$$\frac{K_u}{K_o} = 5$$

mit den Abkürzungen

K_u: Kosten der Neubearbeitung eines Bleches wegen zu geringer Oberflächenhärte,

K_u: Kosten der Nachbehandlung eines Bleches wegen zu großer Oberflächenhärte.

Die auf jedes gefertigte Blech entfallenden Fehlerkosten betragen im Durchschnitt, in Abhängigkeit vom eingestellten Sollwert μ und ausgedrückt durch die Standard-Normalverteilung G:

$$K(\mu) = K_u \cdot G\left(\frac{UGW - \mu}{\sigma}\right) + K_o \cdot G\left(\frac{\mu - OGW}{\sigma}\right).$$

Um das Minimum dieser Kostenfunktion zu finden, berechnen wir die Nullstelle ihrer ersten Ableitung, die sich multipliziert mit der Standardabweichung ergibt als:

$$\sigma \frac{\mathrm{d}K(\mu)}{\mathrm{d}\mu} = -K_u \cdot g\left(\frac{UGW - \mu}{\sigma}\right) + K_o \cdot g\left(\frac{\mu - OGW}{\sigma}\right).$$

Deren Nullstelle, also der gesuchte optimale Sollwert μ_{opt}, läßt sich analytisch ermitteln:

$$\mu_{opt} = T_m + \frac{\sigma}{6 C_p} \ln\frac{K_u}{K_o} \quad \text{mit der Toleranzmitte} \quad T_m = 330\,\text{HB}.$$

Wir erhalten den Zahlenwert

$$\mu_{opt} = 330\,\text{HB} + \frac{10\,\text{HB}}{4} \ln 5 \approx 334\,\text{HB}.$$

Falls der Sollwert, statt in der Mitte der Toleranz, auf diesen optimalen Wert eingestellt werden kann, können die mittleren Fehlerkosten pro Blech im Vergleich um ca. 30% reduziert werden. Wir geben hier nur dieses konkrete Ergebnis an und verzichten auf eine allgemeine Berechnungsformel für das Verhältnis der mittleren Kosten, die sich leicht durch das Einsetzen der Toleranzmitte einerseits und des optimalen Sollwerts andererseits in die Kostenfunktion ergibt.

Anhang D: Nomogramme und Auswertenetze

Nomogramm D1. Larson-Nomogramm (Fehlerhafte Einheiten)

Summenwahrscheinlichkeit $G(x;\ n,p)=\sum_{j=0}^{x}\binom{n}{j}p^{j}(1-p)^{n-j}$ der Binominalverteilung.

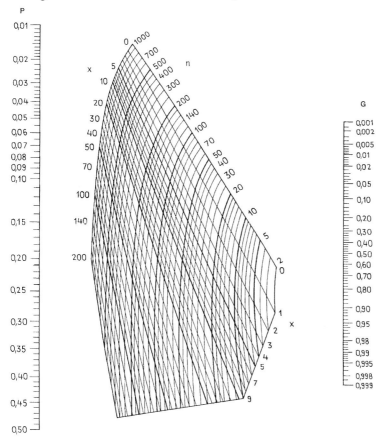

Nachdruck mit freundlicher Genehmigung von Prof. Dr. P.-Th. Wilrich

Hauptsächliche Anwendungen des Larson-Nomogramms

- Bestimmung der Summenwahrscheinlichkeit $G(x; n, p)$
- Bestimmung der Einzelwahrscheinlichkeit $g(x; n, p)$
- Bestimmung von Zufallsstreubereichen der Binominalverteilung
- Bestimmung von Vertrauensbereichen der Binominalverteilung
- Bestimmung einer Einfach-Stichprobenanweisung

Bestimmung der Summenwahrscheinlichkeit G(x; n, p)

- Suche den Schnittpunkt (n / x) der n-Linie mit der x-Linie.
- Verbinde (n / x) mit p und verlängere diese Strecke bis zur G-Skala.
- Lies $G(x; n, p)$ auf der G-Skala ab.

Spezialfälle
- $p > 50\%$: Bestimme $G(n - x - 1; n, 1 - p)$ wie oben und berechne daraus

$$G(x; n, p) = 1 - G(n - x - 1; n, 1 - p).$$

- $p < 1\%$:   Verwende $n^* p^* = n p$ mit $p^* > 1\%$ oder ein Thorndike-Nomogramm (Nomogramm D2).

Bestimmung der Einzelwahrscheinlichkeit g(x; n, p)

- Bestimme $G(x; n, p)$ und $G(x - 1; n, p)$ wie oben.

- Berechne daraus $g(x; n, p) = G(x; n, p) - G(x - 1; n, p)$

Bestimmung von Zufallsstreubereichen der Binominalverteilung

- Verbinde p mit $G = 1 - \dfrac{\alpha}{2}$ $\left(\text{bzw. } 1 - \alpha\right)$.
- Suche den Schnittpunkt dieser Strecke mit der n-Linie.
- x_{ob} ist der nächstgrößere x-Wert entlang der n-Linie. Liegt der Schnittpunkt genau auf einer x-Linie, so ist $x_{ob} = x$.

- Verbinde p mit $G = \dfrac{\alpha}{2}$ $\left(\text{bzw. } \alpha\right)$.
- Suche den Schnittpunkt dieser Strecke mit der n-Linie.
- x_{un} ist der nächstgrößere x-Wert entlang der n-Linie. Liegt der Schnittpunkt genau auf einer x-Linie, so ist $x_{un} = x + 1$.

Spezialfälle
- $p > 50\%$: Bestimme $y_{ob/un}$ aus $q = 1 - p, n, \alpha$ und setze $x_{ob/un} = n - y_{ob/un}$.

- $p < 1\%$:   Verwende $n^* p^* = np$ mit $p^* > 1\%$ oder ein Thorndike-Nomogramm (Nomogramm D2).

Bestimmung von Vertrauensbereichen der Binominalverteilung

- Suche den Schnittpunkt (n/x) der n-Linie mit der x-Linie.

- Verbinde (n/x) mit $G = \dfrac{\alpha}{2}$(bzw. $1-\alpha$) (bzw. a) und verlängere diese Strecke bis zur p-Skala.

- Lies p_{ob} auf der p-Skala ab.

- Suche den Schnittpunkt $(n/x-1)$ der n-Linie mit der $(x-1)$-Linie.

- Verbinde $(n/x-1)$ mit $G = 1 - \dfrac{\alpha}{2}$(bzw. $1-\alpha$) und verlängere diese Strecke bis zur p-Skala.

- Lies p_{un} auf der p-Skala ab.

Spezialfälle

- $p_{ob} > 50\%$: Verwende $G(x;n,p_{ob}) = \dfrac{\alpha}{2} \Leftrightarrow G(n-x-1;n,1-P_{ob}) = 1 - \dfrac{\alpha}{2}$.

- $p_{un} < 1\%$: Verwende $n^* p_{un}^* = np_{un}$ mit $p_{un}^* > 1\%$ oder ein Thorndike-No-mogramm (Nomogramm D2).

Bestimmung einer Einfach-Stichprobenanweisung für die zählende Prüfung

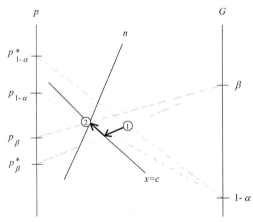

- Vom Schnittpunkt 1 entlang der Linie $(\beta \to p_\beta^*)$ bis zur nächsten x-Linie, diese liefert die Annahmezahl c.
- Dann entlang der c-Linie bis zur nächsten n-Linie, diese liefert den Stichprobenumfang n.
- Der Schnittpunkt 2 definiert die Stichprobenanweisung $(n-c)$.

Nomogramm D2. Thorndike-Nomogramm (Fehler pro Einheit)

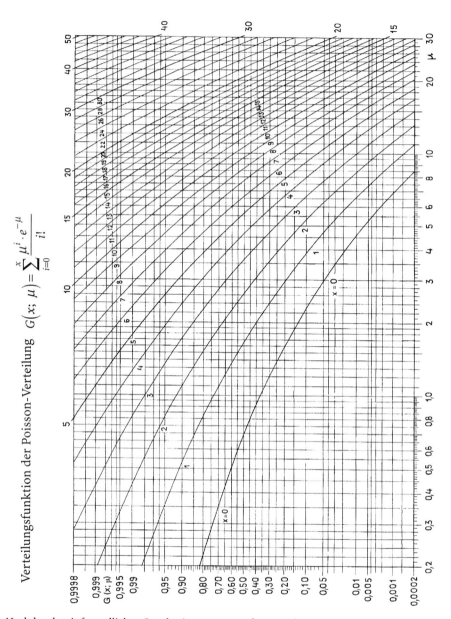

Nachdruck mit freundlicher Genehmigung von Prof. Dr. P.-Th. Wilrich

Hauptsächliche Anwendungen des Thorndike-Nomogramms

- Bestimmung der Summenwahrscheinlichkeit $G(x;\mu)$
- Bestimmung der Einzelwahrscheinlichkeit $g(x;\mu)$
- Bestimmung von Zufallsstreubereichen der Poisson-Verteilung
- Bestimmung von Vertrauensbereichen der Poisson-Verteilung

Bestimmung der Summenwahrscheinlichkeit G(x; μ)

- Suche den Schnittpunkt $(\mu\,/\,x)$ der μ-Linie mit der x-Linie.

- Zeichne von $(\mu\,/\,x)$ eine waagerechte Linie zur G-Skala.

- Lies $G(x;\mu)$ auf der G-Skala ab.

Bestimmung der Einzelwahrscheinlichkeit g(x; μ)

- Bestimme $G(x;\mu)$ und $G(x-1;\mu)$ wie oben.

- Berechne daraus $g(x;\mu)=G(x;\mu)-G(x-1;\mu)$.

Bestimmung von Zufallsstreubereichen der Poisson-Verteilung

- Zeichne eine senkrechte Linie durch μ.
- Zeichne eine waagerechte Linie durch $G=1-\dfrac{\alpha}{2}$ (bzw. $1-\alpha$).
- x_{ob} ist der nächstgrößere x-Wert vom Schnittpunkt der beiden Linien entlang der μ-Linie. Liegt der Schnittpunkt genau auf einer x-Linie, so ist $x_{ob}=x$.
- Zeichne eine waagerechte Linie durch $G=\dfrac{\alpha}{2}$ (bzw. α).
- x_{un} ist der nächstgrößere x-Wert vom Schnittpunkt der beiden Linien entlang der μ-Linie. Liegt der Schnittpunkt genau auf einer x-Linie, so ist $x_{un}=x+1$.

Bestimmung von Vertrauensbereichen der Poisson-Verteilung

- Zeichne eine waagerechte Linie durch $G=1-\dfrac{\alpha}{2}$ (bzw. $1-\alpha$).

- Suche den Schnittpunkt dieser Linie mit der $(x-1)$-Linie.

- Fälle das Lot vom Schnittpunkt $(G\,/\,x-1)$ auf die μ-Linie.

- Lies μ_{ob} auf der μ-Linie ab.

- Zeichne eine waagerechte Linie durch $G = \dfrac{\alpha}{2} \left(\text{bzw. } \alpha \right)$.

- Suche den Schnittpunkt dieser Linie mit der x-Linie.

- Fälle das Lot vom Schnittpunkt $\left(G / x \right)$ auf die μ-Linie.

- Lies μ_{ob} auf der μ-Linie ab.

- $p_{ob/un}$ erhält man, indem man $\mu_{ob/un}$ durch den Stichprobenumfang n dividiert.

Nomogramm D3. Wilrich-Nomogramm zur Ermittlung von $(\bar{x}, \sigma)$-Stichproben-anweisungen für Variablenprüfung

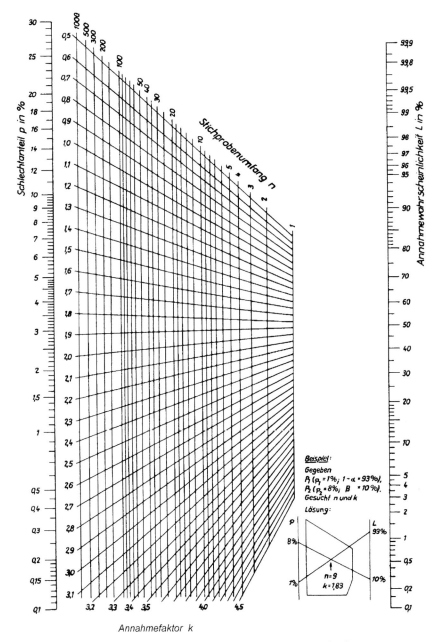

Nachdruck mit freundlicher Genehmigung von Prof. Dr. P.-Th. Wilrich

Ermittlung einer $(\bar{x}, \sigma)$-Stichprobenanweisung

- Verbinde $p_{1-\alpha}$ mit $G = 1 - \alpha$.
- Verbinde p_β mit $G = \beta$.
- Zeichne vom Schnittpunkt dieser beiden Linien eine senkrechte Linie nach oben und lies auf den n-Skala den Stichprobenumfang ab.
- Verbinde den Schnittpunkt der beiden Linien mit dem Wert 50 % auf der rechten Skala und verlängere diese Linie bis zur k-Skala auf der linken Seite des Nomogramms. Lies dort den k-Wert ab.

Nomogramm D4. Wilrich-Nomogramm zur Ermittlung von $(\bar{x}, s)$-Stichprobenanweisungen für Variablenprüfung

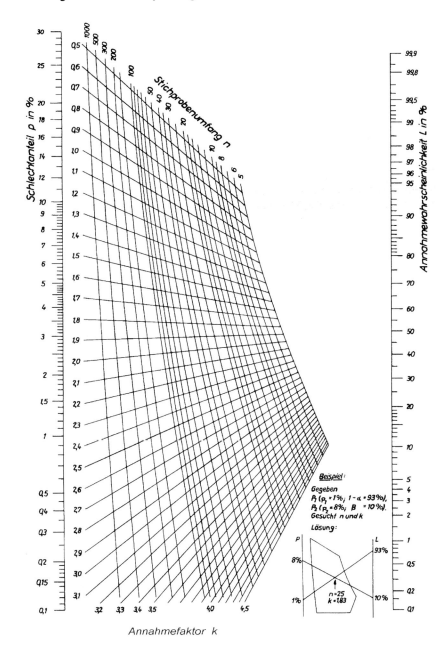

Nachdruck mit freundlicher Genehmigung von Prof. Dr. P.-Th. Wilrich

Ermittlung einer $(\bar{x}, s)$-Stichprobenanweisung

- Verbinde $p_{1-\alpha}$ mit $G = 1 - \alpha$.
- Verbinde p_β mit $G = \beta$.
- Verbinde den Schnittpunkt der beiden Linien mit dem Wert 50 % auf der rechten Skala und verlängere diese Linie bis zur k-Skala auf der linken Seite des Nomogramms. Lies dort den k-Wert ab.

Vertrauensbereich für den Überschreitungsanteil p bei normalverteilten Merkmalen zum Vertrauensniveau $1 - \alpha$

- Bestimme einen Schätzwert $\hat{p}$ für den Überschreitungsanteil (zum Beispiel mit einem Wahrscheinlichkeitsnetz).
- Trage $\hat{p}$ auf der linken Skala (p-Skala) ein und zeichne eine Linie zur Marke 50 % auf der rechten Skala.
- Identifiziere auf dieser Linie den Schnittpunkt mit der zum Stichprobenumfang n gehörigen Linie.
- Verbinde den Schnittpunkt der beiden Linien mit dem Wert $1 - \alpha/2$ auf der rechten Skala und verlängere diese Linie bis zur p-Skala auf der linken Seite des Nomogramms. Lies dort die untere Grenze p_{un} des Vertrauensbereiches ab.
- Verbinde den Schnittpunkt der beiden Linien mit dem Wert $\alpha/2$ auf der rechten Skala und verlängere diese Linie bis zur p-Skala auf der linken Seite des Nomogramms. Lies dort die obere Grenze p_{ob} des Vertrauensbereiches ab.

Nomogramm D5. Wilrich-Nomogramm für $\bar{x}$-Regelkarten bei vorgegebenen Grenzwerten

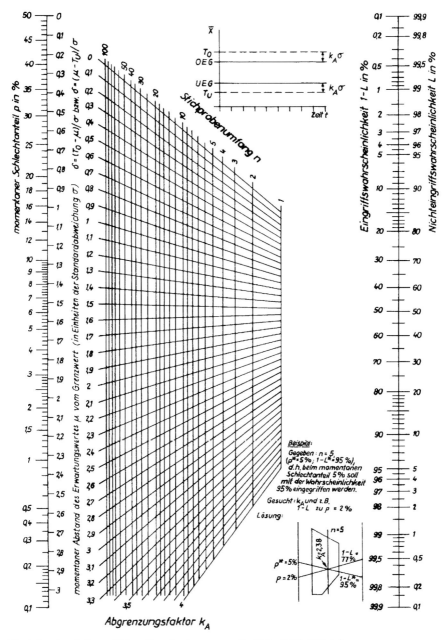

Nachdruck mit freundlicher Genehmigung von Prof. Dr. P.-Th. Wilrich

Nomogramm D6. Wilrich-Nomogramm für $\tilde{x}$-Regelkarten bei vorgegebenen Grenzwerten

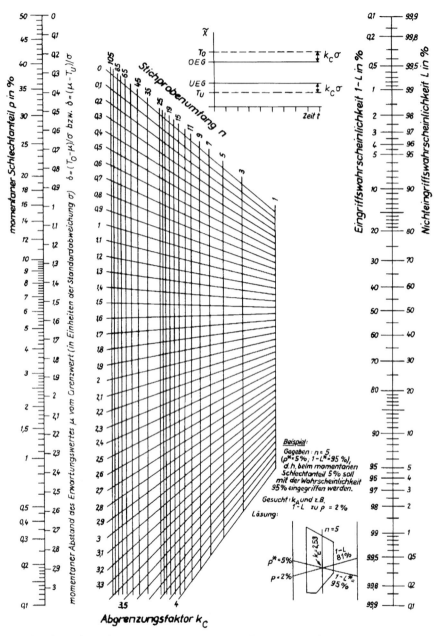

Nachdruck mit freundlicher Genehmigung von Prof. Dr. P.-Th. Wilrich

Nomogramm D7. Wilrich-Nomogramm für Urwertkarten bei vorgegebenen Grenzwerten

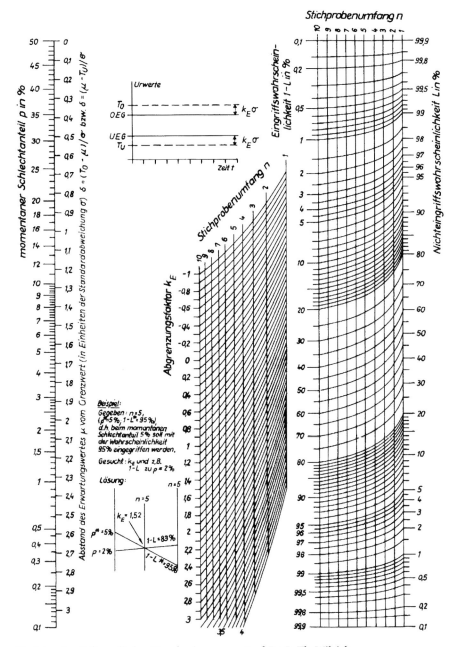

Nachdruck mit freundlicher Genehmigung von Prof. Dr. P.-Th. Wilrich

Ermittlung des Annahmefaktors $k_A(k_C)$ mit Nomogramm D5 (D6)

- Gegeben ist der Stichprobenumfang n. Gesucht ist eine $\bar{x}(\tilde{x})$-Regelkarte, die bei einem momentanen Anteil p von Toleranzüberschreitungen mit einer Wahrscheinlichkeit $1-P_a$ zum Eingriff führt.
- Verbinde p (äußere linke Skala) mit $1-P_a$ (innere rechte Skala) und suche den Schnittpunkt mit der n-Linie.
- Verbinde den Schnittpunkt der beiden Linien mit dem Wert 50 % auf der rechten Skala und verlängere diese Linie bis zur k-Skala auf der linken Seite des Nomogramms (innere linke Skala). Lies dort den Wert $k_A(k_C)$ ab.

Ermittlung des Annahmefaktors k_E mit Nomogramm D7

- Gegeben ist der Stichprobenumfang n. Gesucht ist eine Urwert-Regelkarte, die bei einem momentanen Anteil p von Toleranzüberschreitungen mit einer Wahrscheinlichkeit $1-P_a$ zum Eingriff führt.
- Verbinde p (äußere linke Skala) mit dem Schnittpunkt der Linie $1-P_a$ (innere rechte Skala) und der zugehörigen n-Linie im rechten Gitternetz.
- Suche den Schnittpunkt dieser Linien mit der n-Linie im linken (kleineren) Gitternetz.
- Lies k_E auf der linken Skala des linken Gitternetzes ab.

Auswertenetz D8. Wahrscheinlichkeitsnetz für annähernd normalverteilte Merkmalswerte

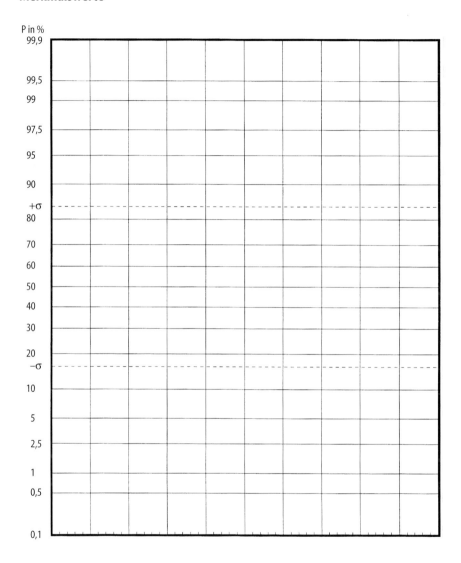

Auswertenetz D9. Lebensdauernetz für Weibull-verteilte Merkmalswerte

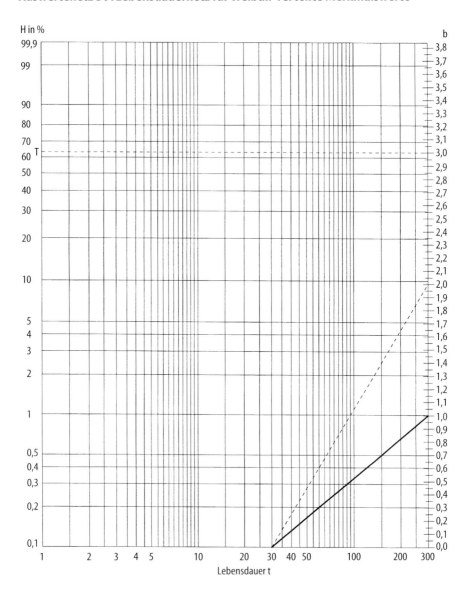

Literatur

Bosch K (1992) Statistik-Taschenbuch. Oldenbourg, München Wien

Bronstein IN, Semendjajew KA (1980) Taschenbuch der Mathematik, 19. Aufl. Harri Deutsch, Thun Frankfurt/Main

DGQ (1989) Lehrgang Stichprobensysteme, bearbeitet von Franzkowski R. DGQ e.V., Frankfurt/Main

DGQ (1989) Lehrgang Qualitätstechnik/SPC I, bearbeitet von Franzkowski R. DGQ e.V., Frankfurt/Main

DGQ (1989) Lehrgang Zuverlässigkeitsprüfung, bearbeitet von Kirschling G. DGQ e.V., Frankfurt/Main

DGQ (1989) Lehrgang Auswertungsverfahren, bearbeitet von Franzkowski R. DGQ e.V., Frankfurt/Main

DIN-Taschenbuch 225 (1993) Qualitätssicherung und angewandte Statistik, Verfahren 2: Probennahme und Annahmestichprobenprüfung, Normen. Beuth, Berlin Köln

Fisz M (1989) Wahrscheinlichkeitsrechnung und mathematische Statistik, 11. Aufl. Deutscher Verlag der Wissenschaften, Berlin

Gradshteyn IS, Ryzhik IM (1980) Table of integrals, series, and products. Academic Press, New York London

Graf U, Henning H-J, Stange K, Wilrich P-Th (1987) Formeln und Tabellen der angewandten mathematischen Statistik, 3. Aufl. Springer, Berlin Heidelberg New York

Grubbs FE (1950) Sample criteria for testing outlying observations. Ann Math Stat 21:29

Gumbel EJ (1967) Statistics of extremes, 4th edn. Columbia University Press, New York

Hartung J, Eppelt B, Klösener K-H (1993) Statistik. Oldenbourg, München Wien

Kreyszig E (1991) Statistische Methoden und ihre Anwendungen. Vandenhoeck & Ruprecht, Göttingen

Larson HR (1966/67) A nomograph of the cumulative binomial distribution. Industrial Quality Control 23:270–278

Levantin RC, Felsenstein J (1965) The robustness of homogeneity tests in 2×k tables. Biometrics 21:19–33

Masing W (1988) Handbuch der Qualitätssicherung. Carl Hanser, München Wien

Müller PH (1991) Wahrscheinlichkeitsrechnung und mathematische Statistik: Lexikon der Stochastik. Akademie Verlag, Berlin

Pearson ES, Hartley HO (1970) Biometrika tables for statisticians – Volume I. University Press, Cambridge

Rinne H, Mittag H-J (1989) Statistische Methoden der Qualitätssicherung. Carl Hanser, München Wien

Shapiro SS, Wilk MB (1965) An analysis of variance test for normality. Biometrica 52:591–611

Thompson WR (1935) On a criterion for the rejection of observations and the distribution of the ratio of deviation to sample standard deviation. Ann Math Stat 6:214–219

Thorndike F (1926) Application of Poisson's probability summation. Bell System Technical Journal 5:604

Wald A (1947) Sequential Analysis. J. Wiley and Chapman, New York London

Wilrich P-TH (1970) Nomogramme zur Ermittlung von Stichprobenplänen für messende Prüfung bei einer einseitig vorgeschriebenen Toleranzgrenze, Teil 1: Pläne bei bekannter Varianz der Fertigung. Qualität und Zuverlässigkeit 15:61–65

Wilrich P-TH (1979) Qualitätsregelkarten bei vorgegebenen Grenzwerten. Qualität und Zuverlässigkeit 24:260–271

Weber H (1992) Einführung in die Wahrscheinlichkeitsrechnung und Statistik für Ingenieure, 3. Aufl. Teubner, Stuttgart

Sachverzeichnis

R. Staal, V. Buch

TQM - Leitfaden für Produktions- und Verfahrenstechnik

1996. X, 191 S. 96 Abb. (Chemische Technik/Verfahrenstechnik)
Geb. **DM 78,-**; öS 570,-; sFr 71,- ISBN 3-540-60878-8

Total Quality Management sollte nicht nur auf eine
Qualitätssicherung abzielen, sondern Wege zur
Qualitätsverbesserung beinhalten. Erstmals werden
Unternehmensstrukturen und Methoden vorgestellt, die zu
einer Qualitätsverbesserung führen. Dabei werden Aspekte
der Praktiker und Theoretiker integriert und zu einer
umfassenden Qualitätsidee verbunden.

Die Autoren, langjährig in einem großen Industrieunter-
nehmen mit der Qualitätssicherung beauftragt, schöpfen aus
einem reichen Erfahrungsschatz und haben viele konkrete
Beispiele und Hilfsmittel dem fundierten Basiswissen
hinzugefügt.

Springer

Preisänderungen vorbehalten.

Springer-Verlag, Postfach 14 02 01, D-14302 Berlin, Fax 0 30 / 827 87 - 3 01 / 4 48 e-mail: orders@springer.de   rbw.BA.64107/2.SF